农业教育精品系列教材

果树 生产技术

北方本

高 梅 唐成胜 主编

U0380938

中国农业出版社

内 容 简 介

　　果树生产技术主要分为果树基础知识、果树苗木生产及建园技术、果树生产关键技术和北方主要果树树种的生产技术四大模块。果树基础知识分为 4 个任务，详细阐述了果树的分类、形态和生长发育规律，介绍了果树树种的形态观察和物候期的调查方法。苗木生产及建园技术则从实践角度介绍了当前苗木繁育的主要途径和具体方法，同时如何制定园址的规划设计方案及树木的栽植技术。果树生产关键技术通过设计土肥水管理、整形修剪、花果管理的技术措施和制定周年生产计划 4 项任务，达到从实践操作上完成果树生产关键技术的运用。

　　北方主要果树树种通过介绍苹果、梨、桃、葡萄、杏、李子、大樱桃、山楂、核桃、板栗等果树的优良品种和生物学特性等基本理论，也介绍了单个树种比较关键的技术操作，既掌握了基础环节，也突出了重点技术。

　　《果树生产技术》（北方本）是针对项目教学法和典型任务相结合的"理论实践一体化"教学模式而设计编写的理论与实践相结合的教材，与数字化资源同步建设，在结构上具有极大的相似性，二者之间具有极强的互补性，通过学习能够使学生通过实践掌握理论，并用相关理论指导实践任务的完成，在完成任务的同时掌握了知识点和能力点。每个项目都有项目测试和探究研讨两个板块，可以加强知识的掌握理解，同时也拓展学生的学习空间，开阔了学生的思维。

编写人员

主　　编　高　梅　唐成胜

副 主 编　刘兴彪　杨作龄　夏繁茂

编写人员　梁翠玲　陈爱军　刘　颖

　　　　　张黎苏　张丹丹　孔凡来

　　　　　白红霞

前　言

　　《果树生产技术》（北方本）是根据职业教育教学改革要求和中等职业教育培养生产一线技能型人才的需求编写而成。本书既可以供园艺专业的学生使用，也可供职业农民培训使用。

　　本教材以职业能力培养为主线，以工作过程为导向，立足行业岗位要求，参照相关的职业资格标准和行业技术标准，充分考虑职业学生的学习特点和行业生产规律。

　　果树生产技术主要分为果树基础知识、果树苗木生产及建园技术、果树生产关键技术和北方主要果树树种的生产技术四大模块。果树基础知识分为 4 个任务，详细阐述了果树的分类、形态和生长发育规律，介绍了果树树种的形态观察和物候期的调查方法。苗木生产及建园技术则从实践角度介绍了当前苗木繁育的主要途径和具体方法，同时如何制定园址的规划设计方案及树木的栽植技术。果树生产关键技术通过设计土肥水管理、整形修剪、花果管理的技术措施和制定周年生产计划 4 项任务，达到从实践操作上完成果树生产关键技术的运用，北方主要果树树种通过介绍苹果、梨、桃、葡萄、杏、李、大樱桃、山楂、核桃、板栗等 14 种果树的优良品种和生物学特性等基本理论，也介绍了单个树种比较关键的技术操作，既掌握了基础环节，也突出了重点技术。

　　《果树生产技术》（北方本）是针对项目教学法和典型任务相结合的"理论实践一体化"教学模式而设计编写的理论与实践相结合的教材，与数字化资源同步建设，在结构上具有极大的相似性，二者之间具有极强的互补性，通过学习能够使学生通过实践掌握理论，并用相关理论指导实践任务的完成，在完成任务的同时掌握了知识点和能力点。每个项目都有项目测试和探究研讨两个板块，可以加强知识的掌握理解，同时也拓展学生的学习空间，开阔了学生的思维。

　　本教材由高梅和唐成胜任主编，刘兴彪、杨作龄和夏繁茂任副主编，参加编写的人员还有梁翠玲、陈爱军、刘颖、张黎苏、张丹丹、孔凡来、白红霞等老师。在编写过程中得到参加编写学校的领导和老师们的大力支持，本书编写中参考过有关单位和学者的文献资料，在此一并致以衷心的感谢！

　　由于编者水平有限，教材中难免存在疏漏之处，恳请读者批评指正。

编　者

2015 年 8 月

目 录

项目一

绪　论

项目导读

　　本章介绍了发展果树生产的意义，我国果树生产的现状，果树生产中存在的问题及今后果树生产的发展趋势。并简单阐述了《果树生产技术》的主要内容及学习方法。

学习目标

知识目标

1. 了解发展果树生产的意义、现状及存在的问题；

2. 了解今后发展果树栽培的建议；

3. 了解学习果树生产技术的意义。

能力目标

1. 调查当地果树生产历史及生产现状；

2. 分析当地发展果树生产的优势及不足。

任务 1.1　果树生产在国民经济和人民生活中的意义

　　原产我国的果树各类很多，各地都有自己的特产，驰名国内外的名、特、优、稀、新树种和新品种是我国果品出口创汇的大宗商品。新中国成立以来，我国果树发展很快，尤其是近 20 多年发展迅速，栽培面积和果品产量成倍增长。

一、果树生产的内涵

（一）果树和果树栽培

1. 果树　是能生产可供食用的果实、种子及提供砧木的多年生木本（图 1-1）或草本植物（图 1-2）。

图 1-1　苹果树　　　　　　　　　　　　图 1-2　草　莓

2. 果树栽培　果树栽培是通过对果树实施栽培管理措施，生产出足够数量、高质量果实或种子的主要环节，包括从育苗（图 1-3）、建园（图 1-4）、栽培管理（图 1-5）直至采收（图 1-6）各生产环节的基本理论、知识和技术。

图 1-3　核桃苗圃　　　　　　　　　　　图 1-4　建　园

（二）果树生产及其特点

1. 果树生产　包括育种、果树栽培、果品贮藏、加工、运输、销售等环节，完成从生产到消费的整个过程。

图 1-5 果园管理

图 1-6 采 收

2. 果树生产的特点

（1）种类多 目前全世界果树种类有 60 科、2 800 种，其中较重要的约有 300 种。我国是世界栽培植物的八大起源中心之一，据统计，我国包括原产和引入的约有 58 科、690 种。不同种类的树种差异大，要求管理技术性强。

（2）生产周期长 果树多为多年生木本植物，一般经济寿命为十几年、几十年，甚至上百年。多数果树在栽植当年并不能开花结果，一般需要 3～5 年才能进入结果期，在此之前需要每年投入。所以，果树生产的趋势是缩短营养期，实现早果早丰，加快更新，以适应市场化的需要。

（3）集约经营 果树生产中有"1 亩园 10 亩田"之说。说明果树生产一般在单位面积土地上投入的人力和物力相对较多，收益也较高。在我国，每亩*果园的产值高者可达 5 000～10 000 元左右，特别是随着设施促成栽培的发展，每亩果园的产值可达几万，甚至十几万元。根据这一特点，经营者应加大投入，否则达不到果树栽培的目的。

（4）鲜食、加工是其主要利用形式 多数情况下，果品都是在具有旺盛生命活力的情况下被人们利用的。由于水果质地鲜嫩，含水量高，产品易腐烂。所以，果品的贮藏与运输就非常重要，果品生产者在经营之初就要考虑贮藏保鲜和种类、品种的耐贮性问题，同时最好拥有简易的贮藏设施。

（5）无性繁殖 果树生产多数采用嫁接、扦插、分株、压条等无性繁殖手段，后代性状相对比较一致，能稳定优良性状，有利于标准化生产。但长期采用无性繁殖，种性易退化和产生病毒病。所以，在果树繁殖时应注意良种繁

---

* 亩为非法定计量单位，1 亩＝1/15 公顷，考虑基层读者的阅读习惯，本书"亩"仍予保留。——编著注

育，同时要大力发展无病毒栽培，提高果树的生产能力。

（6）果品的外观品质是其商品价值的重要方面　在果树生产中，不仅要重视产量和果品的营养价值，还应重视其外观品质，如果实形状、色泽、果面光洁度等也是其商品价值的重要方面。如生产中应用的果实套袋技术，可有效提高果实的外观品质，降低农药残留，即使含糖量有所降低，但还是被广泛应用。

二、果树生产在国民经济和人民生活中的意义

果树是农业生产的三大类作物（粮食、蔬菜、果树）之一，是一项集经济效益、社会效益和生态效益于一体的产业。发展果树生产，对合理利用土地、增加经济基础收益、改善人民生活和美化环境具有重要意义。

（一）营养价值较高

果品有鲜果和干果之分。水果的营养成分和营养价值与蔬菜相似，是人体维生素和无机盐的重要来源之一。各种水果普遍含有较多的糖类和维生素，而且还含有多种具有生物活性的特殊物质，因而具有较高的营养价值和保健功能，其所含成分主要有糖类、维生素、色素、芳香油、无机盐等。

1. 糖类　水果中普遍含有葡萄糖、蔗糖、果糖，如苹果、梨等含果糖较多；柑橘、桃、李、杏等含蔗糖较多；葡萄含葡萄糖较多。各种水果的含糖量在 $10\% \sim 20\%$，超过 20% 含糖量的有枣、椰子、香蕉、大山楂等鲜果。含糖量低的有草莓、柠檬、杨梅、桃等。

2. 维生素　水果中的维生素含量为 $0.5\% \sim 2\%$，若过多，则肉质粗糙，皮厚多筋，食用质量低。

3. 色素　水果的色泽是随着生长条件的改变或成熟度的变化而变化的。一般来说，深黄色的水果含胡萝卜素较多。

4. 芳香油　水果的芳香能刺激食欲，有助于人体对其他食物的吸收，芳香油还有杀菌的作用。

5. 无机盐　水果中含无机盐较为丰富，橄榄、山楂、柑橘中含钙较多，葡萄、杏、草莓等含铁较多，香蕉含磷较多。

6. 有机酸　例如，苹果酸、柠檬酸、酒石酸等，一方面使食品具有一定的酸味，可刺激消化液的分泌，有助于食物的消化；另一方面，使食品保持一定的酸度，对维生素 C 的稳定性具有保护作用。

7. 纤维素及果胶　如苹果、梨等水果富含纤维物质，可降低心脏病发病率，还可以减肥。

（二）加工品种颇多

果品加工的范围很广，其制品种类繁多。按其制作方法和制品特点，可分为果品干制类、糖制果品类、果汁类、果品罐头类、果酒类、果醋类等6类。

1. 果品干制类 这类制品是将果品脱水干燥，制成干制品。如葡萄干、苹果干、桃干、杏干、红枣、柿饼等（图1-7）。

2. 糖制果品类 这类制品是将果品用高浓度的糖加工处理制成。制品中含有较多的糖，属于高糖制品（图1-8）的产品有果脯、蜜饯、果泥、果冻、果酱、果丹皮等，以及用盐、糖等多种配料加工而成的凉果类制品，如话梅、陈皮等。

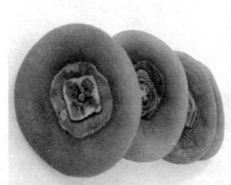

图1-7 柿 饼   图1-8 糖制品

3. 果汁类 这类制品是通过压榨或换取果实的汁液，经过密封杀菌或浓缩后再密封杀菌保藏。其风味和营养都非常接近新鲜果品，是果品加工中最能保存天然成分的制品。根据制作工艺不同又分为澄清汁、混浊汁、浓缩汁、颗粒汁、果汁糖浆、果汁粉和固体饮料等。

4. 果品罐头类 果品经处理加工后，装入一定的容器内，脱气密封并经高温灭菌，即所谓果品罐头。因其密封性能好，微生物不能浸入，得以长期保藏。如糖水苹果罐头、糖水梨罐头等。此外，果汁、果酱、果冻、果酒、干制品、糖制品也常使用罐藏容器包装。

5. 果酒类 利用自然或人工酵母，使果汁或果浆进行酒精发酵，最后产生酒精和二氧化碳，形成含酒精饮料。如葡萄酒（图1-9）、苹果酒、橘子酒、白兰地、香槟酒和其他果实配制酒等。

6. 果醋类 将果品经醋酸发酵，制成果醋。果醋取材十分广泛，几乎所有的果品都可以做醋。生产中制造果醋常利用次果、烂果、果皮、果心、酒脚等酿制而成。如苹果醋、柿子醋（图1-10）等。

图1-9　葡萄酒

图1-10　柿子醋

(三) 医疗保健性强

人体的生长、发育、健康和长寿与食品营养关系密切。大多数果品既有营养价值，还有药物作用，能防病治病。我国历来就称一些果品为"仙果"、"长寿果"、"长生果"。果品食疗就是在人体内的阴阳相对平衡遭到破坏时，用果品调节和改变人体阴阳偏盛或偏衰的状态，达到防治疾病的目的。

例如，选用山楂可以降血脂、降血压，防止动脉硬化；桂圆肉可防治肝脏损害；红枣有补血、补脾胃、解药毒等功效；核桃仁有补肾固精、温肺定喘、润肠等疗效；银杏可治疗肺结核；柿子能治地方甲状腺肿大；柑橘能治缺钙症；葡萄、香蕉、杏、樱桃能治缺铁症等。

许多果品都是滋补中药，可以直接食用，也可以加工，还可用于配餐或药膳的烹制。

(四) 改善饮食结构

解决温饱之后的中国人正迎来一个食物丰富的社会，人们的饮食消费习惯也随之发生了变化。在人们的消费热潮中，面对营养充裕乃至过剩的新问题，

图1-11　平衡膳食宝塔结构图

中国人已经开始注意科学用餐（图1-11）。

（五）出口创汇

我国虽然已经成为世界第一大果品生产国，但市场竞争力不强。水果总产量中优质果仅占30%左右，高档精品果不足1%，大量的水果质量低劣、商品性差，仍是果品出口小国。据统计，1998年全国苹果出口量为17万吨，仅占我国当年苹果总产量的0.87%左右，主要出口向俄罗斯、菲律宾、越南、泰国、印度尼西亚等国，尚未打开欧洲、非洲市场，果品出口数量与区域显然与我国作为世界第一果品生产大国的地位极不相称。

（六）充分利用三荒

由于我国人多地少，山多平原少，使得我国发展果树一贯的方针是"上山下滩，不与粮棉争地"，充分合理地利用"三荒"，即利用荒地、荒山、荒滩，（图1-12、1-13）。这样既能提高土地利用率，恢复和改善生态环境，又为广大果农开创了致富途径。

图1-12 山地果树　　　　　　　　　　图1-13 滩涂果树

（七）绿化美化环境

近年来，城市绿化的规模日益扩大，人们对城区绿化的要求也越来越高。不但在观赏效果上要求四季常绿，终年有花，季季观果，乔、灌、草相映成趣，而且还要求城市绿化要与城市可持续发展、城市生物多样性保护与建设、城市生态环境相结合。果树"进城"充当绿化树种，国内外皆有先例。果树作为一类特殊的绿化树种进入城区近几年受到绿化部门的关注，一些道路、公共绿地、公园、小区里已有零星分布，已成为城市绿化的组成部分。

任务 1.2 我国果树生产的历史、现状和存在问题

一、我国果树栽培历史及现状

我国已有 3 000 多年果树栽培历史，早在公元前 10 世纪前后《诗经》上就记载有桃、李、梅、梨、枣等 10 余种果树。公元前两世纪至公元前一世纪的《史记》中记载：安邑千树枣；燕、秦千树栗；蜀、汉、江陵千树橘；淮北、常山以南，河济之间千树梨。2 000 多年前的汉武帝时代就进行了由国外引种果树的工作，由中亚将葡萄、石榴、核桃等引入我国。1 000 多年前从波斯、地中海沿岸和小亚细亚引进无花果、榅桲、扁桃和阿月浑子等。现在广泛栽植的苹果、甜樱桃则是 19 世纪引进的。在长期生产实践中，广大劳动人民对果树分类、品种选育、繁殖方法、栽培管理、病虫防治、预防自然灾害、果品加工等均积累了丰富的经验并有许多专门论著，如《盐铁论》、《齐民要术》、《花镜》。

全国约有 300 个树种（分属 51 科），在北方露地栽培较多的有 20 余种，果树品种更是数以万计。我国是世界八大果树原产中心之一（表 1-1），原产我国的果树种类约为世界栽培果树的 1/4 以上。

表 1-1 果树带分布区

果树带序号	果树带名称	包括地区	果树种类
1	热带常绿果树带	广东、广西、云南、福建、台湾部分地区、海南	香蕉、菠萝、椰子、柑橘、荔枝、龙眼等
2	亚热带常绿果树带	江西及福建、广东、广西、湖南、浙江、湖北、安徽部分地区、海南	柑橘、枇杷、杨梅、荔枝、龙眼核桃、沙砾等
3	云贵高原落叶常绿果树混交带	云南、贵州、四川、湖南、甘肃、湖北、陕西部分地区	柑橘、梨、苹果、桃、荔枝、龙眼、核桃、板栗等
4	温带落叶果树带	江苏、山东全部、安徽、河南大部、河北、湖北、山西、陕西、浙江	苹果、核桃、梨、桃、葡萄、柿、杏、桃、板栗、枣等
5	旱温落叶果树带	高海拔区 700~3 600m，山西、陕西、甘肃、四川、西藏、新疆、青海	苹果、核桃、梨、桃、葡萄、柿、杏、桃等
6	干旱落叶果树带	内蒙古及宁夏、甘肃、辽宁西北部、新疆、河北、吉林、黑龙江部分地区	小苹果、苹果、秋子梨、葡萄等

（续）

果树带序号	果树带名称	包括地区	果树种类
7	耐寒落叶果树带	辽宁、吉林、黑龙江部分地区	小苹果、苹果、海棠果、秋子梨、李、葡萄等
8	青藏高原落叶果树带	青海、西藏、甘肃、四川、新疆	李、杏等

二、我国果树生产取得的成就

新中国成立以来，我国果树生产蓬勃发展。特别是改革开放后，购销体制的变化和果品高收益的牵动，激发了农民的热情，使果树生产迅猛发展，取得了举世瞩目的成就。

（一）果树栽植面积居世界之首

目前，中国果树总面积和水果总产量均居世界首位。1998 年全国果园面积已达 853.51 万公顷，产量 5 452 万吨，约占世界水果总产量的 11％ 左右。其中苹果和梨的产量均居世界之首，柑橘产量仅次于巴西和美国。到 2005 年中国水果产量已超过 1.6 亿吨，水果产业已成为种植业中位列粮食、蔬菜之后的第三大产业（图 1-14）。

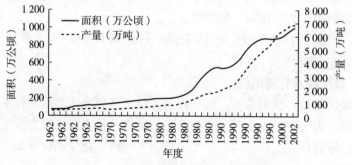

图 1-14 我国果树产量和面积变化图

（二）水果总产量居世界之冠（表 1-2）

表 1-2 世界水果产量统计表

单位：万吨

亚洲	欧洲	南美洲	北美洲	非洲	大洋州	中国
1 577.5	650.03	667.28	538.44	543.94	49.66	454.62

(三) 树种、品种结构明显优化 (图1-15)

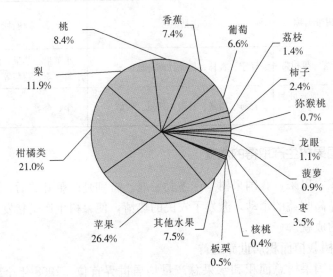

图1-15 2009年各类果树栽培面积比率

(四) 质量提高，出口增长

我国的果品质量明显提高，进出口贸易总额达到21.88亿美元。目前，我国的各类水果及加工制品出口到全球100多个国家和地区，出口量较大的水果品种主要是苹果、梨、柑橘、葡萄等。

其中，果品出口额为16.96亿美元，同比增长56.7%；果品进口额为4.92亿美元，同比增长21.1%。

(五) 栽培技术有所创新

果树矮化密植、整形修剪、疏花疏果、科学施肥灌水等配套技术已得到全面推广应用；无公害果品生产、果实套袋、铺银色反光膜、配方施肥、节水灌溉、果树设施栽培、工厂化育苗、无病毒苗木建园、化学调控等新技术得到广泛推广。

三、果树生产中存在的问题

近年来，我国果树生产虽然呈现出高速发展的态势，总面积和总产量的递增率已跃居世界首位，成为果品生产大国。但与发达国家相比，还存在着许多失衡、失调和失控问题，许多未得到解决的问题还制约着我国果树生产的进一步发展和提高。

1. 发展失控，布局失衡，结构失调；
2. 单产低，质量差；
3. 产后商品化处理和贮运设施落后；
4. 小生产与大市场的矛盾突出。

任务 1.3 我国果树生产的发展趋势

一、我国果树生产的指导思想

虽然我国已是世界上的果品生产大国，但由于果树生产优势和现在存在问题间的矛盾日益突出和尖锐，迫使我国的果树生产进入一个调整、充实、提高和渐趋成熟的阶段。这一阶段的指导思想应是以市场为导向，以优化树种、品种结构为重点，以普及良种优系为前提，以提高单产、提高质量、提高效益为目的，以推广普及先进技术为动力，以与国际接轨为方向，努力实现现代化果树生产，变果品生产大国为果品生产强国。

二、我国果树生产发展的具体趋势

1. 采用常规手段和先进的生物技术手段培育新品种：高产、优质、配套、抗病虫、抗逆境、耐贮藏、具有特殊形状等是果树育种的目标。

品种更新速度加快，周期缩短，优良品种能较快应用于生产并转化为现实生产力。

2. 矮化密植集约化栽培已成为果树发展总趋势，主要途径：应用矮化砧、栽培短枝型和紧凑型品种、使用矮化技术。

3. 无病毒栽培，充分发挥树体生产潜力。

4. 良种栽培区域化、基地化。

5. 广泛使用化学调控技术。

6. 采用先进的储运措施。

7. 开发深加工产品。

任务 1.4 《果树生产技术》的内容和学习要求

一、《果树生产技术》的主要内容

《果树生产技术》是一本以现代生物科学理论为基础的综合性应用科学技术教材。主要讲述果树生长发育规律与环境条件的关系，在果树栽培基本理论的基础上，根据北方地区主要果树生物学特性，使学生重点掌握树体管理、果实管理、土肥水管理、整形修剪等基本生产技术和高效栽培的基础知识和实践技能，获得从事果树现代化生产的综合能力，为果树生产现代化服务。

二、如何学好《果树生产技术》

1. **培养兴趣**　学好基础课及专业基础课；
2. **夯实基础**　学好果树栽培学的基本理论；
3. **多看参考书**　博采众长，充实自我；
4. **勇于实践**　用理论指导实践，在实践中升华理论；
5. **勤于思考**　培养发现问题、分析问题、解决问题的能力。

项目小结

　　果树是经济价值较高的园艺作物，在国民经济建设中及当前农村产业结构调整中有着重要作用。

　　我国是世界果树植物原产中心之一，资源丰富，栽培历史悠久。近年来，我国的果树生产发展迅速，果品总产量世界第一，苹果、梨均居世界首位，但人均占有量仅为世界人均占有量的1/2多一些。当前生产中的主要问题是发展失控、布局失衡、结构失调、单产低、质量差；产后商品化处理和贮运设施落后；小生产与大市场的矛盾突出等问题。我国的果树生产进入一个调整、充实、提高和渐趋成熟的阶段。

　　我国地域辽阔，从南至北跨热带、温带和寒带三个气候带。因地形、气候、土壤等多种因素的影响，从南到北可以细划为热带常绿果树带、亚热带常绿果树带、云贵高原常绿及落叶果树混交带、温带落叶果树带、旱温落叶果树带、干寒落叶果树带、耐寒落叶果树带、青藏高寒落叶果树带等8个果树带。

　　通过果树生产调查和报告分析，让学生初步了解当地果树生产的基本情况。

项目测试

一、名词解释

果树　果树栽培　果树生产

二、选择题

1. 关于果树生产的特点叙述不正确的是（　　　）。

    A. 种类多   B. 生产周期长

    C. 多数采用有性繁殖   D. 集约经营

2. 果树生产在国民经济和人民生活中的作用是（   ）。

    A. 营养价值高   B. 加工品种少

    C. 使饮食结构恶化   D. 医疗保健性不明显

3. 我国果树栽培历史已有 3 000 年，（   ）年前已经开始引种工作。

    A. 3 000   B. 2 000   C. 1 000   D. 800

三、简答题

1. 我国果树生产取得了哪些成就？果树生产中存在什么问题？

2. 我国果树生产发展的具体趋势有哪几方面？

四、分析题

结合当地实际，谈谈你对当地发展果树生产的设想和看法。

项目二

果树基础知识

 项目导读

　　果树是一种经济作物，是园艺作物的一部分，多数为多年生木本植物，还包括少数草本植物，如草莓、香蕉、菠萝等。生产可供食用的果品（或种子）及用作砧木的植物。

　　目前，世界上的果树是由原始野生植物逐渐演化而成。包括野生约有 60 科，2 800 余种，其中重要的约有 300 种。

　　果树的分类按叶的生长期可分为落叶果树和常绿果树两大类；按生态适应区域可分为温带果树、亚热带和热带果树及寒带果树；根据树体的特征，可分为乔木果树、灌木果树、藤本果树、多年生草本；根据果实的构造，又可分为仁果类果树、核果类果树、浆果类果树、坚果类果树等。

 学习目标

　　知识目标

　　1. 熟练掌握果树的分类及依据，果树枝条的类型及特性，果树的芽及其特性，落花落果；

　　2. 掌握花、果实、开花坐果、根系的来源、年周期中根的生长规律，果树的年生长周期及物候期；

　　3. 了解根系的结构及分布、根颈、菌根、根蘖和生命周期。

　　能力目标

　　1. 培养学生的观察能力，会依据果树的枝、叶、花、果实等特点对当地主要果树进行分类；

　　2. 培养学生的动手能力，能对果树的芽、花及果实进行解剖观察；

　　3. 培养学生综合运用所学知识在实际生产中分析问题、解决问题的能力。

任务 2.1 果树的分类及依据

一、果树栽培学分类

按落叶果树和常绿果树，再结合果实的构造以及果树的栽培学特性分类，又称农业生物学分类。

（一）木本落叶果树

1. 仁果类 如苹果（图 2-1）、沙果、海棠果、梨（图 2-2）、山楂（图 2-3）、木瓜等。

图 2-1 苹 果

图 2-2 梨

图 2-3 山 楂

2. 核果类 如桃（图 2-4）、李（图 2-5）、杏（图 2-6）、樱桃（图 2-7）等。

3. 坚果类 如核桃（图 2-8）、山核桃、长山核桃、栗（图 2-9）、榛、阿月浑子、扁桃、银杏（图2-10）等。

图2-4 桃

图2-5 李 子

图2-6 杏

图2-7 樱 桃

图2-8 核桃

图2-9 板 栗

图 2-10　银　杏　　　　　　　　　图 2-11　葡萄果实纵切图

4. 浆果类　包括以下几种：

（1）灌木　树莓、醋栗、穗状醋栗等。

（2）小乔木　无花果、石榴等。

（3）藤本　葡萄（图 2-11）、猕猴桃等。

（4）多年生草本　草莓等。

5. 柿枣类　如柿（图 2-12）、枣（图 2-13）、酸枣、君迁子等。

图 2-12　柿　子　　　　　　　　　图 2-13　枣

（二）木本常绿果树

1. 柑橘类　如柚、甜橙、酸橙、柠檬、绿檬、无核温州蜜柑、葡萄柚、金柑、枳、四季橘、黄皮橘等。

2. 其他　如：龙眼、荔枝（图 2-14）、枇杷、杨梅、橄榄、椰子、芒果、油梨等。

(三) 多年生草本果树

如香蕉（图 2-15）、菠萝、番木瓜、草莓等。

图 2-14　荔　枝

图 2-15　香　蕉

二、生态适应性分类

根据我国主要果树的生态适应性，分类如下：

(一) 温带果树

1. 一般温带果树　苹果、梨、桃、李、杏、樱桃、核桃、枣树、葡萄。

2. 耐寒果树　山葡萄、山丁子、秋子梨、榛子、醋栗、穗醋栗。

(二) 亚热带果树

1. 常绿果树　主要有柑橘类、荔枝、龙眼、杨桃、枇杷、橄榄、黄皮等。

2. 落叶果树　扁桃、柿子、欧洲葡萄、核桃、桃、无花果、石榴、枳等。

(三) 热带果树（较耐高温高湿）。

1. 一般热带果树（图 2-16、图 2-17）　主要有香蕉、菠萝、芒果、番木瓜、椰子、番荔枝、人心果、蒲桃、余甘、番石榴、澳洲坚果等。

图 2-16　莲　雾

图 2-17　番石榴

2. 纯热带性果树（图2-18、图2-19）　主要有面包果、山竹子、榴莲、腰果、巴西坚果、可可、神秘果、槟榔等。

图2-18　榴莲　　　　　　　　　　图2-19　槟榔

任务2.2　果树的树体结构

树体的基本构成都是由根、茎、叶三大部分组成。现以乔木果树为例，说明树体的构成。

一、果树的枝干

（一）树体地上部的结构

果树的地上部的树体结构主要由树干和树冠两部分构成（图2-20）。

树干是树体的中轴，由主干和中心干两部分组成。主干是由根颈至第一主枝之间的部分。

树冠是主干以上由茎反复分枝组成的骨架，由骨干枝（中心干、主枝、侧枝）、枝组和叶幕组成。

主枝是中心干上的永久性大枝；侧枝是主枝上的永久性分枝；中心干是主干以上由主干延伸到树顶之间的部分，又称为中央领导干；骨干枝是树冠内较粗大起骨架作用的枝，由中心干、主枝、侧枝等构成，主枝是一级枝，侧枝是二级枝，依次类推。不同级次的骨干枝，相互间形成主从关系，主枝从属于中心干，侧枝从属于主枝等；中心干和各级骨干枝先端领头的1年生枝称为延长枝，通过延长枝向外延伸，不断扩大树冠；树体上暂时保留用以占据空间、辅养树体生长和早期结果的临时性枝称为辅养枝，在幼树上起辅养树体、提早结

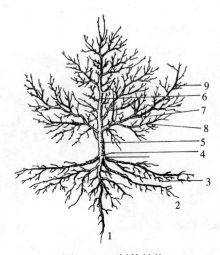

图 2-20　树体结构

1. 主根　2. 侧根　3. 须根　4. 根颈　5. 主干

6. 中心干　7. 主枝　8. 侧枝　9. 枝组

引自《果树栽培》李道德

果的作用，成年后根据需要，一般改造成结果枝组或将其疏除；剪口以下第二、三芽萌发生长直立旺盛的枝条，因其与延长枝竞争生长称为竞争枝；枝组是着生在各级骨干枝上，是构成树冠、叶幕和生长结果的基本单位，又称为结果枝组，它的多少、组成和分布直接影响果树的产量和质量。

（二）枝条类型

1. 根据生长枝长短的不同，将其分为长枝、中枝和短枝　长度为 15cm 以上的枝为长枝；长度为 5～15cm 的枝条为中枝；长度为 5cm 以内的枝条为短枝。短枝中还有一种枝叫叶丛枝，长度为 1cm 以下，节间很短，看不见枝轴，叶片密集，常呈莲座状，这种枝叶片达到 4～5 片时能形成花芽。

2. 按枝条的年龄分为新梢、1 年生枝、2 年生枝和多年生枝

（1）新梢　落叶以前的当年生枝。

（2）1 年生枝　春季萌发后抽出的枝条，秋季落叶后到第二年萌发前，称为 1 年生枝。

（3）2 年生枝　1 年生枝春季萌发后叫 2 年生枝。

（4）多年生枝　通常将 3 年生以上的枝条称为多年生枝。

3. 按发生的季节分春梢和秋梢

（1）春梢　春季萌芽后至第一次停止生长形成的一段枝条。

（2）秋梢　春梢停止生长或形成顶芽之后又继续萌发生长的枝条。

（3）盲节（图 2-21）　指仅有叶痕而无明显芽的部位。栽培上一般指春秋梢交界处及其附近的瘪芽枝段。

图 2-21　盲　节

4. 按枝梢连续抽生的次数分为一次枝、二次枝和副梢

（1）一次枝　一般由冬芽萌发抽生的枝条称为 1 次枝。

（2）二次枝　当年由一次枝上再抽生的枝条称为二次枝。依次类推，称为三次枝、四次枝。

（3）副梢　早熟性芽夏季萌发后长出的枝条称为副梢。是二次枝以上的各次枝的总称。

5. 按枝的性质分为营养枝和结果枝

（1）营养枝　即只着生叶芽而没有花芽的 1 年生枝的总称，又叫做生长枝。营养枝按生长势分为普通营养枝、徒长枝、细弱枝。普通营养枝长势中等，组织充实，芽子饱满，是形成骨干枝扩大树冠和抽生结果枝的主要枝条；徒长枝多由潜伏芽受刺激后萌发而来，生长特别旺盛，节间长而芽小，叶片大而薄，组织不充实；细弱枝生长极弱，枝细，叶小。

（2）结果枝　是指着生有花芽或直接着生果实的枝。不同果树树种、不同区域的气候条件表现的结果枝长度不同。

仁果类结果枝类型：

①长果枝：长度为 15cm 以上。

②中果枝：长度为 5～15cm。

③短果枝：长度为 5cm 以下。

④短果枝群：短果枝分枝后的总称。

⑤果台：苹果、梨着生果实部位膨大的当年生枝。

⑥果台副梢：苹果、梨的结果枝开花结果后，由果台上抽生的新梢。

核果类结果枝类型：

①徒长性果枝：长度为 60cm 以上。

②长果枝：长度为 30～60cm。

③中果枝：长度为 15～30cm。

④短果枝：长度为 5～15cm。

⑤花束状果枝：长度 5cm 以下。节间短但可分，顶芽为叶芽，侧芽全是花芽。

⑥花簇状短果枝：长度 2cm 以下。节间极短而不可分，花芽长成一簇。在杏树和李树上较为常见。

(三) 枝条生长特性

1. 顶端优势（图 2 - 22）　枝条的先端生理活性强，芽萌发早，长势强，所抽新梢长度大；而侧芽所萌发的新梢，由上而下长势依次递减，最下部的芽多不萌发而称休眠状态。这种依次递减的发枝特性叫顶端优势。

2. 垂直优势　一般来说，直立枝生长最旺，斜生枝次之，水平枝再次之，下垂枝条生长最弱的现象称垂直优势或直立优势。是枝条背地生长的表现。

3. 干性和层性

(1) 干性　树冠内中心干的强弱和维持时间的长短一般称为干性。顶端优势明显的果树干性强。如苹果、梨树、甜樱桃、板栗等果树干性较强。而桃、石榴等果树干性较弱。

(2) 层性（图 2 - 23）　指在顶端优势和芽的异质性作用下枝条在树冠中成层着生的现象。一般顶部优势明显而成枝力弱的树种、品种层次明显，成枝力强而顶端优势不明显的树种、品种层次不明显。

图 2 - 22　顶端优势

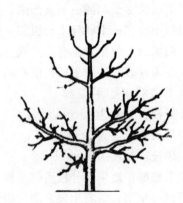

图 2 - 23　层　性

二、果树的芽及其特性

芽是多年生植物形成地上部枝、叶、花、果实等器官的基础。大多数落叶果树的芽外面有鳞片包覆，以保护安全越冬，称为被芽。外面无鳞片包覆的芽称为裸芽。

（一）芽的类型

1. 按芽性质分为叶芽和花芽

叶芽：萌发后只抽生枝叶的芽。叶芽为枝的短缩的原始状态，内含生长点、芽原始体和叶原始体。叶芽是树体扩大树冠、更新复壮、调节负载的基础。

花芽：萌发后能开花结果的芽。它是果树开花结果并形成种子的基础。花芽可分为下述类型：

（1）按着生位置分

①顶花芽：着生在枝条顶端的花芽。

②腋花芽：着生在枝条上叶腋间的花芽。

（2）按功能分

①纯花芽：1个芽内只有花器，萌发后只开花结果，不长枝叶的芽称为纯花芽。如桃、杏、李、樱桃等核果类果树的花芽为纯花芽。

②混合花芽：芽萌发后先萌发新梢，而后在新梢上开花的芽苗为混合花芽。仁果类果树、葡萄、柿子、枣、栗、核桃等为混合芽。在苹果和梨上只先抽生1个极短的特化的新梢，即果台，而后开花。

（3）按花芽的性质分

①单性花芽：在一个花芽中仅有雄花或雌花花原基，萌发后只开一种花的花芽。如核桃、板栗、柿子、猕猴桃等具有这类花芽。

②完全花芽：在同一个芽内即有雌蕊又有雄蕊的花芽叫做完全花芽。如苹果、梨、桃和葡萄等多数果树的花芽为完全花芽。在上述树种上，由于生长不良而造成败育花不应属于单性花。

2. 按芽的着生位置分为顶芽、腋芽、不定芽（图2-24）

（1）顶芽　着生在枝条顶端的芽。有些果树，如：柑橘、柿子、板栗等枝梢的顶芽常自然枯死，以侧芽代替顶芽位置，这种顶芽称为伪顶芽或假顶芽。

（2）腋芽　着生在叶腋内的芽，也称侧芽。

（3）不定芽　凡从叶、根或茎节间等通常不形成芽的部位生出的芽，则统称为不定芽。

3. 按同一节位上着生芽数的多少分为单芽和复芽（图2-25）

（1）单芽　同一个节位上只着生一个明显的芽。

（2）复芽　同一节位上着生两个以上明显的芽称为复芽。

顶芽

侧芽

图2-24 顶芽、腋芽

单芽
每节上仅着一个芽

复芽
每节上着生2个或2个
以上的芽

图2-25 单芽和复芽

4. 按同一叶腋间芽的位置和形态分为主芽和副芽（图2-26）

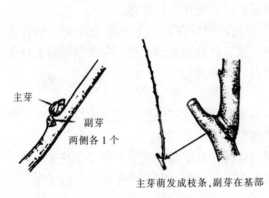

主芽

副芽
两侧各1个

主芽萌发成枝条，副芽在基部

图2-26 主芽和副芽

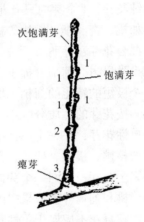

次饱满芽

饱满芽

瘪芽

图2-27 芽的异质性

（1）主芽：叶腋中央芽体较大者称主芽。

（2）副芽：主芽上方或两侧芽体较小的称副芽，副芽一般不萌发呈潜伏芽状态存在。

5. 按芽的生理状态分为活动芽和潜伏芽

（1）活动芽：当年形成第二年能萌发的芽称为活动芽。

（2）潜伏芽：当年形成第二年不萌发或连续多年都不萌发的芽叫做潜伏芽。

（二）芽的特性

1. 芽的异质性（图2-27） 由于形成各个芽时枝条内部的营养状况和外界环境条件的不同，在同一枝条上，不同部位所形成的芽，其芽体大小、饱满程度和萌发能力亦不同，这种现象称为芽的异质性。

2. 萌芽力和成枝力（图 2-28、图 2-2-29）　1 年生枝上的芽能萌发成枝、叶的能力称为萌芽力。一般用生长枝上已萌发抽枝的芽数占总芽数的百分比表示。

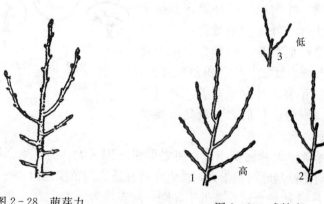

图 2-28　萌芽力

图 2-29　成枝力

成枝力是指生长枝上的芽萌发后，能抽生长枝的能力。一般用抽生长枝的芽数占总芽数的百分比表示，或一个母枝上抽生的长枝数量表示。

3. 芽的早熟性和晚熟性　当年形成的芽能够萌发的特性称为早熟性。如葡萄及一些核果类树种等，经常出现这种现象。具有早熟性芽的树种，1 年多次分枝，树冠扩大快，进入结果年龄早。

芽形成后当年不萌发，待第二年才能萌发抽枝的特性称为晚熟性。如苹果、梨等树种当年形成芽当年一般不萌发，要到第二年春才萌发。芽的这种特性还与树龄和环境有关，一般树龄越大，生长势减弱，抽生 2、3 次枝的能力也减退。北方苹果移到南方，由于高温多湿，抽生 2、3 次枝的能力增强。

4. 芽的潜伏力　隐芽寿命的长短称为潜伏力。隐芽寿命越长树体越容易更新。

三、果树的叶片

叶是果树的重要器官之一，其主要功能是进行光合作用制造有机营养。果树体内 90% 的干物质是由叶片合成的。此外，叶片还具有呼吸、蒸腾、吸收等多种生理功能。叶片能直接吸收矿质元素。因此，在生产上常用叶面喷肥，补充果树的某些矿质元素。

叶幕：指叶片在树冠中的集中分布区域，是树冠中叶片总量和其分布状况的综合反映（图 2-30）。由于树体大小、枝叶疏密和树冠形状不同，叶幕也

有不同特性。叶幕厚薄是叶面积多少的
标志。

叶面积指数是指总叶面积与相应的土
地面积的比值。叶面积指数是宏观上衡量
叶片多少的指标。叶面积指数低，即单位
土地面积上总叶面积少，则光合产物少就
不可能获得丰产。反之，叶面积指数过大，
树冠郁闭光照不良，叶片质量差，果树生
长结果不良。修剪的目的之一就是要维持
适宜的叶面积系数。

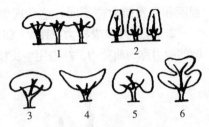

图 2-30　叶幕类型
1. 平面形　2. 篱壁形　3. 弯月形
4. 杯形　5. 半圆形　6. 分层形

幼树期尽量扩大叶面积指数，使之尽快达到最大，为早果、早丰打下基
础；成龄树则要控制叶面积指数，使之维持在适宜的范围之内，一般果树的叶
面积指数为 4～5 比较合适，若低于 3 则一般表现为低产。

四、开花坐果

（一）果树的花

花是果树的生殖器官，是结果的基础。不同树种花的结构和种类有很大的
差异，在学习和生产中应该掌握其特性灵活运用。

1. 两性花和单性花　在一朵花中，雄蕊和雌蕊均发育正常者称为两性花。
仅有雌蕊或雄蕊的，称为单性花，如核桃、板栗等（图 2-31、图 2-2-32）。

图 2-31　核桃雌花

图 2-32　核桃雄花

2. 单花和花序　1 个花芽内只有 1 朵花的称为单花，如桃、杏等。有些树
种 1 个花芽能开出多数花朵者称为花序。

（二）开花坐果

果树的单株产量取决于枝量、花量、坐果率和单果重。开花坐果数是实现高产的重要保证。

1. 开花 开花物候期一般分为 4 个时期：

（1）初花期 全树有 25％的花开放。

（2）盛花期 25％以上的花开放为盛花初期，50％的花开放为盛花期，75％以上的花开放为盛花末期。

（3）终花期 全部花已开放，并有部分花瓣开始脱落。

（4）谢花期 大量落花至落花完毕。

2. 授粉与结实

（1）自花授粉 栽培学上把果树同品种间授粉称为自花授粉。

（2）异花授粉 栽培学上把果树不同品种间授粉称为异花授粉。

（3）自花结实 自花授粉能得到满足经济栽培要求产量的称自花结实。

（4）自花不实 自花授粉不能得到满足经济栽培要求产量的称自花不实。

果树自花不实的原因很多，主要有雌雄异株如银杏；雌雄异熟如核桃；自交不亲和如苹果；无花粉或花粉无生命力如岗山白桃。栽培自花不实的果树，生产上必须配置花粉量大、花期一致、亲和力强的授粉品种作为授粉树，创造异花授粉的条件，才能达到丰产的目的。

（5）单性结实 未经过受精而形成果实的现象，叫单性结实。如无核温州蜜柑。

（6）闭花授粉 有的果树如葡萄，在花冠脱落以前，在同一朵花内已进行了授粉，称为闭花授粉。

（三）落花落果

果树的开花数不等于坐果数，坐果数也不等于秋后成熟的果实数，是因为果树存在落花落果现象。

1. 坐果和落花落果 经过授粉受精后，子房膨大而发育成果实，在生产上称为坐果。从花蕾到果实出现期间花、果的脱落现象叫做落蕾、落花、落果，简称落花落果。

2. 落花落果的时期和原因 由于树体内在原因，而不是自然灾害或病虫害所造成的落果，通称生理落果。生理落果可分为早期和采前落果。

落花落果一般集中在 4 个时期：

（1）落花 开花后 3～5 天，主要原因是花没有受精所致。

（2）第一次落果 花后 1～2 周，主要原因是受精不充分和幼果竞争养分能力低而导致其停止生长而脱落。

（3）六月落果　发生在第一次落果后 1 个月或开花后 6 周，多发生在 6 月份习惯上称六月落果。主要原因是新梢与果实之间营养竞争。

（4）采前落果　是在采收前 3～4 周开始，主要是果实老化产生离层所致。

五、根系

（一）根系的来源

果树的根系依产生的部位不同，分为实生根系、茎源根系、根蘖根系 3 种（图 2-33）。

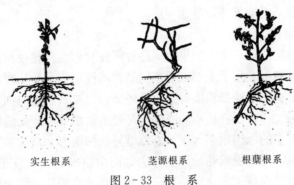

实生根系　　　　茎源根系　　　　根蘖根系

图 2-33　根　系

1. 实生根系　是由种子的胚根发育而成。实生繁殖和采用实生砧木嫁接的果树其根系为实生根系。特点是主根发达，生命力强，入土较深，对环境条件有较强的适应能力，但不同植株间差异较大。

2. 茎源根系　用扦插、压条繁殖的植株，其根系来源于母体茎上的不定根。主要特点是无主根，根系入土较浅，须根较多。这类植株基本能保持其母体的特性，个体间差异较小。目前国内繁殖苹果、梨的矮化砧，多采用茎源根系，以减少植株间的差异。

3. 根蘖根系　有的果树在其水平分布的根上易产生不定芽而形成根蘖，与母体分离后，即形成独立的植株。用分株法繁殖的果树其根系均属根蘖根系。其特点与茎源根系相似。

（二）根系的结构及分布

1. 根系的结构（图 2-34）　果树的根系通常由主根、侧根和须根所组成。实生根系的主根由种子的胚根发育而成，在上面产生的各级较粗大的分枝，统称侧根。在侧根上形成较细的根称为须根。并不是所有的果树都有主根，一般茎源根系和根蘖根系就没有主根。

须根是根系的最活跃部位，由吸收根、生长根、输导根和根毛组成。其主

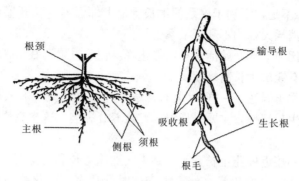

图 2-34　根系的结构

要功能是从土壤中吸收水分和矿物质，并促进根系的延伸和扩大。在生产中应营造良好的土壤环境，以利于根系活动和功能的发挥。

2. 根系的分布

（1）水平分布（水平根系）　根系水平分布特点是沿土壤表层生长，多数与地表平行。其分布的深度和范围，依土壤类型、树种、砧木类型及环境条件而异。同时也受土壤、肥水管理的影响。

水平根的水平分布范围一般为树冠直径的 1.5～3.0 倍。在土层深厚而肥沃的土壤中，水平分布范围较小而细根及吸收根特别发达；反之，在干燥瘠薄的土壤中，水平根分布范围大而细根及吸收根均少。在土质疏松而肥沃的表土层中，水平根分支多，着生细根多，吸收能力强。因此，水平根是构成根系的主要部分。

（2）垂直分布（垂直根系）　根系垂直分布的特点是向土壤深层伸展，大体与地表呈垂直方向伸展。

垂直根的分布深度一般小于树冠高度。在土层深厚、疏松而孔隙度大的条件下，根系分布深；地下水位低而干旱的地方根系分布也深。苹果、梨等树种垂直根系分布深度可达 4～5m。生长在干旱地或山地的枣树垂直根可达 6m 以上。在地下水位高的地区，地下水活动面便成为垂直根分布的界限。

3. 根系集中分布层　土壤中生态条件（水、肥、气、热等）适合果树根系最佳生长的层次，根系生长最好，这个层次为根系集中分布层。一般果树为 20～60cm 的范围内。

（三）年周期中根的生长规律

根系在 1 年中有 1 次或多次生长高峰，且高峰的出现一般与地上部生长高峰交错出现。果树超过 50% 的光合产物用于根系的生长发育，如果有机营养

（含贮藏营养）不足，不利于根系的生长。地上部营养生长旺盛或开花坐果及果实生长发育消耗大，均不利于根系生长。

果树根系比地上部开始活动早，停止晚。在北方果树栽培区域，成龄树根系1年内一般有3次生长高峰期：

（1）当春季土温达3～4℃以上时，根系开始生长。一般从萌芽前至4月下旬为第一次生长高峰，主要受地温和贮藏养分影响。这次高峰发根较多，但生长时间较短。

（2）从新梢接近停止生长开始，到果实加速生长和花芽分化以前（6月底至7月初）出现第二次生长高峰。由于这时叶片多，同化能力强，营养物质多，根系生长所需的水、肥、气、热条件较好，能促进根系生长，且生长时间长，是全年发根最多的时期。

（3）9月上旬至11月下旬，由于花芽分化已奠定基础，果实已经采收，叶片制造的养分回流积累，根系得到的养分增加，出现第三次生长高峰。这次高峰持续时间较长，但生长较弱。这个时期是基肥施用的最佳时期，一般越早吸收，效果越好。因此，秋季管理的重点措施是深耕，施有机肥，促进生长根的发生。

六、根颈、菌根、根蘖

1. 根颈　根与干交界处称为根颈。实生树的根颈是由胚轴发育而成，一般称为"真根颈"，用扦插、压条、分株法繁殖的苗木无真根颈，而具有假根颈。根颈是树体营养交换的通道，是果树器官中机能较活跃的部分，它在秋季进入休眠最晚，在早春解除休眠早，对环境条件变化敏感。在生产中如栽植过深或过浅，会影响果树的生产发育，管理不当时，初冬、早春易引起根颈的冻害，对树体影响很大，应注意保护。

2. 菌根　果树的根系与土壤中一些真菌共生形成菌根。菌根的菌丝体能够从土壤中吸收水分，分解腐殖质，有利于增强果树的吸收能力。

3. 根蘖　从根上长出不定芽伸出地面而形成的小植株。如枣、李、山楂等果树易形成根蘖，生产上常用来繁殖根蘖苗。不用于繁苗的果园，产生的根蘖应及早去除。

任务 2.3　果树的生长发育规律

一、果树的生命周期

果树在其整个生命周期中，要经历生长期、结果期、衰老期、更新期和死亡期等 5 个时期。在每个时期中，又可以根据果树生长结果的情况，划分为若干个更小的历史时期。每个时期的长短，也都与栽培管理水平和整形修剪技术有关。

果树的一生经历萌芽、生长、结实、衰老、死亡的过程称为果树的生命周期或称为果树的年龄时期。

果树的生命周期可分为幼树期、结果初期、结果盛期和衰老期。不同果树的寿命和进入各时期的时间和持续时间长短差异很大。因此，在生命周期中，栽培上应注意采取措施，使果树早结果、早丰产，延长盛果期年限和稳定产量，延迟衰老，防止树体寿命短，影响经济效益。

1. 幼树期（图 2 - 35） 果树从栽植到第一次开花结果的一段时间。

2. 初果期（图 2 - 36） 果树从初次结果到大量结果的这段时间。

图 2 - 35　幼树期　　　　　　　　　　　图 2 - 36　初果期

3. 盛果期（图 2 - 37） 果树从开始大量结果到产量开始明显下降的这段时间。

4. 衰老期（图 2 - 38） 从产量开始明显下降到主枝开始枯死。

图 2 - 37　盛果期　　　　　　　　　　　图 2 - 38　衰老期

二、年生长周期

果树树体每年都有与外界环境条件相适应的形态和生理机能的变化，呈现一定的生长发育规律，即为年生长周期。在北方落叶果树中，果树年生长周期的主要特点是明显地表现为生长和休眠两个不同的阶段。在生长阶段中，包括萌芽、开花、抽枝、展叶、开花和坐果等生长发育过程，如果是从扦插枝条到形成植株，其中还包括一个生根的过程；处于休眠期中的果树，其生命活动虽然微弱，但并没有完全停止。在果树的年周期中，随着季节的变化，果树的生长发育表现出一定的节奏性和规律性，这种与季节性气候变化相应的果树器官变化的动态时期，称为生物气候学时期，简称物候期。

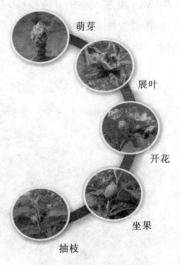

图2-39　物候期

果树年周期中的主要物候期，一般包括（图2-39）：根系活动期、萌芽期、开花期、展叶期、新梢生长期、果实发育成熟期、花芽分化期和落叶期等8个时期。物候期具有顺序性、重演性、重叠性和自主性。在果树年周期的不同物候期中，果树的生长中心和生长特点也不一样，对环境条件和栽培技术措施的要求也有所不同，对修剪的反应也各不相同。

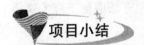 项目小结

果树是一种经济作物，是园艺作物的一部分。多数为多年生木本植物，还包括少数草本植物，如草莓、香蕉、菠萝等。生产可供食用的果品（或种子）及用作砧木的植物。

果树栽培学分类可分为木本落叶果树和木本常绿果树。

果树的树体结构有果树的枝干、枝条的类型和枝条的生长特性（顶端优势、垂直优势、干性和层性）。

果树芽的特性有芽的异质性、萌芽力、成枝力、芽的早熟性和晚熟性。

果树的花有完全花和不完全花、两性花和单性花、单花和花序。

北方落叶果树可分为：仁果类、核果类、坚果类、浆果类。

果树的单株产量取决于枝量、花量、坐果率和单果重。开花坐果数是实现高产的重要保证。

坐果和落花落果：经过授粉受精后，子房膨大而发育成果实，在生产上称为坐果。从花蕾到果实出现期间花、果的脱落现象叫做落蕾、落花、落果，简称落花落果。

落花落果的时期和原因：由于树体内在原因，而不是自然灾害或病虫害所造成的落果，通称生理落果。生理落果可分为早期和采前落果。

果树的根系依产生的部位不同，分为实生根系、茎源根系和根蘖根系。后两者均属于不定根。

果树的生长发育规律包括：果树年生长周期是指果树在 1 年内生长发育的全过程。果树的生命周期是指从幼苗定植到衰老死亡的全部历史过程。

 项目测试

一、名词解释

主干　树冠　主枝　侧枝　辅养枝　中心干　骨干枝　延长枝　新梢　一年生枝　盲节　副梢　营养枝　结果枝　顶端优势　垂直优势　干性　层性　纯花芽　混合花芽　单性花芽　完全花芽　芽的异质性　萌芽力　成枝力　芽的早熟性　芽的晚熟性　芽的潜伏力　叶幕　叶面积指数　自花授粉　异花授粉　自花结实　单性结实　闭花授粉　坐果　实生根系　茎源根系　根蘖根系　根颈　果树的生命周期　物候期　果树年生长周期

二、选择题

1. 下列属于假果的是（　　）。
   A. 苹果、山楂　　B. 苹果、桃　　C. 葡萄、草莓　　D. 核桃、苹果

2. 下列属于温带果树的是（　　）。
   A. 槟榔、香蕉　　B. 榛子、龙眼　C. 苹果、柿子　　D. 苹果、榛子

3. 下列枝属于骨干枝的是（　　）。
   A. 主枝、侧枝　　B. 辅养枝　　　C. 延长枝　　　　D. 竞争枝

4. 长度 15cm 以上的生长枝为（　　）。
   A. 短枝　　　　　B. 中枝　　　　C. 中短枝　　　　D. 长枝

5. 核果类果树的结果枝长度 5～15cm 的是（　　）。
   A. 长果枝　　　　B. 中果枝　　　C. 短果枝　　　　D. 花束状果枝

6. 下列果树干性较弱的是（　　）。

A. 苹果 　　　　B. 梨 　　　　C. 甜樱桃 　　　　D. 桃

7. 花芽既是混合花芽又是完全花芽的一组是 （　　　）。

A. 苹果 桃 　　B. 梨 葡萄 　C. 山楂 柿 　　D. 核桃 杏

8. 按照芽的性质分类，果树的芽可以分为 （　　　）。

A. 花芽和腋芽 　B. 顶芽和叶芽 C. 顶芽和腋芽 　D. 花芽和叶芽

9. 下列与树体更新关系最密切的芽是 （　　　）。

A. 叶芽 　　　　B. 花芽 　　　　C. 隐芽 　　　　D. 早熟性芽

10. 一般果树的叶面积指数是 （　　　） 较合适

A. 3～4 　　　　B. 4～5 　　　　C. 5～6 　　　　D. 3 以下

11. 下列果树属于雌雄异花的是 （　　　）。

A. 苹果 　　　　B. 桃 　　　　C. 樱桃 　　　　D. 核桃

12. 下列根系为茎源根系的是 （　　　）。

A. 实生繁殖 　　B. 扦插繁殖 　　C. 分株繁殖 　　D. 砧木嫁接繁殖

13. 一般果树根系的集中分布层在 （　　　） cm 范围

A. 10～20 　　　B. 20～40 　　　C. 30～50 　　　D. 20～60

14、果树从初次结果到大量结果的这段时间为 （　　　）。

A. 初果期 　　　B. 幼树期 　　　C. 盛果期 　　　D. 衰老期

三、简答题

1. 举例说明按栽培学分类木本落叶果树有哪些类型？

2. 果树枝、芽有哪些特性？

3. 何为自花不实？自花不实的原因是什么？

4. 叙述果树落花落果的时期及原因。

5. 果树的年生长周期经历哪几个物候期？果树的物候期有什么特点？

探究与讨论

如何调查果树枝条生长动态？

项目三

果树苗木生产及建园技术

 项目导读

　　果树苗木是发展果树生产的重要生产资料，苗木质量直接关系到建园成败和果园的经济效益高低。培育优质果树苗木是发展果树生产的关键技术的重要环节，对果树栽植成活率、果园整齐度、经济寿命及生长结果、果品质量、抗逆性等都有重要影响。依据当地自然条件和果树发展规划，培育良种壮苗供应生产具有极其重要的生产意义和栽培意义。

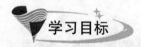 学习目标

知识目标

1. 了解果树实生苗培育的程序；
2. 掌握果树种子调制过程及检验方法；
3. 熟悉生产中促进生根的常用方法，了解自根苗的繁殖原理，掌握扦插苗、压条苗和分株苗的培育方法；
4. 了解嫁接育苗的生产流程；
5. 掌握 选择砧木与接穗的条件；
6. 了解嫁接的时期、嫁接方法及嫁接后的管理。

能力目标

1. 能正确进行种子的采集、调制；
2. 能熟练掌握果树芽接和枝接技术；
3. 能熟练掌握扦插育苗的技术。

任务 3.1　实生苗的生产

一、实生苗培育

（一）实生苗的特点与利用

实生苗是指用种子繁殖的苗木，又叫有性繁殖苗。

1. 实生苗的特点

（1）遗传差异性大，易产生新类型、新品种，在杂交育种和引种驯化中具有重要意义。

（2）生长旺盛，根系发达，寿命长，对外界环境适应性强，抗逆性一般都高于营养繁殖苗。

（3）实生苗繁殖简单，繁殖系数高，繁殖材料来源丰富，贮藏、运输方便，成本低廉。因而实生繁殖仍是果树栽培中最主要的一种育苗方法。

但播种繁殖遗传变异性大，不易保留母树品种的优良特性；有退化的现象。而且播种苗的发育期长，开花结果晚。因此，在繁殖苗木时，要权衡利弊，灵活选用。

2. 实生苗的利用

（1）多用作嫁接苗的砧木：利用实生苗的优点，来弥补嫁接品种的某些不足。

（2）有些果树用无性繁殖困难，或用种子繁殖变异不明显，如沙棘、桑葚、阿月浑子、仁用杏等可用实生苗作果苗。

（3）有性繁殖（特别是杂交种）培育的实生苗，可从中选育出新的品种，培养成优良无性系。

（二）主要果树的砧木类型及特点

砧木是果树生长（或改良）的基础，对控制树体生长势、增强果树抗逆性及抗病能力、扩大果树品种适应范围等具有重要意义。

1. 苹果主要砧木类型及特点　目前苹果生产中使用较为普通的实生砧木主要有山定子、西府海棠、楸子、八棱海棠、新疆野苹果等 10 多种，引进的营养系砧木主要有 M 系、MM 系等。

（1）山定子（图 3-1）　又名山荆子，果实近球形，9～10 月成熟，后熟日数 30～90 天。山定子幼苗根系生长良好，须根发达，抗寒力极强，喜湿润，但不耐涝，不耐盐碱，适于疏松的砂质土壤，与苹果嫁接亲和力强，成活率高，是我国较寒冷地区的主要砧木。

（2）海棠果　8～9 月成熟，后熟日数为 40～60 天。根深，须根发达，对土壤适应性强，抗旱，耐涝，耐盐碱，比较抗寒，对苹果棉蚜和根癌肿病有一定的抵抗能力，与苹果嫁接亲和力强，生长迅速，结果好，是优良的乔化砧木。其中崂山奈子具矮化作用。

（3）西府海棠（图 3-2）　又名子母海棠，果实近球形，8～9 月成熟，后熟日数 50～80 天。适应性强，具有抗旱，耐涝，耐盐碱，抗白粉病，根系发达，与苹果嫁接亲和力强，结果良好，是我国比较冷的地区，渤海弯一带和黄河故道的适用砧木。

图 3-1　山定子的果实　　　　图 3-2　西府海棠的果

（4）新疆野苹果　比较抗寒、抗旱、耐盐碱，结果稍晚。

（5）M9　固地性较差，抗寒，抗涝，抗旱性差，是从英国引进的矮化砧木。

（6）M26　抗白粉病，固地性好，耐低温，抗旱性差，是从英国引入的矮化砧木。

（7）MM106　抗根棉蚜，固地性好，耐低温，压条生根好，可进行硬枝扦插，是从英国引进的半矮化砧木，适合较寒冷和干旱地区栽培。

2. 梨主要砧木类型及特点　我国常用的梨树砧木，主要有杜梨、褐梨、秋子梨、豆梨和沙梨等 5 种。

（1）杜梨　又名棠梨、灰梨，根系发达，须根多，适应性强，抗旱，抗寒，耐涝，耐盐碱。果实近球形，褐色；种子卵形或圆锥形，褐色。与多数品种梨的亲和力均好，生长旺、结果早，而且丰产、寿命长。主要分布华北、西北、长江中下游流域及东北南部均有栽培，为我国北方梨区的主要砧木。

（2）褐梨　又名棠杜梨，根系强大，嫁接后树势生长旺盛，产量高，但结果晚，华北、东北山区应用较多。果实球形或卵形，直径 2～2.5cm，褐色，有斑点，种子椭圆形或球形、褐色，主要分布河北、山东、山西、陕西、甘肃、新疆。

（3）**豆梨**（图3-3）　又名山棠梨、明杜梨。树体高大，梨果较小，近球形、褐色、有斑点。适于暖湿气候，也能适应黏土及酸性土壤，根系较深，抗腐烂病能力强，抗寒能力不及杜梨，能抗旱，抗涝，较耐盐碱，耐瘠薄能力仅次于杜梨，与西洋梨系统品种亲和力强。

（4）**秋子梨**（图3-4）　又名山梨，果近球形，黄色或绿色带红晕，耐寒性强，对腐烂病，黑腥病抵抗能力强，丰产，寿命长，是我国东北、华北山地梨区广泛应用的砧木。特别耐寒、耐旱，但不耐盐碱。

图3-3　豆梨果　　　　　　　　图3-4　秋子梨果实

3. 桃主要砧木类型及特点　桃广泛应用的砧木是山桃和毛桃、杏、李、扁桃、毛樱桃、寿星桃、欧李等可以作桃的砧木。

（1）**毛桃**（图3-5）　果实球形，先端圆钝或微尖，密被短柔毛；离核性，果核小，具沟纹。8月份成熟，毛桃适应性较强，耐旱、耐寒、耐湿，但不耐涝，嫁接的亲和力强，生长快，结果早，果实品质好，是温暖多雨的南方

图3-5　毛桃的果实

桃区和气候干旱的西北、华北地区的适宜砧木。

（2）山桃　核果球形、黄绿色，表面有黄褐色柔毛；核圆而小，表面有凹纹，7～8月成熟，山桃的适应性强，耐旱、耐寒，比较耐碱，但不耐湿，在地下水位高的地方有黄叶现象，并易得根瘤病和颈腐病，山桃嫁接亲和力强，容易成活，生长好，是华北、西北、东北以及河南、山东等地桃树的主要砧木。

（3）毛樱桃（图3-6）　核果圆或长圆，成熟期很早，抗寒力很强，抗旱性及对土壤的适应能力也较强，毛樱桃用作桃的砧木能起到矮化作用，且与桃品种的嫁接亲和力强，只是生长较慢，苗木早，果性强。

图3-6　毛樱桃的果实

4. 葡萄的主要砧木及特点　常用的葡萄砧木，主要来自以下几个种。

（1）沙地葡萄　本种抗旱力强，抗寒力中等。深根性，耐瘠薄，对根瘤蚜、霜霉病及黑腐病抗性强。扦插易生根，与欧洲葡萄嫁接亲和力强，抗石灰能力较河岸葡萄强，抗旱性也强于河岸葡萄，萌芽及果实成熟期较早。主要用作欧洲葡萄的砧木，或砧木育种的原始材料。

（2）贝达　是我国北方普遍采用的一种抗寒葡萄砧木，与葡萄的嫁接亲和性好，结果早，扦插易生根。

（3）河岸葡萄　是北美种群中最抗寒的一个种，有生长期短和浆果成熟期早的特点。抗葡萄根瘤蚜，并抗真菌病害（霜霉病、白粉病和黑腐病等）。与欧洲葡萄嫁接亲和力强，扦插生根容易。河岸葡萄主要用作砧木及抗性育种的原始材料。已作为优良的抗寒砧木在我国辽宁省推广应用。

（4）山葡萄　该种抗寒性极强，根系可耐-15℃低温，枝条可耐-50～-40℃的低温，是葡萄属中抗寒性最强的一个种。抗白粉病、白腐病和黑痘病等，但不抗根瘤蚜，易染霜霉病。枝条扦插不易生根，我国东北可用种子繁殖作为抗寒砧木使用。

5. 杏树主要砧木 一般是山杏和普通杏。

（1）山杏（图3-7） 又名蒙古杏，分布于华北、东北和西北地区，灌木或小乔木，果近球形，果肉熟时橙黄色，核扁圆形或扁卵形，边缘平薄。抗寒、抗旱、耐瘠薄，不耐涝。与杏嫁接亲和力强，某些类型对杏有矮化作用。

图3-7 山杏的果实与种

（2）普通杏 比较抗寒、抗旱。

6. 李

（1）山桃 耐寒，耐旱，耐瘠，但不耐湿涝，对低洼黏重土壤适应性差，与欧洲李嫁接亲和力较低。

（2）毛樱桃 与多数品种嫁接亲和力较好。但根系发育较差，分布较浅，抗风力较差，遇大风易倒伏。树体表现矮化，结果早，易丰产，但果实较小。

（3）桃 与李嫁接生长亲和力高，嫁接苗快，结果早，果个大，易丰产，且耐瘠薄，抗干旱，适应性广。其缺点是不耐低洼黏重土，不耐涝，且易患根癌病。嫁接部位过高时有大脚现象。

7. 柿树 君迁子，也叫软枣、黑枣。种子发芽率高，出苗整齐，根系发达，生长较快。嫁接亲和力强，结合部位牢固，成活率高，抗寒、抗旱，是目前我国北方繁殖柿树最好的砧木。

8. 枣 酸枣，抗逆性强，耐旱、耐涝、耐盐碱、耐瘠薄。繁殖容易，是目前嫁接枣树的主要砧木。

9. 山楂 主要砧木有山楂（山里红）和野山楂（小叶山楂）等。

（三）种子的采集、调制、贮藏

种子是良种壮苗的基础。种子质量的好坏，直接关系到出苗率高低、幼苗的整齐度和生长势。因此，采种时必须重视质量，选用优质种子，才能保证苗全、苗壮。

1. 种子的采集　采集的种子要求品种纯正，类型一致，无病虫害，充分成熟，籽粒饱满，无混杂。为保证种子的质量，必须做到：

（1）选择优良母树　作为母树的植株最好是壮龄母树，并具备品种纯正、生长健壮，适应当地条件，性状优良，无病虫害，结实饱满。

（2）适时采收　适宜采期的确定，应考虑果实和种子的外部形态。若果实肥大，果形端正，达到该果实应有的成熟色泽，且种仁充实饱满，说明种子已经成熟。不同果树的砧木种子的成熟期不同，因此采集时间也不同。

常见主要果树砧木种子的采集时间（表3-1）。

表3-1　常见砧木种子的采集时间

砧木种类	采集时间	砧木种类	采集时间
海　棠	9月下旬	山定子	9月下旬
杜　梨	9月下旬	山　楂	10月中下旬
山　桃	8月上旬	毛　桃	8月上旬
毛樱桃	6月中旬	山　杏	7月上旬
酸　枣	9月下旬	君迁子	11月上旬
核　桃	9月下旬	板　栗	9月上旬

（3）合适的采集工具　采种时应根据需要准备好各种采种工具。如采种镰刀、采种布、采种袋、高枝剪、簸箕、扫帚、安全帽、采种梯等。

（4）适当的采收方法　果实要在无风的晴天采收；果肉有利用价值的，要尽量减少果实碰伤，以增加经济收益。母树高大，上树采收；低矮的母树，可用梯子或高凳站在上面采收。

2. 种子的调制　种子的调制又叫种子的处理，就是将采集的种实进行加工的工作。目的就是获得纯净、便于运输、适宜贮藏或播种的种子。其内容包括取种、净种、干燥和分级精选等步骤。

（1）取种　种实采收后应立即进行处理，否则会因发热、发霉等因素，降低种子的质量，甚至使其完全失去生命力而无法使用。

从果实中取种的方法应根据果实的利用特点而定。

①果肉无利用价值的果实：如山荆子、秋子梨、杜梨、山桃、海棠果、君迁子等。多采用堆积软化法，即果实采收后，放入缸内或堆积阴凉处，使果肉软化，堆放厚度以25~30cm为宜，保持温度25~30℃，温度超过30℃易使

种子失去生命力。堆积期间要经常翻动，待果肉软化后揉搓使种子与果肉分离，然后用清水冲洗干净，便可获得种子。

②果肉有利用价值的果实：如山楂、野苹果、山葡萄、猕猴桃等。可结合加工过程取种。

③怕冻、怕热、怕风干的种子：如板栗。堆放过程中，要根据温、湿度的变化适当洒水，待刺苞开裂，便可脱粒，由于其要求含水量高，脱粒后要窖藏或埋于湿沙中。

（2）干燥　大多数果树的种子取出后，需要干燥，方可贮藏。通常将洗净种子薄摊阴凉通风处晾干（即阴干），不宜曝晒。精选后装入布袋中放在冷凉、干燥处保存。板栗、樱桃等种子，一般干燥后发芽力降低，取种后应立即沙藏或播种。

（3）精选分级

①精选：种子晾干后进行精选，除去杂物、病虫粒、畸形粒、破粒、烂粒，使种子纯度达95％以上。净种方法可根据种子而定。大粒种子（核桃、板栗）用人工精选；小粒种子利用风选、筛选、水选等方法。

②分级：分级是将同一批种子按其大小、饱满程度或重量进行分类。分级方法因种子而异，大粒种子人工选择分级；中、小粒种子可用不同筛孔进行筛选分级。

3. 种子贮藏

（1）种子的贮藏条件　种子阴干后离播种或沙藏还有一段时间，需要妥善贮藏，使种子呼吸处于微弱状态，从而减少消耗，延长种子寿命。贮藏过程中应控制好温度、湿度、通气及其他条件：

①温度：一般果树砧木种子贮藏过程中，所需最适温度为0～8℃。

②湿度：包括种子贮藏的湿度和贮藏时的空气相对湿度。

a. 种子的安全含水量：是指仅能维持种子生命活动所需的最低限度的含水量。实践证明，贮藏的多数砧木种子的安全含水量和它的充分风干的含水量大致相等。如海棠果、山梨等种子含水量为13％～16％，李、杏、毛樱桃、山葡萄含水量可达20％～24％，板栗的含水量高达26％～30％。

b. 贮藏环境湿度：贮藏环境湿度大，容易引起霉烂，贮藏时空气相对湿度以保持为50％～70％。

③通气：大量贮藏种子要注意通气，尤其在温、湿度较高的情况下，更需通气。

④其他条件：种子贮藏期间除了要随时注意温、湿度及通气情况外，还要

随时防虫防鼠，以免影响种子的质量。

（2）贮藏方法：贮藏方法一般因种子贮藏时的安全含水量而有差异。

①大部分落叶果树：其种子充分阴干后贮藏，包括苹果、梨、桃、葡萄、柿、枣、山楂、杏、李、部分樱桃、猕猴桃等种子及其砧木种子，用麻袋、布袋或筐、箱等存放通风、干燥、阴冷的室内、库内、囤内等，亦可将洁净的种子装入塑料袋内存放。

②常绿树种及少量落叶树种：常绿树种及板栗、银杏、甜樱桃等落叶树种，必须采后立即播种或湿藏。湿藏时，种子与含水量为 60% 的洁净河沙混合后，堆放室内或装入箱、罐；贮藏期间要经常检查温度、湿度和通气状况。

4. 种子的休眠与催芽

（1）种子的休眠

①休眠的概念：植物种子休眠是指任何有生命力的种子，由于某些内在因素或外界条件的影响，使种子一时不能发芽或者发芽困难的自然现象。

②休眠的分类：根据种子发芽是否经过后熟分为短期休眠和长期休眠两大类。

a. 短期休眠：又叫被迫休眠。是由于种子成熟后得不到发芽所需要的基本条件（如适宜的温湿度、通气、光照等），种子不能发芽而被迫处于休眠状态。

b. 长期休眠：又叫深休眠、生理休眠或机体休眠。种子成熟后，如不加特殊的处理，即使给其萌发的条件，仍然不能萌发或需要较长的时间才能萌发的现象（大多果树种子休眠属此类型）。

（2）影响种子休眠的因素　主要有种（果）皮引起的休眠，种皮（或果皮）坚硬、致密或有油脂或蜡质等，如山桃、山杏等；萌发抑制物引起的休眠，是由于果实内含有萌发抑制物质，可以抑制胚的代谢作用，如山楂；种胚未成熟或种胚尚未通过后熟过程引起的休眠，如早熟桃、杏、苹果、梨。

（3）解除种子休眠的方法

①物理方法

a. 水浸处理：用水浸种催芽是最简单的催芽方法，适合于被迫休眠的种子。目的是使种皮软化，种子吸水膨胀，促进贮藏物质的转化，供给胚生长发育的需要。

b. 机械处理或化学药剂腐蚀：主要针对果皮坚硬致密的种子，通过破坏种皮增加其透性。

②层积处理：是指将种子与湿沙或湿泥炭、蛭石按一定比例混合或分层放在低温、湿润、通风的条件下，促使种子露出胚根的处理方法；此法适于大多数种子，特别适于长期休眠的种子及需要后熟过程的种子。层积处理是目前生

产上最常用的、最可靠的一种人工促进种子后熟的重要手段。

a. 低温层积催芽的条件

温度：低温层积催芽的温度因树种而定，多数果树砧木的种子是 2~7℃。

水分：水分以所用湿沙手握成团，不滴水为宜，一般为所有湿沙饱和含水量的 60%。

通气：层积要有适宜的通气条件。

层积催芽天数（表 3-2）：层积的天数因树种不同而不同。

表 3-2　不同种子层积时间（2~7℃）

树种	层积日数	树种	层积日数
湖北海棠	30~35	猕猴桃	60
海棠果	40~50	酸枣	60~100
山定子	25~90	山桃、毛桃	80~100
八棱海棠	40~60	山葡萄	90
杜梨	60	杏	100
沙果	60~80	中国李	80~120
核桃	60~80	甜樱桃	100
山杏	45~100	山楂	200~300
扁桃	45	山樱桃	180~240
板栗	100~180	酸樱桃	150~180

b. 层积的过程

层积的时期：一般在当地土壤封冻前，同时结合果树种子完成后熟所需的天数和当地春季适宜的播种期来决定。

浸种：使种子充分吸水（大粒，清水浸泡 2~3 天；小粒，浸泡 24h）。

挖沟：地应选在地势较高、排水良好的背风处，一般宽 100cm，深 80cm（原则在冻土层以下，地下水位以上），长度视种子多少而定。

拌沙：大粒种子，种沙比为 1∶5~10；小粒种子为 1∶3~5。要求种沙混合均匀。

层积：先用清洁湿润河沙铺底，厚约 5cm，然后放一层种子一层河沙，如此堆放多层。也可不分层，而将种子与湿沙混合均匀后放入，放到离地面 10cm 时，用河沙覆盖成屋脊形，四周挖好排水沟，防止雨水浸入。另外，最好沿沟长方向，每隔 1~2m 竖插一束从沟底到沟顶的秫秸把，作为通气孔道。

在层积过程中经常检查温、湿度及通气变化情况，并及时调控，以防霉烂、过干或发芽。春季种子发芽露白时及时播种。

③其他物理方法

a.薄层冷冻法：仁果类种子在早春还有冰冻时，先用凉水或50℃温水浸泡1h，晚上于背阴处薄薄地摊在木板、麻袋和地上，厚度为0.5 cm以下，使每粒种子冰冻。然后将冰冻的种子和湿沙混匀层积为0～5℃的环境中，放置10～20天即可催芽播种。

b.热水烫种法：可以软化种皮，去掉种皮表层的蜡质和油脂，增强种皮透性并能浸出发芽抑制物质，从而促进萌发。把仁果类种子倒入60～70℃热水中，边倒、边搅拌，等水凉后继续浸泡1～2天，再催芽播种。

c.温水浸种法：播前30天，对苹果和梨的砧木种子，以30～40℃温水浸泡5min，充分搅拌，自然降温后，放入清水中浸泡2～3天，每天换1次水，再短期层积，播前催芽。

④化学方法

生长素处理：用100～500 mg/kg萘乙酸钠、20～100 mg/kg赤霉素分别浸泡苹果砧木种子12h，有促进种子发芽的作用。

5.种子生命力的鉴定　新种子生命力强，播种后发芽率也高，幼苗生长健壮，陈种子则因贮藏条件和年限不同，而失去生活力的程度也不一样。因此，播种前必须经过种子质量的检验和发芽试验。

（1）目测法　用肉眼或放大镜观察种子内外部，以试别种子优劣。凡有发芽力的种子，具备固有的形状，大小均匀，籽粒饱满，其色泽、气味、硬度均能正确识别。

（2）挤压法　小粒种子可用水煮10min，再用两块小玻璃片挤压，饱满的种子，能挤出种仁，变质的种子种仁呈黑色。

（3）染色法　常用的染色剂有0.5%～1%靛蓝或5%的红墨水。具体方法：将种子浸入水中12～24个小时，使种皮柔软，然后剥去种皮，放入1%靛蓝中，染色为1h，再将种子取出，用水冲洗。凡胚和子叶全部染色的，为无生命力的种子；胚和子叶没有被染色的，为有生命力的种子。

（4）发芽法　适宜条件下使种子发芽，直接测定种子的发芽率。缺点就是所需的时间较长。其做法就是随机取100粒种子，放在浸湿的吸水纸上，注意保温保湿，在种子的发芽期内计算发芽种子数及发芽百分率。

（四）播种

1.播种期　我国四季均能播种，应根据树种的生物学特性和当地条件，选择适宜的播种季节。

(1) 春播 春播是生产中常用的播种季节。在土壤解冻后进行，3月中旬至4月中旬。阳畦育秧比露地直播苗提前。种子在土壤中存留的时间短，可以减少鸟、兽、病虫等危害，一般情况下幼苗不易遭受低温和霜冻的危害，在管理方面也比较省工。

具体时间应根据各种树种种子发芽过程中所需温度条件来确定。即在幼苗出土后不致遭受晚霜危害的前提下，愈早愈好。生产上应在地表5cm处地温稳定在7～9℃时为宜。东北、华北、西北地区一半多采用春播。

(2) 秋播 在秋末冬初土壤冻结之前进行，一般为10月中旬至11月中旬。除种粒小的种子外，大多数种子都可以在秋季播种。种子在土壤中完成发芽前的准备，可以减免种子贮藏和催芽工作。来春出土早而整齐，生长期长，苗木生长健壮。由于发芽早，扎根深，所以抗旱性强。

但种子在土壤中存留的时间长，易遭鸟、兽、病虫等危害，含水量大的种子冬季严寒易受冻害，冬季风大地区播种地易出现沙压、风蚀现象，秋季播种来年春季土壤表层易形成板结，妨碍幼苗出土。

2. 播种量 播种量是指单位面积的用种量。通常 kg/亩或 kg/hm² 表示。

理论上播种量可以用下列公式：

播种量（kg/hm²）＝计划出苗数/hm² ÷（种子粒数/kg×种子纯度×种子发芽率）。

播种量的确定：

在计算的基础上，播种量还要结合树种、当地条件、播种方法、株行距等确定。大粒种子播种量大，小粒种子播种量小；种子纯度高、发芽率高，播种量小；撒播用量多，点播则少。常见种子的播种量见表3-3。

表3-3 常见种子的播种量

种子名称	粒数/kg	播种量（kg/亩）	发芽率（%）
海 棠	50 000～60 000	1～1.5	52～6
杜 梨	72 000～90 000	1.0	70
毛 桃	300～400	40～50	90
黑 枣	3 400～6 000	5～10	80
核 桃	70～100	125～200	70～90

3. 播种方式 播种方式有露地直播和阳畦育秧两种。

（1）露地直播　是将种子直接播在苗圃、果园内，就地生长成果苗或作砧木。这种方式可用机械操作、简洁省工、出苗整齐、生长迅速。

（2）阳畦育秧　是将种子密集地播在苗床内，出苗后移栽到露地进行栽培。这种方式播种密度大，便于集中管理，可以创造幼苗生长的良好条件，经移栽后，苗木侧根发达，须根量大且节省种子，但移栽比较费工。

4. 播种方法

（1）撒播　把种子均匀地撒在苗床上，然后撒土覆盖种子。一般用于阳畦育秧，适用于小粒种子，如杜梨。

特点：有省工，出苗率高，经济利用土地等优点，但需移栽。

具体做法：

a. 做苗床：育苗前先做好苗床，床宽 1～1.2m，长 5～10m，深 20cm，东西向设置。

b. 苗床整理：床铲平，压实，撒一层草木灰，铺 10cm 厚的培养土，用木板刮平，并轻微镇压。

c. 播种前种子处理：将层积处理的种子筛去沙子，浸种催芽，有 50% 以上露白即可播种。

d. 播前灌水：将苗床灌足水，待水下渗后即可播种。

e. 播种：将种子均匀地撒播在床面。阳畦育秧种子用量大，如山定子 80～100g/m^2、海棠 200～250 g/m^2、新疆野苹果 300 g/m^2。

f. 播后管理：种子撒播之后，覆盖 1cm 厚的培养土或湿沙，然后搭塑料小拱棚促进成苗。

（2）条播　按一定的行距开沟播种，将种子均匀地撒在沟内。露地直播应用较多，大小粒种子均可使用。特点是苗木有一定的行间距离，便于土壤管理、施肥、嫁接等工作，通风透光良好，苗木生长健壮，起苗方便，节省用工。

条播具体做法：畦宽 1m，每畦 2～4 行，行距小粒种子 20～30cm，大粒种子 30cm，边行距畦埂至少 10cm。播种时先按行距开沟，沟的深度依种子和土壤性质而定，大粒种子宜深，小粒种子宜浅，土壤疏松应深，土壤黏重要浅。然后将种子均匀地撒在沟内，然后覆土整平，黏重土壤稍浅，土壤疏松稍厚。最后盖上覆盖物或细沙。

条播：播种行要通直；开沟深浅要一致，开沟后立即播种注意保墒；撒种要均匀；覆土厚度要适宜；适度镇压。

（3）点播（图 3-8）　是按一定的株行距将种子以单粒或数粒挖小穴播于育苗地的方法。点播主要用于核桃、板栗、桃、杏等大粒种子。优点是苗木分布均匀，生长快，质量好。但单位面积产苗少。

图3-8 点 播

具体做法：点播育苗畦宽1m，每畦2～3行，行距30～50cm，株距15cm。播种时先开沟或挖穴，灌透水，待水渗下后放下种子，再覆土整平。播种板栗种子易平放，核桃缝合线要与地面垂直。

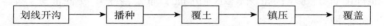

划线开沟 ──→ 播种 ──→ 覆土 ──→ 镇压 ──→ 覆盖

5. 播种步骤 覆土厚度：一般为种子短轴直径2～3倍。

①极小粒种子：0.15～0.5cm；

②小粒种子：0.5～1cm；

③大粒种子：3～5cm；

④中粒种子：1～3.0cm。

二、播种后的管理

播种后为了给种子发芽和幼苗出土创造良好条件，提高种子成活率，要做好播种地的管理工作。

1. 覆盖 为了保护地表，防止土壤板结，保持土壤疏松，稳定地温，避免风吹、日晒、雨淋，减少土壤水分蒸发，预防冻害和鸟害，播种后要覆盖。

2. 灌溉 种子萌芽出土和幼苗期需要足够的水分供应，播种地必须保持湿润，如果土壤缺墒，就会对幼苗出土造成影响。

种子萌芽出土前后，忌大水浸灌，尤其播种较浅的中小粒种子，以免冲刷，造成播行混乱，覆土厚度不匀，地表板结，出苗困难。如果需要灌水，以渗灌、滴灌和喷灌方式为好。无条件者可用洒壶或喷雾器喷水增墒。苗高10cm以上所有灌溉方式均可采用，但幼苗期浸灌时水流量不宜过大。

生长期应注意观察土壤墒情、苗木生长状况和天气情况，适时适量灌水，以促进苗木迅速生长。同时控制肥水，防止徒长，促进新梢木质化，增强越冬能力。越冬前灌足封冻水。

3. 间苗与移栽（图3-9）　间苗：是把多余的苗拔掉，确定留苗量，使幼苗分布均匀、整齐、松散，以利于通风透光，健壮生长。间苗、定苗在幼苗长到2～3片真叶时进行。做到早间苗，分期间苗，适时定苗，合理定苗，保证苗全、苗壮。小粒种子10cm，大粒种子15～20cm。间去小、弱、密、病、虫苗。

图3-9　间　苗

移栽：间出的幼苗除病弱苗和损伤苗不能利用外，其他幼苗可以移栽。移栽前2～3天灌水一次，使移栽时带土容易成活。移栽最好在阴天或傍晚进行，移栽后随即灌水。首先补齐缺苗断垄的地方，然后将多余的苗栽入空地。

4. 断根　断根是将具有一定高度的苗木的主根切断。目的是促进苗木多生侧根和须根，扩大苗木吸收面积，提高苗木质量。

留床苗苗高10～20cm，工具离苗10cm左右倾斜45°角斜插下，将主根截断促发侧根。移栽苗移栽时即可切断主根。

5. 中耕除草　苗木出土以后及整个生长期间，要经常中耕除草，疏松土壤，破除板结，增强透气性，清除杂草，减少水分和养分消耗，为苗木生长创造良好的环境条件。

6. 追肥　砧木苗在生长期结合灌水进行土壤追肥1～2次。第一次追肥在5～6月份，每亩施用尿素8～10kg；第二次追肥在7月上、中旬，每亩施用复合肥10～15kg。

根外追肥：除土壤追肥外，结合防治病虫喷药进行叶面喷肥，生长前期喷0.3%～0.5%的尿素；8月中旬以后喷0.5%的磷酸二氢钾。或交替使用有机腐殖酸液肥、氨基酸复合肥等。叶面喷肥7～10天进行1次，叶面肥料交替使用。

7. 应用植物生长调节剂 喷施赤霉素等，加速苗木生长。

8. 病虫害防治 幼苗期应注意立枯病、白粉病与地老虎、蛴螬、蝼蛄、金针虫、蚜虫等主要病虫害的防治。

（1）拔病苗 间苗移栽和日常管理中，发现病苗立即拔除，并迅速带离苗圃，集中烧毁和深埋。

（2）灌根 发现幼苗被地下害虫危害，可用辛硫磷等药剂灌根处理。1hm^2 用 50％辛硫磷 3 750ml 加水 7 500～10 500kg 灌根；或用 50％乙硫磷 1 000～1 500 倍液灌根。

（3）地面诱杀 对地老虎、蝼蛄等地下害虫，可以加工毒饵诱杀。如用谷子 500g 煮或炒至半熟，拌 50％甲胺磷 10ml 制成毒谷，撒于行间，或用 90％晶体敌百虫 1kg 麦麸或油渣 30kg，加水适量拌成豆渣状毒饵，傍晚撒施于苗圃内诱杀。亦可利用趋光性黑光灯诱杀成虫。

（4）喷药防治 幼苗根部病害采用铜铵合剂防治效果较好。配制方法：将硫酸铜 2kg、碳酸铵 11kg、消石灰 4kg，混合后密闭 24h。使用时取 1kg 药液，对水 400kg，喷洒病苗及土壤。也可用 50％多菌灵或 50％甲基托布津 800 倍液、75％百菌清 500 倍液喷雾。兼治白粉病时，可喷 160 倍量式波尔多液。防治蚜虫，可选用 10％吡虫啉 3 000～5 000 倍液、20％甲氰菊酯 3 000 倍液。

另外，供作嫁接的砧木苗，移植后当长到一定高度要进行摘心，使苗木增粗，提早嫁接，并随时除去砧苗基部的萌蘖，使主干光滑，便于嫁接。

任务 3.2 嫁接苗的生产

一、嫁接成活的原理及条件

嫁接是指剪截植物体的一部分枝或叶，嫁接到另外一株植物体上，使两者成为一新的植株。这种育苗方式得到的苗木称为嫁接苗。被剪截植物上的枝或芽叫接穗，被嫁接的植物叫砧木。

1. 嫁接成活的原理 嫁接是利用植物的再生能力的一种繁殖方法，而植物的再生能力最旺盛的地方是形成层。当两个具有亲和能力的植物嫁接后，砧木和接穗伤口的形成层产生的愈伤组织互相结合，填补接穗和砧木的空隙，沟通两者疏导组织，保证水分养分的上下、互相传导，形成一个新的统一体。

在嫁接后不久，接穗和砧木的伤口，由于表面细胞死亡，各自形成一层保护性的薄膜，阻断了水分的蒸发，为双方形成层的活动创造了条件。紧接着，双方薄膜下的受伤细胞，由于受创伤刺激，产生了一种刺激细胞分裂的创伤激素。在创伤激素的影响下，双方形成层细胞、髓射线、未成熟的木质部细胞和韧皮部细胞，都恢复了分裂能力，形成了愈伤组织。双方的愈伤组织不断增大，并突破薄膜相互交错抱合，充填在接穗和砧木之间的缝隙中。在此同时，薄膜逐渐被吸收消失，接穗和砧木组织恢复正常功能，水分养分上下运输、互相传导，形成一个新的统一体。

嫁接成活的关键，是接穗和砧木形成层的紧密结合，两者形成层结合面越大，疏导组织越容易沟通，成活率也就越高。为使两者形成层紧密结合，必须使接触面平滑，嫁接时要注意两者形成层对齐并捆紧。

2. 影响嫁接成活的主要因素

（1）嫁接亲和力　嫁接亲和力就是接穗嫁接在砧木上后，两者在内部的组织结构、生理生化与遗传上彼此相同或接近，从而能结合在一起进行正常生长的能力。

①植物的亲缘关系：一般来说，接穗和砧木的亲缘关系愈近，亲和力越大。同种间的亲和力最强，同属间的亲和力其次，同科间的亲和力较小，不同科之间的亲和力极差，一般难以成活。这是因为亲缘关系愈近，彼此的生理遗传性愈是相近。所以，亲和力愈大。

②植物的生长特性：植物的生长特性也是影响嫁接成活的内在因素之一。

a. 砧木与接穗萌动的早晚：砧木较接穗萌动早时，成活率高，这是因为接穗萌动时，砧木已能供给接穗萌芽所需的水分和养分。相反，则不易成活。

b. 砧木与接穗的伤流：伤流阻碍砧穗间的树液交流，影响愈伤组织的形成，进而影响成活。

c. 砧木与接穗的内含物：松脂含量高的植物种，如处理不当会影响接穗的愈合；含有单宁的植物，伤口的单宁在大气中氧化，形成隔离层阻碍愈合。

d. 植物髓心的大小：有些植物髓心粗大，1 年生枝条的芽，芽底凹陷，不易和砧木紧密结合，从而影响嫁接成活率，如核桃等。

因此，接穗与砧木的生长习性愈相似，两者的亲和力愈大。

（2）接穗和砧木的状态　植物生长健壮，营养器官发育充实，体内贮藏的营养物质多，嫁接就容易成活。所以砧木要选择生长健壮、发育良好的植株，接穗也要从健壮母树的树冠外围选择发育充实的枝条。

（3）外界环境条件　环境条件也是影响嫁接成活的一个重要条件。影响嫁接成活的外部因素主要有温度、湿度、空气、光照 4 个方面。一般最适宜嫁接的温度为 20～25℃。

适宜嫁接的相对湿度为 80％～90％。在生产上嫁接多以塑料带绑扎或封蜡，以创造适宜的嫁接湿度。砧木和接穗接口处愈伤组织的生长需要充足的氧气、光照，遮光条件能促进愈伤组织的形成。直射光抑制愈伤组织的形成，并易造成蒸发失水影响成活，故嫁接初期要适当遮阳保湿。

（4）嫁接质量：嫁接质量主要体现在 3 个方面：

①接穗的削面是否平滑：嫁接成活的关键因素是接穗和砧木两者形成层的紧密结合。这就要求接穗的削面一定要平滑，这样才能和砧木紧密贴合。如果接穗削面不平滑，嫁接后接穗和砧木之间的缝隙就大，需要填充的愈伤组织就多，就不易愈合。因此，削接穗的刀要锋利，削时要做到平滑。

②接穗削面的斜度和长度是否适当：嫁接时，接穗和砧木间同型组织接合面愈大，两者的输导组织愈易沟通，成活率就愈高；反之，成活率就愈低。

③接穗、砧木的形成层是否对准：如上所述，大多数植物的嫁接成活是接穗、砧木的形成层积极分裂的结果。因此，嫁接时两者的形成层对得越准，成活率就越高。

（5）嫁接技术　嫁接过程要做到快（嫁接速度快）、平（削面、接口平滑）、齐（形成层对齐）、严（接口包严绑紧）。

3. 嫁接成活的关键

（1）掌握好嫁接时间：一般应在树液开始流动而芽尚未萌动时进行，枝接多在早春 2～3 月，芽接多在 7～8 月。

（2）接穗与砧木要选择亲缘关系接近，具有亲和力的植物。

（3）砧木宜选生长旺盛的一、二年实生苗或 1 年生扦插苗。

（4）嫁接时注意操作要领。

要先削砧木、后削接穗（缩短水分蒸发时间）；工具要锋利，切口要平滑；形成层要对准，薄壁细胞要贴紧，接合处要密合，绑缚要松紧合适。

（5）嫁接后要及时检查：对已接活了的植株，应及时解扎缚物，否则幼苗易受勒，影响正常生长。与堆土法嫁接的，发现已萌发新芽，应立即去掉土堆，以免幼芽见不到阳光变黄。

二、砧木与接穗的选择

1. 接穗的采集及贮藏

（1）接穗的采集

①母株的选择：选择适应当地生产条件，具备品质优良、纯正、丰产、优

质、生长健壮、无病虫害、观赏价值高、遗传形状稳定的优良植株作采穗母树。

②枝条的选择：采穗时，应从优良母株树冠中、上部外围，向阳面，生长旺盛、发育充实、节间短、芽体饱满并无病虫害的一年生左右的枝条作接穗，一般接穗直径均要为 0.5～1cm，否则会影响成活。

（2）接穗的贮藏 采接穗时一般结合修剪进行，随剪随采，也可在头一年秋季采集，采收后按品种打一捆，并挂上标签，放在窖内沙藏后翌年使用。

①深窖内贮藏法：枝接接穗，常规贮藏办法是穗条采回整理后，按不同品种或类型分别扎捆，然后放在低温保湿的深窖内贮藏，温度要求 0℃以下，湿度达 90％以上，以免过早发芽。在贮藏期间应定期检查，防止接穗干枯、过湿、冻害和霉烂。

②蜡封接穗法：其目的是使接穗减少水分的蒸发，保证接穗从嫁接到成活一段时间的生命力。接穗采集后，按嫁接时所需的长度进行剪截，一般接穗枝段长度为 10～15cm，保留 3 个芽以上。

2. 砧木的选择

（1）砧木树种应与嫁接树种亲和力强。

（2）适应当地的气候、土壤条件，并具有一定抗性，如抗寒、抗旱、抗盐碱、抗病虫害能力强。

（3）为保持接穗品种的优良性状，宜选择 1～2 年生实生苗作砧木；为提高嫁接苗的抗性，应选择年龄较大的母树作砧木。能够为接穗的生长发育、开花、结果、寿命等产生积极的影响。

（4）砧木树种来源充足、易繁殖。实践证明，苹果用山定子、海棠，梨选用杜梨、秋子梨。

（5）在生产上能满足特殊需要，如乔化、矮化、无刺等。

三、嫁接的时期及嫁接方法

1. 嫁接方式 根据砧木不同分为苗木嫁接法和高接法。

（1）苗木嫁接 适用于 1～3 年生幼树嫁接，嫁接苗开始结果早，能保持品种的优良性状。

（2）高接法 适用于 3～5 年生以上、树冠较大、分枝级次较多的砧木，根据原树冠骨架的枝类分布情况，在较高的部位嫁接较多的枝头，尽可能少地缩小树冠。高接法有独特的特点。

① 可充分利用原有树冠骨架，接头多、树冠恢复快，能保持树体上下

平衡。

②伤口较小，愈合容易，嫁接方法因部位不同而多种多样。

③可充分利用树冠内膛，插枝补空，增加结果部位。

④嫁接后结果早、产量高，一般嫁接后第二年可恢复，甚至超过原树产量，第三年可恢复树冠，获得高产。

对于较大的树，嫁接部位要按照主枝长、侧枝短、主从关系明显的原则，在骨干枝上尽可能多接头，光秃带用腹接补空；除主侧枝头外，其他枝的嫁接部位截留枝段长度一般距其母枝 15～20cm，粗枝稍长，细枝稍短；接口直径一般应选在 3～5cm 处，树龄较大的最粗不宜超过 8cm。

2. 嫁接时期　一般在春、夏、秋季均可，一般在砧木芽萌动前或开始萌动而未展叶时进行。实践中，春季嫁接在萌芽前 10 天到萌芽期最为适宜，夏、秋季要在枝梢老熟后，所选用的接穗枝条均要充分老熟木质化。同时在气温较高、晴朗的天气嫁接成活较好。

3. 嫁接方法　嫁接方法很多，依接穗利用情况不同可分为芽接和枝接，枝接又可分为硬枝嫁接和嫩枝嫁接；根据砧木和接穗的切削和结合方法的不同分为芽接、切接、劈接、靠接和腹接等；根据嫁接时期的不同可分为生长期嫁接和休眠期修剪。

（1）芽接　芽接是从良种母株枝条上切取 1 个芽，嫁接在砧木上，它萌发后形成单独植株的嫁接方法。此嫁接法具有操作简便、成活率高、节省插穗等优点。在春、夏、秋三季，能剥开皮层时均可嫁接。

以芽片为接穗的繁殖方法，包括丁字形芽接、嵌芽接和方块形芽接。

丁字形芽接：

①不带木质部的丁字形芽接（图 3-10）。

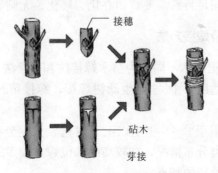

图 3-10　丁字形芽接示意图

具体做法：嫁接时期一般在接穗新梢停止生长后，而砧木和接穗皮层易剥离时进行。应选用发育充实、芽子饱满的新梢的接穗。接穗采下后，留 1cm 左右的叶柄，将叶剪除，最好随采随用，削接穗时先在芽上方 0.5cm 处，横切一刀，深达木质部，再在芽下方 1～1.5cm 处向上斜削一刀至横切扣处，捏住芽片横向一扭，取下芽片。在砧木皮部光滑处，横切一刀，宽度比接芽略宽，深达木质部，再在刀口中央向下竖切一刀，长度与芽片长相适应，切后用刀尖左右一拨撬起两边皮层。砧木削好后，迅速插入芽片，并使接芽上切口与砧木横切口密接，其他部分与砧木紧密相贴，最后用塑料薄膜条绑缚，只露叶柄和芽。

②带木质部的丁字形芽接：一般在春季砧木芽萌发时进行，接穗选取发育饱满的侧芽。在芽上方背面 1cm 处自上而下削成 3～5cm 的长削面，下端渐尖，然后用枝剪连木质部剪下接芽，接芽呈上厚下薄的盾状芽片。在砧木平滑处皮层横竖切一 T 形切口，深达木质部，拨开皮层，迅速插入芽片，密接。用塑料薄膜条绑缚，外露芽眼。接后 15 天即可成活，将芽上部的砧木剪去，促进接芽萌发。

嵌芽接（图 3-11）：

削取接芽：先在芽上 1.5～2.0cm 向下斜削一刀，再在芽的下方，距芽0.5cm 左右向下呈一定角度（30°左右）斜削一刀，深达枝粗（直径）的 1/3左右，与上一接口相接，取下一盾形带木质芽片。

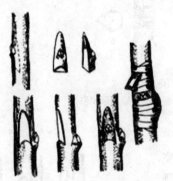

图 3-11　嵌芽接

图 3-12　方块芽接

削取砧木：在距地 5cm 左右处，选一光滑位置，削一个接芽同样形状、稍长于芽片的切口。注意下部切口的斜角和深度与芽片基本一致。嵌入芽片，使芽片与砧木切口吻合或对齐一边形成层（皮层与木质部相交部位）。随后用宽 0.8cm、长 25cm 左右的塑料条将接口绑严、绑紧。在春季嫁接时，芽体一定要绑在外面，接后马上剪砧。夏秋季嫁接时，可将芽体绑在里面，而接穗芽体离生的树种（如梨、樱桃），一定要将芽绑在外面。

方块芽接（图3-12）：

主要用于核桃、柿树的嫁接。选健壮的接穗，用双刀片在芽的上下方各横切一刀，使两刀片切口恰在芽的上下各1cm处，再用一侧的单刀在芽的左右各纵割一刀，深达木质部，芽片宽1.5cm，用与削接穗同样的方法在砧木的光滑部位切下一块表皮，将削好的芽迅速放入砧木削面内，使其上下和一侧对齐，密切结合。用塑料条自下而上帮紧即可，芽漏在外。

（2）枝接　枝接即利用枝条作接穗嫁接的方法。枝接的时间一般以春季树液开始流动时为好；单宁含量多的核桃、板栗和柿树等，宜在展叶后嫁接。

①切接（图3-13）：首先，将接穗一面削成长度为3～5cm的平滑斜面，另一面削成长0.5～1.0cm斜面；其次，将砧木在距地面5～8cm处剪成一平滑切面。选一光面，用利刀从砧木边缘1/3处垂直纵切，切口长3～5cm，插入接穗，将接穗长面形成层与砧木形成层对齐，接穗长削面伤口要稍露出砧木横断面一点（0.3cm左右）。最后用宽1.5～2cm的塑料条将接口绑紧、绑严。

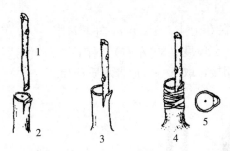

图3-13　切　接

1.接穗　2.砧木　3.插接穗　4.绑缚　5.接穗和砧木对齐

②腹接法（图3-14）

操作方法：多用于枝干的光秃部位补充空间。选1年生生长健壮的发育枝作接穗，接穗应选略长、略粗、稍带弯曲的为好，接穗留2～3个饱满芽，在接穗的下部先削一长3～5cm的长削面，要平直；在削面的对面削一长1～1.5cm的小削面，使下端稍尖，顶端芽要留在大削面的背面，削面一定要光滑，芽上方留0.5cm剪断。在砧木的嫁接部位用刀斜着

图3-14　腹　接

向下切一刀，深达木质部的 $1/3\sim1/2$。将接穗大削面插入砧木削面里，使形成层对齐，用塑料布包严包紧即可。

　　另外，在实践中腹接还有许多演化如皮下腹接、梨的单芽腹接等。

　　③劈接法（图 3-15）

　　具体操作：多在砧木较粗时，春季发芽前采用。将接穗削成楔形，两个削面长度一致，长度为 $3\sim5cm$，接穗的外部稍厚于内侧，削面一定要平直、光滑。砧木在距地面 $5\sim8cm$ 处剪断，横截面一定要平滑。选一光面，用利刀从砧木正中央，沿光面纵切，切口长 $3\sim5cm$，将接穗插入。接时，接穗厚面形成层与砧木光面形成层要对齐，接穗削面伤口要稍露出砧木横断面一点（0.3cm 左右）。最后用宽 $1.5\sim2.0cm$ 的塑料条将伤口绑紧、绑严。

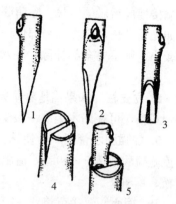

图 3-15　劈接
1. 接穗正面　2. 反面　3. 侧面
4. 砧木劈口　5. 插入

四、嫁接后的管理

　　1. 检查成活　一般芽接成活后需 $10\sim20$ 天就可检查成活情况。如果接芽湿润有光泽，叶柄一碰即掉时，就是接活了。假若接芽变黄变黑，叶柄在芽上皱缩，就是没有接活。未成活的则芽片干枯，不能产生离层，故叶柄不易碰掉。不管接活没有，接后 15 天左右及时解除绑缚物，以防绑缚物缢入砧木皮层内，使芽片受伤，影响成活。对未接活的，在砧木尚能离皮时，应立即补接。一般枝接需在 $20\sim30$ 天后才能看出成活与否。成活后应选方向位置较好，生长健壮的上部一枝延长生长，其余去掉。未成活的应从根蘖中选一壮枝保留，其余剪除，使其健壮生长，留作芽接或明春枝接用。

　　2. 补接　嫁接 10 天后要及时检查，对未成活的要及时补接。

　　3. 松绑与解绑　一般接后新梢长到 30cm 时，则应及时松绑，否则易形成缢痕和风折。若伤口未愈合，还应重新绑上，并在 1 个月后再次检查，直至伤口完全愈合再将其全部解除。

　　4. 喷药防虫　嫁接后至发芽期最易遭受早春害虫的危害，要及时喷药防治。

　　5. 防寒保护　冬季寒冷、干旱地区，于结冻前培土应培至接芽以上，以防冻害。春季解冻后应及时扒开，以免影响接芽的苗发。

6. 剪砧　芽接成活后，第二年早春萌芽前，应在接芽上 0.6cm 处将砧冠剪掉，剪口向接芽背后微斜，剪口要平整，以利剪口正常愈合。

7. 除萌蘖　嫁接后十几天砧木上即开始发生萌蘖，如不及时除掉会严重影响接穗成活后的生长。除萌蘖要随时进行，对小砧木上的要除净，大砧木上的如光秃带长，应在适当部位选留一部分萌枝，第二年嫁接，如砧木较粗又接头较小，则不要全部抹除，在离接头较远的部位适当保留一部分，以利长叶养根。

8. 立支柱　如果当地春季风大，为防嫩梢折断，当新梢长到 30cm 时，解除塑料条，可在砧木上绑一根支柱，以防风吹折。

9. 加强肥水管理　为使嫁接苗生长健壮，可在 5 月下旬至 6 月上旬，每亩追施硫酸铵 7.5～10kg，追肥后浇水，苗木生长期及时中耕除草，保持土壤疏松、草净。

10. 摘心　嫁接苗长到一定高度时进行摘心，以促其加粗生长。易发生副梢的品种，如红津轻、金冠果等，可在圃内利用副梢整形。8 月末摘心以促进新梢成熟，提高抗寒能力。

11. 其他管理措施　幼树嫁接的要在 5 月中、下旬追肥 1 次，大树高接的在秋季新梢停长后追肥，各类型嫁接树 8～9 月喷药（0.3％磷酸二氢钾）2～3次，有利于防止越冬抽条及下年雌花形成，同时要搞好土壤管理和控制杂草。

任务 3.3　自根苗的生产

利用植物的营养器官为材料进行扦插、压条、分株和组织培养等方法繁殖所获得的苗木称自根苗。

自根苗无主根且分布较浅，生命力、适应性相对较弱，其个体发育是母体的继续、变异小，可以保持母体的优良性状，开始结果早。

一、扦插育苗

依据扦插的材料和扦插的时期不同，可将扦插方法分为硬枝扦插和绿枝扦插。

硬枝扦插：硬枝扦插是利用已经木质化而充分成熟的一、二年生枝在休眠期进行的扦插，其方法简单，成本较低，是葡萄、石榴、无花果常用的育苗方法。

绿枝扦插：绿枝扦插又名嫩枝扦插，是利用当年生尚未木质化或半木质化的新梢在生长季节进行的扦插。

1. 硬枝扦插育苗

（1）苗圃地的选择和土壤准备　苗圃地应选择背风向阳、光照充足，地势平坦稍有坡度，土质疏松、无严重病虫危害，靠近水源、排灌方便的砂质壤土地或壤土地为好。苗圃地选定后，在冬季封冻前深耕 50cm 以上，并结合施入有机肥及过磷酸钙等，耕后耙平，来年开春解冻后再细耙一遍。土壤墒情不足时应事先浇透水，待水渗下去后作垄整畦备用（图 3-16）。

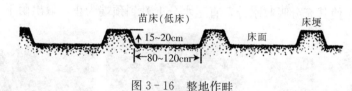

图 3-16　整地作畦

（2）插条的采集与贮藏

①插条的采集：落叶果树的插条一般结合冬剪进行。在晚秋或初冬采后贮藏在湿沙中，也可在春季萌芽前，随采随插。葡萄须在伤流前采集。选择品种纯正、植株健壮、芽体饱满、组织充实、无病虫害的一、二年生枝作插条。插条的剪留长度为 50～100cm，每 50～100 根捆成 1 捆，系好标签，标签上标明品种和采集日期。用潮湿的沙子临时埋好，防止失水。待所有插条采集完后，用 5 波美度的石硫合剂或 5% 的硫酸亚铁浸泡 3～5min，杀灭附在插条上的病虫。

②插条的贮藏：贮藏沟应选在地势高、排水良好、地下水位较低和背阴的地方。沟深 1m，宽 1～1.5m，沟长依插条多少而定，通常为 10m。

沟挖好后，先在沟底铺一层 10cm 厚的干净湿河沙，将插条一捆一捆地按顺序排开，捆与捆之间都以细沙隔离。放完一层插条后，再铺一层 10cm 厚的湿沙，同时将插条的缝隙充分填实，防止冻干。第一排放置完后，摆放第二排，如此一排排放好。每间隔 100cm 左右树立一个直径 10cm 的秫秸把，以利通气和降温。通常可放 2～3 层。放置完成后，填培 20cm 左右的沙土或喷施新高脂膜 500～600 倍液，保墒防水分蒸发、防晒抗旱、保温防冻、防土层板结、窒息和隔离病虫原。沟顶呈垄状，以利防寒。

a. 温度：沙藏适宜的温度为 0℃ 左右，要低于 5℃，否则芽会萌发。

b. 湿度：湿度一般为手捏成团、一触即散湿为宜。

③扦插时期：以 15～20cm 土层温度达 10℃ 以上时可以进行露地扦插，大约在 3 月下旬至 4 月中旬。扦插时期过早，土壤温度偏低，不利于扦插生根

成活。

④插条处理

a. 插条的剪截与处理（图 3-17、图 3-18 和图 3-19）：将冬藏后的枝条用清水浸泡 1 天后，剪成 20cm 左右、有 2～3 芽的插条。上端在距顶芽 1～1.5cm 处平剪，下端在芽下方 0.5cm 处斜剪，剪成马耳形斜面。剪口要平滑，以利于愈合。剪好的插条摆放整齐，每 50 根或 100 根为 1 捆，下部墩齐，系上标签，注明品种，放在清水中浸泡半天至 1 天，或将插条的下端浸泡在流动的清水中，使其充分吸收水分，直至水分上升到顶端为止，取出荫干。

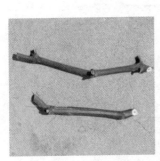
图 3-17　插条剪截

图 3-18　插条捆绑

图 3-19　插条浸水

b. 催根处理

催根方法有多种：加热催根、药剂催根、刻伤促根等。

生产中最常用的是药剂催根。常用的催根药剂有萘乙酸、吲哚丁酸、苯酚化合物及 ABT 生根粉等。

图 3-20　药剂蘸根

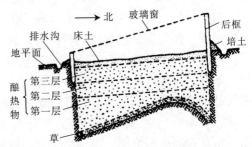
图 3-21　酿热温床示意图

将配好的药水倒入平底的水池或容器中，药液深度 3～5cm，然后将用清水泡好而表水晾干的插条，下部掇齐后，一捆挨一捆地立放在药池中，注意药液要浸到插条基部 3～5cm，一定不要使顶芽着药。应用药剂促根的处理方法有两种：一种是用高浓度速蘸，如用1 000mg/kg的萘乙酸或吲哚乙酸浸蘸3～5s。另一种是用低浓度浸泡，如用50～100mg/kg的萘乙酸浸泡6～12h或用100～200mg/kg的吲哚乙酸浸泡1～4h。

在实际生产中经常将药剂催根和加热催根（图3-22）结合运用，能获得更好效果。如将插条基部用生根药剂处理后，置于基质中，插条基部温度保持为20～25℃，顶部暴露于冷凉的空气中，气温8～10℃，经3～4周即可生根。

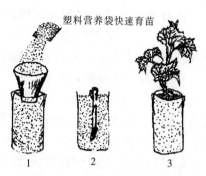

图3-22　塑料营养袋育苗
1. 装入营养土　2. 单芽扦插　3. 营养袋苗

加热催根的方法可采用电热丝或火炕加热，也可采用酿热物如马粪发酵发热，也可将插条倒插于阳畦。不管哪种加热处理方法，关键是使插条生根端置于相对高温处，发芽端置于低温处。此外，对枝条木栓组织较发达的果树，如葡萄，扦插前先将表皮木栓层剥去，或对插条基部进行环剥、刻伤或绞缢等采取机械催根处理后再扦插；或在春季展叶时用黑色纸袋罩住新梢，长到5～6片叶时除去纸袋，再自枝条基部起隔30cm左右用黑布或锡箔纸包住3～5cm，使其继续黄化，这样可以明显促进扦插生根。

⑤扦插：在施足底肥、整地做畦、浇水的基础上，撒施磷酸二铵、翻耕后整平畦面并喷除草剂、覆膜2～3天后扦插。依扦插时有无设施条件可分为露地扦插和保护地扦插。

a. 露地扦插：常用垄插和畦插。

垄插：受光面积较大，可提高早春的土壤温度，一般东西向取垄，行距50cm左右。先挖深、宽各20cm左右的沟，由沟内挖出的土翻向北面，做成高约20cm的垄，然后将插条沿沟壁按15～20cm的株距插入，如插条长度超过30cm时，应倾斜扦插，顶端侧芽朝上，填土压实，上芽外露，沿插孔浇少量水，水渗下后再薄覆一层细土，芽萌发时扒开覆土。也可覆盖地膜，将顶芽露在膜上。

畦插：畦插，则需先做好畦。畦宽1m左右，每一畦内均匀插2～3行。

先在距畦边缘5cm左右处挖第一条沟，将插条按距离放入沟内，使顶芽朝南，与地面相平，然后再挖第二条沟，用所挖的细土覆盖第一条沟，插完后立即浇少量水，待水渗下以后，及时进行划锄，划锄后盖一层草或塑料薄膜，以保持土壤湿度。

b. 保护地扦插：保护地扦插育苗所用塑料袋（图 3-22）直径 10cm 左右，高 18～20cm，袋下部或底部打几个小孔，以利透气渗水。塑料袋可用普通农膜制作。育苗时，将营养土和处理好的插条装入袋内，营养土要压实，袋上口留 1～2cm 的空间，以便浇水。将装好的营养袋紧密排列在预先整好的苗床内，苗床深 20～30cm，宽长度不限。全床摆满营养袋后立即浇透水。为了保湿保温，可在苗床上扣塑料小拱棚或塑料大棚内进行育苗，一般温度保持 20℃左右，湿度 80％，不低于 60％，当插条长出 3～4 片叶时可揭去拱棚，苗木新梢长出 5～6 片叶时即可移栽。

保护地扦插：是在温室、塑料薄膜大棚、火炕或电热温床等保温、增温设施配合下实施。在保护地条件下常采用营养袋育苗，它是一种快速集约化育苗方法。育苗速度快、节约土地和劳力、栽植成活率高、结果早、成本低。

营养土：育苗所用营养土可用肥沃壤土、粪肥及通气介质（如草炭土、细炉渣、河沙等）配制，配比为壤土：粪肥：通气介质为 1：0.5：1，混合均匀后备用。

⑥插后管理

a. 检查成活和出苗情况：气温在 25℃左右时，葡萄插条插后半个月左右便可萌芽生根。此间应注意检查覆土厚薄和出苗率情况。发现覆土过厚应适当除去一部分，保留 2～3cm 厚的湿细土即可。如发现顶芽损伤，不要拔除，可靠下节芽萌发成活。同时检查和预防地上和地下害虫。

b. 注意保湿、除草：插条扦插后浇 1 次水，浇后覆盖一层薄膜可增温保湿，但不要一次浇水过多，以免降低地温，影响发芽生根。土壤持水量保持为 60％左右即可。到 8 月中下旬应停止浇水，促使枝条停止生长成熟。整个生长期内要及时除掉杂草，防止杂草和苗木争夺养分。

c. 适时追肥：在扦插前施足基肥的情况下，再在整个幼苗生长期间追肥 2～3 次。第一次在幼苗全部出土后半月左右，结合浇水施一次稀薄的腐熟的人畜肥或速效氮肥。在苗长到 30～40cm 高时，再施一次速效氮肥。到 8 月上中旬追施一次磷钾肥。

d. 枝蔓管理：当幼苗长到 30cm 高时应及时立柱引缚；副梢和卷须应及时去掉，使营养集中供应主蔓生长；如果苗木粗壮，可在基部选留 1～2 个副梢，作为快速整形和提早结果之用；否则，副梢一律去掉。

e. 防治病虫害：地下害虫可施用毒饵和人工捕杀。对葡萄病害，应预防在先，使用一些保护性杀菌剂。预防不及时而发生病虫害时，应针对所发生的病虫害，采取有效的用药措施，以免造成损失。对病枝叶，应及时清理出苗圃地，并烧毁，以防蔓延。

f. 在保护地条件下当苗木长到 15～20cm 时，要进行倒苗、选苗。将优质大苗移到一处，并逐渐通风、控水，进行炼苗，5～7 天后再移栽到露地苗圃里。小苗留在棚内培养一段时间，待长到一定大小时再开始炼苗。

2. 绿枝扦插育苗　绿枝扦插（图 3-23）比硬枝扦插容易生根，但对土壤和空气湿度要求严格。因此，多用室内弥雾扦插，如全光自动间歇喷雾扦插育苗，使插条周围空气保持相对湿度 100%。没条件地区也可采用免喷法育苗。生产上对山楂、猕猴桃等发根难的树种，绿枝扦插效果好。

图 3-23　绿枝扦插

（1）全光自动间歇喷雾扦插育苗

①苗床选建与床土的配置：扦插圃应建立在光照充足、地势平坦、通风良好和排水方便的地方，土壤最好为沙土或砂壤土，多风地区要选择在避风处或在风口设置挡风障，圃地要靠近水源和电源，修建苗床应根据不同的喷雾设备的具体要求而定。全光雾扦插育苗选择适宜的扦插基质是非常重要的，扦插基质应选用疏松透水、不含杂菌的材料。通常用作扦插基质的材料有河沙、石英沙、珍珠岩、蛭石、炭化稻壳、锯末、泥炭土等；此外，炉灰渣、椰子纤维、草炭土等均可用作扦插基质。几种基质混合使用有时比单独使用效果好，如使用泥炭土∶珍珠岩∶沙为 1∶1∶1，较为理想。另外，将两种基质分层使用亦能获得较好的效果。

②插条的准备

a. 采集插条：整个生长季均可采集，已基本停止伸长的半木质化绿枝最好，采穗时间选择在阴天或早上露水未干时进行。

b. 插条的剪截与处理：插条剪取后及时剪成每两节一段，剪掉下面一节的叶片，保留上部节叶片的一半。插条剪截后，用 250～500mg/kg 的高浓度 NAA 速蘸插穗基部 2cm 左右 3～5s。在整个过程中要注意保湿并及时扦插。

③扦插：为防止插条受损，应先打孔再扦插。用直径 0.4～0.6cm 硬棍在沙床上打 4cm 深的小孔，然后将插穗放入小孔并按实或浇水渗实，使基质与插穗相互密接。在组织扦插工作的同时，要注意启动设备定时喷雾保湿。扦插完成后，应对扦插苗喷 800 倍多菌灵药液消毒灭菌，以后每隔 7 天左右，在傍晚停止喷雾后进行打药 1 次。扦插后注意光照和湿度的控制，喷水或浇水，保

持空气湿度达到饱和，勿使叶片萎蔫。生根后逐渐增加光照，温度过高时喷水降温及时排除多余水分。

（2）免喷法嫩枝扦插：免喷法是搭上拱棚，以蓄水代替喷水，棚内形成了一个封闭的水循环系统，保证了嫩枝扦插所需要的水分和温度条件。

①免喷拱棚的设置：挖长 3～10m、宽 1～1.5m、深 0.2m 的浅沟，将沟底及四壁整平，将聚乙烯塑料薄膜铺于坑底、四壁及边缘上，塑膜边缘至少在沟沿外 10～20cm，并在四壁距底 3cm 处打一些直径 1cm 的小孔，既能保持沟内存水量，又能渗出多余水分。沟内填入用高锰酸钾消毒后的过筛河沙（高锰酸钾用量按每平方米面积 15g，河沙消毒后用清水喷淋洗净才能使用），河沙粒径不能大于 0.2cm。在沟池外用竹竿、钢筋等搭拱棚，即可进行扦插育苗。

②扦插方法：扦插时期、插条的剪截与处理方法可参照全光自动间歇喷雾扦插方法进行。扦插完毕后，盖好棚膜，四周与育苗池底的薄膜对接后用砖或土压严，上部用压膜线固定，薄膜上再覆一层 50%～70%遮光网，没有遮光网也可用苇帘代替，并固定。也可在拱棚搭遮阴棚。

③扦插后的管理：插后防病是最主要的管理工作，可在插完后喷 1 500 倍液退菌特，然后每隔 5～7 天喷一次 1 000 倍液多菌灵，一般 1 个月左右都可生根，经炼苗后移入营养钵。

二、压条育苗

压条育苗是将母株的部分枝蔓埋入土中，促其生根长蔓，然后再剪离母株成为独立的新植株的繁殖方法。对于扦插不易生根的树种可用此法，如苹果与梨的矮化砧、樱桃、李、石榴等均可用此方法。在生产中常用的方法有直立压条、水平压条、曲枝压条和空中压条等。

1. 直立压条（图 3-24），**又称培土压条** 萌芽前，将母株枝条距地面 15cm 左右（矮化砧 2cm）处短截促发分枝，待新梢长到 20cm 时，将株间土壤培在植株基部，高约 10cm，宽约 25cm，新梢长至 40cm 时，进行第二次培土，至高 30cm，宽 40cm，踏实。注意培土前先行灌水，培土后保持湿度，一般 20 天后开始生根。冬前或翌春扒开土堆，不要碰伤根系，把全部新生枝条（植株）从基部（分开）剪下，即成为压条苗。剪完后对母株立即覆土，以防受冻或风干。翌年萌芽前扒开土，再行压条繁殖。多年利用之后对母株进行更新修剪，控制其生长高度，以利培土。

2. 水平压条（图 3-25、图 3-26），**又称开沟压条** 主要在萌芽前进行，

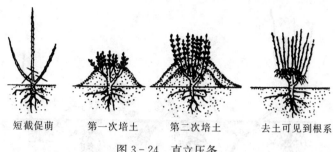

短截促萌　　第一次培土　　第二次培土　　去土可见到根系

图3-24　直立压条

有的树种如葡萄可在生长期做绿枝水平压条。选用母株靠近地面或部位低的枝条，剪去上部不充实部分，顺枝着生方向挖放射沟或顺行向挖沟，深2～5cm，将枝梢水平放入，用钩状物（枝杈或铁丝）固定，上覆少量松土，埋没枝梢，芽萌发后可再覆薄土，促进枝条黄化。新梢长至15～20cm、基部半木质化时再培土10cm左右。1个月后再次培土，管理方法同直立压条。年末将基部生根的小苗，自水平枝上剪下即成压条苗，保留靠近母株的1～2株小苗，供翌年重复压条。

图3-27　绿枝水平压条

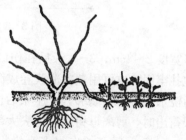

图3-28　一年生枝水平压条

3. 曲枝压条（图3-29和图3-30）　多在春季萌发前进行，也可在生长季新梢半木质化时进行。

从供压条母株中，选择靠近地面的枝梢，在其附近挖深、宽各为15～20cm的穴、穴与母株的距离以枝条的中下部能弯曲在穴内为宜。将枝条弯曲向下，靠在穴底，用钩状物固定，并在弯曲处环剥。枝条顶部露出沟外。在枝梢弯曲部分压土填平，使枝梢埋入土部分生根，露在地面部分生长新梢。秋末冬初将生根枝条与母株剪离。

4. 空中压条又称高压法、中国压条法（图3-31）　整个生长季都可进行，而以春季和雨季较好。选择健壮直立的1～3年枝，于其基部5～6cm处环剥，

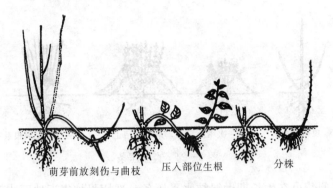

萌芽前放刻伤与曲枝　　压入部位生根　　分株

图 3 - 29　一年生枝曲枝压条

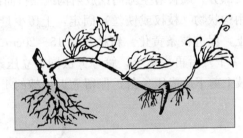

图 3 - 30　新梢曲枝压条

剥口宽度 2～4cm，3～4 天后在伤口部包上稻草泥条等生根基质，外用塑料薄膜包扎牢固。也可用塑料薄膜卷成筒套在环剥部位，将下端扎紧，装入培养基质后浇水，再将上端绑紧。压条后注意保持湿度。3～4 个月后基质中普遍有嫩根露出时，剪离母树，并剪去大部分枝叶，用水湿透基质，置于荫棚下保湿催根。5～7 天后会长出很多小嫩根，即可假植或定植。植前解除塑料薄膜，防止生根基质松落损伤根系。

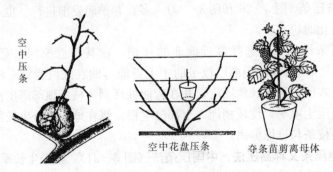

空中压条

空中花盘压条　　夺条苗剪离母体

图 3 - 31　空中压条

三、分株育苗

分株又叫分根，它是将母株根部周围萌发出的根蘖分割下来栽培成新植株的一种繁殖方法。北方果树分株育苗常有根蘖分株和匍匐茎分株。

1. 根蘖分株（图 3 - 32）　利用树种易发生根蘖的特性，于成龄果园，春季或秋季在树冠外围挖根断根，将树体部分 0.52cm 的水平根切断，然后填回土壤，切离母体的水平根即可萌发新梢。到秋后将新的根蘖苗挖出，进行集中培养，即可培养出合格的果苗或砧木苗。枣、山楂、山定子、海棠、杜梨等常用此法繁殖。

2. 匍匐茎分株（图 3 - 33）　草莓的匍匐茎，在偶数节上发生叶簇和芽，下部生根接地扎入土中，长成幼苗，夏末秋初将幼苗与母株切断挖出，即可栽植。

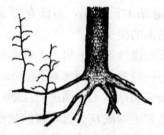

图 3 - 32　根蘖分株　　　　　　　　　图 3 - 33　匍匐茎分株

另外，有些果树还可以采用新茎、根状茎分株，如草莓、香蕉等。

四、其他育苗技术

1. 无病毒苗生产　栽培上讲的无病毒苗是利用组织培养等方法脱去一些对果树生长结果影响较大的主要病毒的苗木。病毒类型很多，对果树生长结果危害很大。在苹果上，病毒就有 39 种，如苹果锈果病、苹果花叶病、苹果衰退病等。无病毒苗木生长势强，抗逆性好，产量高。利用无病毒苗木是果树栽培发展的方向。培养无病毒苗木，需建立一套严格的无病毒苗木繁殖体系：原种圃、采穗圃、专业苗圃。

根据病毒危害特点，通常把苹果分为潜隐性病毒和非潜隐性病毒，近些年来，我国苹果病毒病害日趋严重，给苹果生产带来严重危害和巨大损失，尤其是潜隐性病毒一次感染，终生带毒，危害持久。

（1）原种圃　任务是培育、引进无病毒原种，保存原种，并定期对采穗圃进行无病毒检测。同时，向采穗圃提供无病毒母本树。原种圃要建在未曾栽植过果树的地段，与普通果树或苗木建立隔离带，相距至少50m，栽植密度行距3m以上，株距2m以上。

（2）采穗圃，即母本园　采穗圃的任务是向各专业苗圃提供无病毒品种接穗和无性系砧木压条苗或砧木种子。母本园的繁殖材料由原种保存单位提供，并接受病毒检测机构的定期病毒检测，一旦发现问题立即更换。母本园向育苗单位提供各品种无病毒接穗、砧木种子和苗木。

①无病毒品种采穗圃：母本树由无病毒原种保存圃提供。按品种、株系成行栽植，行距4～5m，株距3～4m，加强肥水管理，保证树势健壮，每年产生一定数量充实的接穗，同时亦要求正常结果，以观察园艺性状。

②无病毒无性系砧木压条圃：母本树来源于无病毒原种保存圃。栽植母本树之前进行土壤消毒，防止线虫等地下病虫的危害。每年要平茬，以保持基部萌生树条的能力。无性系砧木繁育方法与普通砧木苗相同，不能在压条圃嫁接，一般只提供无性砧木自根苗和用作中间砧木的接穗。

③无病毒砧木采种园：所有种子必须从无病毒母树上采集。无病毒母本园的园地，应选择未曾栽植过果树的地段，且与一般果树或苗木相距50m以上。建园前先按无病毒品种穗圃、无性系砧木压条圃和砧木采种园进行区划，设计好排灌系统、道路、建筑等，并进行土地平整和土壤改良。母本树的栽植技术与一般生产园相同。凡发现母本树有显性病毒症状，应立即拔除消毒。每5年随机抽样进行潜隐性病毒1次，相应母本树登记1次有效期为5年。

（3）专业苗圃　专业苗圃，即无病毒苗木繁育圃，是果树无病毒苗木繁育单位，负责培育无病毒实生砧木、无性系砧木的繁育和嫁接栽培品种，向生产单位供应果树无病毒苗木。

繁育所需的各种繁育材料（即种子、砧木、接穗）都必须来自无病毒母本园，不能从苗木上采穗进行以苗繁苗。无病毒苗木繁育圃的苗圃地，应选择地势平坦，有灌溉条件，土壤肥沃，有机质含量丰富，酸碱适中，交通便利，距一般果园或一般生产性苗圃50m以上5年未种植过果树或育苗的地方。嫁接苗补接时，接穗必须保证与原来嫁接的母树相同，否则不予嫁接。无病毒苗圃繁育苗的田间管理与一般生产性苗圃相同。

2. 组织培养

（1）组织培养的概念：利用植物体的器官、组织或细胞乃至原生质体，通过无菌操作后接种在人工配制的培养基上，在适宜的光照和温度条件下进行培养，使之分化、生长、发育的技术统称为植物组织培养。用于组织培养的材料

（器官、组织、细胞、原生质体或胚胎）称为外植体。

（2）组织培养的过程

①配置培养基：组织培养是否成功，在很大程度上取决于对培养基的选择。

不同培养基有不同特点，适合于不同的植物种类和接种材料。MS 培养基是目前普遍使用的培养基。将配制好的培养基分装到清洗干净的三角瓶（或玻璃瓶）中，放入高压锅，经 15～30min 高压灭菌后，取出冷却待用。

②起始培养（初代培养）（图 3 - 34）：从无病害的植物上剪取一定的外植体，先用自来水冲洗干净，剪成大小适宜的小段或小片，然后在经过消毒的工作台上进行表面消毒，消毒时间通常为 5～15min，常用消毒剂有氯化汞、次氯酸钠等，外植体消毒后，用无菌水冲洗 3～4 次，再通过无菌操作过程将其移植到培养好的培养基上，这一过程称为起始培养，重点环节是接种和起始培养。

图 3 - 34 起始培养

③继代培养（图 3 - 35）：外植体在培养一段时间后，将外植体分化的丛生芽切割分苗，在新更换的培养基再进行扩大繁殖的方法为继代培养。

图 3 - 35 继代培养

④生根培养（图 3 - 36）：继代培养 30 天左右后，切取其中粗壮新梢，长度 2cm 左右，接种在生根培养上，诱导生根。

（3）组培苗的驯化和移栽

①苗木驯化：组培苗生根后，要进行移栽露地前的驯化锻炼（图 3 - 37），以提高栽植成活率。

图 3 - 36　生根培养　　　　　　　图 3 - 37　沙培炼苗

②苗木移栽：苗木驯化一定时间后，将苗木移栽到营养钵中。首先放置于温室或塑料大棚内，将室内空气湿度和温度逐步调整，让苗木逐步适应，待适应一段时间后，经炼苗再移栽到大田里，成为与母体生理特性完全一致的幼苗。

任务 3.4　苗期管理及出圃

一、苗期管理

（一）土、肥、水管理

苗木生长后期，地下管理精细与否，直接影响着苗木的质量。

1. 中耕除草　中耕（图 3 - 38）、除草（图 3 - 39）是土壤管理的重点，既可铲除杂草，保证苗圃地土壤疏松透气，又可保持苗圃地通风透光。

2. 肥水管理

（1）追肥　苗木迅速生长期，追施一次肥料。7 月上旬以速效性氮肥为主，如尿素、磷酸二铵、沼气液等。追肥时不要离苗木根系太近，以免烧根。如果苗木长势不好，还要叶面喷施 1～2 次 0.3%～0.5% 的尿素；7 月中旬追肥种类以磷、钾为主，如过磷酸钙、磷酸二氢钾、草木灰浸出液等，以促进枝蔓成熟，提高苗木的抗寒性。叶面喷肥的间隔时间一般为 10 天左右。叶面喷肥时间最好避开中午高温阶段。追肥浇水之后及时中耕除草。

图3-38 中　耕　　　　　　　　　　　图3-39 除　草

（2）灌水　结合追肥进行，每次追肥后及时灌水，一次灌水量不宜太大，应少量多次。雨季要注意排水，避免受涝。

（二）病虫害防治

及时进行病虫害防治，严防叶斑病、白粉病、猝倒病、霜霉病等病害和蚜虫、卷叶虫、红蜘蛛、蛴螬等虫害。

二、苗木出圃

1. 苗木的掘取

（1）出圃准备　出圃前的准备工作主要包括3个方面。

①对苗木种类、品种、各级苗木数量等进行核对、调查、登记。

②根据调查结果及外来订购苗木情况，制定出圃计划及操作规程。

③搞好营销，及时与购苗单位及运输单位密切联系，保证及时装运和苗木质量。

（2）掘苗时期　北方落叶果树多秋季挖苗，行秋栽或假植。也可在解冻后到根系生长前春季挖苗。近距离运输可在此时起苗。

（3）掘苗方法　掘苗分带土和不带土两种方式。

落叶果树露地育苗，休眠期不带土对苗木成活影响不大；生长季出圃的苗木，如绿苗需带土。起苗前对苗木挂牌，标明树种、品种、砧木、来源、树龄及苗木数量等。如果土壤干燥，应提前1～2天充分灌水，待稍干后再起苗，以免起苗时损伤须根过多。挖掘时，要尽量少伤根，使根系完整，挖出后就地临时假植，用土埋住根系，以免风吹日晒。一畦或一区最好一次全部挖完，以便安排土地。

2. 苗木分级 为减少苗木风吹日晒的时间，起苗后应立即依据国家苗木质量规格标准，如苹果实生砧苗木规格（表3－4）、梨苗木质量规格（表3－5）、桃苗木质量基本要求（表3－6）、葡萄自根苗质量指标（表3－7）对苗木进行分级。不合格的苗木应留在围内继续培养。结合分级同时进行修剪。剪去病虫根、过长及畸形根。主根留20cm短截。伤根应修剪平滑，且使剪口面向下，利于愈合及生长。剪去地上部的枯枝、病虫枝、不充实的秋梢及萌蘖。

表3－4 苹果实生砧苗木规格

项　目		级　别		
		1级	2级	3级
品种与砧木类型		纯正		
根	侧根数量	5条以上	4条以上	4条以上
	侧根基部粗度	0.45cm以上	0.35cm以上	0.30cm以上
	侧根长度	20cm以上		
	侧根分布	均匀、舒展而不卷曲		
茎	砧段长度	5.0cm以下		
	中间砧长度	20～35cm，同苗圃变异范围不得超过5cm		
	高　度	120cm以上	100cm以上	80cm以上
	粗　度	实生砧苗：1.2cm以上	实生砧苗：1.0cm以上	实生砧苗：0.8cm以上
		中间砧苗：0.8cm以上	中间砧苗：0.7cm以上	中间砧苗：0.6cm以上
	倾斜度	15°以下		
根皮与茎皮		无干缩皱皮，无新损伤处，老损伤处面积不超过1cm²		
芽		整形带饱满芽		
		8个以上	6个以上	6个以上
结合部愈合程度		愈合良好		
砧桩处理与愈合		砧桩剪除，剪口环状愈合或完全愈合		

表 3 - 5　梨苗木质量规格

项目	规　格	标　准
根系	主、侧根数目及长度	主、侧根完整，具有 3 条以上分布均匀、舒展、不卷曲的侧根。侧根长度在 20cm 以上
枝干	高度和粗度	高度为 0.8～1.3m 以上，嫁接口以上 10cm 处的粗度不小于 0.8cm
芽体	整形带内饱满芽数	整形带内有邻接而健壮、饱满的芽 6 个以上，如整形带内发生副梢，其副 梢上要有健壮的芽
嫁接口	愈合程度及处理	剪除砧桩，嫁接口剪口完全愈合，接口光滑

表 3 - 6　桃苗木质量基本要求

项　目			要　求		
			一年生	二年生	芽苗
品种与砧木			纯度≥95%		
根	侧根数量条	毛桃、新疆桃	≥4		≥4
		山桃、甘肃桃	≥3		≥3
	侧根粗度/cm		≥0.3		
	侧根长度/cm		≥15		
	病虫害		无根癌病和根结线虫病		
苗木高度/cm			≥70	≥100	—
苗木嫁接口上 5cm 处粗度/cm			≥0.5	≥1	—
茎倾斜度/（°）			≤15		—
枝干病虫害			无蚧壳虫		
整形带内饱满叶芽数			≥5		接芽饱满，愈合良好，未萌芽

表 3－7　葡萄自根苗质量指标

项　目		指　标	
		特（Ⅰ）级	一（Ⅱ）级
品　种		纯正	
苗龄		1₍₂₎－0（表示1年干2年根未经移植）	
根　系	侧根数量	≥5	≥4
	侧根粗度（cm）	≥0.3	≥0.2
	侧根长度（cm）	≥20	≥12
枝　干	枝干高度（cm）	≥20	
	枝干粗度（cm）	≥0.8	≥0.6
综合控制指标	根皮与枝皮	无损伤	
	有效芽眼数	≥5	
	病虫危害情况	无检疫对象	
	Ⅰ、Ⅱ级苗百分率	≥85	

3. 苗木检疫

（1）苗木检疫　苗木检疫是防止病虫害传播的有效措施，对果树新发展地区尤为重要。

凡是检疫对象应严格控制，不使其蔓延，做到疫区不送出，新区不引进；育苗期间发现，立即挖出烧毁，并进行土壤消毒；挖苗前进行田间检疫，调运苗木要严格检疫手续，发现此类苗木应就地烧毁；包装前，应经国家检疫机关或指定的专业人员检疫，发给检疫证。我国对内检疫的病虫害有苹果绵芽、苹果囊蛾、葡萄根瘤蚜、美国白蛾、柑橘黄龙病、柑橘大实蝇和柑橘溃疡病。列入全国对外检疫的病虫害有地中海实蝇、苹果囊蛾、苹果实蝇、蜜柑火实蝇、葡萄根瘤蚜、美国白蛾、栗疫病、咖啡非洲叶斑病和梨火疫病等。

（2）苗木消毒　带有一般病虫害的苗木应进行消毒，以控制其传播。

①液剂消毒：用3～5波美度石硫合剂水溶液或1∶1∶100波尔多液浸苗木10～20s，再用清水冲洗根部。李属植物应慎重用波尔多液，尤其早春萌芽季节更应慎用，以防药害。还可用0.1%升汞水浸苗木20s，再用清水冲洗

1～2次，在升汞水中加用醋酸或盐酸，杀菌效力更大。用0.1%～0.2%硫酸铜液处理5s后，用清水洗净，此药主要用于休眠期苗木根系的消毒，不宜用作全株消毒。用于苗木消毒的药剂还有甲醛、石炭酸等。

②熏蒸剂消毒：用氰酸汽熏蒸消毒，每1 000m³容积用氰酸钾300g，硫酸450g，水900mL，熏蒸1h。熏蒸前关好门窗，先将硫酸倒入水中，然后再将氢钾酸倒入，1h后将门窗打开，待氰酸汽散发完毕，方能进入室内取苗。少量苗木可用熏蒸箱熏蒸。氰酸汽有剧毒，要注意安全。

4. 苗木的包装与假植

（1）包装运输　苗木经检疫消毒后，即可包装调运。包装调运过程中要防止苗木干枯、腐烂、受冻、擦伤或压伤。苗木运输时间不超过1天的，可直接用篓、筐或车辆散装运输，但筐底或车底须垫以湿草或苔藓等，苗木根部蘸泥浆。苗木放置时要根对根，并与湿草分层堆积，上覆湿润物料。如果运输时间较长，苗木必须妥善包装。一般用草包、蒲包、草席、稻草等包装，苗木间填以湿润苔藓、锯屑、谷壳等，或根系蘸泥浆处理，还可用塑料薄膜袋包装。包裹要严密，以减少水分散失。包装好后挂上标签，注明树种、品种、数量、等级及包装日期等。运输过程中做好保温、保湿工作，保持适当的低温，但不可低于0℃。

（2）假植　苗木挖掘后或运抵目的地，不立即栽植时，必须进行短期假植。如果需要来年处理，则要进行越冬假植。短期假植可挖浅沟，将根部埋在地面以下即可。越冬假植则应选避风、高燥、平坦、无积水、土中无病虫害和鼠害的地方挖沟假植。假植沟一般南北向，宽80～100cm，深40～50cm，沟距1～2m，沟长视苗木数量而定。苗干向南倾斜放入沟中，分次培覆松细湿润的土壤，使之与根密接，不留空隙。培土可达苗木干高的1/3～1/2，严寒地区达定干高度，砧木较小者可全埋上沙土，并高出地面10～15cm，使之成土垄，以防寒害和雨水进入。土壤干燥时可适量灌水。假植地四周应开排水沟，大的假植地中间还应适当留有通道。不同品种的苗木，应分区假植，详加标签，严防混杂。运输时间过久的苗木，视情况立即将其根部浸水1～2天，待苗木吸足水分再行假植，浸水每天更换1次。

任务3.5　园址的选择及规划设计

一、园址选择的基本原则

1. 园址选择的原则　我国发展果园的总方针是上山下滩，不与粮棉争地。因此，能否正确选择果园的建园地址，是决定果树栽培成败的关键因素之一。

（1）适宜的小气候　在一个地区，选择适宜的小气候，如地形开阔，阳光充足，空气流畅、地下水位 1m 以下、土壤肥沃、病虫害少、利于微生物的活动等。

（2）方便的交通运输条件　由于部分浆果不耐运输和贮藏，建立果园应选在交通方便的地方。

（3）合适的地形　选择开阔的山坡、平地、沙地等，山坡的坡度以 20°以下为宜。

（4）充足的水源　园地附近要有充足的水源如江、湖、水库、大池塘、机井等，以便旱能灌水，涝能排水。

（5）一定肥力的土壤　砂壤土和壤土排水性、通气性好，利于果树根系伸展，黏重土排水不良，如不改良，不宜建果园。

2. 果园的分类

一般情况下，果园按选择的地形分平地果园、山地果园、丘陵地果园和滩涂地果园，各种果园的特点也不尽相同。

（1）平地果园　优点是水分充足，水土流失少；土层深厚，有机质含量高；地形变化小，便于机械化操作；交通方便，投资较山地少。缺点是通风、光照、排水不如山地果园，果实色泽、风味、含糖量及耐贮性不如山地果园（图 3-40）。

图 3-40　平地果园　　　　　　　　　图 3-41　山地果园

（2）山地果园　特点是空气流通好，日照充足，温度日差大，果实着色好，优质丰产。此外，山地垂直分布的复杂性，坡向、坡度对果树生长影响明显（图 3-41）。

（3）丘陵地果园：介于山地果园和平地果园之间，可分为深丘与浅丘，深丘与山地近似，浅丘坡度较缓，土层深厚，气候条件差异不大，交通方便，投资少，是较为理想的园地类型（图 3-42）。

（4）滩涂地果园：平坦开阔，土层深厚，富含矿质营养；但含盐量高，碱性强；土壤有机质含量低，土壤结构差，地下水位高，易受台风侵袭，尤其要注意排水问题（图 3-43）。

图 3-42　丘陵地果园　　　　　　　　　　图 3-43　滩涂地果园

二、果园规划与设计

在整个果园规划中，果树栽培的总面积一般占果园面积的 80%～85%，防护林占 5%～10%，道路约占 4%，其他为辅助建筑物、绿肥基地等。

1. 果园栽植区规划与设计　栽植区总面积一般占果园面积的 80%～85%，大小应根据果园的具体条件而定。一般应考虑以下 4 个方面的因素：一是同一栽植区内气候及土壤条件应当基本一致；二是在山地和丘陵地，要有利于防止水土流失，有利于发挥水土保持工程的效益；三是有利于防止果园的风害；四是有利于果园的运输及机械化管理。

栽植区的面积要因地制宜，大小适当，过大管理不便，过小不利于机械化操作，在平地建园，以 100～150 亩为一区，形状以长方形为好，其长边与短边比例为 2∶1～5∶1 为宜。在山坡、丘陵地带建园，要重视水土保持，依地形、地势建立栽植区。

2. 果园道路规划与设计　果园的道路系统由主路、干路、支路组成。主路要求位置适中，贯穿全园，便于运送产品和肥料。主路宽可 5～7m，或 6～8m，须能通过大型汽车，在山地其沿坡上升高度不得超过 7°，筑路质量须与马路相同。在山地建立果园，主路可以环山而上，或呈 Z 形。干路须沿坡修筑，不能沿真正的等高筑路。干路宽可 4～6m 或 5～6m，须能通过马车或小型汽车和机耕农具，干路一般为小区的分界线。支路可以根据需要顺坡筑路，但顺坡路可设在分水线上，不宜设在集水线上，以免塌方。支路宽 2～4m，主要为人行道或通过大型喷雾器，在山地支路可以按等高通过果树行间。

3. 果园灌排水系统规划与设计 果园灌溉分为渠道灌溉、滴灌、喷灌方式。从果树生产的发展看，发展滴灌、喷灌更经济，山地果园用喷、滴灌可以不用造梯田，平整土地，辅之其他水土保持措施可节省非常大的投资。

（1）渠道灌溉 生产上常用的是渠道灌溉，其优点是投资小，见效快；缺点是费工，水资源浪费大，易引起土壤板结，特别是长畦大漫灌，水土肥流失严重，同时又降低地温。

（2）滴灌 滴灌可以避免渠道灌溉的缺点，但一次投资大。

（3）喷灌 喷灌的投资和效益介于渠道灌溉和滴灌之间。

4. 果园绿肥规划与设计 绿肥是用作肥料的绿色植物，包括栽培和野生，专门栽培用的作物叫绿肥作物。果园绿肥规划与设计主要考虑：规划原则、选择良种、种植方式及注意事项等 4 个方面。

（1）规划原则 一是用地养地结合，种养结合；二是多种方式、多种多样，建立良好的果园生态系统；三是选择品种，科学种植，草的高度以不影响树下通风透光为原则。

（2）选择良种 首先要注意绿肥作物的生长期和抗逆能力，以及对土壤条件的要求。

（3）种植方式 绿肥的种植方式可分为单作、混种、间种、套种、插播或复种等多种方式。

（4）注意事项 一是要开好排灌沟；二是要注意适时播种；三是种绿肥作物也要施一定的肥料。

5. 果园辅助建筑物规划与设计 果园建筑物包括办公室、财会室、工具室、包装场、配药室、果树储藏库及休息室等。但原则上应尽量减少非生产用地。

随着近年来生活水平和城市化程度的提高，以及人们环境意识的增强，逐渐出现的集旅游、观光、采摘、休闲度假于一体的生态观光果园，成为经济效益、生态效益和社会效益相结合的综合产物。

三、果园防护林

防护林对改善农田的生态条件，促进农业生产的发展，有着极为重要的意义。

无论山区还是平原，都应营造防护林。其主要目的是为了适应农业的发展和走向集约经营的道路，把新开垦的土地或遭受自然灾害不稳定土地改造成良田。

1. 防护林的结构形式　防风林的结构可分为两种：一种为不透风林带，组成林带的树种，上面是高大乔木，下面是小灌木，上下枝繁叶茂。不透风林带的防护范围仅为 10～20 倍林高，防护效果差；另一种是透风林带，由枝叶稀疏的树种组成，或只有乔木树种，防护的范围大，可达 30 倍林高，是果园常用的林带类型。

2. 防护林树种的选择

（1）防护林带的树种　应选择适合当地生长，与果树没有共同病虫害、生长迅速的树种，同时要防风效果好，具有一定的经济价值。

（2）防护林带宽度　主林带以不超过 20m，副林带不超过 10m 为宜。其株行距，乔木为 1.5m×2m，灌木为 0.5～0.75m×2m，树龄大时可适当间伐。防护林带距果树的距离，北面应不小于 20～30m，南面 10～15m。为了不影响果树生长，应在果树和林带之间挖一条宽 60cm、深 80cm 的断根沟（可与排水沟结合用）。

四、坡地果园的水土保持

山地果园水土流失现象比较普遍而且严重。山地栽植果树，必须在建园开始就要规划和兴建水土保持工程，从而减少山地果园的水土流失，为果树生长发育奠定良好的基础。

1. 水平梯田　在坡地上，沿着等高线修成的田面水平，埂坝均匀的台阶式田块叫水平梯田（图 3-44）。

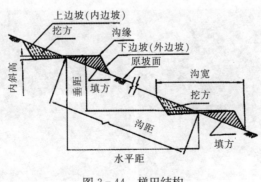

图 3-44　梯田结构

（1）筑梯田壁　垒石壁梯田大约与地面呈 75° 的坡度；筑土壁应保持 50°～

60°的坡度。

（2）铺梯田面　梯田面采用内斜式更好，整修梯田的横向上必须有0.2%～0.3%的比降，防止梯田壁倒塌。

（3）挖排水沟　排水沟按0.2%～0.3%的比降，将积水导入总排水沟内。

（4）修梯田埂　田埂宽40cm左右，高10～15cm。

（5）果树在梯田面上的位置　在梯田面上栽植果树，应距梯面外沿约1/3田面的地方。

2. 撩壕　按等高线挖成等高沟，把挖出的土在沟外侧堆成土埂，这就是撩壕。撩壕可分为通壕与小坝壕两种。

（1）通壕　自壕顶至沟心宽可在1～1.5m，沟底距原坡面深可在25～30cm之间，壕外坡长2～4m，壕高（自壕顶至原坡面）25～30cm。

（2）小坝壕　形式基本与通壕相似。不同点是沟底有0.3%～0.5%的比降。在沟中每隔一定距离做一小坝，用以挡水和减低水的流速，故名小坝壕。

3. 鱼鳞坑　鱼鳞坑是山地果园采用的一种简易的水土保持工程，也可以起一定程度的水土保持作用（图3-45）。鱼鳞坑的大小，因树龄而异。3年生以下的幼树坑长1.5m、宽80cm、深15～20cm，以后随树龄的增长，结合挖施肥沟和树盘土壤管理，逐年扩大。10年生树鱼鳞坑长度达3m以上。

4. 谷坊　为了防止果园中自然冲刷沟的水土流失，在沟中修土谷坊、石谷坊或插条做谷坊（图3-46）。谷坊断面应是下宽、上窄、呈梯形，在坝中间留出缺口，使流水集中，以免冲塌沟帮。

图3-45　鱼鳞坑

图3-46　石谷坊

五、前沿防水壕

在山地果园上方，果园与山林接壤处挖一道 0.3%～0.5% 的比降防水壕，规格与通壕相仿。此壕对果园内水土保持作用甚大，防止果园上方的山水流入果园内，冲刷果园。

任务 3.6　果树定植及栽后管理

一、定植规划

1. 树种、品种的选择　树种、品种选择应考虑以下几个方面的因素：

一是选择适宜当地气候、土壤环境条件的树种与品种；二是生产者的管理水平、技术水平、交通条件及本地果树生产发展的趋势；三是果品的市场营销状况，加工生产需求、批发市场的规模与辐射范围、社会购买力及未来变化趋势。

2. 果树的配置　在果园里，坡地上部土层较薄，可栽植耐瘠薄的树种，如杏、山楂等。在缓坡深厚的地方，可栽植高产优质果品树种如苹果、梨等。抗寒力强的可栽在下坡，抗寒力弱的可栽在中、上坡。

3. 栽植方式　栽植方式一般有长方形栽植、正方形栽植、三角形栽植、带状栽植等多种形式（图 3-47），在具体果园中可根据树种的特性及栽培管理水平灵活选择。

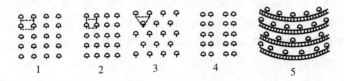

图 3-47　果树栽植方式

1. 长方形　2. 正方形　3. 三角形　4. 双行带状　5. 等高栽植

4. 授粉树的配置　授粉树在果园的常见配置方式有中心式和行列式。

（1）中心式　即在小型果园中，果树作正方形栽植时，常用中心式配置，即一株授粉品种在中心，周围栽 8 株主栽品种。

（2）行列式　即在大中型果园中配置授粉树，应沿小区长边，按树行的方向成行栽植。2 行授粉树之间的间隔行数多为 4～8 行，在生态条件不很适宜地区，间隔行数应适当减少，间隔距离相应缩短。

二、果树栽植

1. 栽植时期　果树栽植时期，应根据果树生长特性及当地气候条件来决定。落叶果树多在落叶后至萌芽前栽植，分春秋两季栽植，以春季栽植为最好，4月中旬为宜。

2. 栽植密度及方式　合理的栽植密度应根据树种、品种特性、环境条件、砧木类型、土壤条件及栽培技术而定，栽植密度常用的株行距及每亩栽植株数见表3-8。栽植方式以长方形为最好。

表 3-8　株行距及每亩栽植株数的对应关系

株距（m）	行距（m）	每亩株数（株）
4	5	33
3	5	44
5	6	22
4	6	27
3	6	55
2	4	83
2.5	3	88

3. 挖坑方法及标准　按株行距打点，点为坑心，坑标准1m见方坑为标准，最小不低于80cm见方，表土放一边，心土放一边。最好秋挖，上冻前表土、心土分层回填，每坑施入腐质好的农肥一筐。

4. 苗木准备　选好苗木，栽前处理，为争取农时，提高栽植成活率，必须进行栽前苗木处理。

（1）苗木分级　主侧根长度、茎的高度及粗度、芽的数目及生长情况和嫁接接合部愈合情况，进行分级，甩掉病弱苗。

（2）修剪根系　除剪掉有伤、病的根、枯桩萌芽及接口残留的塑料条外，要修剪根第的根头，有利于促发新根。

（3）水中浸泡　要进行水中浸泡12～24h，使苗木充分吸足水分。

（4）蘸生根粉溶液　即把浸泡后的苗木从水中捞出在0.05%生根粉溶液（将1g 3号生根粉溶于0.5kg酒精中充分融化后再加79.5kg水）中蘸一下。

（5）蘸泥浆　把蘸完生根粉溶液的苗再在打好的泥浆中蘸一下，即可定植。

5. 栽植方法

（1）栽植方向　栽植时注意苗木原生长方向，原北面仍使其朝北。

（2）定深度　比原深度深 3～5cm 为宜，过深栽植易造成闷芽活而不旺；过浅栽植不易成活。

（3）回土　回土至地面平，要求踩实；否则，根系与土壤结合差，影响根系从土中吸收水分而影响成活。

（4）做树盘　在定植坑四周培 10cm 高土埂，以便浇水。

三、定植后的管理

1. 定干与修剪　定植后及时定干，一般定干高度 0.6～0.8m，根据树种不同而异。整形带内要有饱满芽，如无芽须在 2 次枝上留 2、3 芽剪截。

2. 套袋与盖地膜　定干喷药后用塑料袋套干，分 3 段捆住，并在树干基部用土压住。灌第二次水后，在干周 1m 内用地膜盖住并用土将膜四周压实，防止风将其吹起，起到土壤增温、保湿作用。

3. 补水与追肥　定植当天必须灌足水（渗到 0.8～1m 深），定植后第 2～3 天后灌第二次水，严防频繁灌水造成烂根影响成活率。为确保成活应栽后半月再灌一次水，如扣地膜可不用补水。及时追肥缓苗后（5 月份）对没有施入底肥的每株施尿素 50g 左右，开沟施入。注意不要接触到根部。同时进行根外追肥、叶面喷肥。

4. 病虫害防治　早春发芽易受草毛金龟子、大灰象甲等啃食嫩芽。可人工捕杀或用药防治。

5. 抹芽　苗木成活后，应及时将砧木上发出的萌蘖及整形带以下的萌芽全部抹掉。

6. 解袋除膜　萌芽后，将萌芽部位剪一孔洞，使嫩芽接受通风锻炼并使枝芽从孔钻出生长，雨季来临时将套袋全部解除。遇到旱年 6 月应补水 1～2 次。从此以后步入果树栽培时一般正常管理。

7. 中耕除草　根据杂草生长和降水情况要及时除草松土，全年应耕 3～4 次。

8. 开角　当新梢长到 20～30cm 时，用牙签等顶开基角（含竞争枝），比第二年拉枝开角好。

9. 培土防寒　在秋后土壤封冻前要灌一次封冻水，然后围绕树干基部培一直径 50cm 的防寒土堆。防止根颈冻害，解冻后将土堆撤掉。

10. 树干涂白　防冻、防其他动物啃树皮。

项目小结

自根苗的繁殖方式主要有扦插、压条、分株等几种，其中扦插育苗的培育是重点，扦插从采用的繁殖材料可分：硬枝扦插和嫩枝扦插，它们有共同的繁育机理和相似的繁育流程，只是在扦插时期、药剂催根处理的浓度、扦插重点的注意事项上有所不同。压条育苗和分株育苗的方法简单、成活率高，但繁育系数太低，不宜与在大规模生产上应用。

当前生产无病毒苗木的主要手段是通过组织培养来实现。要获得真正的无病毒苗木，必须严格抓好"三圃"，即原种圃、采穗圃和专业苗圃的建设和管理。组织培养能否成功的关键就在于无菌操作和正确的选择、配置培养基。

苗木的后期管理主要包括土肥水的管理、夏季整枝及病虫害的防治等内容，其中土肥水管理是工作量占最大的一项，全年要进行多次的中耕除草、土壤追肥和叶面喷施，当土壤干燥时还要及时灌水，这是获得优质苗木的根本保证；另外，要反复多次运用摘心等夏季整枝手段，以防止苗木徒长；幼苗抗逆性差，病虫害易侵染，做好病虫害防治工作很重要。

苗木出圃是育苗木的最后一个环节，在苗木出圃前一定要有充分周详的准备，考虑当地气候特点和苗木需求情况等诸多因素确定掘苗时期和掘苗的方法，掘苗时一定要注意少伤根；苗木挖掘出来后一定要严格按照分级标准来分级，依据检疫要求来检疫，防止不合格的苗木流入市场；为防止苗木出现机械损伤和失水，要在苗木运输前做好包装工作；此外，秋季挖掘或苗木不能及时栽植，需要苗木进行假植，以防止苗木失水和冻害。

培育优质果树苗木是发展果树生产的先决条件和物质基础。

目前果树常用的育苗方法主要有实生育苗、嫁接育苗和培育自根苗；另外，还有最近发展起来的组织培养。

1. 实生育苗 是指用种子繁殖的苗木，该苗木具有遗传差异性大，易产生新类型、新品种，生长旺盛，根系发达，寿命长，抗逆性强，繁殖简单，繁殖系数高等特点。果树的无性繁殖多是通过培育砧木苗，然后嫁接实现的。

实生苗的培育过程包括采种、种实调制、种子贮藏、种子催芽、种子品质检验、播种及管理等。

采种要采优良母树上的，做到适时使用合适工具和方法；种实的调制内容包括取种、净种、干燥和分级精选等步骤，一般因种子不同调制的方法不同；种子贮藏时应控制好温、湿度、通气等条件，贮藏方法因种子类别而不同；种子因休眠原可分为短期休眠和长期休眠两种，影响原因主要是种皮、抑制萌发物及种胚成熟度，根据种子休眠原因的不同，可采用物理方法、层积方法、化学等方法进行催芽；种子播种前要进行种子纯度和生命力的测定。生命力的测定方法主要有目测法、挤压法、染色法、发芽法4种；实生苗播种的时期应根据各地实际情况来确定，播种方式有露地直播和阳畦育秧两种，播种方法有撒播、条播、点播。播种深度一般为种子短轴直径的2～3倍，播种步骤包括划线开沟、播种、覆土、镇压、覆盖；播后管理的内容包括覆盖、灌溉、间苗与移栽、断根、中耕除草、追肥及应用植物生长调节剂和病虫害防治。

2. 嫁接育苗　嫁接是指剪截植物体的一部分枝或叶，嫁接到另外一株植物体上，使两者成为一新的植株。

影响嫁接成活的因素有嫁接亲和力和生命力、接穗和砧木的状态、外界环境条件、嫁接质量、嫁接技术。

嫁接时要选好砧木和接穗，确定好嫁接的方式与时期，嫁接根据使用材料的不同分为芽接和枝接，芽接常用的方法是丁字形芽接和嵌芽接，枝接常用的方法是劈接、腹接、切接和插皮接；嫁接后要对苗木进行检查成活、补接、松绑与解绑、喷药防虫、防寒保护、剪砧、除萌蘖、立支柱、加强肥水管理、摘心。

果树一旦定植，就要固定在一个地方生长十几年，甚至几十年。因此，建园前一定要熟悉各种建园技术，认真做好果园建设的前期选择规划及提高幼苗成活率的技术措施，这是果树栽培的前提和基础。

建园技术一般包括园址的选择及规划设计和果树定植及栽后管理两大部分。

首先园址应选择在小气候适宜、交通运输条件方便、地形合适、水源充足、具有一定肥力土壤的地块上。园址选定后，就要在调查测量的基础上开展果园规划设计。果园的规划设计主要包括果园栽植区规划与设计、果园道路规划与设计、果园灌排水系统规划与设计、果园绿肥规划与设计、果园辅助建筑物规划与设计。

无论山区还是平原，果园建设过程中都应营造防护林。以抵御自然灾害，降低灾害损失。防风林的结构可分为两种：一种为不透风林带；另一种为透风林带。要根据果园的主栽树种生长要求选择防护林的结构形式、种植宽度、栽植树种及主林带和副林带的规划等。

此外，山地果园水土流失现象比较普遍而且严重。山地栽植果树，必须在建园开始就要规划和兴建水土保持工程，从而减少山地果园的水土流失，目前常见的水土保持措施主要有水平梯田、撩壕、鱼鳞坑、谷坊、前沿防水壕等措施，各种措施在果园建设中要灵活运用。

果树定植及栽后管理主要包括定植规划、定植技术及定植后的管理等三部分。定植规划是统筹考虑栽植树种、品种的选择与配置、栽植方式及授粉树的选择与配置。定植技术主要研究果树栽植的时期、栽植密度及方式、挖坑方法及标准、苗木准备、栽植方法等具体措施。定植后的管理是指果树定植后为提高苗木的成活率及加快生长发育采取的一系列措施，主要包括定干与修剪、套袋与盖地膜、补水与追肥、病虫害防治、抹芽、及时解袋除膜、中耕除草、开角、培土防寒、树干涂白等。

总之，果园建设必须充分考虑气候、地形、土壤、经济地理环境及树种品种的适宜特性，按照因地制宜、统筹规划、科学管理原则，从而为果品高产、优质、高效生产提供基础和保障。

 项目测试

一、名词解释

休眠　间苗　断根　嫁接

二、选择题

1. 苹果常用砧木中，下列哪组具有矮化作用（　　）。

　　A. 山定子、毛山定子、海棠　　　　　　B. 八棱海棠、新疆野苹果

　　C. 花红、M9、M26　　　　　　　　　　D. MM106、崂山奈子

2. 下列哪种梨的砧木具有抗腐烂病作用（　　）。

　　A. 杜梨　　　　　B. 秋子梨　　　　　C. 褐梨　　　　　D. 山梨

3. 我国北方地区普遍采用的一种抗寒的葡萄砧木是（　　）。

　　A. 山葡萄　　　　B. 贝达　　　　　C. 河岸葡萄　　　　D. 玫瑰香葡萄

4. 种子在进行层积处理时，小粒种子的种沙比例为（　　），大粒种子的种沙比例为（　　）。

　　A. 1∶3～1∶5　　B. 1∶5～1∶10　　C. 1∶4　　　　D. 1∶8

5. 压条育苗的方式有（　　）。

　　A. 硬枝压条　　B. 绿枝压条　　　C. 露地压条　　　D. 保护地压条

6. 下列哪种树在芽接时使用嵌芽接比较好（　　）。

　　A. 柿子、板栗　　B. 苹果、梨、桃　　C. 杏、山楂

7. 葡萄硬枝扦插时采用低浓度浸泡，萘乙酸用（　　），浸泡6～12h。

　　A. 1 000mg/kg　　B. 100～200mg/kg　　C. 50～100mg/kg

8. 硬枝扦插时，以 15cm 处土壤温度稳定在 （　　）℃以上时即可进行。

　　A. 3　　　　　　　　B. 5　　　　　　　　C. 10　　　　　　　　D. 15

9. 在梯田面上栽植果树，应（　　）田面的地方。

　　A. 梯面内沿　　　　　　　　　　　B. 梯面外沿

　　C. 梯面中间　　　　　　　　　　　D. 距梯面外沿约 1/3

10. 果树栽植时比原深度（　　），过深栽植易造成闷芽活而不旺；过浅栽植不易成活。

　　A. 浅 3～5 cm　　B. 浅 8～10 cm　　C. 深 3～5cm　　D. 深 8～10 cm

11. 选好苗木，进行栽前处理，进行苗木分级后还要 （　　）。

　　A. 修剪根系　　　　　　　　　　　B. 要进行水中浸泡

　　C. 蘸生根粉溶液　　　　　　　　　D. 蘸泥浆

12. 防护林带的树种应选择要 （　　）且具有一定的经济价值。

　　A. 适合当地生长　　　　　　　　　B. 与果树没有共同病虫害

　　C. 生长迅速的树种　　　　　　　　D. 防风效果好

三、简答题

1. 常用的嫁接方法有哪些？你还见过哪些嫁接方法？

2. 进入秋季为什么要防止苗木贪青旺长？如何控制？

3. 授粉树的配置要注意哪些事项？

4. 果树栽培一般包括哪些步骤？如何提高栽植成活率？

四、综合分析题

1. 如何对一个果园进行具体的规划？

2. 建立果园时，怎样正确地选择树种和品种进行合理配置？

探究与讨论

1. 本地有哪些砧木资源？

2. 果树栽植的技术环节有哪些？

3. 果树定植后管理的主要内容是什么？

项目四

项目四

果树生产关键技术

 **项目导读**

　　果园管理是果树栽培的基础内容，主要包括果园土、肥、水管理，果树整形修剪基础知识、花果管理技术以及果园周年生产计划的制定等内容。果园管理技术也是果树栽培中非常重要的技术环节，是果树连年丰产的基础、果实高品质的保障，也为果园每一步农事操作提供了依据和规程。

 **学习目标**

知识目标

1. 理解主要土壤管理措施的作用及操作要求；
2. 掌握制定施肥方案的方法；
3. 了解不同果树的需水规律及灌溉节水措施；
4. 理解果树整形修剪的原则、依据及主要树形的特点；
5. 掌握主要修剪方法及作用；
6. 了解影响果树开花坐果的因素。

能力目标

1. 掌握果园深翻改土、果园覆盖、果园间作、果园生草及清耕技术；
2. 熟练运用不同时期的施肥方法；
3. 熟练运用各种修剪方法进行冬、夏季修剪；
4. 掌握当地主要树种所采用的树形的整形过程；
5. 掌握保花保果、疏花疏果、果实套袋技术。

任务 4.1　果园土、肥、水管理

一、果园土壤管理

果园土壤管理技术主要包括深翻改土、果园覆盖、果园间作、果园生草及清耕技术等。其根本目的在于通过土壤改良和一定的果园耕作制度，为果树创造深厚、疏松、肥沃的土壤环境条件。

1. 深翻改土　果树多年生的特性及其多在丘陵、山地和沙滩地建园的特点，使果园土壤常存在结构不良、土层浅薄、有机质含量低、保肥蓄水能力差等问题。采用深翻改土、增施有机肥技术能加厚土层、改良结构、熟化土壤、提高肥力，是果园土壤管理的基础技术。

（1）深翻时期　果园四季均可深翻，但要根据具体情况因地制宜，适时进行。

秋季深翻一般在秋季采果后至落叶前进行。此时地上部分生长缓慢，营养开始向下运转积累，同时又正值根系生长的高峰时期，伤根容易愈合，并促进发生新根，为深翻的最适宜时期。深翻一般结合施有机肥进行，深翻后要及时浇水。秋季深翻，有利于冬季积雪保墒。但是冬季干旱寒冷地区，秋季深翻，易造成旱害和冻害。

春季深翻在早春土壤解冻后及早进行。此时，地上部处于休眠状态，根系开始生长，伤根容易愈合并再生新根。春季深翻宜早不宜迟，早深翻可保蓄水分，减少蒸发量。风大、干旱缺水及寒冷地区不宜春翻。

夏季深翻最好在根系前期生长高峰过后，北方雨季来临前进行。缺乏灌溉条件的山地果园适于夏季深翻。翻后降雨土壤塌实快，不致发生吊根或失水现象，而且伤根伤口易愈合，还能刺激发生大量新根。深翻后，土壤疏松，能减少水分地表径流，有利于山区的水土保持。此时深翻不宜伤根太多，以免引起落果或落叶。夏季深翻，一般应结合压绿肥进行。

冬季深翻主要在入冬后土壤冻结前进行。深翻后要及时压平土壤保护根系，以免冻根。翻后墒情不好，要及时灌水，以防漏风冻根；如果冬季少雪，来年春季应及时灌溉。一般北部寒冷风沙大的地区不进行冬季深翻。

（2）深翻深度　应根据地势、土壤性质决定，最好比果树根系分布层稍深些，以促使根系下伸，提高果树抗逆性。

（3）深翻方式　深翻常用的方式有扩穴深翻（图4-1）、隔行或隔株深翻和全园深翻。

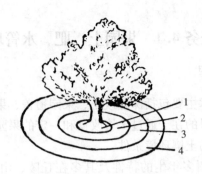

图 4-1 扩穴深翻
1. 定植穴 2. 第一年扩穴 3. 第二年扩穴 4. 第三年扩穴

扩穴深翻：一般从 3 年生树开始，结合施基肥，从定植穴的边缘开始，每年或隔年向外扩展，挖宽 60~80cm、深 80~100cm 的环状沟，翻出的表土和底土分别放置，先把表土与秸秆、杂草、落叶等混合填入沟底，再结合果园施肥，按标准将有机肥、速效肥与表土拌匀填入上部，边填土、边踏实。这样逐年扩展，直到全园翻遍为止。

隔行或隔株深翻：成年果树的根系纵横交错，为克服一次深翻伤根过多，可采取隔 1 行翻 1 行，然后再深翻株间的方式。

全园深翻将栽植穴以外的土壤一次深翻完毕。这种方法便于机械化作业，也便于平整土地，有利于果园耕作。但此法伤根多，因此多用于幼龄果园。

2. 果园覆盖 果园覆盖（图 4-2）是在树冠下或稍远处覆以有机物或地膜等，生产上应用较多的为有机覆盖和地膜覆盖。

（1）有机覆盖 有机覆盖是在果园土壤表面覆盖秸秆、杂草、绿肥、麦壳、锯末等有机物，以防止水土流失，减少水分蒸发，稳定土壤温度，防止泛碱返盐，增加土壤有机质，但易引起果园火灾，加重病虫害、鼠害，造成根系上浮。时间上以春末夏初为好，也可以秋季进行。

（2）地膜覆盖 地膜覆盖具有增温保水、抑制杂草、促进养分释放和果实着色的作用。尤其适于旱作果园和幼龄果园。

3. 果园间作 幼龄果园树盘以外空地间作其他作物，如豆类、药材等可改善果园微域气候，提高土壤肥力，有利于幼树生长，并可增加果园早期收入。果园间作物应具备植株矮小、生长期短、主要需肥水期与果树错开、无共同病虫害等特点（图 4-3）。

4. 果园生草 果园生草（图 4-4 和图 4-5）是在全园或行间种植禾本科、豆科草种或实行天然生草，当草长到 30cm 左右时应留茬 5~10cm 及时刈割，割下的草可采用覆盖、沤制等方法，将其转变为有机肥。生草3～6年后应及时将草翻压，休闲1～2年后再重新生草。生产应用较多的是三叶草、扁茎黄芪、早熟禾、百脉根等。

图4-2　果园覆草

图4-3　果园间作

图4-4　果园生草

图4-5　天然生草

5. 清耕技术　秋季果实采收后深耕20～30cm，土壤封冻前耙糖，春季土壤化冻时浅耕10cm，并多次耙糖，其他时间多次中耕除草，深度6～10cm。清耕有利于清除杂草，疏松土壤，有机质分解，但易破坏土壤结构，造成水土流失。

二、果园施肥

1. 制定施肥方案　依技术水平和施肥条件的不同可以采用以当地丰产园施肥经验结合对园地土壤结构、肥力状况、近些年产量、树体生长表现等因素的直观判断来确定全年施肥量、施肥种类及时间的方法；如果条件允许可以根据果树需肥规律和实际需要、土壤供肥能力与肥料效应，制定出以有机肥为基础，各类营养元素配比适当，用量适宜的平衡施肥方案，以合理供应和调节果树必需的各种营养元素，均衡满足果树生长发育的需要。

施肥方案是根据果园生产目标及预期产量、质量、果品安全要求，制定果园全年的施肥量及施肥种类、施肥时间和方法的详细计划。

2. 施肥时期

（1）秋施基肥　一般在中熟品种采收后和晚熟品种采收之前，时值秋季果树根系生长高峰期，结合果园深翻进行，以迟效性的农家肥为主，混加少量磷肥和铵态氮肥或尿素，是较长时间供应果树多种养分的基础肥料。

（2）生长季追肥　在生长季节根据树体需要而追加补充的速效性肥料。追肥时期与次数与气候、土质、树种、树龄等有关。目前生产中对盛果期树一般每年追肥 2～4 次，但需根据果园具体情况酌情增减。如苹果第一次追肥在萌芽前进行，以氮肥为主；第二次在花芽分化及果实膨大期，以磷钾肥为主，氮磷钾混合施用；第三次在果实生长后期，距采收 30 天以前进行，以钾肥为主。

3. 施肥方法　果园施肥主要采用环状施肥、条沟施肥、放射状施肥、叶面喷肥、树干强力注射、输液法等方法（图 4 - 7）。

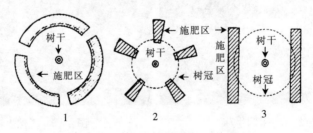

图 4 - 7　果树常用施肥方法示意图
1. 环状施肥　2. 放射状施肥　3. 条沟施肥

（1）环状施肥　于树冠投影外沿处开始挖一宽 30～60cm、深 60～80cm 的环状沟，将肥料与表土混合撒入沟内，沟上部覆盖心土，然后浇水。

（2）条沟施肥　在树冠边缘稍外的地方，相对两面各挖一条深 40～60cm、宽 20cm 的施肥沟。第二年改为另外相对的两面开沟施肥。

（3）放射状施肥　在树冠下从距树干 80～100cm 处开始向外至树冠外缘挖 4～8 条里浅外深、里窄外宽的放射沟，将表土与肥料掺匀填入沟的下部，上部填盖心土（图4-8）。

图4-8　放射状施肥

（4）叶面喷肥　将肥料配成一定浓度的溶液喷洒在树冠上。

（5）树干强力注射　将果树所需的肥料从树干直接注入树体内，并靠机具持续压力输送到树体各部（图4-9）。

（6）输液法使用由输液瓶（袋）、输液管、专用针头组成的输液器，利用输液瓶中液面与针头间高度差形成的压力，自动将微肥或专用肥料液体缓慢输入树干中（图4-10）。

图4-9　树干强力注射

图4-10　果树输液

三、果园灌溉

1. 确定灌水时期与灌水量　确定果树灌水时期主要依据果树不同物候期需水量的不同及自然降水情况。

春季萌芽展叶期，适量灌水；新梢迅速生长和幼果膨大期应足量供水；果实迅速膨大期要根据当地降雨情况看墒灌水；采果前后及休眠期。根据树种和当地气候特点灌水，如北方多数落叶果树近采收期之前不宜灌水，以免降低品质和引起裂果，寒冷地区在土壤结冻前灌一次封冻水。应在一次灌水中刚好使根系主要分布层范围内的土壤达到最有利果树生长发育的湿度为宜。

2. 改进灌水方式　果园灌溉主要有地面灌溉、喷灌、滴灌、渗灌、穴灌等。

3. 实施蓄水保墒技术措施　根据旱地果园的地势、地形、坡度修筑水平梯田、撩壕和鱼鳞坑等水土保持工程（图 4 - 11）。通过增施有机肥、果园生草、有机覆盖等减缓水土流失，减少土壤水分蒸发，提高土壤保水能力。实施保墒耕作措施；使用各类物理化学保水材料保墒。

图 4 - 11　水土保持工程

任务 4.2　果树整形修剪

一、整形修剪的原则和依据

1. 整形修剪的原则　果树整形修剪须坚持"因树修剪，灵活应用，有利结果，注重效益"的原则。

（1）因树修剪，随枝做形　指在整形时既要有树形要求，又要根据不同单株的不同情况灵活掌握，随枝就势，因势利导，做到有形不死，无形不乱。

（2）统筹兼顾，长短结合　指结果与长树要兼顾，幼树既要整好形，又要有利于早结果。盛果期也要兼顾结果与生长的关系，要在高产稳产优质的基础上，加强营养生长，延长盛果期年限。

（3）以轻为主，轻重结合　指尽可能减轻修剪量，减少修剪对整体的抑制作用。尤其是幼树，适当轻修剪，多留枝，有利于长树，扩大树冠，缓和树势，有利于早结果、早丰产。

（4）平衡树势，主从分明　平衡树势，即使树体各部分保持生长均衡，同级骨干枝生长势基本均等，上下层骨干枝也应保持相对均衡。对上强下弱或下强上弱树等生长不均衡的现象，应通过抑强扶弱的方法进行调整。主从分明指树冠的各级骨干枝要有一定从属关系，即主枝应从属于中心干，侧枝应从属于主枝。从属枝要给主枝让路，在相互干扰的情况下，应控制从属枝的生长。

2. 果树整形修剪的依据　整形修剪的依据是树种品种的生物学特性、树龄和树势、果园自然条件和管理水平及修剪反应。此外，栽植方式与密度不同，整形修剪也应不同。

（1）树种品种的生物学特性　因不同树种、品种生长结果习性不同。所以，在修剪时应采取不同的修剪方法。如对成枝力强的苹果品种富士，修剪时应多疏少截，减少枝量；对成枝力弱的品种如早捷，则应适当短截，增加枝量。

（2）树龄和树势　不同年龄时期，其生长和结果的表现有很大差异。幼树一般长势旺，长枝比例高，所以要在整形基础上，轻剪多留，促其迅速扩大树冠，增加枝量。枝量达到一定程度时，要促使枝类比例朝有利于结果的方向转化，以促进成花，及早结果。盛果中后期，果树生长变缓，内膛枝条减少，结果部位外移，产量和质量下降，为延长结果年限，应及时采取局部更新，抑前促后，减少外围枝，改善内膛光照。同一年龄时期，树势强弱不同，修剪量和修剪方法也不同。树势强宜轻剪，树势弱适当重剪。

（3）果园自然条件和管理水平　一般无霜期较长，高温多雨地区，果树生长较旺，修剪量应轻一些；而对生长期较短，寒冷干旱地区的果树，修剪量则应稍重一些。在土肥水管理条件较好的地方，树势强健，宜多疏少截，适当轻剪；而肥水不足、土壤瘠薄的情况下，树势较弱，则宜多截少疏，修剪量可适当加重。

（4）修剪反应　不同树种品种和不同枝条类型的修剪反应，是修剪的重要依据。修剪反应多表现在两方面：一是局部反应，如剪口下萌芽抽枝、结果和形成花芽的情况；二是整体反应，如总生长量、新梢长度与充实程度、花芽形成总量、枝条密度和结果情况等。

果树树形
{
　有中心干
　　{
　　　分层形：层形、疏散分层形、十字形、多中心干形
　　　无层形：主干形、变则主干形、纺锤形、圆柱形
　　}
　无中心干形：环状形、自然杯状形、自然开心形、多主枝自然形、丛状形、自然圆头形、主枝开心圆头形
　扁形
　　{
　　　树篱形：扁纺锤形、自然扇形
　　　篱架形：单干形、双臂形、双层栅篱形、棕榈叶形
　　}
　平面形
　　{
　　　棚架形：水平栅、倾斜棚
　　　匍匐形：扇形、圆盘形
　　}
　无骨干形：丛状形
}

二、果树树形分类

1. 果树树形分类（见上）。

2. 果树主要树形示意图（图 4 - 12）

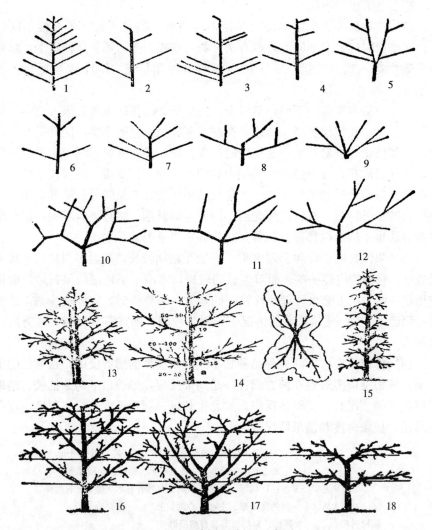

图 4 - 12　果树主要树形示意图

1. 主干形　2. 变则主干形　3. 层形　4. 疏散分层形　5. 多领导干形　6. 十字形　7. 自然圆头形
8. 主枝开心圆头形　9. 丛状形　10. 杯状形　11. 自然杯状形　12. 自然开心形
13. 纺锤灌木形　14. 自然扇形　15. 圆柱形　16. 斜脉形　17. 棕榈叶形　18. 双层栅篱形

三、修剪时期与修剪方法

1. 修剪时期　果树修剪分为休眠期修剪和生长期修剪。

（1）**休眠期修剪** 休眠期修剪一般在果树落叶后到第二年萌芽前进行。

（2）**生长期修剪** 生长期修剪则指在果树整个生长期内的修剪。

2. 常见修剪方法

（1）**短截** 剪去一年生枝条的一部分。短截可促进剪口下侧芽的萌发，促进分枝，依剪截强度、剪口芽质量、品种成枝力、枝条姿势的不同，刺激效果也不相同，剪截强度大、剪口芽饱满、品种成枝力强、枝条直立，则促进作用大。生长季节摘除新梢顶端幼嫩部分或剪去新梢前端的一部分。常用于骨干枝促进分枝、扩大树冠；控制旺长，培养枝组，缓势成花。

（2）**疏剪** 疏剪就是将枝条从基部剪除。起到改善通风透光和削弱整体生长的作用。疏剪造成的伤口有抑前促后的作用（图 4 - 13）。

（3）**回缩** 回缩就是剪去多年生枝的一部分。其作用是局部刺激和枝条变向（图 4 - 14）。

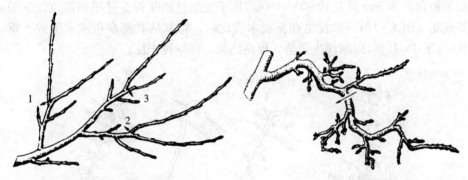

图 4 - 13 疏剪的应用

1. 去直留平 2. 去强留弱 3. 去弱留强

图 4 - 14 应用回缩复壮更新

（4）**缓放** 对一年生枝不剪称为缓放。能缓和枝条长势，有利于养分积累。

（5）**弯枝** 就是将较为直立枝条改变生长方向，使其加大角度，缓和生长势，促进花芽形成，合理利用空间（图 4 - 15）

图 4 - 15 弯枝的方法

1. 别枝 2. 撑枝 3. 拉枝 4. 坠枝

（6）**伤枝** 伤枝是刻伤、环割、环剥、扭梢、拿枝等修剪手法的总称。

刻伤是春季萌芽前，在枝或芽上（或下）0.5cm处，用刀横割皮层深达木质部而形成月牙形切口。芽上（前）刻促进萌发，芽下（后）刻抑制萌发；环割是在枝干上用刀剪或锯环切一圈，深达木质部。生产上常根据枝条长势进行一道或多道环割促生分枝。

环剥是在果树生长期内将枝干的韧皮部剥去一圈。使剥口以上部分积累有机营养，有利花芽分化和坐果，同时促进剥口下部发枝。环剥应对旺树、旺枝进行，环剥宽度一般为枝干直径的1/10（图4-16）。

图4-16 环 剥
1. 环状剥皮 2. 环状倒贴皮 3. 双半环剥皮

扭梢是在新梢旺长期当新梢达30cm左右基部半木质化时，将直立旺梢、竞争梢在基部5cm处扭转90°～180°，用于控制枝梢旺长促进扭梢部位以下缓势成花（图4-17）；拿枝是在新梢木质化时，将其从基部拿弯成水平或下垂状，（图4-18）。以减缓生长势，促花结果，调整枝干比。

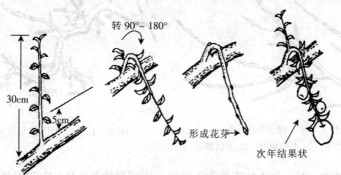

图4-17 扭 梢

图4-18 拿枝及其效果

四、修剪技术的综合运用

1. 缓势促花修剪　对于幼树、旺树、过密的树为增加花芽量一般可以综合采取措施。过密树在花芽分化前疏去过密枝梢，开张大枝角度，以改善光照，增加营养积累，促进花芽分化；幼树在保证健壮生长和必要的枝叶量的基础上采取轻剪、长放、疏剪、拉枝、扭梢、应用生长抑制剂等措施，以缓和生长，促进花芽分化。也可采用环割、扭梢、摘心等措施使处理的枝梢在花芽分化期增加有机营养的积累。

2. 郁闭园的改造　生产中常见密植郁闭果园表现为树体过高，主干过低；枝量过多；主枝角度小；上强下弱株间严重交叉，行间交接等，可采用以下方法改造。

（1）间伐　对严重郁闭的苹果密植园，应进行间伐。在肥水条件较好，管理水平较高的区域，成龄苹果园密度可参照以下标准：普通品种、乔砧组合，一般为每亩留 22～28 株，株行距为 4～5m×6m；普通品种/矮化中间砧/乔化品种或短枝型品种/乔化砧组合，每亩留 45～67 株，株行距为 2.5～3m×4～5m 为宜。具体实施时可采用隔行间伐或隔株间伐。

（2）选用高光效树形及其修剪要点

根据原树形特点、栽植密度和果树类型，改造为高光效树形（图 4-19）。

以高位单层开心形为例，高位单层开心形是针对栽植密度低，树冠较

图 4-19　苹果高光效树形

大的 10 年生左右的乔化普通型，原树形一般为小冠疏层形、自由纺锤形和放任形，通过落头、提干、疏枝等措施，经过 2～3 年的时间逐步改造而成。树形特点一般是树高 3～4m，树冠上方呈扁平状，周边结果枝组自然下垂，平均叶幕厚度 1.2～1.6m。干高，高干 0.8～2m，其中 0.8～1m 为低干开心形，1.5m 左右为中干开心形，1.8～2m 为高干开心形。全树保留 4 个左右主枝，主枝与主干的夹角在 50°～90°，其中低干开心形 50°～60°，高干开心形可达 80°～90°。主枝长度因果园空间及品种树势而定，通常每主枝保留 2 个侧枝。树冠较大时，第一侧枝距中干 80～100cm，第二侧枝距第一侧枝 60～80cm，主枝头不保留，由第二侧枝替代；树冠较小时，可保留 3～4 个中型侧枝，主

枝头保留，长放结果。在主侧枝上培养长放单轴结果枝组，以侧生结果枝组为主，背上及背下中庸枝为辅，自然长放而成。结果枝组上分布长、中、短结果枝，结果后自然下垂。

整形修剪一般在树高1.2～2.6m的区间内，选留4个角度适宜（包括方位角和水平夹角），大小适中，枝组较丰满（枝组分布好），芽子质量好的大枝作为永久性主枝，同时在主枝上下50cm不交叠的情况下适当保留3～4个临时主枝，并控制其长势，做辅养枝用，以后可根据树体生长情况逐年疏除。高位单层开心形应在冬剪时对主干1～1.2m以下的主枝逐年疏除。疏除时应注意4个方面：第一应注意不形成轮生疤和对口疤，以免影响上部的生长；第二是逐年疏除对所留永久性主枝和临时性主枝有影响的轮生枝、对生枝、重叠枝、交叉枝、过密枝，特别是疏除过粗、过大且角度较小的大枝，从而引侧光入膛；第三是疏除所留大枝上的强旺侧枝，并生枝，过粗过大的结果枝组及无用的强旺枝和病虫枝，特别要疏除背上过大且分枝多、长势强的大型枝组；第四是通过回缩、疏枝改造剩下的结果枝组。疏枝一般分2～3年完成，第一年一般疏除应疏枝量的60%，第二年疏除30%，第三年疏除10%。

落头开天窗是根据高位单层开心形的要求进行落头，一般先在3m左右回缩，形成小开心，以后逐渐回缩到最上面的永久性主枝。对超高且生长较旺的树，应在适宜树高处进行环剥，控势促花结果，分年逐步落头。最后树高以控制在行距的2/3～3/4为宜。

侧枝和结果枝组的配置可在树形改造时，主枝保留2～3个中小型侧枝或大型结果枝组，但应疏除过粗、过密的侧生分枝，形成疏散、中庸的侧枝结构。修剪时侧生分枝和主枝头均单轴自然长放。结果枝组在主枝和侧枝上直接分布，其密度以10～15cm为宜，结果枝组不宜过大，一般枝粗比大于1∶4的结果枝组通常疏除，但每隔3～5个结果枝组可保留一个较大的结果枝组，作为以后更新复壮的回缩点。

对保留的永久性主枝和临时性主枝，应通过撑、拉的方法一次到位，俗称"大拉枝"。但有的角度过小、过大的枝，拉枝后更加重交接。所以，一般不选择这类枝作为主枝，如位置适当，且有较好的背后枝时，可用背后枝换头开张角度。对已交叉的主枝延长枝进行回缩，对过旺过长的枝可利用背后枝或侧生枝换头。延伸过长的主枝，应根据其长势进行回缩。对于延伸过长，长势缓和的枝，可在后部选一适当分枝为带头枝，一次性回缩到位；对于枝势较旺，后部无理想分枝的，可采取疏前促后或自预备带头枝前环剥，等前部削弱后，分

2～3年回缩到位。严禁在梢头部位年年回缩，以免先端强旺分枝多，后部枝弱不分枝。

（3）改形后的配套技术措施 加强肥水管理和病虫害防治；处理好剪（锯）口及时修平，并涂防护剂进行保护，防止感染苹果腐烂病和剪（锯）口失水干枯；树体改形后，由于去枝较多，树体往往转旺，且红富士剪、锯口处极易抽生萌蘖枝。所以，就加强夏季修剪，于萌芽后进行抹芽，同时综合运用拉枝、摘心、扭梢、环剥等夏季修剪措施，促进形成花芽结果。

任务 4.3 果树的花果管理

一、保花保果

1. 花期防冻 花期于5月之前的树种在北方寒冷地区均易受到晚霜危害，在初花前期应注意天气变化，可以采取花前浇水延迟花期、园内熏烟提高空气温度（图4-20）、树间及行间喷水、使用细胞膜稳态剂等药剂防冻等措施防止花器受冻。

2. 辅助授粉

（1）合理配置授粉树 绝大多数果树需要配置授粉树，在授粉树不足

图4-20 花期熏烟防冻

的情况下，可采取高接花枝和挂罐的方法。即在缺乏授粉品种时，对部分果树进行高接换头，高接成授粉品种；也可以在缺乏授粉品种的果园放上开花初期剪取的授粉品种的花枝，将其放在广口瓶或水罐中，挂在需要授粉的果树上，以代替授粉品种。以苹果为例，授粉树的配置应达到1：6或以中心式配置达到1：8为宜

（2）花期放壁蜂 果园放蜂可以有效提高坐果率，改善果实品质。壁蜂是重要的传粉昆虫。一般开花前5～10天，在果园内背风向阳处，按40～50m间距设置巢箱，巢箱放于45cm高的支架上，巢箱口向东南或南。按每公顷900～1 500头在箱内放置蜂茧（图4-21）。花期放蜂期间，要禁止使用杀虫剂，以免杀死壁蜂，影响授粉效果。

（3）人工辅助授粉 在授粉品种缺乏或花期气候不良时应进行人工授粉。一般在初花前结合疏花采集花蕾，制备花粉，于盛花初期至盛花期进行授粉，

常用人工点授（图 4-22）、机械喷粉和液体喷雾等方法授粉。

图 4-21　花期放壁蜂辅助授粉　　　　　　图 4-22　人工辅助授粉

3. 化控技术　花期喷 0.1％～0.3％的硼砂溶液，中庸树、弱树花后喷 0.3％的尿素均可提高坐果率。

二、疏花疏果

1. 疏花疏果的时期及作用　疏花疏果是在保证一定产量的基础上，疏去过多的花果。疏花疏果可以减少花果过量的果树自然落花落果造成的养分损失，保证树体强壮的生长，避免结果过多引起的果品品质下降和大小年严重等问题。从尽量节约养分考虑，在保证安全、准确、有效的前提下，根据不同树种品种开花、落花、落果习性进行，应适当早疏，原则上疏花芽优于疏花，疏花优于疏果。疏花疏果时应考虑到树种、品种、树势、授粉条件、花期天气等因素。疏花一般从花序伸长至分离开始，在整个花期均可以进行；疏果一般在花后 1～2 周进行。

2. 留果量的确定　留果量是疏花疏果程度的依据，留果量应充分考虑到树种、品种特点、花期气候状况、生产目标及质量要求、园地施肥水平、平均产量、前一年产量及树体长势等综合因素，确定果园目标产量。根据果园目标产量确定平均单株负载量，根据单株生长状况确定单株留果数。再将全树负载的留果数合理分配到大枝上，分配的依据是枝的大小、花量、性质、位置等。如辅养枝、强枝、大主枝可适当多留。适宜的留果量应以平均每果占有的健康叶片数（叶果比）为依据。

如生产上苹果可采用干周法确立全树留果量，再用距离法具体进行调整和疏除。

对新红星、红富士等品种，初果期至盛果期、树体完整、管理较好较丰产的园地可采用单留果数，计算公式。

$$Y = 0.2C^2$$

式中：Y为单株留果数；

C为树干中部干周长度（cm）。

实际操作中应留出余地，增加总量的10%作为保险系数；另外，旺树和弱树应在此基础上再增减15%作为调节值。

在确定某株苹果适宜留果数的基础上，采用距离法具体进行留果操作，留果标准见表4-1。

表4-1　苹果花果间距及留果方法

项目	乔化砧树		矮化中间砧树及短枝型树	
果实类型	中型果品种	大型果品种	中型果品种	大型果品种
花果间距（cm）	15～25	20～30	15～20	20～25
留果方法	留单果为主，结合留双果为辅	留单果	留单果	留单果

3. 疏花疏果的方法　疏花疏果时应先疏开花早、坐果率低的品种，同一品种先疏大树、弱树和花量多的树。一株树上疏花疏果的顺序应做到先上部后下部，先内膛后外围，按枝条自然生长顺序进行。

（1）人工疏花疏果　人工疏花疏果是根据树体的负载量，使果实合理地分布于树冠的各个部位。从节省养分的角度考虑，疏果不如疏花，疏花不如疏蕾，疏蕾不如疏芽。疏花时应先疏除弱花序、开花晚的花序、位置不当的花序及腋花芽，保留中心花序疏除边花序。疏果时首先应疏去小果、病虫果、畸形果、位置不当的果，然后疏去过密的果。先疏弱树和中早熟品种，后疏壮树和晚熟品种。尽可能留单果、壮枝果和侧向果。一般骨干枝先端不留或少留果；一个枝组上要留前疏后，以便交替更新。

（2）化学疏花疏果：为了节省劳动力，保证及时疏花疏果，近年来已经应用化学疏花疏果。一般采用化学剂西维因、萘乙酸等配成一定浓度的溶液，在花期或幼果期喷洒，在大面积的果园应用速度快、效果好。

三、果实套袋栽培技术

1. 果实套袋的作用　果实套袋技术多应用于苹果、梨、葡萄、桃、柑橘等水果，其作用主要表现在以下几个方面：

（1）防治果实病虫害　由于果袋的保护，使果实与外界隔离，阻断了病虫害对果实的侵染途径，从而防止病虫害的发生。

（2）有效防止裂果、果面污染、减轻日灼，降低果面农药残留、减轻鸟类食害　如柑橘套袋可有效防止日灼果的产生，明显减少网纹果的数量，套袋还可有效地改善柑橘果皮油胞粗细程度和均匀度，使整个果面光洁漂亮，色泽一致。通过选用合理的果袋和实施套袋技术可以有效防止葡萄果粒日灼和裂果的发生。

（3）提高果品质量和耐贮性　通过对梨果实袋原纸的色调光谱波长透光率进行调整可使各品种的果实颜色符合高档果品要求；梨果套袋可使果点浅而小，并减少锈斑的形成；经套袋的梨果和葡萄果实耐贮性、耐运性都相应增加；套袋可以提高桃果的加工质量。

2. 果袋的种类与选择　目前常见的果袋按层次分为单层果袋、双层果袋、塑膜袋等；按透光性又可分为透光袋、半透光袋、遮光袋3种。在生产中根据树种品种及套袋目的不同也出现了很多专用果袋。如在重庆地区梨橙、脐橙要选用透气性、透光性能较好的单层白色或黄色果袋，柠檬宜用外黄内黑双层果袋。白梨系统多采用LA型果袋，有色梨果品种多用LB型果袋。

3. 果实套袋、拆袋的时期及方法

（1）套袋前的管理　果实套袋应在严格的疏花疏果的基础上进行，应加强病虫害的防治，在发芽前刮除老、粗、病皮，全园喷布一次杀虫杀菌剂。因树种、品种、生产目的、地理位置不同，果实套袋、拆袋时间也不相同，原则上套袋以果实坐稳以后尽早进行，拆袋时间则因树种、品种、地区不同而异。

（2）套袋时期　套袋时间以上午8～12时、下午3～5时为宜，应避开早晨露水未干、中午高温和傍晚返潮3个阶段，雾天、雨天不宜套袋。

（3）套袋方法（图4-23）　以苹果套袋为例，先一手托袋底，另一手伸进袋内将袋体膨起；然后一手抓住果柄，一手托住袋底，把幼果套入袋口中部；再将袋口从两边向中部果柄处挤折；当全部袋口折叠到果柄处后，于袋口一侧上边，向下撕开到袋口铁丝卡的长度处，将铁丝卡反转90°捆扎；最后沿袋口2.5cm处旋转一周在果柄上扎紧。注意铁丝不要绑在果台枝上，也不要扎得过紧，以防止伤果柄，影响幼果生长。套完后，用手往上托打一下袋底中部，使全袋膨鼓起来，2个底角的出水气孔张开，使幼果悬空在袋中，不与袋壁贴附，以防止椿象刺果和药水、菌虫分泌物污染果实。

（3）拆袋时期与方法　除袋时间最好选择阴天或多云天气进行，以避免发

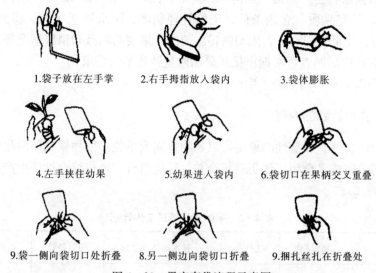

1.袋子放在左手掌	2.右手拇指放入袋内	3.袋体膨胀
4.左手挟住幼果	5.幼果进入袋内	6.袋切口在果柄交叉重叠
9.袋一侧向袋切口处折叠	8.另一侧边向袋切口折叠	9.捆扎丝扎在折叠处

图 4 - 23　果实套袋流程示意图

(林尤奋，2005)

生日灼。若高温或晴天拆袋可在上午 10～12 时摘除树冠东北部和北部的果袋，下午 2～4 时摘除树冠南部和西部的果袋，不宜在早晨或傍晚拆袋。两次性摘除双层纸袋，去袋时应用左手托住果实，右手将 V 铁丝板直，解开袋口，然后用左手捏住袋上口，右手将外袋轻轻拉下，保留内袋，隔 3～5 天晴天后，再将内袋去除；一次性摘除的双层纸袋，应先松袋，给袋内通风，3～5 天后再一次性去除；单层纸袋应将袋从底部撕成伞状，经 4～5 个晴天再将袋摘除。

任务 4.4　果园周年生产计划的制定

一、制订生产计划的依据

制定果园生产计划主要依据如下：

1. 树体生长发育基本资料和基本情况　如物候期资料，果园病虫害发生情况及主要病虫害的发生规律，果园所在地气候资料，与果树生长相关的土壤、水分及其他情况。

2. 果树生产相关的技术标准　包括果园的土肥水管理、花果管理、整形修剪技术等。

3. 果园原有生产基础　如树种、树龄、品种、果园面积、产量（总产量、单产量）、果实品质、立地条件、土壤管理制度、肥水管理状况、病虫防治、整形修剪、花果管理水平、果园的霜冻情况、果实的贮藏和销售情况等。

4. 进行市场调查，掌握市场对果品质量及技术的要求。

5. 据以上资料确定果园生产目标。

二、生产计划的内容

按照综合性、效益性的原则，以各物候期为单位，以物候期的演化时间为顺序，将单项技术全年工作历有机合并，选优组合，形成综合性的生产技术方案（表4-2）。

表4-2　果园周年管理工作计划

时间	物候期	工作项目	技术措施及要求	用工概算	生产资料

 **项目小结**

本部分由果树生产关键技术中最基础的"土肥水管理"环节展开，依次介绍了果树整形修剪技术、花果管理技术以及果园周年生产计划的制定等内容。本部分内容是果树生产工作中的常规内容，也是影响果树生产效益的关键环节，尤其"果园周年生产计划的制定"内容更是果园经营和生产操作的依据。

 **项目测试**

一、名词解释

清耕覆盖法　夏季修剪　长梢修剪（葡萄）　果台　落花落果

二、选择题

1. 轻短截是剪去枝条的（　　）截后易形成较多的中短枝。

　　A. 1/5～1/3　　　B. 1/3～1/2　　　C. 2/3～3/4　　　D. 1/4～1/5

2. 枣的落果一般集中在（　　）期后。

　　A. 盛花　　　　B. 初花　　　　C. 花芽分化　　　D. 坐果

3. 确定苹果留果量时，最简便易行的方法是（　　）。

    A. 叶果比法　　　　B. 枝果比法　　　　C. 干截面积法　　　　D. 距离法

4. 桃树主枝基部采取（　　）着生方式较好。

    A. 三主枝邻接

    B. 三主枝邻近

    C. 两主枝邻接，与上一主枝邻近

    D. 上两主枝邻接，与下一主枝邻近

5. 成年果树一般每年的追肥次数为（　　）。

    A.1～2 次　　　　B. 2～3 次　　　　C. 2～4 次　　　　D. 4～5 次

6. （　　）期称为果树的需水临界期。

    A. 开花期　　　　　　　　　　B. 结果膨大

    C. 休眠　　　　　　　　　　　D. 果实采收前

7. 果实套袋栽培不进行的工作是（　　）。

    A. 防治病虫害　　　　　　　　B. 增施基肥

    C. 加大浇水量　　　　　　　　D. 采用合理树形

8. 柿花多着生在结果枝第三节以上，（　　）花坐果率高。

    A. 上部　　　　　　B. 中部　　　　　　C. 下部

9. 生产上常用的（　　），其优点是投资小，见效快；缺点是费工，水资源浪费大，易引起土壤板结，特别是长畦大漫灌，水土肥流失严重，同时又降低地温。

    A. 渠道灌溉　　　　B. 滴灌　　　　　　C. 喷灌　　　　　　D. 自然灌溉

10. 花序整形是在开花前 3～5 天，掐去花序长度（　　）的穗尖部分，同时掐除花序的副穗。

    A.1/3～1/4　　　　B. 1/4～1/5　　　　C. 1/5～1/6　　　　D. 1/4～1/6

三、简答题

1. 优良授粉树应具备的条件有哪些？

2. 生产上成年结果树的追肥时期在什么时候？

3. 为实现苹果丰产优质，生长期如何进行修剪管理？

4. 在生产上，为提高苹果坐果率一般采取哪些措施？

四、综合分析题

1. 我国果树生产中存在的主要问题有哪些？

2. 以红富士苹果为例，试述苹果套袋的时期与方法。

探究与讨论

1. 分析当地果园施肥现状并提出改进意见。
2. 冬季修剪和生长季修剪对果树生长有哪些不同的影响?
3. 讨论果实套袋对果实品质的影响。

项目五

苹　果

项目导读

　　苹果是落叶果树中主要栽培树种之一，在世界上栽培较广，年产量仅次于葡萄、柑橘、香蕉，居第4位。苹果色、香、味俱全，含有人体健康所必须的多种营养物质。苹果除供鲜食外，还可加工果酒、果汁、果脯、果干、果酱、蜜饯和罐头等。苹果在我国的栽培历史已有2 000多年，近年来发展特别迅速。我国是世界苹果第一生产大国，2012年我国苹果产量比2011年增产6.5%，达到3 800万吨，创历史新高，居世界首位，占世界苹果总产量的63.3%。苹果出口量呈持续增长趋势，鲜果、加工制品的出口量、产值均居各水果之首。我国苹果单产近年来持续增长，但与世界先进水平差距仍较大，且区域发展不平衡。提高质量和产后处理水平，扩大出口，充分发挥区域优势，是苹果产业持续健康发展的关键。只有依靠品种改良和配套技术的完善，按照无公害果品生产标准发展苹果，才能使我国的苹果走向国际市场，参与国际竞争。

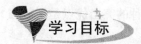

学习目标

知识目标

　　1. 熟悉苹果常见的优良品种；

　　2. 掌握苹果的生长与结果习性和对环境条件的要求，以便于指导实践应用；

　　3. 掌握苹果整形修剪的技术要点；

　　4. 掌握果园土肥水的优质高效管理；

　　5. 掌握苹果花果的管理方法。

任务 5.1 苹果的优良品种

苹果属蔷薇科、苹果属。苹果属植物全世界约有 35 种，原产我国的共有 22 种。其中有的是重要栽培种，有的可作砧木，有的则为观赏植物。全世界的苹果品种浩如烟海，据统计约有 1 万个，我国自行培育和从国外引入的栽培品种有 250 多个，经各地生产试栽适于商品栽培的品种，有 30 个左右。

一、早捷（彩图）

美国品种。果实扁圆形，果面浓红色，单果重 122g，可溶性固形物 11.4％，酸味较浓，品质一般。但该品种在山东于 6 月中旬上市，且树势健壮，早果性强，较丰产，比藤木一号提前成熟 20～30 天。

二、萌

又名嘎富，单果均重约 200g，果实圆形，果色浓红至红褐，酸味略重，果汁丰沛，口味清爽，成熟较津轻早 10～15 天，是早熟品种中的后起之秀。

三、藤木一号

果实圆形。果个大，果皮底色黄绿色，着色鲜红。果肉松脆，汁多，风味酸甜，有香味。中部地区采收期在 7 月上、中旬。该品种的突出优点是树势强壮，容易成花，丰产性状好；缺点是果实易发绵。

四、嘎拉

果实中等大，短圆锥形，单果均重 150g 左右；果面底色金黄，阳面具有浅红晕，有红色断续宽条纹；果形端正，较美观，果顶有五棱，果梗细长；果皮较薄，有光泽；果肉浅黄色，肉质细脆；果汁多，味甜微酸。

五、首红

短枝型品种。9 月中旬成熟，果实高桩，五棱突起，果个均匀。果实圆锥形，单果平均重 180g。果面底色绿黄，全面色泽浓红鲜艳。果肉乳白，细胞汁多，芳香浓郁。硬度稍大于红星，成熟期较新红星早 7～10 天。由于色艳、味美、高产及典型的短枝性状，被认为是元帅系中的佼佼者，为元帅系第四代品种。

六、乔纳金

果实较大，扁圆至圆形，单果重 250g 左右。果面平滑，底色黄绿，着橙红霞或不显著的红条纹，着色良好的果为全面橙红色；果面蜡质多，果点多而小，带绿色晕圈，明显易见。果肉浅黄色，质细松脆，味较甜，稍有酸味，有特殊芳香，品质上等，稍耐贮藏。

七、澳洲青苹

为世界上知名的绿色品种。果实大，扁圆形或近圆形，单果重 210g，最大 240g。果面光滑，全面为翠绿色，有的果实阳面稍有红褐色晕，果点黄白色。果肉绿白色，肉质细脆，果汁多，风味酸甜，品质中上等，很耐贮藏。

八、富士系品种

1. 富士的来源 富士苹果是日本园艺场东北支场（即现日本果树试验场盛冈支场）培育的优良品种。1939 年 5 月，亲本为国光×元帅，在 1958 年以"东北 7 号"发表。1962 年，正式命名为"富士"，开始推广，1966 年引入我国试栽。现在是日本和我国等国家苹果栽培面积最大的品种。该品种对轮纹病和水心病抗性较差。生产上对富士的着色系通常统称"红富士"。

2. 富士优系 富士优系主要有长富 2 和 2001 富士。

（1）长富 2 10 月下旬至 11 月上旬成熟。平均单果重 250～300g。果实为圆形，底色黄绿，熟后全面鲜红或浓红，时有红条霞；光照不良时，阴面着色欠佳。果肉黄白，致密细脆，汁液丰富，酸甜适口，具有芳香，品质上等，耐贮藏。黄河故道地区易发生轮纹病。

（2）2001 富士 是日本最近选出的富士着色系，特点是着色容易，即使树冠下部的果实也能全面着色，可减少摘叶转果用工，有希望在着色不良地区得到发展，1993 年引入我国。山东烟台亦选出能全面着色的类似品系烟富 1～6 等。

3. 富士短枝型变异 富士短枝型变异品种主要有宫畸、福岛、红将军等品种。

富士族苹果以其个大、味美、耐贮得到广泛的赞誉，近几年我国发展规模很大，其栽培面积远远超过其他新品种。但也不应忽视富士苹果具有生长易旺，成花偏晚，果实发育期长，果形易偏斜，着色较难，"抽条"略重，易染轮纹病、水心病等实际问题，对技术和管理要求较高。因此，应因条件制宜，根据本地实际情况发展。

九、华冠

中国农业科学院郑州果树研究所选育，亲本为金冠×富士，1976年杂交而成，1994年河南省农作物品种审定委员会审定，1999年山西省农作物品种审定委员会审定。

华冠果实呈圆锥形，平均果重170g。果实底色绿黄，果面着有1/2～2/3鲜红色，带有红色连续条纹，延期采收可为全面红色，果面光洁无锈，果点稀疏、小；果梗长2～3cm，梗洼深、中广、无锈或具有少量放射状果锈；萼洼中深，周围有不明显的五棱突起，萼片宿存，较小，闭合；果皮厚而韧；果肉淡黄色，肉质致密，脆而多汁，风味酸甜适中，有香味。可溶性固形物含量为14.0%左右、总糖含量为11.9%、总酸含量为0.24%、维生素C含量为3.6mg/100g。品质最上等。

任务5.2　苹果的生长结果习性

一、苹果的生长习性

苹果是落叶乔木，有较强的极性，通常生长旺盛，树冠高大。一般管理条件下，嫁接在乔化砧上的苹果树株高为5～6m，而嫁接在矮化砧上的只2～3m。苹果树栽后2～3年开始结果，经济寿命在一般管理条件下为15～50年，土壤瘠薄、管理粗放的只有20～30年。由于顶端优势和芽的异质性综合作用的结果，苹果通常具有较强的干性和明显的层性。因品种间的萌芽力和成枝力有差异，其层性的明显程度也不同。

（一）根

苹果根系没有明显的自然休眠期，只要条件适宜，周年均可生长。由于所需温度较低，根系开始生长要早于地上部分。通常一年内可有2～3个生长高峰，并与地上部的生长高峰交替出现。通常春季根系生长可持续2～3个月，秋季1.5～2个月。但由于树龄、长势、结果状况，以及气候、土壤条件的差异，根系在年周期中生长高峰出现的次数和时间往往不同。

影响苹果树根系生长的因素：

1. 土层深度　土层越深，根系分布越深。苹果树根系大部分分布为 60cm 左右的土层中，深土层可达 80cm 左右。

2. 土壤松紧度　土壤疏松、孔隙度大，有利于根系向纵深发展；土质坚硬，则不利于根系生长。

3. 土壤肥力　主要指有机质含量的多少，一般要求 2%～3%。

4. 地下水位　地下水位应保持为 1.5m 以下。

5. 土壤含水量　苹果根系生长最适宜的土壤含水量为田间持水量的 60%～80%，当土壤含水量低于田间持水量的 40% 时，则引起根系自然衰老、脱落死亡。

6. 土壤酸碱度　苹果树喜欢微酸性到中性的土壤，即 pH 5.5～6.7 的微酸性或中性的土壤或砂壤土。pH 4 以下生长不良，pH 7.8 以上常有黄化失绿现象。

7. 土壤含盐量　总含盐量低于 0.28%。

8. 土壤温度　一般当土壤温度为 5～7℃时，有新根开始生长；7℃以上根系生长逐渐活跃，15～20℃生长最旺盛；当土壤温度大于 25℃时，根系生长明显钝化。

9. 土壤通气状况　土壤通气性好，氧气含量为 10% 以上，根系可正常生长。

10. 树体的有机养分　根系生长、吸收水分和矿物质、合成有机质都依赖于地上部供应的光合产物。当地上部分的光合产物供应充足时，根系生长量和发根数量增加。当结果过多或叶片受到损害时，光合产物向根系的供应量减少，根系生长受到明显的抑制。

11. 栽培管理对根系的影响　栽培管理可以改善土壤的理化性质，提高树体的营养水平，创造有利于根系生长的条件。

(二) 芽

苹果的芽按性质分为叶芽、花芽两种（图 5-1）。

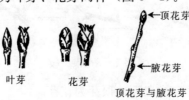

图 5-1　苹果的芽

叶芽呈三角形，尖长而弯曲，展叶后长成枝。花芽比较饱满，鳞片较多，而先端比较钝圆。

（三）枝条的分类

1. 枝条按生长状况分 徒长枝、普通枝、纤细枝、叶丛枝（图 5-2）。

（1）徒长枝 大多直立生长，粗大，节间长，芽瘦小。

（2）普通枝 节间中长，枝条充实，叶芽饱满，多用于培养结果枝。

（3）纤细枝 枝条细弱，叶芽充实，多着生于树冠下部，其上易形成短果枝。

（4）叶丛枝 是叶芽萌发后生长量较小的短枝。如营养充足，当年秋天就可形成顶花芽，营养条件不良时，可多年不生长。

2. 按枝条的长度分 长枝＞30cm，中枝 5～30cm，短枝＜5cm。

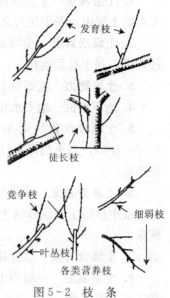

图 5-2 枝 条

（四）果枝

1. 分类 苹果的花芽为混合芽，混合芽萌发的结果枝一般分为：短果枝、中果枝、长果枝（图 5-3）。

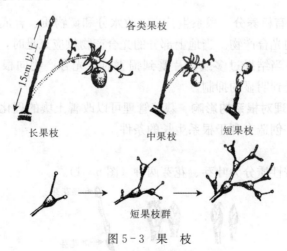

图 5-3 果 枝

（1）短果枝 长度 5cm 以下，顶芽为花芽。

（2）中果枝 长度为 5～15cm，节间较短，枝条较粗壮，顶芽为花芽。

（3）长果枝 长度为 15cm 以上的果枝，顶芽为花芽。长果枝与发育枝不易区分，可根据顶芽的饱满程度来判断。

2. 特点 各类结果枝的比例因树龄、品种不同而有变化；通常是幼树的长果枝和中果枝较多，随着树龄的增大，短果枝比例迅速上升，及至盛果期，一般可达 70% 以上，衰老期几乎完全是短果枝或短果枝群；从品种上看，金冠等品种的长果枝与中果枝较多，新红星、红富士等品种的短果枝比例大，辽伏等品种容易形成腋花芽。

（五）花芽分化

多数品种都是从 6 月上旬开始至入冬前完成，整个过程分为生理分化、形态分化和性细胞成熟 3 个时期。苹果生理分化的集中期在 6 月上旬至 7 月。花芽为混合花芽，先发叶后开花，并从果台上抽生副梢，即果台副梢，果台副梢抽生得多少、长短随品种和结果母枝的营养条件而异。

二、苹果的结果习性

苹果定植后一般 3~6 年开始结果，寿命可达 30~40 年。但因品种、砧木类型、环境条件及栽培管理技术水平而不同。

（一）开花期

因各地气候不同而有很大差异。一般在 4~5 月份，苹果的花芽是混合花芽，萌发后先抽生一段很短的新梢（结果枝），长 1~3cm，在其顶端着生聚伞花序开花结果。结果后短梢膨大，形成果台。在结果同时，果台的叶腋内当年还能发生 1~2 个新梢，叫果台副梢。内有 5~6 朵花（图 5-4），中心花先开，坐果率高、品质好。

图 5-4 苹果花

开花期分为初花期、盛花期、落花期。花期 12 天，单花期 5 天左右，开花当天和第二天是授粉的最佳时期。苹果是异花授粉植物，大部分品种自花不能结实。

（二）落花落果

1. 概念 由于授粉受精不良、树体营养不足和环境条件不好等原因，苹果从花蕾出现到果实采收会出现花果脱落的现象，称落花落果。

2. 落花落果时期及原因 苹果从花蕾出现到果实采收，一般有 4 次落花落果高峰（表5-1）。

表5-1　苹果落花落果时期

次数	名称	时间	现　象	原　因
第一次	落花	终花期	花梗随着花的凋谢而一起脱落	花芽质量差，发育不良，花器官败育或生命力低，不具备授粉受精条件
第二次	第一次落果	落花后1周左右	小果（子房略见增大）脱落，可持续5～20天	授粉受精不充分，子房内激素不足，不能调运足够的营养物质，子房停止生长而脱落
第三次	6月落果	花后4～6周	已达到拇指指甲大，果实脱落	主要营养物质不足、分配不均而引起，果实之间、梢果之间争夺养分，胚内生长素（主要是赤霉素）缺乏
第四次	采前落果	果实采收前1个月左右	成熟或接近成熟的果实	品种的遗传性或品种特性。如元帅、红星、津轻等

（三）果实的生长发育

坐果后果实经过果实细胞分裂期、膨大期、成熟期3个生长期。成熟期前是果个增大的时期，为绿色、有绒毛、味酸涩。成熟期果个增大不明显，是色泽、香气、糖分形成的主要时期。

苹果果实在果实发育过程中，种子分泌激素刺激果肉生长。所以，授粉受精良好、种子充实饱满的，果形端正，果肉丰腴；反之，种子发育不良或无种子的一方，果肉凹陷瘦削而成畸形果。因此，一定要配置授粉树或采用人工授粉。红富士以金冠较好，新红星以金矮生、绿光、烟青作授粉树较好。有一些3倍体品种，如乔纳金、北斗、陆奥等，没有花粉，不能作为其他品种的授粉树。

苹果的果实是由子房和花托发育而成的假果，其中子房发育成果心，花托发育成果肉，胚发育成种子。果实的体积膨大，前期靠细胞迅速分裂的细胞数目的增多，后期靠细胞体积的膨大。果实发育期的长短，因品种而异，一般早熟品种为65～87天，中熟品种为90～133天，晚熟品种为137～168天。

三、环境条件

（一）温度

苹果喜冷凉的气候，生长最适宜的温度条件是年平均气温7～14℃，冬季最冷月（1月份）平均气温为−10～7℃。整个生长期（4～10月）平均气温为13～18℃，夏季（6～8月平均气温）为18～24℃。果实成熟期昼夜温差为10℃以上，果实着色好。根系活动需3～4℃以上，生长适温7～12℃；芽萌动8～10℃，开花15～18℃，果实发育和花芽分化17～25℃；需冷量≤7.2℃低温1 200h。

（二）水分

在较干燥的气候下生产出优质苹果，一般年降水量为500～800mm对苹果生长适宜。若生长期降雨量为500mL左右，且分布均匀，可基本满足树体对水分的需求。

（三）光照

苹果是喜光树种，生产优质苹果一般要求年日照时数2 200～2 800h，特别是8～9月份不能少于300h以上。年日照<1 500h或果实生长后期月平均日照时数<150h会明显影响果实品质。若光照强度低于自然光30%花芽不能形成。

（四）土壤

要求土质肥沃、土层深厚，土层深度为1m以上，土壤pH 5.7～8.2为宜，富含有机质的砂壤土和壤土最好，有机质含量应为1%以上。

（五）风

大风常给苹果的生长发育带来许多不利的影响，如造成树冠偏斜，影响开花、授粉、破坏叶器官及落果等，所以在风大地区建立苹果园，必须营造防护林。

任务 5.3　整形修剪

一、丰产树形

（一）细长纺锤形

细长纺锤形（图5−5）适合每亩栽树83～133株（株行距2m×3～4m）的密植栽培。树高2～3m，冠径1.5～2.0m，树形特点是在中心干上均匀着生势力相近、水平、细长的15～20个侧生分枝（或称作小主枝），要求侧生分枝不要长得过长且不留侧枝，下部的长1m，中部的长70～80cm，上部的长50～60cm为宜。主干延长枝和侧生枝自然延伸，一般可不加短截。全树细长，树冠下大上小，呈细长纺锤形。

细长纺锤形整形时一般采用高定干、低刻芽的方式。

1. 苗木栽植后　在距地面 70～90cm 处定干，并于 50cm 以上的整形带部位，选 3～4 个不同方向芽子，在其上方 0.5cm 左右处刻芽，促发分枝。当年 9～10 月份将所发分枝拉平。

2. 第一年冬剪时　对于成枝力强的品种，延长枝一般可不短截。

3. 第二年　中心干上抽生的分枝。第一芽枝继续延伸，其余侧生枝一律拉平，长放不剪，一般同侧主枝相距 40～50cm。另外，对主枝的背上枝可采用夏季扭梢和摘心的方法控制，使其转化成结果枝。

4. 第三年冬剪时　中心干延长枝可长放不截，依据树势可以转头。对直立枝可部分疏除、部分拉平缓放。

5. 4～5 年生　要尽量利用夏剪方法对拉平的主枝促其结果。对各级延长枝仍可不截，长放延伸，这样基本可以成形。

6. 6～7 年生　对水平状态侧生分枝优先促其结果，对于结过果的下边大龄主枝视其强弱给以回缩，过密者应疏除。使整个树冠成为上、下两头细，中间粗的纺锤形树冠。

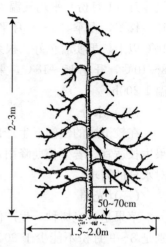

图 5 - 5　细长纺锤形

（二）小冠疏层形

适用于株行距 3.5m×4.0m 的山地乔化砧普通型和 3m×3.0～5.0m 的平地及缓坡地乔化砧短枝型品种。系由疏散分层形树形改进演化而来（图 5 - 6）。

树体结构：初期树高 3.0～3.2m，中期落头后 2.5m 左右，干高 50～60cm。前期按疏散分层延迟开心形整形和培养骨干枝。前期全树主枝 7 个，第一层 3 个、第二层 2 个、第三层 2 个，各层主枝错落着生，不可重叠。从中期起，为了降低树高，改善光照，锯除上层，只留一、二层主枝。层间距第一层至第二层 100～120cm，第二层至第三层 80～90cm。第一层每主枝配侧枝 2 个，第二、三层不配侧枝，只配枝组。中心干上不配辅养枝，只配枝组。

其整形过程与疏散分层相同，但为了促其提早结果和丰产，要冬剪和夏剪结合，适时做好春刻芽、夏扭梢、秋拉枝和冬修剪。

（三）自由纺锤形

自由纺锤形（图 5 - 7）是目前广泛采用的丰产树形。自由纺锤形适合矮砧普通型品种或生长势强的短枝型品种。此种树形适于株行距 2～3m×4m 的栽植密度。干高 60～70cm，树高 3m 左右，全树留 10～15 个小主枝，向四周伸展，不分层，主枝间距 15～20cm。主枝角度 70°～90°，下层主枝长 1～2m，在小主枝上配置中小枝组。主枝上不留侧枝，树形下大上小的纺锤形。

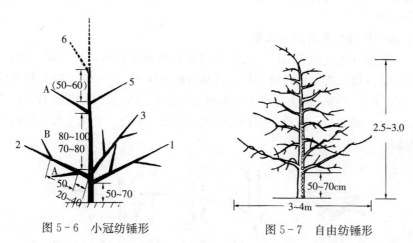

图 5-6　小冠纺锤形　　　　　　　图 5-7　自由纺锤形

整形方法：一年生苗定植后，于 60～70cm 处定干。在 9～10 月份整形带的长梢中，选位置好的作中心干，其余 3～4 个枝拉向四方，呈 80°～90°。对于竞争枝在 6～7 月份，新梢半木质化时扭梢，以便转化成结果枝。冬剪时对中央领导枝头和拉开的主枝头短截，以便促进分枝，扩大树冠。以后从中心干上每年选 2～4 个小主枝，上、下层间小主枝保持 50～60cm，以便避免重叠。上层小主枝冬剪时可以依据生长势强弱决定中截或长放不截，并注意拉平主枝角度，对于拉平的主枝背上生长的强枝梢宜采用转枝、扭梢方法控制，尽量避免冬剪时疏除，这样就缩短了成形时间，树体紧凑，树冠开张，树势缓和，适宜密植。

另外，在生产实践中还有主干疏层形、圆柱形、扇形、"珠帘式"整形，各地可根据实际情况适当采用。

二、生长季修剪技术要点

随着苹果密植栽培的迅猛发展，为了实现红富士等良种苹果的早果、丰产、优质。除了加强对上肥水等综合管理措施外，在整形修剪上必须实行冬夏结合，四季修剪。

(一) 春季修剪

1. 时期 从春季树液流动后、萌芽前开始至盛花期末结束。即 3 月上旬至 4 月下旬，最迟不得超过 5 月上旬，40～50 天。

2. 春剪原则 幼树及初结果树以促树速长、发枝扩冠为核心，以此达到整形结果两不误，大树以因树定产，以花定果为重心，避免大小年，防止树体早衰为原则。

3. 春季修剪基本方法及作用

（1）拉枝开角（图 5-8） 从春季树液流动至萌芽前，采用撑、拉、别、垂、缚引等办法。将主枝角度（特别是基角）开张到 60°～70°。辅养枝开张到 80°～90°，甚或下垂。从方位角上，要将三主枝调整到互为 120°左右，让其各占一方。并对辅养枝一律拉到主枝之间的空隙处。总之，要为主枝生长打开光照和空间。

图 5-8　拉枝开角

（2）刻芽增枝（图 5-9） 在发芽前。应对计划培养的主枝或侧枝的芽，以及在需要发枝的光腿部位进行芽上刻伤（即在希望发出芽的上方 2mm 处、用刀横刻月牙状伤口，深达木质部）。另外，对中干上甩放的 1 年生长放辅养枝，要在拉枝的基础上，从基部 5～10cm 开始，在其两

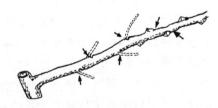

图 5-8　刻芽增枝

侧每隔 15～20cm，依次各刻伤一芽，每枝刻 4～6 个芽。

（3）花期环剥 于 4 月下旬，在盛花期对红富士苹果进行主干环剥，剥口宽度 3～4mm；新红星（包括元帅系）苹果实行主干环割一道，均可显著提高花朵坐果率。

（4）花前复剪 在花序伸长期的前后（即 3 月下旬至 4 月上旬）进行。一般对花量多的大年树。中长果枝的顶花芽应全部破除，以花换花，使来年结果。弱枝、弱花芽要全部破除，以花换花，使来年结果。弱枝、弱花芽要全部疏除，并保留健壮的短果枝或部分中果枝上的顶花芽进行结果。另外，对利用

腋花芽结果的枝条（或串花枝），一律留3～4个花芽缩剪。

（5）疏花疏蕾 首先，要根据树体长势用干周法确定出单株留果量（即因树定产）；其次，按照间距20～25cm留1朵中心花，进行疏花疏蕾、以花定果。方法：从花序分离期（4月上旬）开始，先疏花序，以疏去梢端花序和叶片少的弱花序为主，若1个枝条花序过多，可隔一疏一或隔二疏一，然后进行疏蕾（或花朵）。由于花期物候紧迫。可选具有4～6片大叶及发育好的花序先疏。每花序留1朵中心花。注意北斗苹果为防花腐病，可疏去中心花、留边花。红富士（主要指长富2号）苹果为防果肩偏斜，最好选留侧枝上的花及萼端（即果顶）朝下的花朵。

（6）抹芽除萌 要及时抹去冬剪伤口处及主干下部的萌蘖；尤其是抹掉中心干、主侧枝延长头剪口下的竞争芽或背上芽。

（7）破顶 在4月下旬至5月上旬。对无花的上年中枝进行破顶。长枝戴帽剪截（旺戴活帽弱戴死），这样就可以于当年大量萌生形成中短枝。即中枝换回中枝花，下年结果有依赖。

（8）春季复剪 在4月下旬至5月上旬。当外围新梢或剪口芽已经萌发长到3～5cm时，对冬剪时已短截的旺枝再短截5～10cm，若未冬剪，这时即按照冬剪要求进行春季复剪。此种方法只限于对生长过旺、不能适龄结果的幼旺树的修剪，且不能连年晚剪。

（二）夏季修剪

1. 时期 从苹果盛花期末一直到夏梢缓慢生长期。即5月上旬至8月上旬，约90天。

2. 基本方法及作用

（1）环剥（图5-10） 在果树生长期内将枝干的韧皮部剥去一圈，叫环剥。5月下旬开始对旺树和辅养枝进行基部环剥（割）。控制旺长促成花芽。要严格掌握环剥宽度和深度，要求割断皮层而不伤木质部，刀口要齐，切口要光，不留皮层。

（2）扭梢（图5-11） 扭梢是在新梢旺长期，当新梢达30cm左右且基部半木质化时，将直立旺梢、竞争梢在基部5cm处扭转90°～180°，使其受伤，并平伸或下垂于母枝旁。操作时，应先将被扭处沿枝条轴向水平扭动，使枝条不改变方向而受到损伤，再接着扭向两侧呈水平、斜下或下垂方向。

（3）拿枝（图5-12） 也叫捋枝，是在7～8月份新梢木质化时，将其从基部拿弯成水平或下垂状态。操作时，先在距枝条基部7～10cm处，用手向下弯折枝条，以听到折裂声而枝梢不折为度。然后，向上退7～10cm处再拿

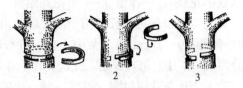

图 5-10 环 剥
1. 环状剥皮　2. 环状倒贴皮　3. 双半环剥皮

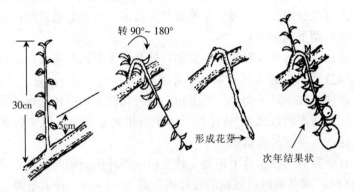

图 5-11 扭 梢

一次，直到枝条改变方向为止。

（4）摘心　5月中旬大枝上萌生的背上旺长新梢长至 20cm 左右时，从基部留 5～7cm 摘心，促发 2 次枝。摘心后 2 次枝又旺长的可再次摘心，可连续摘心 2～3 次，把直立技改造成结果枝组。

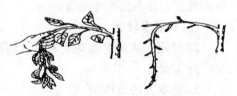

图 5-12 拿枝（捋枝）

（三）秋季修剪

1. 秋季修剪的时期　苹果树秋季修剪，即 8～11 月份进行的修剪。

2. 秋季修剪的作用

（1）幼旺树秋剪，可使秋梢及时停长，促使枝条充实，从而提高幼树的抗寒越冬能力。

（2）对枝叶密集树秋剪，可改善光照，枝条营养积累增多，有效减缓旺树长势，增加优质短枝，复壮内膛枝组，为早果丰产创造良好的条件。

3. 秋季修剪的方法

（1）疏枝　9～10 月份对背上过旺过密的枝条及基部和枝先端剪口附近的

萌条进行疏除。疏后不易冒条，部分伤口当年可以愈合。疏减外围徒长枝、旺长枝、过密枝，防止多头并进。果树外围枝萌条太多影响后部芽萌发生长，尤其枝先端的直立旺枝严重影响延长头生长发育。对外围过密的徒长枝采取疏大留小，疏直留平的原则。对中心干、主枝延长头具有 3～4 个旺条的，先疏去 1 个，冬季再疏去 1 个，重截 1 个。这样利用秋冬结合修剪对延长头的生长发育影响较小。并可解决光照，复壮内膛，提高树体贮藏营养水平。

（2）拉枝 拉枝，即对角度不合适的枝拉到所需的角度。尤其是幼树整形期间，拉枝是一项关键的技术措施。

①拉枝时间：秋季拉枝时间一般在 9 月份进行。此时拉枝开角，枝条上所有芽发育均衡，分布合理。

②拉枝角度：主枝 80°左右，辅养枝 90°左右。一般掌握立地条件好、树势旺的角度要大一些，而立地条件差、树势弱的角度要小一些。纺锤树形比小冠疏层形的角度可适当大一些。

③拉枝方法：对一年生枝可先在基部捋拿软化，然后用绳拉到所需角度固定。对多年生不易拉的枝，可先在枝基部背下拉 3 锯，深达木质部 1/3 处，再拉到所需角度，然后用绳固定于地上即可。

（3）摘心和轻截 轻截，即对秋梢幼嫩部分 20cm 左右处摘心，或于盲节处短截当年新梢。8～9 月份进行摘心或轻截，可减少养分消耗，有利养分积累，促花效果显著。

4. 秋季修剪注意的几个问题

（1）秋剪要因树而异、主要对旺树适当进行修剪，以免削弱树势。

（2）秋剪时间不宜太早和太晚，并配合早施基肥。

（3）秋季雨水多，疏大枝的要涂伤口保护剂，以防感病。

三、结果枝组的培养与修剪

（一）结果枝组的类型

结果枝组是苹果树体中的基本结果单位，它生长在各级骨干枝和辅养枝上，由 2 个以上的结果枝和营养枝组成。常分为大型枝组、中型枝组、小型枝组 3 种类型。

1. 大型结果枝组 有 12 个以上的分枝，枝轴长度 50cm 左右。分枝数量多，有填补大空间和连续结果的优点，但其上枝条稀疏，有效结果数量少，产量比较低。

2. 中型结果枝组 具有 8 个左右的分枝，枝轴长度约 30cm。分枝较多，有效结果枝数量也多，生长健壮，结果多，连续结果能力强。

3. 小型结果枝组　具有 2～4 个分枝，枝轴长度 15cm 左右；数量多，占据空间小，能够起到填补树冠内小空间和保持通风透光的作用，但由于其有效结果枝少，有间歇结果和不易更新等特点。

(二) 结果枝组的培养

1. 小型结果枝组的培养　小型结果枝组的培养主要有 4 种方法：

(1) 结果后的短果枝，经连续分生果台枝形成；

(2) 中、长果枝结果后，对其后部分生枝条，回缩至小分枝上形成；

(3) 生长比较弱的营养枝，经过缓放分生出小枝，形成花芽后缩剪而成；

(4) 由部分生长衰弱，比较密挤的中型结果枝组，经缩剪改造而成。

2. 中型结果枝组的培养　中型结果枝组的培养有几种方法：

(1) 对空间较大的小型结果枝组，短截其上的分枝，经连续培养而成；

(2) 对生长衰弱的大型结果枝组，经缩剪改造而成；

(3) 由侧生中庸枝培养而成，这是培养中型结果枝组的主要途径。采用这种途径又分"先放后缩"和"先截后放"两种方法。

①先放后缩：就是选择中庸斜生的营养枝，先轻剪缓放，待前部形成花芽结果后，再逐步缩剪、促生分枝，培养中型结果枝组。

②先截后放：就是对一些斜生中庸枝条，先进行短截，促生分枝，然后对这些分枝去强留弱，去直留斜，促使形成花芽结果，培养为中型结果枝组。

3. 大型结果枝组的培养　大型结果枝组的培养有 2 种方法：

(1) 对生长密挤、分枝稀疏，或空间小的辅养枝、竞争枝等进行缩剪改造而成。

(2) 对生长旺盛的中型结果枝组，先短截枝组的带头枝，促使枝轴延伸生长，增加分枝数量，逐步发展、培养成大型结果枝组。

(三) 结果枝组的配置

枝组配置的原则：枝组要均匀分布，做到枝枝见光，主次分明。在主轴上分布的各类枝要从方向、大小、间距、高低等方面考虑，做到枝势相当，间距合理，高低错开。枝组的分布位置：主枝上配置的结果枝组，要有立体感，以两侧长放、变向、下垂枝组为主，背上和背下枝组为辅，不利用背上直立枝组。对于背上直立枝组，在背上枝缺少的情况下，可采用拉枝、扭梢、揉枝等方法使其呈下垂状，但不能影响两侧枝组。一个主枝上分布的枝组要外小、中大、内小。在实践中一般大型结果枝组间距为 1m 以上，中型结果枝组间距一般为 60cm，小型结果枝组间距一般为 10cm。

（四）结果枝组的修剪

1. 枝组的调整 枝组的调整主要是在不同年龄段调整枝组的方向、类型、位置和密度等。对树冠内那些轮生、并生、重叠、交叉、细弱、冗长的枝组，要分年、分批清理，以便打开光路，集中营养，复壮枝组。对于留下的较理想的枝组，要保护、利用、培养和适时更新。

2. 枝组的更新 要掌握"去弱留强，去下留上，去密留稀，去老留新，去大留小"的原则。枝组的维持和复壮：

（1）在结果枝组形成阶段 要留中庸偏弱的带头枝，使枝轴纵向延伸，稳定枝组上的分枝，促使成花结果。

（2）在结果枝组维持阶段 当枝组后部枝条略显衰弱时，除应严格选留带头枝外，还要注意轻短截枝组后部的分枝，适当剪除过多的花芽，增加枝组中营养枝的比例，维持枝组的生长结果能力。

（3）在结果枝组复壮阶段 要根据枝组后部枝条的衰弱情况，采取程度不同的枝轴缩剪，选用壮枝做带头枝，复壮枝组的生长结果能力。

任务 5.4 苹果优质高效栽培技术

一、苹果果实品质的含义

苹果果实品质包括外观品质、内在品质、贮藏品质和加工品质等诸方面。

1. 果实的外观品质

（1）果个适中 果个的大小是人们感觉器官首先形成的印象之一，也是果实的主要商品性质。

（2）果形周正 果形指数是指果实纵径（L）与横径（D）的比值。它是苹果外观质量的主要指标。通常果形指数是 0.8～0.9 为圆形或近圆形，0.6～0.8 为扁圆形，0.9～1.0 为椭圆形或圆锥形，1.0 以上为长圆形。品种特性和环境条件都影响其果形指数。国际市场上，对元帅系苹果果形指数要求在 0.9 以上，对富士系苹果要求为 0.85 以上。

（3）色泽艳丽 果皮的颜色由底色和表色组成，表色主要有三大类：绿、黄、红。色泽艳丽则果实商品性高。

（4）果面光泽度高 果面细嫩、洁净、有光泽的果实受欢迎，果面发生龟裂、果锈等会严重影响果实的外观品质。

2. 果实的内在品质

（1）果实的营养成分的含量 果实的营养成分包括糖、维生素、氨基酸、蛋白质、脂肪、矿质营养元素等。这些营养种类的多少和含量标志着营养价值的高低。

（2）果实的风味　果实的风味主要有甜、酸和香构成，要求含糖量高、含酸量和糖酸比适当，香味浓，硬度适中。

（3）果实的肉质与汁液　果实的肉质有生硬、脆硬、松脆、松绵、沙绵等类型。汁液有多、中、少3种情况。优质高档果的性状是肉质脆硬或松脆，汁液丰富。

（4）农药的残留量　农药的残留量是影响果实品质的一个重要因素，越来越受到人们的关心。

3. 贮藏品质　果实的耐贮藏性与果实的硬度、有无病菌侵染和害虫危害有关。

早熟品种表现为不耐贮藏，一般采后立即销售或者在低温下只进行短期贮藏。中熟品种如元帅系、金冠、乔纳金、嘎拉、葵花等是栽培比较多的品种，其中许多品种的商品性状可谓上乘，贮藏性优于早熟品种，在常温下可存放2周左右，在冷藏条件下可贮藏2个月，气调贮藏期更长一些。但不宜长期贮藏，故中熟品种采后也以鲜销为主，有少量的进行短期或中期贮藏。晚熟品种（10月以后成熟）一般具有风味好、肉质脆硬而且耐贮藏的特点。如红富士、新红星、王林等目前在生产中栽培较多，其中红富士以其品质好、耐贮藏而成为我国苹果产区栽培和贮藏的当家品种。

用于长期贮藏的苹果品种不仅要耐贮藏，而且必须具有良好的商品性状，以求获得更高的经济效益。

二、苹果园土肥水的优质高效管理

（一）果园土壤管理制度

土壤管理制度是指对果树株间和行间的地表管理方式。合理的土壤管理制度应该达到的目的是，维持良好的土壤养分和水分供给状态，促进土壤结构的团粒化和有机质含量的提高，防止水土和养分的流失，以及保持合适的土壤温度。

1. 清耕法　又称清耕休闲法，即在果园内除果树外不种植其他作物，利用人工除草的方法清除地表面的杂草，保持土地表面的疏松和裸露状态的一种果园土壤管理制度。清耕法一般在秋季深耕，春季多次中耕，并对果园土壤进行精耕细作。

（1）清耕法的优点　可以改善土壤的通气性和透水性，促进土壤有机物的分解，增加土壤速效养分的含量。而且，经常切断土壤表面的毛细管可以防止土壤水分蒸发，去除杂草可以减少其与果树对养分和水分的竞争。

（2）清耕法的缺点 长期采用清耕法会破坏土壤结构，使有机质迅速分解从而降低土壤有机质含量，导致土壤理化性状迅速恶化，地表温度变化剧烈，加重水土和养分的流失。

2. 生草法 生草法（图 5 - 13）是在果园内除树盘外，在行间种植禾本科、豆科等草种的土壤管理方法。它可分为永久生草和短期生草两类：永久性生草是指在果园苗木定植的同时，在行间播种多年生牧草，定期刈割，不加翻耕；短期生草一般选择一、二年生的豆科和禾本科的草类，逐年或越年播于行间，待果树花前或秋后刈割。

（1）生草法的优点 生草法可保持和改良土壤理化性状，增加土壤有机质和有效养分的含量；防止水土和养分流失；促进果实成熟和枝条充实；改善果园地表小气候，减少冬夏地表温度变化幅度；还会降低生产成本，有利于果园机械化作业。因此，生草法是欧洲、美国、日本等发达国家广泛使用的果园土壤管理方法。我国北方果园通常间作一、二年生绿肥作物，自 20 世纪 70 年代后开始推广永久性生草法。

（2）生草法的缺点 生草栽培法尽管有很多优点，但造成了间作植物和多年生草类与果园在养分和水分上产生竞争。在水分竞争方面，以持续高温干旱时表现最为明显，果树根系分布层（10～40cm）的水分丧失严重；在养分竞争方面，对于果树来说，以氮素营养竞争最为明显，表现为果树与禾科植物的竞争激烈，但与豆科植物的竞争不明显。此外，随着果树树龄的增大，与生草植物间的营养竞争减少。

3. 覆盖法 是利用各种覆盖材料，如作物秸秆（图 5 - 14）、杂草、薄膜（图 5 - 15）、沙砾和淤泥等对树盘、株间、行间进行覆盖的方法。

4. 清耕覆盖法 为克服清耕休闲法与生草法的缺点，在果树最需要肥水的前期保持清耕，而在雨水多的季节间作或生草以覆盖地面，以吸收过剩的水分和养分，防止水土流失，并在梅雨期过后、旱季到来之前刈割覆盖，或沤制肥料。这一土壤管理制度称为清耕覆盖法。它综合了清耕、生草、覆盖三者的优点，在一定程度上弥补了三者各自的缺陷。

5. 果园间作（图 5 - 16） 在幼树期果园和覆盖率低的成年果园，可在果树行间种植作物，以充分利用土地空间和光能，并对土壤起到覆盖作用。在山地可保持水土，在沙地可防风固沙。此外，还可减少草害，提高土壤有机质含量和土壤肥力。

图 5-13 果园生草

图 5-14 秸秆覆盖

图 5-15 地膜覆盖

图 5-16 果园间作

优良间作物应具备生长期短，前期吸收水分和养分较少，大量需水、需肥时期与果树错开；植株矮小，不影响果树光照条件；能改良土壤结构，提高土壤肥力；与果树没有共同的病虫害，不是病虫的中间寄主；秸秆易腐烂，肥力高，可充当有机肥料。

北方地区常见的间作物有豆类、薯类、麦类、草莓等。土壤瘠薄的山地果园，可间作谷子、绿肥等耐旱、耐瘠薄的作物；丘陵果园，可间作麦类、豆类、谷子、绿肥等作物；沙地果园，可间作花生、薯类等；城市郊区平地果园，土层厚，土质肥沃，肥水条件好，除间作粮油作物外，还可适当间作蔬菜和药用植物。间作物不宜选择高秆作物，切忌间作秋菜类作物，如白菜、萝卜等，这些作物，秋季需肥水多，果树不能及时停长，降低了果树的越冬性，且容易抽条。

种植间作物时应与果树有一定距离，通常以树冠外围为限，树冠下不种间作物，以减少和果树争夺养分和水分的矛盾。

（二）苹果园施肥

苹果园施肥技术，以果园生草为前提条件，即幼年果树行间种植产草量很高的绿肥作物或生草，在果树幼年期土壤有机质含量较高的基础上，果树进入盛果期时土壤有机质含量达 1.5%～2.0%。

1. 施肥时期

（1）基肥 是基本肥料或基础肥料，主要指有机肥，包括土杂肥（堆肥）、厩肥、饼肥、绿肥、秸秆、杂草等，其共同特点是有机质丰富、肥效慢，但有效期长，养分种类齐全，能在土壤微生物的作用下，不断地发挥肥效，也能改善土壤肥力水平。

秋季是最佳施用期，且宜早不宜迟。

（2）追肥 是补充性施肥，以化肥为主。追肥的施入时期根据苹果树树龄及其物候期的需肥特点分几次施入，初果期于花前、花芽分化前施入；盛果期因结果状况追肥，大年树在坐果后和果实膨大期施入，小年树则注重在花前花后、花芽分化前施入，全年追肥集中于 2～3 次施入。

2. 施肥种类和数量 施肥量因果树的树龄、树势、负载量及土壤条件而不同。基肥量的确定：一般情况下，幼树每亩施 2～3t 腐熟有机肥，结果期逐步增加，盛果期达到斤果斤肥或斤果斤半肥为佳。追肥注重氮、磷、钾的配比关系。

幼树以氮肥为主，适量施入磷、钾肥，结果期增加磷、钾肥。幼树株施追肥 600～1 000g，结果期每生产 100kg 果实需纯氮 350～550g，氮、磷、钾比例为 2∶1∶2。

如盐碱地果园，土壤缺铁，应从改土上解决，光靠施肥是解决不了根本问题的。一些苹果园缺硼、铁、锌，一般由叶面喷肥进行缓解。

3. 土壤施肥方法 一般幼树的根系分布范围小，施肥可施在树干周边；成年树的根系是从树干周边扩展到树冠外，成同心圆状。因此，施肥部位应在树冠投影沿线或树冠下骨干根之间。基肥宜深施，追肥宜浅施。

常见的施肥方法有环状施肥（图 5-17）、放射状沟施、条沟施肥、全园施肥、液态施肥、穴贮肥水（图 5-18）。

（1）环状施肥 即沿树冠外围挖一环状沟进行施肥，一般多用于幼树。

（2）放射状沟施 即沿树干向外，隔开骨干根并挖数条放射状沟进行施肥，多用于成年大树和庭院果树。

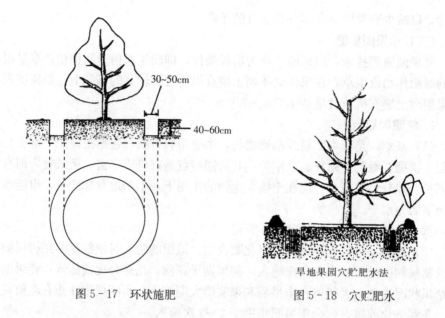

图 5-17 环状施肥　　　　　　图 5-18 穴贮肥水

（3）条沟施肥　即对成行树和矮密果园，沿行间的树冠外围挖沟施肥。此法具有整体性，且适于机械操作。

（4）液态施肥　又称灌溉式施肥，是指在灌溉水中加入合适浓度的肥料一起注入土壤。此法适合在具有喷滴设施的果园采用，灌溉施肥具有肥料利用率高、肥效快、分布均匀、不伤根、节省劳力等优点，尤其对于追肥来说，灌溉施肥代表了果树施肥的发展方向。

（5）穴贮肥水　于果树冠下挖 4~8 个穴，穴内竖埋草把，在草把周围填入有机、无机生物肥与少许表土，浇水，上覆小块地膜，保持地膜中心稍凹陷，打一孔眼用瓦片压盖，以利收集雨水和浇水。其后可施入少量化肥，浇水冲化后顺孔眼流入穴内，供果树根系吸收。

4. 叶面喷肥　叶面喷肥在解决急需养分需求的方面最为有效。如：在花期和幼果期喷施氮可提高其坐果率；在果实着色期喷施过磷酸钙可促进着色；在成花期喷施磷酸钾可促进花芽分化等。叶面喷肥在防治缺素症方面也具有独特的效果，特别是硼、镁、锌、铜、锰等元素的叶面喷肥的效果最明显。但叶面喷肥不能代替土壤施肥，只能作为土壤施肥的补充。

为提高叶面喷肥的效果，选择合适的喷施时间和部位非常重要。此外，应避免阴雨、低温或高温曝晒。一般选择在上午 9~11 时和下午 3~5 时喷施。喷施部位应选择幼嫩叶片和叶片背面，可以增进叶片对养分的吸收。

（三）苹果园水分管理

1. 苹果园灌溉的最佳时期　我国苹果主要产区在北方半干旱地区。如果1年2次，应当在谢花后坐果期1次、秋末冬初1次（封冻水）；如果1年灌溉3次，可在第1次灌溉后4～6周时加1次。

2. 苹果园灌溉的最低量　最低灌溉量，应使50～80cm厚的土壤湿度达到最大田间持水量的60%以上，并保持一定时间。

三、苹果花果的优质高效管理

要得到优质果，提高优果率，花果管理的各项措施缺一不可，应该说起着关键性的作用。

（一）提高坐果率措施

1. 合理配置授粉树　合理配置授粉树，是提高苹果质量、产量的关键技术措施之一。配置相适宜和适量的授粉树，使授粉树占果园总株数的20%左右，是优质高产苹果应具备的基本条件。

2. 采用高接授粉品种　在无授粉树和授粉树不足的苹果园，可采用高接授粉品种的方法解决。对1～3生果园，按隔行（或隔双行）、隔双株，进行整株改接授粉品种。而对4年生以上的果园，可采用每株或隔株，只在树冠顶部改接2～3个主枝（或大辅养枝）为授粉品种。保证全园的授粉树或授粉品种的大枝占全园树或大枝的15%～20%为准。

3. 人工授粉　结合疏蕾收集品种花朵剥取花粉，干燥后在盛花期（以花朵开放的当天上午8～10时）人工点授中心花朵或进行液体喷粉（水10kg＋花粉10～20g喷布花朵），可有效提高坐果率，防止偏斜果率。

4. 花期放蜂　蜜蜂每公顷放1.5箱（每10亩放1箱），壁蜂每公顷约放3 000头（每亩放200头左右）。壁蜂活动能力强，是蜜蜂的80倍左右。

5. 花期喷肥　苹果盛花期喷布0.3%～0.5%尿素加0.4%～0.5%硼砂可促进花粉管的萌发，提高坐果率。

6. 花期和幼果期防冻　树干涂白，花期遇到低温时，有浇灌条件的可树盘浇水，其他果园尤其是低洼果园在下半夜进行薰烟防冻。

7. 花前复剪　节约树体的养分和水分，并有利于集中供应，因而能保证正常的花果发育，提高坐果率。

（二）疏花疏果

优质果品要求果形正、个大整齐度高、果面光洁色艳、果肉质脆、汁液多、味甜、耐藏且安全洁净。为此在良好的土肥水管理基础上，首先要做好疏花疏果限产增优工作。

在气候条件比较稳定，花期不易出现霜冻的苹果产区，推广"以花定果"技术。

在花期气候条件不稳定的情况下，从安全、稳妥方面考虑，可采取疏蕾、疏花、定果 3 个步骤。

留果量的确定：确定留果量的依据，即品种、树龄、树势、自然条件和栽培水平。

1. 叶果比法　中型果品种的叶果比为 30∶1～50∶1；大型果品种为 50∶1～60∶1；小型果品种为 30∶1～40∶1。

2. 按距离留果的具体做法　红富士壮树壮枝果间距一般为 20cm 左右，弱树弱枝果间距为 25cm 左右。应疏除小果、畸形果、表面粗糙的幼果，以及双果中多数边果及直立枝和果台下少于 6 片叶短枝上的果及腋花芽果。选留果形正，果柄粗，果肩平，萼洼向下的幼果。多在下垂、斜生及粗壮的枝上留果。要求留中心果、单果为主。一般细弱枝上多不留果。

3. 以花定果的做法　只留 2 个边花，把其余花朵去掉，这样留下来的花朵坐果率一般可达 90％以上。

（1）以花定果的前提条件　要有健壮的树势和饱满的花芽；园内授粉树数量充足，配置合理，同时必须全面进行人工授粉。

（2）以花定果的方法　根据品种特性、树势强弱确定留果数量，再加20％的保险系数，然后按 20～25cm 的间距选留 1 个花序。对于保留下来的花序，大型果品种只留中心花，把边花全部疏掉。

（三）果实套袋

果实套袋是目前生产无公害果品的有效方法之一。套袋可极大提高果实的着色度，使果面光洁、外观品质得到改善，商品率明显提高，并能降低农药的残留量。但套袋果因光照、温、湿度等因素发生剧变，使果实的内含物积累有所减少，含糖量及风味有所降低。

1. 套袋的时期　早熟品种及为了提高果实的含糖量和不易发生果锈的红色品种均适于晚套袋。易发生果锈的黄色品种和为提高果实的外观品质及套袋效果，应相对早套袋。

另外，为了预防果锈，应避开在果锈易发生的幼果茸毛脱落期套袋。故黄色品种应在谢花后 10～40 天内先套小纸袋，以防发生果锈，到花后 40 天再换套标准果袋。

一般应在幼果已通过对环境敏感的茸毛脱落期或到生理落果以后套袋，以防降低果实的抗性。以防过干旱易发日灼，而影响果实外观。生产上多在花后40～50天，避开高温时候和下雨天及有露水时套袋。

2. 套袋前的准备

（1）果袋的选择　果袋的质量直接影响套袋的效果。目前提倡在郁闭的果园和树冠内膛及下部用膜袋。

一般要求是经过理化处理而成的透光、透气性能好，能防病虫、防果锈、防尘防污染的果袋。并要耐拉、耐雨淋，蜡纸层涂蜡均匀而又薄，具抗老化、不掉色的特点。且黏合要牢固。如日本的小林袋、台湾的佳田袋等，应选用品牌产品及正规生产厂家的安全果袋。膜袋应具有通气、抗老化的特性。对一些红色品种，多选用外层表面为灰色或浅褐色，里表为黑色，内层为蜡质红色的双层三色袋为好。

（2）补钙喷杀虫杀菌剂　套袋果易发生缺钙生理病，所以套袋前结合喷药，喷2～3次贝尔钙或800倍液的钙宝，还可喷果蔬钙、果丰灵，都具有双渠道补钙的作用。

套袋前的1～2天，最多不要超过3天，喷80％大生M-45 800倍液或多抗霉素1 000倍液，喷50％扑海因1 500倍液，10％吡虫啉可湿性粉剂300倍液等杀虫杀菌剂。防止喷施对果皮有刺激或有污染的乳油制剂、铜制剂、磷制剂、渗透剂、增效剂，保证果面光洁。

（3）肥水管理　有条件的地方，在套袋前结合施磷、钾肥及氨基酸复合微肥，灌水1次。严控氮肥、间种绿肥、树盘覆草。无灌溉条件的园地，必须做好保水措施，预防因缺水引起果面日灼。

3. 套袋方法　套袋前将整捆纸袋放于潮湿处，使之返潮、柔韧，这样便于操作。

捆扎位置应在袋口上沿下面1.5～2.5cm处使果实在袋内悬空，套袋方法是将袋体撑开，将果实置于袋中，使果柄从袋口剪缝中穿过，折叠袋口，将捆扎丝反转90°扎紧。全株树的套袋作业应先树冠上、内，再树冠下和外围（图5-19）。

4. 摘袋的时期和方法

（1）时期　一般对黄绿色品种，可以不除袋或在采收前5～7天除袋为宜。较难着色的红色品种，如富士，应在采前20～30天除袋。一般易着色的品种多在采前10～20天除袋。另外，在昼夜温差大、光照又强、易着色的地区，可适当晚除袋；而在昼夜温差小、阴雨多、不易着色的区域，要相对提早除袋，保证着色。除袋一般选晴天8～11时至下午16～17时避开中午的高温期

图 5 - 19　套袋方法

进行，有露水的清晨和下雨天不除袋。以利用阴天集中除袋为最好。

（2）方法　除袋遇干旱天气时，先适量灌水 1 次，再除袋，以防日灼。

①红色品种用单层袋：采收前 25～30 天将袋撕开呈一伞状，罩于果上防止日光直射，5～7 天后将全袋摘除。

②红色品种用双层袋：采收前 25～30 天将外袋撕下，内袋在树上保留 7～10 天再撕下。

（四）摘叶、转果

摘袋的同时或随后，应摘除果实正上方遮光的 1～3 个叶片，促使果面着色好。

红乔纳金及元帅等易着色的中晚熟品种，多在采前 18～25 天摘叶，可完全消除果面上的绿、黄斑。富士等着色相对缓慢的晚熟品种，一般要在采前 25～30 天摘叶。内膛果着色缓慢，应提前 3～5 天进行。对同一植株，先摘内膛和树冠下部的遮光老化叶，后摘树冠外围和上部的挡光叶，行分期摘除。

摘袋后 1～2 周，如果背光面还未着色，这时可转果。转果的方法是用手轻托果实转动 180°，可用窄透明胶带与附近枝牵引固定方向。

（五）地面铺反光膜

对果实着色有利的光并不是直射光，而是反射光，地面铺设反光膜可促进果树内膛果实和萼洼处着色，提高全红果率。当前生产上应用得较少，此项技术应在生产上大力推广应用。

果实着色开始时，如红富士在采收前 40 天，红星和其他元帅系品种在采收前 25～30 天铺反光膜。

四、应用生长调节剂提高苹果果实品质

（一）生长调节剂的调控作用

生长调节剂是指从外部施用于植物，在较低浓度下具有植物激素活性的一些人工合成或天然提取的一些非营养物质的有机化合物。

1. 调控营养生长

（1）延缓或抑制新梢生长，矮化树冠；

（2）控制顶端优势，促进侧芽萌发，增加枝量，改变枝类；

（3）促进或延迟芽的萌发；

（4）开张枝条角度；

（5）控制萌蘖的发生。

2. 调节花芽分化，控制大小年

（1）抑制花芽分化，减少花芽数量；

（2）促进花芽形成。

3. 调节果实的生长发育

（1）促进果实生长；

（2）促进果实成熟；

（3）疏花疏果；

（4）防止采前落果。

4. 促进生根

（1）扦插生根；

（2）苗木移栽促进成活；

（3）组培苗的分化。

（二）应用生长调节剂提高苹果果实品质

在生产中使用普洛马林、果形剂等生长调节剂可以提高果实品质。

1. 普洛马林 对元帅系苹果，盛花期用 400～800 倍普洛马林喷洒，间隔 10 天加喷 1 次。能使果形更加突出果面的五棱，纵径增大，从而使果实更高桩，着色亦改善，果面光泽度好。

2. 果形剂 能明显地促使元帅系苹果果形高桩、五棱突出和着色深。

五、适期采收

采收过早，果实尚未成熟，影响产量，着色差、含糖量低、含酸量高、品味差，在贮藏过程中容易失水皱缩，减重快，还易产生苦痘病、褐烫病、虎皮病等生理病害，降低贮运能力。

采收过迟，着色过度，颜色老成，降低果实外观品质，增加果实病害、虫害、霜害、风害、鸟害等危害的机会，降低果实的商品率和优质果率。不耐贮藏。

（一）适宜采收期的确定

可以通过果品外观、品味、含糖量、果实生长天数及当地经验等确定适宜采收期。但任何一种果实成熟度的确定指标均有其局限性，同一品种在不同产地及不同年份，果实的适宜采收时间可能不同。因此，确定某一品种的适宜采收期，不可单凭一项指标，应将上述各项指标综合考虑，确定果实的成熟度。

1. 果品外观 包括果实大小、形状、色泽等都达到该品种的固有性状。绝大多数苹果品种从幼果到成熟，果皮颜色会发生有规律的变化。例如，果皮的底色由深绿色逐渐变为浅绿色或黄色等。有些品种着色较早，但果皮底色仍然是绿色，只有果皮底色由绿色变为黄色，果实才真正成熟。有的品种，如金帅等，可在果实底色为黄绿色时就采收，采后就销售的最好等到底色变为黄色时采收。

2. 品味 随着果实的成熟，果肉会逐渐变得松软，硬度逐渐降低，而未成熟时，果肉比较坚硬。

3. 含糖量 果实成熟时淀粉转化为糖，淀粉含量下降。可通过将碘液涂于果实横截面上，若70%～90%没有染上色为适宜采收期。

4. 果实生长天数 每个品种从盛花期到成熟期都有一个相对稳定的天数，一般早熟品种为100～120天，中熟品种125～150天，晚熟品种为160～180天。因不同地区果实生长期积温不同，采收期会有所差异，各地最好在自己习惯采收期前后10天左右内分期采收。

（二）分期采收

在一株树上，由于花期、坐果时间、果实着生部位等客观条件的不同，各个果实之间的成熟度必然会存在一定的差异。因此，为了保证绝大多数果实达到一定的成熟度，进行分期采收十分必要。成熟一批，采收一批，分2～3批采完，可最大限度地提高产量和品质。

（三）采后分级和处理

1. 分级 根据果实大小、色泽、形状、有无病虫害及机械损伤等进行初步分级。

2. 处理 刚采下的果实，一般含有大量的"田间热"。应先进行预冷、降温处理。方法是将分级后的果实放在遮阴处（例如果园树荫下）堆放 4～5 层，白天盖草帘隔热，夜晚揭开降温。果温下降后，入库贮藏。

六、自然灾害及预防

北方地区常见的自然灾害主要是冻害、霜害、抽条和日灼等。

（一）冻害

果树在休眠期因受 0℃ 以下低温的伤害，细胞和组织受伤和死亡的现象，称为冻害。冻害的症状：树干受冻后有时发生纵裂，树皮与木质部脱离，严重时皮外卷；枝条轻微受冻髓部变色，中等冻害木质部变色，严重冻害韧皮部冻伤，待形成层变色时枝条失去恢复能力。多年生枝常表现树皮局部冻伤、变色、下陷、变褐。枝干的西南方向分叉处最易受冻。

花芽比叶芽和枝条抗寒力低。越冬时分化的程度越深、越完全，抗寒力越低，故腋花芽较顶花芽抗寒力强。受冻的花芽内部变褐色，外部鳞片松散无光，干缩枯萎。

根颈抗寒力低，因为根颈进入休眠最晚，而结束休眠最早，又近地面，温度变化剧烈。根颈受冻，树皮先变褐色，以后干枯，可发生在局部，也可能呈环状，常引起树体衰弱或死亡。

1. 冻害的影响因素

（1）内部因素 不同的树种、品种抗冻能力不同；树势强健的植株较生长衰弱和生长过旺的植株抗冻能力强；成年树比幼树抗冻能力强；枝条生长不充实，不能及时停长和落叶，容易受冻。

（2）外部因素 气候条件是造成冻害的直接原因。低温来临早，持续时间长，绝对低温低，温度变幅大，易造成冻害；不利于越冬的外部条件，如山北坡、低洼地、砂土地等，容易使树体受冻害。

2. 防止冻害的措施

（1）选择适宜园地和品种 根据当地自然条件，选择不易发生冻害的地点建园，避免在低洼地、深沟及风口处建园。选用在当地不易受冻的品种和砧木，如山定子、八棱海棠、短枝寒富、北海道 9 号等。

（2）加强综合管理，保证枝条充分成熟 一是严格控制后期肥水，防止枝条徒长；二是果园避免间作秋季需肥水多的大白菜、萝卜、秋茴子白、葫芹等；三是秋季剪除未成熟的嫩梢；四是清除果园杂草，并在秋末大青叶蝉转到树上产卵之前喷施杀虫剂，消灭果树行间杂草及间作物上的成虫。

（3）加强树体越冬保护　覆盖、设风障、包草、涂白等对预防冻害都有一定的效果。果园入冬前要灌足冻水，采用埋土方式越冬。即将树体卧倒后覆土20～50cm。也可在早春对树体喷涂高脂膜、石蜡乳剂、聚乙烯醇、羧甲基纤维素等保护剂，减少枝条水分蒸发。树冠下覆盖地膜及树体涂白也能减轻根系、枝干冻害和抽条。

（4）受冻树的护理　受冻后的树体疏导组织受到破坏，生长衰弱，应加强土肥水管理。土壤、叶面追施氮肥，灌水或覆盖保墒。剪除枯死枝，对形成层没有变色的部位可能恢复正常，不宜过早锯除。对根颈受冻的树要及时桥接。对裂开的树皮钉紧或绑缚紧，以利愈合。

（二）霜冻

霜冻是指果树在生长季夜间土壤和植株表面温度短时降到0℃或0℃以下，水气凝结成霜，引起果树幼嫩部分遭伤害的现象。其实质是短时降温引起植物组织结冰危害。霜冻按形成的原因有辐射霜冻、平流霜冻和混合霜冻3种类型。根据发生时间有早霜和晚霜，春季晚霜比秋季早霜危害更大。

1. 症状　早春萌芽时受霜冻，嫩芽或嫩枝变褐色或黑色，鳞片松散，干枯于枝上。花蕾期和花期受冻，由于雌蕊最不耐寒，轻霜时只将雌蕊和花托冻死，花朵照常开放，稍重的可将雄蕊冻死，严重时花瓣受冻变枯脱落。幼果受冻轻时，幼胚变褐，果实还保持绿色，以后逐渐脱落；受冻重时则全果变褐很快脱落。有的幼果轻霜冻后还可继续发育，但非常缓慢，成畸形果，在果实的胴部或顶部形成锈色环带，称为霜环。秋季早霜使晚熟品种果实遭受损失，使成熟不良的枝梢受冻。

2. 影响因素　不同品种、器官、物候期受冻程度不同，春季霜冻对物候期早的品种和植株影响大。由于霜冻是冷空气积聚的结果，空气流通处比冷空气易积存的地方霜冻轻。所以，靠近大水面的地方或霜前果园灌水，都可减轻危害。温度变化越大，温度越低，持续时间越长，则受害越重；温度回升慢，受害轻的还可以恢复；如温度骤然回升，则会加重危害。

3. 霜冻的预防

（1）选择无霜害园地　建园确定地点时避开低洼地等易积聚冷空气的地方。

（2）延迟发芽，减轻或避免霜冻　早春开花前连续灌水2～3次，可延迟开花 2～3 天；早春用 7%～10% 石灰液喷布树冠，可使花期延迟 3～5 天；春季主干和主枝涂白，可延迟萌芽和开花 3～5 天；越冬前或萌芽前喷乙烯利、萘乙酸、B9 等生长调节剂可抑制春季萌动。

（3）改善果园霜冻时的小气候　在果园内用加热器加热，在果园周围形成一个暖气层，防止霜冻。利用吹风机，增强果园空气流通，将冷气吹散，可以防止辐射霜冻。用柴草熏烟或防霜烟雾剂防霜，也能预防霜冻。人工降雨、喷水、根外追肥，于霜冻来临时进行，也能预防和减轻危害。

（4）加强综合管理　加强栽培管理，可以增强树势，提高抗霜能力。若已发生霜冻灾害，更应采取积极措施，争取产量和树势的恢复。对晚开的花及时进行人工授粉，提高坐果率。促进受害后新生枝叶的生长。加强病虫防治和保叶工作，为来年生产打好基础。

（三）日灼

日烧又称日灼，是由太阳直射而引起的生理病害。

1. 日烧有冬春季日烧和夏季日烧两种

（1）冬春季日烧　是由于白天阳光直射，使枝干升温，冻结的细胞解冻，而夜间温度又急剧下降，使细胞冻结，冻融交替使皮层细胞受破坏。多发生在昼夜温度变化大、距地面近的枝干向阳面，开始时受害部位树皮变色，而后干枯，严重时树皮龟裂。

（2）夏季日烧　夏季日烧与干旱和高温有关。因夏季阳光直射，温度升高，水分不足，蒸腾作用减弱，使树体温度难以调节，造成枝干的皮层或果实表面温度过高而灼伤。叶根也能发生日烧。发生日烧部位为阳光直射的部位。果实受害时，先出现桃红色斑点，稍重时斑的中间呈现白色，严重时变黄色或褐黄色。枝条上发生时，轻者变褐且表皮脱落，重者变黑如烧焦状且干枯开裂。

2. 日灼的预防

（1）冬春季日烧的防治　防止冬春季日烧，可在易发生日烧的枝干部位涂白、覆草、涂泥等。涂白可以保护树体，防止枝干冻害和日烧，并能防治病虫害。涂白的时间在秋季落叶前后。一般常用配方：水 10 份、生石灰 3 份、石硫合剂原液 0.5 份、食盐 0.5 份、油脂（动、植物油均可）少许。配制时先将石灰化开，倒入油脂充分搅拌，再加水成石灰乳，然后加石硫合剂与食盐水，也可加黏着剂以增强效果。可用刷子均匀涂抹，也可用喷雾器喷。浇越冬水也能防止日烧。其他防止冻害的措施对防止日烧也有作用。

（2）夏季日烧的防治　防止夏季日烧，应适时浇水，是防止夏季日烧的有效方法。另外，应合理修剪，使枝叶均匀分布，避免枝干光秃裸露和阳光长时间直射果实。也可进行果实套袋。加强综合管理，保证树体正常生长结果，避免各种原因造成叶片损失。

（四）抽条

苹果树越冬后枝条失水干枯的现象，叫抽条，又叫冻旱、抽干。北方发生普遍，西北地区尤其严重。

枝条在冬季即开始失水皱缩，最初轻，且可随气温的升高而恢复，大量的失水抽条不是在1月份，而是发生在气温回升、干燥多风、地温尚低的2月中下旬至3月份，轻者还可恢复正常，重者则失水干枯。

1. 影响因素

（1）外界因素　冬春期间，主要是早春，土壤水分冻结，解冻迟而地温低，根系不能或很少吸收水分，加上早春气候干燥、多风，地上部枝条蒸腾强烈，吸水与失水不平衡，造成植株缺水。冻旱属生理干旱。当干旱超过树体忍耐力时，便发生抽条。所以，抽条的外因主要是低温和干燥。此外，秋季低温的突然来临，使果树得不到越冬锻炼；低温造成的冻害、日烧等也降低抗冻旱能力；大青叶蝉产卵刺破枝条表皮造成伤口过多，加剧枝条蒸腾等，均可导致抽条。

（2）内部因素　抽条的发生还决定于树体本身抗冻旱的能力。不同品种抗冻旱能力有异。枝条充实，抗抽条能力强。幼树比成年树抽条重，特别是一、二年生幼树，根系分布浅，最易发生抽条。生长弱的树易抽条。树体不能及时进入休眠，易发生抽条。

2. 预防措施

（1）增强树体越冬性　生长后期控制肥水，秋季新梢摘心保证枝条及时停止生长，组织充实，贮养多，持水力强，蒸发量小。防治病虫，保护叶片，严防大青叶蝉在枝条上产卵。避免机械损伤。

（2）保持树体水分　首先是开源，即千方百计地增加根系吸水能力。常用技术措施有改土施肥（创造良好根际环境），巧灌越冬水，打防寒土埂（缩短冻土期和冻土深度），树盘覆盖（秸秆）或铺地膜，早春刨树盘。其次是节流，即尽量减少树体水分散失。主要技术措施有营造防护林、建风障，冬季修剪提早到抽干之前进行，新栽幼树用塑料条、袋缠裹枝干，用液体石蜡、树衣等防水分蒸发剂对树体喷雾或涂刷防治条抽。

（3）提高地温　幼树在树干北侧距树干50cm处筑一高60cm的半圆形土埂、树干周围地膜覆盖，果园覆草等有利于提高地温，降低冻土层厚度，有利于根系吸水，因而可有效防止抽干。

 项目测试

一、名词解释

果台副梢　落花落果

二、选择题

1. 下列苹果品种属于元帅系第三代品种的是（　　）。

   A. 红星　　　　　B. 新红星　　　　　C. 富士　　　　　D. 津轻

2. 下列描述王林品种正确的是（　　）。

   A. 果面光洁无锈，全面黄绿，果点明显

   B. 果面光滑，全部为翠绿色

   C. 果面底色金黄，阳面具有浅红晕，有红色断续宽条纹

   D. 底色黄绿，熟后全面鲜红或浓红

3. 节间中长，枝条充实，叶芽饱满，多用于培养结果枝。这种枝是（　　）。

   A. 徒长枝　　　B. 普通枝　　　C. 纤细枝　　　D. 叶丛枝

4. 下列苹果品种容易形成腋花芽的是（　　）。

   A. 辽伏　　　　B. 新红星　　　C. 红富士　　　D. 红将军

三、判断题

1. 苹果的花芽分化，多数品种都是从7月份开始至入冬前完成的。（　　）

2. 秋季是最佳施用期，且宜早不宜迟。（　　）

3. 叶面喷肥在解决急需养分需求的方面最为有效。（　　）

四、填空题

1. 枝条按生长状况分为_____、_____、_____、_____。

2. 苹果的花芽为混合芽，混合芽萌发的结果枝一般分为：_____、

_____、_____。

3. 开花期分为_____、_____、_____。

4. 坐果后果实经过_____、_____、_____三个生长期。

5. 苹果春季修剪基本方法有_____、_____、_____、

_____、_____。

6. 苹果夏季修剪的基本方法有_____、_____、_____、

_____。

7. 苹果果实品质包括_____、_____、和_____等诸方面，由许

多因素决定。

8. 果园土壤管理制度包括 _____、_____、_____、_____、_____、_____。

9. 常见的土壤施肥方有 _____、_____、_____、_____、_____、_____。

10. 优质果品要求 _____、_____、_____，果肉质脆、汁液多、味甜、耐藏且安全洁净。

11. 生产上多在花后 _____ 天，避开高温时候和下雨天及有露水时套袋。

12. 在生产中使用 _____、_____、_____ 等生长调节剂可以提高果实品质。

13. 可以通过 _____、_____、_____、_____ 及当地经验等确定适宜采收期。

五、问答题

1. 描述新红星的品种特性。

2. 描述长富 2 品种特点。

3. 影响苹果根系生长的因素有哪些？

4. 苹果的落花落果有哪几个时期？主要原因是什么？

5. 小冠疏层形的优点是什么？

6. 苹果树秋季修剪的作用是什么？

7. 小型结果枝组的培养主要有哪些方法？

8. 果实的外观品质和内在品质的指标组成是什么？

9. 什么是果形指数？它所表达的意义是什么？

10. 什么是清耕法？清耕法的优缺点是什么？

11. 什么是果园间作？果园间作物应具备哪些条件？北方地区常见的间作物有哪些？

12. 生产上，提高坐果率的措施有哪些？

13. 果实套袋的作用是什么？其缺点是什么？简要叙述套袋方法。

14. 试述生长调节剂的调控作用。

15. 什么是抽条？其原因是什么？怎样预防？

探究与讨论

根据个人兴趣爱好，自由结合分组，通过查资料、实地参观考察、专家访谈等形式，在苹果品种、生长结果习性、整形修剪、果园管理技术等内容方面选择一个方向，了解目前我国苹果生产的现状和发展前景，并提出自己的科学设想和努力方向。

时间：1月。

表现形式：以小论文、图片、视频、实物等形成展览评比。

结果：邀请本学科专业老师做评委，评出3～5个优秀科技小组，8～10名科技创新成员。

项目六

梨

项目导读

　　在我国，梨是仅次于苹果、柑橘的第三大水果，南北方均有种植，现在普遍栽培的白梨、沙梨、秋子梨都原产于我国。梨树适应性强，山地、沙荒、平原或盐碱涝洼地都可以栽培，对外界环境条件如寒冷、干旱的忍耐力也较强。栽培管理比较容易，对土壤及肥料条件要求较低。梨树结果早，易丰产、高产，且盛果期很长。近年来随着我国传统优良品种出口量及出口范围不断提高和扩大，在许多地方成了农民勤劳致富的重要途径。然而，随着梨树栽培面积和范围的扩大、新品种的引进与推广，各种植区不同程度地出现了一些影响梨优质生产的新问题，只有充分了解梨的生物学特性、生长结果习性、肥水需求情况，灵活运用梨的栽培管理技术，才能获得高产优质的梨产品，使梨生产的经济效益进一步提高。

学习目标

知识目标

1. 了解梨四大系统的特点及生产上的常见优良品种性状；

2. 了解生产上常见的树形；

3. 了解梨的生长发育规律；

4. 了解温度、光照、水分、土壤对梨生长发育的影响；

5. 熟悉梨的优质高效栽培配套技术。

能力目标

1. 能准确识别生产上常见的梨品种；

2. 能够熟练对梨进行整形修剪；

3. 能够熟练对梨进行采收、分级与包装。

任务 6.1 梨树品种的识别

梨属于蔷薇科、梨属。目前全世界梨属植物有 35 种，原产于我国的有 13 个种：秋子梨 、白梨 、砂梨 、河北梨、新疆梨、麻梨、杏叶梨、滇梨、木梨、杜梨、褐梨、豆梨及川梨，1871 年从美国引入西洋梨。我国现在栽培的梨品种绝大多数属于秋子梨、白梨、砂梨、新疆梨和西洋梨 5 种，其他种类主要用作砧木。

一、鸭梨

是白梨系统的品种，为我国古老的地方良种。华北各地如河北、山东、山西、辽宁、陕西、河南均有大面积栽培，尤以河北晋县、定县，山东的阳信、冠县、陵县等地栽植最盛，在国内外享有很高的声誉，为我国主要的梨出口品种。

此品种树势强健，树冠开张，成枝力弱，枝条稀疏，幼龄期枝条有扭曲生长的习性。果实中大，平均重 185g，果实倒卵圆形，近果梗处有一鸭头状小突起，故名鸭梨。果基一侧有瘤突；果柄长 5.6～5.7cm，常弯向一方，基部常膨大呈肉质；采收时果皮绿黄，贮藏后变黄色，果点小，果面平滑，有蜡质光泽。果皮薄，果肉白色，果心小，肉质细嫩，脆而汁液极多，味甜有香气，品质上等。果实较耐贮藏，可贮至次年 2～3 月份，但贮藏期间易得黑心病。9 月中下旬成熟。

二、雪花梨

是白梨系统品种。原产河北省赵县、定县一带。是华北地区著名的大果型优良品种。

幼树生长健壮，枝条角度小，不开张，树冠扩大较慢。果实大，一般 250～300g，个别大果 1 000g 左右。果实长卵圆形或长椭圆形。果梗长，萼片脱落，梗洼有锈。果皮绿黄色，贮后转为鲜黄色，皮细光滑，有蜡质，果点褐色，较小而密，分布均匀，脱萼。果心小、果肉白色，味甜多汁，品质中上等，可贮至翌年 5 月。在河北石家庄地区果实 9 月上中旬成熟，抗寒性强，适于寒冷地区栽培，但易感黑腥病，虫害也重。

三、水晶梨

属砂梨系统，韩国从新高芽变中选育成的黄色梨新品种。

幼树生长势强，结果后树势中庸，枝条较稀，直立，一年生枝绿褐色，粗壮。果实圆形或扁圆形，单果重 380g，果皮淡黄绿色，贮后变乳黄色，表面晶莹光亮，有透明感，外观诱人。果肉白色，肉质细嫩，汁多味甜，可溶性固形物含量 14.0%。石细胞少，香味浓郁，品质极上，果实切开后有透明感，故名"水晶梨"。10 月上旬成熟，耐贮运，抗寒、抗旱、抗病性强，是一个优良的晚熟品种。

四、酥梨

原产于安徽省砀山，是古老的地方优良品种。

该品种有 4 个品系，即白皮酥、青皮酥、金盖酥、伏酥。幼树生长势强，树冠直立；成树半开张，生长缓和。萌芽力和成枝力中等，以短果枝结果为主；幼树结果早，成树丰产、稳产性好。果实近圆柱形，顶部平截稍宽，平均单果重 250g，大者可达 500g 以上；果皮绿黄色，贮后黄色；果点小而密；梗洼浅狭，近果梗处常有锈斑；果心小，果肉白色，中粗，酥脆，汁多，味浓甜品质上等；9 月上旬成熟，适应性极广，对土壤气候条件要求不严，耐瘠薄，抗寒力中等，抗病力中等。

五、巴梨

原产英国，1871 年自美国引入山东烟台。

幼树生长旺盛，枝条直立；初盛果期树势健壮，以短果枝群结果为主。果实大，壮树负荷适量时，单果重 250g，果实为粗颈葫芦形，果梗粗短，萼片宿存或残存。果皮绿黄色，经贮放变黄色。果心小，果肉乳白色，采后贮放 10 天左右，肉质柔软，易溶于口，石细胞极少，多汁，味浓香甜，品质极上。果实不耐贮藏。肥水不足，树势衰弱时，产量下降，易受冻害并易感腐烂病，使树株寿命缩短，其丰产年限远不如白梨系统品种。

六、中华玉梨

又名中梨 3 号。中国农业科学院郑州果树研究所 1980 年用大香水×鸭梨为亲本杂交培育而成。树势中庸健壮，萌芽率高，成枝力中等，以短果枝结果为主，有一定的腋花芽结果能力。果实卵圆形，平均单果重 280g。果皮绿黄色，光滑，果点小而稀。果实套袋后外观洁白如玉，很漂亮。果肉乳白色，石细胞极少，汁液多，果心小，肉质细嫩松脆，香甜、爽口、味浓，综合品质优于砀山酥梨和鸭梨。郑州地区 9 月底或 10 月初成熟，并可延迟到 10 月底采收。果实在常温下可贮藏 3~5 个月，是目前最耐贮存的优良晚熟品种。

任务 6.2 观察梨树生长结果习性

一、梨树各器官的生长特性

（一）根

梨根系发达，有明显主根，但须根较少。一般情况下，垂直根分布深度为 2~3m，水平根分布一般为冠幅的 2 倍左右，少数可达 4~5 倍。根系分布深度、广度和稀密状况，受砧木种类、品种、树龄、土壤理化性质、土层深浅和结构、地下水位、地势、栽培管理等因素影响较大。一般梨树根系多分布于肥沃的上层土中，在 20~60cm 之间土层中根的分布最多最密，80cm 以下根量少，150cm 以下的根更少。水平根愈接近主干，根系愈密，愈远则愈稀，树冠外一般根渐少，并且大多为细长分叉少的根。

梨树的根系活动比地上部生长要早 1 个月。当地温达到 0.5℃时根系开始活动（比苹果要早），土壤温度达到 7~8℃时，根系开始加快生长，13~27℃为根系生长的最适温度。达到 30℃时根系生长不良，超过 35℃时根系就会死亡，成龄梨树的根在年周期内有 2 次生长高峰，第一次在新梢旺盛生长之后的缓慢生长期；第二次在采收后。幼年树的根系在萌芽前还有一小的高峰生长。根系生长与温度、水分、通气、矿质营养、树体营养等条件密切相关。

（二）芽

梨树芽可分为叶芽与花芽。叶芽外部附有较多的革质的鳞片，芽个体发育程度较高，芽体较大，并与枝条呈分离状。梨树的芽为晚熟性芽，大多在春末、夏初形成，一般当年不萌发，第二年抽生一次新梢。除西洋梨外，中国梨的大多数品种当年不能萌发副梢。到第二年，无论顶芽还是侧芽，绝大部分都能萌发成枝条，只有基部几节上的芽不能萌发而成为隐芽。萌发芽的基部也有 1 对很小的副芽不能萌发。短梢一般没有腋芽，中长梢基部 3~5 节为盲节。所以，梨树常用枝条基部的副芽作为更新用芽。

（三）叶

梨叶具有生长快，叶幕形成早的特点。单叶从展开到成熟需 16~28 天。长梢叶面积形成一般在 60 多天，长成后叶面积较大，光合生产率高，后期积累营养物质多，对梨果膨大、根系的秋季生长和树体营养积累有重要的作用。中、短梢叶面积的形成需 20~40 天，光合产物积累早，对开花、坐果、花芽分化有重要的作用。

梨叶片在初期生长过程中，叶面基本无光泽，但在展叶后 25～30 天，即 5 月中下旬叶片停止生长时，全树大部分叶片在几天之内，会比较一致地显出油亮的光泽，这在生产上称为"亮叶期"。亮叶期标志当年叶幕基本形成、芽鳞片分化完成和花芽生理分化开始。因此，凡是为了促进花芽分化，增强叶片功能或果实膨大的管理措施，都应在亮叶期前或亮叶期进行，这样才能起到较好的作用。

（四）枝条

梨为高大乔木，干性强，树势强健，寿命长。树冠层性明显，干性和顶端优势都比苹果更强，树体常常出现上强下弱现象。幼树期间，枝梢分枝角度小，极易抱合生长。进入盛果期后，枝条生长势减弱，主枝逐渐开张；梨树多数萌芽力强、成枝力弱，树冠内枝条密度明显小于苹果。但品种系统间差异较大，秋子梨和西洋梨成枝力较强，白梨次之，砂梨最弱；新梢多数只有 1 次加长生长，无明显秋梢或者秋梢很短且成熟不好。新梢停止生长也远比苹果要早，梨的新梢生长主要集中在萌芽后 1 个月左右的时期内，与花期、花芽分化期的营养物质的竞争比苹果小。因此，花芽形成比苹果容易，生理落果现象比苹果轻。

二、梨树开花结果特性

（一）花芽

梨花芽是混合芽，顶生或侧生，较易形成，一般能适期结果，特别是萌芽率高、成枝力低的品种，或腋花芽有结实力的品种结果较早。

梨以顶花芽结果为主，但腋花芽也有一定的结果能力。梨花芽分化一般在 6 月上旬至 9 月上旬，短果枝早于中长果枝，顶花芽早于腋花芽。梨树开花比苹果早，梨多数品种先开花后展叶，少数品种花叶同展或先叶后花，但不同品种系统之间也有差异，花期最早的为秋子梨，白梨次之，砂梨、西洋梨最晚。梨的花序为伞房花序，每花序平均有 5～10 朵花，边花先开，中心花后开。梨的大部分品种自花结果率很低，必须进行异花授粉才能保证坐果，生产上一定要注意配置授粉树才能确保高产、稳产；花期能持续 1 周左右，但授粉以开花当天效果最好，即在柱头上有发亮的黏液，花丝上有紫红色花药时进行，3 天后基本不能受精。

（二）果实

授粉受精之后，幼果开始发育，其发育过程分为 3 个时期，即第一速生期、缓慢生长期和第二速生期。第一速生期是从落花后 25～45 天，此期果肉细胞迅速分裂，细胞数量增加，幼果的纵径生长快于横径生长，果实呈长圆形；第二期（缓慢生长期）为胚的发育时期，此期果实增长缓慢，主要是胚和种子的发育充实；第二速生期是在种子充实之后，此期果实细胞体积迅速增大，也是影响果实产量的最重要时期。

梨树开花量大，大部分品种具有落花重、落果轻、坐果率高的特点。一般在果实发育过程中有2次生理落果，第一次在花后1～2周，主要是授粉、受精不良而致；第二次是在花后4～6周，主要是器官间的营养竞争所致。梨树春季发芽早，常常造成有机物质营养不足。

梨的结果枝可分为长果枝、中果枝、短果枝和腋花芽枝4种不同的类型。成年梨树以短果枝结果为主。梨结果新梢极短，开花结果后，结果新梢膨大形成果台，其上产生果台副梢1～3个，条件良好时，可连续形成花芽结果，但经常需在结果的第二年才能再次形成花芽，隔年结果。果台副梢经多次分枝成短果枝群，一个短果枝群可维持结实能力2～6年，长的可达10年，因品种和树体营养等条件而异。

三、梨树对环境条件的要求

1. 温度　梨树喜温，生长期需要较高的温度，休眠期则需一定低温。梨对温度的要求因其属不同系统而异（表6-1）。白梨、西洋梨要求冷凉干燥的气候，砂梨较耐湿热，适于长江流域及其以南地区栽培。原产中国东北部的秋子梨极耐寒。

不同器官、不同生育阶段对温度的要求也不一样，如梨的根系为0.5℃以上即开始活动，6～7℃才发生新根；开花要求气温稳定为10℃以上，达到14℃时开花加快，开花期间若遇到寒流温度降至0℃以下，则会产生冻害；花粉自发芽到达子房受精一般需要16℃的气温条件下44h，这一时期遇到低温，可影响受精坐果。果实发育和花芽分化需要20℃以上的温度，果实在成熟过程中，昼夜温差大，夜间温度低，有利于同化作用，有利于着色和糖分积累。

表6-1　梨不同品种系统对温度的适应范围（℃）

品种系统	年平均温度	生长季（4～10月）平均温度	休眠期（11～3月）平均温度	绝对最低温
秋子梨	4.5～12.0	14.7～18.0	−13.3～−4.9	−19.3～30.3
白梨、西洋梨	7.0～15.0	18.1～22.2	−2.0～3.5	−16.4～24.2
砂梨	14.0～20.0	15.5～26.9	5.0～17.2	−5.9～13.8

2. 光照 梨为喜光树种，年需日照在 1 600～1 700h。1 天内一般要求有 3h 以上的直射光较好。就大多数梨产区讲，总日照是够用的，个别年份生长季日照不足的地区，要选择适宜的栽植地势坡向、密度和行向，适当改变整枝方式，以便充分利用光能。

3. 水分 梨树生长发育需水量较多。蒸腾系数为 284～401，每平方米叶面积蒸腾水分约 40g，低于 10g 时，即能引起伤害。梨的需水量为 353～564ml，不同种类的梨需水量不同，砂梨需水量最多在降雨量为 1 000～1 800mm 地区仍然能正常生长；白梨和西洋梨次之，主要产在 500～900mm 降雨量的地区；秋子梨最耐旱，对水分不敏感。梨树耐旱、耐涝性均强于苹果。在年周期中，以新梢旺长和幼果膨大期、果实快速生长期对水分需要量最大，对缺水反应也比较敏感，应保证供应。

在地下水位高，排水不良，空隙率小的黏土中，根系生长不良。久旱、久雨都对梨树生长不利，在生产上要及时旱灌涝排，尽量避免土壤水分的剧烈变化。

4. 土壤 梨树对土壤的适应性强，无论是壤土、黏土、沙土，还是有一定程度的盐碱土壤都可以生长。但以土层深厚、土质疏松、透水和保水性能好、地下水位低的砂质壤土最为适宜。梨树对土壤酸碱适应性较广，pH 5～8.5 范围内均能正常生长，以 pH 5.8～7 为最适宜；梨树耐盐碱性也较强，土壤含盐量为 0.2% 以下生长正常，超过 0.3% 则根系生长受害，生育明显不良。不同的砧木对土壤的适应力也不同，砂梨、豆梨要求偏酸，杜梨可偏碱，杜梨比砂梨、豆梨耐盐力都强。

任务 6.3　梨优质高效栽培技术

一、土肥水管理

（一）土壤管理

1. 深翻改土 果园深翻熟化，结合增施有机肥并逐年压土是进行果园土壤改良的最有效措施。方法：扩穴深翻，隔行深翻，秋季落叶后至土壤封冻前进行果园土壤耕翻，深度为 15～20cm，深翻后耙平，保持土壤水分。

2. 行间间作 幼年果园合理间作可充分利用土地和空间，增加前期收益。间作时应注意：一是间作物的高度不应超过 60cm，生长期短，且不与梨树争肥、争水；二是间作的作物与梨树的距离应在 100～120cm 为宜，距离太近，增加了地面的湿度，会造成砂梨中绿皮梨品种如黄金、水晶等果面水锈太重，降低果实的商品果率；三是间作物应以马铃薯、大蒜、大姜、大葱、绿豆、豌豆、白菜、大豆、甘薯、花生为主。

3. 树盘覆草 有生草后覆草和直接覆草两种方法。前者适于有灌溉条件的地方，在行间先种植黑麦草、白三叶、红三叶等牧草，待草长到 50～60cm 时，用机械割草机留 10cm 高割草后，覆于树盘下部，割后应及时进行追肥，以每亩追 25 kg 尿素或 30kg 氮、磷、钾三元复合肥为佳。后者是用麦秸、稻草、玉米秸、豆秸、杂草、树叶等覆盖，覆草厚度为 20cm，时间在5～6 月份为佳。

4. 中耕 实行清耕制的果园，在生长季降雨或灌水后，及时中耕除草，保持土壤疏松，以利调温保墒。

（二）施肥

1. 需肥特点 梨树根系稀疏，对肥料吸收较慢，新梢和叶片的形成早而集中，年周期中，有 2 个器官集中生长的高峰期，第一个在 5 月份，是根系生长、开花坐果和枝叶生长旺盛期；第二个在 7 月份，主要是果实膨大高峰和花芽分化盛期（图 6 - 1）。年周期需肥典型特点是前期需肥量大，供需矛盾突出。

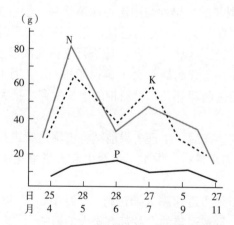

图 6 - 1 成年梨树不同时期对各种养分的吸收

2. 施肥时期

（1）**秋施基肥** 是梨树肥水管理中最主要的一次施肥，同时还具有改良土壤的作用。基肥要以有机肥为主，适量混入一些速效肥料，全年所需磷肥可以结合基肥一次性施入。果实采收后，用沟施或放射状条沟等方法，每千克果实施 1 kg 优质农家肥。

（2）合理追肥

①萌芽开花前追肥：以萌芽前 10 天左右为宜，以氮肥为主。春季花芽继续分化、萌芽、新梢生长、开花坐果和幼果生长，都需要消耗大量的营养物质，尤其细胞分裂旺盛，需要合成大量的蛋白质。所以，对氮素需求特别高。由此可见，此次追肥以氮肥为主，氮肥用量应占全年的 20%。

②花后或花芽分化前期追肥：可在花后、新梢旺长前施用，量不宜多；如果前期肥料充足、树体健壮、负载量适中，可以不施，改为花芽生理分化前追施，一般在 5 月中旬至 6 月上旬进行，宜追复合肥。施入全年氮肥用量的 20% 和全年钾肥用量的 60%。

③果实膨大期追肥：应在 7～8 月进行，视品种而异。追肥应以钾肥为主，配以磷、氮，以加速养分运转和细胞分化，施入钾肥用量的 40% 和全年氮肥用量的 10%。

④营养贮藏期追肥：此次追肥可以和秋施基肥结合进行，结果大树、生长偏弱树，要适当多施氮肥。可提高叶片的功能，延长叶片寿命，增加光合产量，有利于树体贮藏营养水平的提高。每株施磷酸二铵或硫酸铵 2.0～2.5kg。

3. 水分管理 梨树的抗旱性与耐涝性比苹果强，但它的需水量比苹果大。梨园灌水的原则是"春旱必灌，花前适量，花后补墒，严防秋旱，采后冻前必灌"。根据梨树的生长发育规律，1 年中应进行下面几次灌水：

（1）萌芽水 在花蕾分离期结合土壤追肥进行（4 月底至 5 月初）。主要是补充土壤水分，促进萌芽开花，对新梢的生长发育，扩大叶面积，增加坐果率都有重要作用。

（2）花后水 在落花后，生理落果前结合土壤追肥进行（6 月中旬至 7 月上旬）。梨树在此期需水最多，供水不足会引起大量落花落果，同时春梢的生长量也会大大减少。

（3）催果水 于果实迅速膨大期进行（9 月中旬）。以促进果实发育和花芽分化，对当年的产量和翌年的产量都有很大的影响。

（4）灌秋水 于果实采收后结合秋施基肥进行。

（5）封冻水 大致在 10 月下旬至 11 月上旬封冻前进行。

以上几次灌水不能机械照搬，要根据天气情况、土壤水分状况和果树实际需要，并结合土壤追肥灵活运用。

灌水的方法有漫灌、沟灌、畦灌、滴灌、喷灌、管灌等几种。

在梨树栽培中，发生下列情况下应及时进行排水：

①多雨季节或一次降雨过大造成梨园积水成涝，一时之间渗漏不了时，应挖明沟排水。

②在河滩地或低洼地建立梨园，雨季时如果地下水位高于梨树根系的分布层，则必须设法排水。可以在梨园开挖深沟，排水沟应低于地下水位，把水引向园外。

③土壤黏重、渗水性差，或在根系分布区下有不透水层时：由于黏土土壤空隙小，透水性差，一旦降雨就易积涝，必须及时搞好排水设施。

④盐碱地梨园：因下层土壤的含盐量高，会随水的上升而到达表层，若经常积水，因地表水分不断蒸发，下层水上升补充，造成土壤次生盐渍化。因此，必须利用雨水淋洗，使雨水向下层渗漏，然后汇集在一起排走。

在经常有积涝或次生盐碱化威胁的梨园，可以采用较先进的地下管道排水法，即在梨园地下一定深度的土层内，安装能渗水的管道，让多余的水分从管道排走。

二、整形修剪

梨整形修剪的基本原则和主要技术与苹果相似，但与苹果相比具有自己的特点，生产上应根据梨树的生物学特性和结果特性进行。

（一）梨树的整形修剪特点

1. 要注重培养好各级骨干枝　梨树树体高大，顶端优势及干性、萌芽力都特别强，枝条比较直立，开张角度小，容易发生上强下弱现象。因此，必须重视控制顶端优势、限制树高，重视生长季节开张枝条角度，平衡骨干枝长势；选留原则按照确定树形的要求，重点考虑枝条生长势、方位两个因素，要对选定枝采用各种修剪技术及时地调控，进行定向培养，促其尽量接近树形目标要求。在修剪时要对中干延长枝要适当重截，并及时换头，以控制上升过快，增粗过快。但盛果期后容易衰弱。所以，骨干枝角度一般小于苹果骨干枝。

2. 培养大、中型枝组，精细修剪短果枝群　要轻剪多留辅养枝，少短截、多缓放，尽量少疏或不疏枝，及早培养健壮枝组，促其尽量早结果。枝组应重点在骨干枝两侧培养，对背上枝组要严格控制长势和大小，否则易形成树上树，不仅其他枝组很难复壮，而且严重干扰树形结构。对小枝组和较早出现的短果枝群（骨干枝中下部较多）应适当缩剪，集中营养，防止早衰。

3. 增加短截量，减少疏枝量，少用重短截　根据梨萌芽力强而成枝力弱的特点和枝条基部有盲节的现象，为保证早期结果面积，并防止中、后期树势衰弱，应在修剪中适当增加短截量，减少疏枝量，少用重短截，尽量利用各类枝；同时梨树隐芽寿命长，利于更新。梨树经修剪刺激后，容易萌发抽枝，尤其是老树或树势衰弱以后，大的回缩或锯大枝以后，非常易发新枝，这是与苹果有所区别的不同之处。

（二）适宜树形

1. 小冠疏层形 小冠疏层形（图 6-2）是缩小了的主干疏层形。是中度密植梨园树形之一，一般株距 3～3.5m，行距 4～5m，每亩 38～56 株，其特点是骨架牢固，产量高，寿命长，光照好，成形容易。

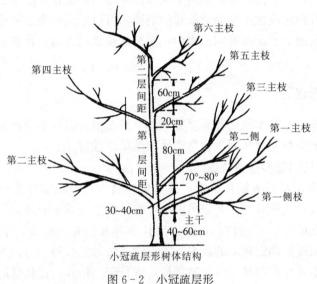

图 6-2 小冠疏层形

第一层 3 个主枝，平面夹角均为 120°，垂直角 50°左右，每个主枝上有 2 个侧枝，侧枝在主枝上的着生点要略偏背下。第二层 2 个主枝，根据需要可无侧枝，直接着生枝组，第二层主枝的垂直角度 40°～45°。

培养过程：

（1）第一年 梨苗定干后一般只发 2～3 个枝，用第一枝做中干剪留 40cm 左右。第二枝剪留 30cm，并注意剪口下第一芽留背后芽，第二芽留在略偏背下的位置上，以利萌发后形成侧枝。定干后 2 个新生枝夹角较小时，第一枝剪留 40cm，第二枝重短截并里芽外蹬。

（2）第二年 第二年再去直留斜重新培养第一主枝。

（3）定干第三年 中干延长枝不能按层间距的要求培养第四主枝，否则不仅后部空膛，浪费空间，也无法培养辅养枝。应剪 40cm 左右。

（4）定干 4 年后 第一层 3 个主枝基本确定，剪截中干延长枝时，剪口下第一芽应留在第一、二主枝之间，距第三主枝 80cm 左右，并采取芽前刻伤、生长季对第二芽萌发的枝摘心或扭梢等措施，促进第三芽生长，以利下一年用第三芽萌发的枝培养第四主枝。

2. 倒人形 该形由开心形演变而来，在乔砧密植条件下，可获得极好的产量，并能提高果品质量，是生产优质高档梨的主选树形（图 6 - 3）。

该树形干高 50cm，南北行向，两个主枝分别伸向东南和西北方向，呈斜式倒人字形。主枝腰角 70°，大量结果时达到 80°，树高 2.5m。适宜于高密度栽植，株行距为 1m×3m、1.5m×3m，每亩 148～222 株。

该树形定植时不定干呈 45°角伸向东南方向斜栽，并将向前部拉平，在弓起部位选一饱满芽，在芽前刻伤，抹去其他背上芽。待其萌发生长，至秋季将其拉向相反方向作为另一主枝。在此过程中，对背上萌发的其他枝条进行拉、别或疏除。冬剪时，将主枝进行短截培养。

3. 纺锤形 具有早果、丰产、优质、抗病虫、投资少、易管理等诸多优点。该树形适宜于 80～110 株/亩的栽植密度（图 6 - 4）。

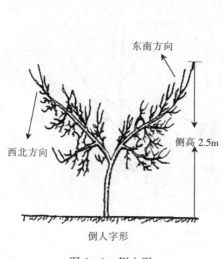

倒人字形

图 6 - 3 倒人形

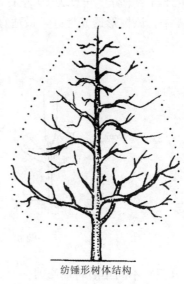

纺锤形树体结构

图 6 - 4 纺锤形

梨树纺锤形树体干高一般 50～60cm，树干不超过 3m，中心干上着生10～15 个主枝，单轴向四周延伸，主枝间距 20cm 左右，主枝开张角度 70°～90°，同方位主枝间距大于 50cm，主枝上直接着生中小型结果枝组。早熟品种更适宜该树形。

培养过程：方法同于小冠疏层形。定干后剪口下萌发两个枝，夹角较小时，将剪口下第一枝逆向弯倒拉平甩放，用剪口下第二枝做中干延长枝，中短截。由于梨枝较脆，不要顺向拉枝，否则基部易劈裂。枝条拉平甩放后形成一串花芽，留 3～4 个饱满花芽缩剪，中干照常培养。

1 年生树冬剪。当新梢不足 80cm 时，可轻剪促进生长，枝条长度在 1m 以上，可缓放不剪，中心干枝如生长量过小，可剪截加速生长，等次年长出旺盛新梢后再培养主枝。如中心干长度超过 1.5m 以上，可缓放不剪，来年春 50cm 处以拉代剪，促发枝量，控上促下生长。2 年生以后冬剪。基本剪法同 1 年生一样，轻剪有空间的枝条，长放相交达到距离的枝条，直至树形完全建成。

4. 单层高位开心形 单层高位开心形（图 6 - 5）树高 3.5m，冠径 4～4.5m，干高 60～80cm。全树分两层，有主枝 5～6 个，其中第一层 3～4 个，第二层 2 个。层间距 1～1.5m。小主枝围绕中心干螺旋式上升，间隔0.2 m，小主枝与主干分生角度为 80°左右，小主枝上直接着生小枝组，每主枝配侧枝 3～4 个，该树形透光性好，最适宜喜光性强的品种。

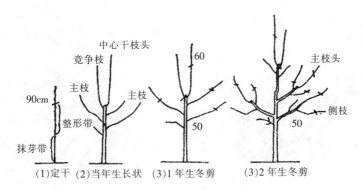

图 6 - 5　单层高位开心形

（三）不同年龄时期修剪

1. 幼树及初果期树的修剪 此期梨树修剪的目的主要是整形和提前结果。幼树期的整形修剪以培养树体骨架，合理造形，建立良好的树体结构，迅速扩冠占领空间为重点；同时注意促进结果部位的转化，培养结果枝组，充分利用辅养枝结果，提高早期产量，做到整形的同时兼顾提早结果。

（1）控冠　梨树大多数品种是高大的乔冠树体，因此栽培时要注意控冠。定干应尽量在饱满芽处进行短截，一般定干高度为80cm左右。为促进幼树快长，距地面40cm以内不留枝。冬剪时中干延长枝剪留50～60cm，主枝延长枝剪留40～50cm。

（2）开张角度　梨树的多数品种极性很强，分枝角度小，直立生长，易造成中心干与主枝、主枝与侧枝间生长势差别太大，产生干强主弱、主强侧弱、上强下弱、前强后弱等弊病，不利于开花、结果。

①防止中心干过粗、过强、上强下弱：可多留下层主枝和层下空间辅养枝，下层主枝可留4～5个，可采用邻接着生、轮生或对生状；对中心干上部的强盛枝及时疏缩，抑上促下，或者采取中心干弯曲上升树形，超高时落头开心。

②克服主强侧弱和主枝前强后弱：对生长势强的主枝要加大枝条角度，主枝基角一般可在50°以上，主要采用坠、拉、撑的方法来开张枝条角度，而不采用"里芽外蹬"的方法；选择方位好，生长较强的作为侧枝，主枝短截时，应在饱满芽前一两个弱芽上剪截，这样发枝较多而均匀，可避免前强后弱。

（3）骨干枝选留　梨多数品种萌芽力强、成枝力弱，一般只发1～2个长枝，个别发3个。因此，要注意：

①梨树定植后第一年为缓苗期，往往发枝很少，这种情况不要急于确定主枝，冬季可不修剪。或者对所发的弱枝，去顶芽缓放，并在主干上方位好的部位，选壮短枝，在短枝上刻伤促萌，这种短枝所发的枝，基角好，生长发育好，在去顶芽后与留下的弱枝可相平衡。梨树在第一年往往选不出3个主枝，则要对中心干延长枝重截，这样明年可继续选留主枝。

②主枝延长枝头剪口第三、第四芽，留在两侧，同时刻芽，促发侧枝。

③轻剪多留枝，主侧枝可适当多留，要多留辅养枝和各类小枝，前4年基本不疏枝，结果后疏去或缩剪成大小枝组。

（4）短果枝和短果枝群的培养　成年梨树80%～90%的果实是短果枝和短果枝群结的，短果枝是由壮长枝条缓放后形成的，或由长、中果枝顶花芽结果后，在其下部形成的，对这些枝修剪只留后部2～3个花芽，即成为小型结果枝组。短果枝上的果台枝或果台芽，连续或隔年结果，经3～5年形成短果枝群。对这类短果枝群，要疏去过多的花芽，去前留后，去远留近，才能做到高产稳产。

（5）清理乱枝，通风透光　由于前期轻剪缓放冠内枝条增多，内膛光照变差，结果部位外移。应通过逐年疏枝、回缩，处理辅养枝，清理乱枝，保持树冠通风透光，小枝健壮，达到优质丰产的目的。

对梨树的幼树要及时进行拉枝、环剥、目伤、摘心等一系列措施，要根据不同的地力、不同的自然环境、不同的品种、不同的栽培技术、不同的长势来确定不同的整形修剪技术。

2. 盛果期修剪　盛果期是梨树大量结果的时期。此期树冠大小基本固定，产量达到高峰。修剪的基本原则：调整好树势，维持良好的生长与结果的平衡关系和各级枝条的主从关系，及时更新结果枝组，保持适宜的枝量和枝果比例，使结果部位年轻健壮，结果能力强，改善冠内光照条件，确保梨果优质。

（1）树势调整　树势偏旺时，采用缓势修剪法，多疏少截，去直留平，弱枝带头，多留花果，以果压势；树势弱时，采用增势修剪法，抬高枝条角度，壮枝壮芽带头，疏除过密细弱枝，加强回缩与短截，少留花果，复壮树势；对中庸树的修剪要稳定，不要忽轻忽重，应各种修剪方法并用，及时更新复壮结果枝组，维持树势的中庸健壮。

（2）骨干枝的修剪　对结果后角度加大的骨干枝，在尚未下垂前，不要急于回缩，可先培养背上新的延长枝，待其加粗后，再行换头更新。部分发生交叉紊乱的骨干枝或大型枝组，可以分清主次，改变延长枝方向，也可轻度回缩。维持骨干枝单轴延伸的生长方向和生长势，调整延长枝角度，对逐渐减弱的骨干枝延长枝适度短截。

（3）改善树体内的光照　梨树盛果期容易出现冠内枝条过密，光照不良现象。可疏除一部分过密的大、中型辅养枝，或用以缩代疏的方法改为结果枝组。打开天窗，通畅行间，清理层间，疏除下裙枝，疏缩冠内直立枝。

（4）及时更新结果枝组　结果枝组修剪的总体原则是"轮换结果，截缩结合；以截促壮，以缩更新"。在具体修剪时应注意结果枝、发育枝、预备枝的"三套枝"搭配，做到年年有花、有果而不发生大小年，真正达到丰产、稳产的生产目的。

（5）大小年树的修剪　"大年"结果时，要重剪花多的结果枝组，轻剪或不剪花少或无花的结果枝组，尽量多保留叶芽。"小年"结果时，修剪时，应尽量多留花芽，可在花芽前部短截或在分枝处回缩，以提高坐果率。

梨树潜伏芽寿命长，当发现树势开始衰弱时，要及时更新复壮，其首要措施是加强土、肥、水管理，促使根系更新，提高根系活力。在此基础上通过重剪刺激，促发较多的新枝来重建骨干枝和结果枝组。修剪时将所有主枝和侧枝全部回缩到壮枝壮芽处，结果枝去弱留强。衰老较轻的，可回缩到 2～3 年生部位，选留生长直立、健壮的枝条作为延长枝，促使后部复壮；注意抬高枝干和枝条的生长角度，回缩时应用背上枝换头。对结果枝组，要利用强枝带头，强枝要留用壮芽。回缩时要分期、分批地轮换进行，不可一次回缩得太急、太快。全树更新后要通过增施有机肥和配方施肥来加强树势，加强病虫害防治，减少花芽量，以恢复树势，同时也要注意控制树势的返旺，待树势变稳后，再按正常结果树来进行修剪。一般经过 3～5 年的调整，即可恢复树势，提高产量。

密植梨树整形修剪要点：对于密植梨树整形修剪，不仅要注意个体结构，更要考虑群体的结构，整形修剪不能套用稀植栽培的办法，主要应把握好以下几点：

①树形由高大圆向矮小扁转变，多采用各类纺锤形（自由纺锤形、细长纺锤形）、主干形等；栽植密度越大，树形越简化。不刻意追求典型的树形，而以有形不死、无形不乱，树密枝不密，大枝稀小枝密，外稀内密为整形的基本原则。

②采用大角度整形，将强旺枝一律捋平，使之呈水平下垂状，促发中短枝。尽早转化成结果枝结果，达到以果控冠的目的。

③用轻剪或不剪（以刻代剪，涂药定位发枝，以拉代截）取代短截。提倡少动剪，多动手。修剪中 80％ 的工作量是由拉、拿、撑、刻剥、弯别、压坠等完成的。

④整形结果同步进行。主枝上不设侧枝而直接着生结果枝组，主枝以外的枝条都作辅养枝处理；大量辅养枝通过夏季管理很快出现短枝，转向结果，结果后逐年回缩或去掉，临时性辅养枝让位于骨干枝，"先乱后清"，整形结果两不误。

⑤改以往冬剪为主为夏剪为主的四季修剪。在时期上，春季进行除萌拉枝；夏季进行环剥、环割、拿、别、压、伤、变等手术；秋季对角度小的枝条拿枝软化，疏去无用徒长枝、直立枝。

⑥控冠技术由单纯靠修剪控制转向果控、化控、肥控、水控等综合措施调控。

⑦培养各类枝组多以单轴延伸，先放后回缩的方法为主。无花缓，有花短，等结果后逐年回缩成较紧凑的结果枝组。

三、花果管理

梨树的花果管理重点是保证授粉受精、疏花疏果、提高果实品质和适期采收。

1. 授粉　梨多数品种不能自花结果，生产上必须配置适宜的授粉树（表6-2）。授粉树的数量一般占主栽品种的1/8～1/4，并栽植在行内，即每隔4～8株主栽品种定植一株授粉树。

表6-2　梨树新品种及适宜的授粉品种

主栽品种	授粉品种
黄　金	甜梨、晚三吉、圆黄、秋黄、绿宝石
水　晶	绿宝石、秋黄、圆黄、丰水、早酥
秋　黄	长十郎、甜梨、丰水、幸水、新水、晚三吉
华　山	秋黄、长十郎、今村秋、新水、幸水、金廿世纪
圆　黄	秋黄、丰水、鲜黄、爱宕、幸水
绿宝石	七月酥、玛瑙、早酥、丰水、幸水
南　水	金廿世纪、幸水、新水、松岛、丰水
爱甘水	丰水、新兴、金廿世纪、松岛、幸水
红巴梨	冬香梨、红考米斯梨、伏茄梨、金廿世纪梨
早　酥	锦丰梨、鸭梨、雪花梨、苹果梨
锦　丰	早酥梨、苹果梨、酥梨、雪花梨
丰　水	爱宕、金廿世纪、晚三吉、新兴
幸　水	新世纪、长十郎、菊水、二宫白、伏翠
新世纪	菊水、幸水、早酥、长十郎、伏翠
新　高	绿宝石、长十郎、茌梨、秋黄、丰水、圆黄
金廿世纪	晚三吉、茌梨、巴梨、蜜梨、鸭梨、雪花梨

2. 人工授粉　梨多数品种自花不孕，即使配置了授粉树，但在生产中由于梨的花期较早，昆虫较少，而又低温频繁。因此，即便是授粉树充足的果园，人工授粉也是非常必要的，梨园除配置好授粉树外，应采用蜜蜂或壁蜂传粉和人工辅助授粉确保产量，提高单果重和果实的整齐度。

（1）采集花粉的品种要与主栽品种杂交亲和性好，开花期比主栽品种早2～3天。花粉应在初花期（气球状花苞时）采集。

（2）授粉应在开花后3天内完成。在全园的花开放约25％时，即可开始授粉。以天气晴暖、无风或微风，上午9：00以后效果较好。选花序基部的第3～4朵边花（第1～2朵花结的果，易出现槽沟），花要初开，且柱头新鲜。

应开一批授一批，每隔 2～3 天再重复进行 1 次。一般情况下，授粉应进行 2～3 次。

（3）授粉可采用放蜂和人工辅助授粉方式进行，时间在主栽品种开花 1～2 天内进行。人工授粉的方法有人工点授、电动喷粉器、液体喷授、鸡毛掸子授粉等方式。

3. 疏花疏果

（1）确定适宜的留果量 在确定适宜负载量的基础上疏花疏果，有利于丰产稳产，达到优质增值的栽培效果。确定适宜负载量要考虑品种、树龄、树势、栽培条件及梨园环境条件。坐果率低的品种、大树、树势强的树、栽培条件好或气候环境较差的果园可适当多留。具体可通过叶果比、枝果比、干截面积等来确定。生产上较为实用的方法是利用干截面积留果数（如库尔勒香梨为 2～4 个/cm^2）计算全树留果数，再用间距法具体留果。

（2）疏花 疏花从花序分离时开始，直到落瓣时结束，宜早不宜迟。如果采取按距离留花法，每花序留 2～3 朵边花。按照确定的负载量选留健壮短果枝上的花序，每 15～25cm 留一花序，开花时再按每一花序留 2～3 朵发育良好的边花，其余花序全部疏除。操作时注意留花序要均匀，且壮枝适当多留、弱枝适当少留。如有晚霜，需在晚霜过后再疏花。

（3）疏果 疏果从落瓣起便可开始，生理落果后定果。时间上早疏比晚疏好，可减少贮藏营养消耗。留果量多采用平均果间距法，一般大果型品种如雪花梨、酥梨等果间距应拉开 30cm 以上；中、小果型品种，果间距可缩至 20cm 左右。按照去劣留优的疏果原则，在留果时，尽可能保留边花结的、果柄粗长、果形细长、萼端紧闭而突出的果。同时应留大果、端正果、健康果、光洁果和分布均匀的果。一般每序保留 1 个果，花少的年份或旺树可适当留双果，然后疏除多余果。树冠中不同部位留果情况也不相同，一般后部多留、枝梢先端少留，侧生背下果多留，背上果少留。

①疏果的时期：日、韩砂梨疏果时间一般在花后 7 天开始，花后 10 天内疏果结束。绿皮梨如黄金、水晶、早生黄金等必须在花后 10 天套小袋，所以疏果不宜太迟。一般品种梨的疏果，最迟也应在 5 月中旬前结束。不套袋栽培疏果 2～3 次；套袋栽培疏果仅 2 次。第一次疏果在授粉后 2 周进行，一般 1 个花序留 1 个果。第二次疏果时期在第二次疏果后的 10～20 天内，此时套袋栽培即要确定最终目标结果数。

②疏果的方法：有人工疏果和化学疏果两种。如在目前的日、韩砂梨栽培中一般采用人工疏果的方法。人工疏果时，首先疏去病虫、伤残和畸形果，然

后再根据果型大小和枝条壮弱决定留果量，每花序留1个果。1个花序花蕾如果全部坐果可达6～7个果，疏果时要疏除基部和顶部幼果，仅留下中部1个果。一般以每25枚叶片留1个果为基准。但也应依品种、树势、修剪方法不同而有所调整。果实直立朝上的，虽然在幼果期生长良好，但在果实膨大期，容易造成果径弯曲，而使果形不端正。因此，应留那些横向生长的幼果。幼期果实向下生长的，也尽量不留；化学疏果方法迅速、省工，但疏果的轻重程度不易掌握。

4. 果实套袋

（1）纸袋选择 梨果袋有塑料袋和纸袋，纸袋又分为自制纸袋和专用标准袋，有单层和双层等类型。一般纸袋大小为19 cm×14～16cm。根据品种不同和果实着色不同，选择抗风、抗病、抗虫、抗水、抗晒、透气性强、具有一定的色调和透光率的优质梨果专用纸袋。

（2）套袋 梨果套袋通常于5月下旬至6月，即落花后15～35天进行，在疏果后越早越好。若个别品种实施2次套袋，应在落花坐果后先套小袋，30天后再套大袋。套袋前喷1～2次80%的代森猛锌可湿性粉剂600～800倍液加1.8%阿维菌素乳油3 000～5 000倍液。药液干后立即实施套袋。

（3）除袋 着色品种应于采收前30天除袋，以保证果实着色。双层袋先去外层，后去内层（外层袋去后5天再去内层袋），其他品种可在果实采收前15～20天除袋，或采收时连同果袋一同摘下，以确保果面洁净，并减少失水。

5. 果实采收 适期采收是保证梨果产品质量的最后一环。确定梨果成熟度主要根据果皮颜色变化、果肉风味和种子颜色。如绿色品种，当果皮绿色逐渐减弱，变成绿白色（如汤山酥梨）或绿黄色（如鸭梨）、有芳香、果梗与果台容易脱离时，便表明果实已经成熟。另外，确定采收期时，还应考虑采收后的用途；当地销售、不需远途运输，可在接近完全成熟期采收；需要运往外地销售时，应该适当提前。用于加压的梨果要根据工艺要求确定采收期，如制作罐头的梨要保持果肉硬度，适宜在接近成熟期采收；加工梨干、梨酒、汁梨时应在充分成熟时采收。

（1）采收的要求 一是采前要喷药。在采收前要喷1次高效低毒的杀菌剂，如多菌灵、甲基托布津等，以铲除梨果表面或皮孔内的病原菌，减轻贮存期间的危害；二是要求无伤采收。在采收过程中要求避免一切的机械损伤，如指甲划伤、跌撞伤、碰伤、擦伤、积压伤等，并且要轻拿轻放，保证果柄完整。盛梨果的容器要求用硬质材料，如塑料周转箱或竹筐、柳条筐等，箱或筐的里面要用软的发泡塑料膜或麻布片作内衬，以免在采收过程中碰伤梨果。

（2）采收方法　一般采用人工采收，采收时要求左手紧握果台枝，右手掌心握住果实，食指用力压住果柄上端向上一掀，使果柄与果枝分离，同时要尽量防止碰落叶片和果枝。采后的梨果品要立即将果柄剪掉，以免果柄划伤其他梨果。采收的顺序是先从外到内，先下后上。采梨宜在晴天进行，采下的果实不要曝晒，应放在通风处晾干。

（3）采后处理　主要是按鲜梨的国家标准、行业标准完成水洗、消毒、单果套保鲜膜、分级、包装等程序。目前较为先进并且常用的贮藏方法有两种，一种是冷风库贮藏，另一种是气调贮藏。在贮藏过程中，要严格控制贮藏期间的病害。梨果目前多用纸箱，每箱重量15～20kg，要求轻便、坚固。

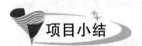

项目小结

梨是我国重要的果树之一，栽培范围广，经济效益高，是农民致富的重要途径。我国梨栽培品种繁多，根据生物学特性和生态适应性主要分为秋子梨、白梨、沙梨和西洋梨4大系统。

1. 梨树寿命长，枝条萌芽率高，成枝力低，幼树生长较慢，枝条显得比较稀疏。

2. 成龄梨树的根在年周期内有2次生长高峰，第一次在新梢旺盛生长之后的缓慢生长时，第二次在采收后。

3. 在枝芽生长习性方面，大多数梨品种的干性强，枝条分枝角小，幼树期常表现典型的紧密型的圆锥形树冠。

4. 梨叶具有生长快、叶幕形成早的特点。

5. 梨树的生长枝转化为结果枝较易，梨的结果枝可分长果枝、中果枝、短果枝和腋花芽枝4种不同的类型。梨花芽较易形成。

6. 果实生长可分为果实生长前期和果实生长后期，果实体积生长曲线成S型。梨的落花落果有落花重、落果轻的特点，落果从花开放至脱落20天。梨果实发育过程中有两次生理落果。第一次在花后5～10天，第二次在花后4～6周。

7. 梨树的修剪时期，分为休眠期修剪和生长期修剪。休眠期修剪主要目的是培养树形、促进树冠扩大、培养结果枝组和改造辅养枝等，生长期修剪主要目的是缓和树势、促发分枝、控制旺枝、促进成花、培养结果枝组等。

梨的品种选择应充分考虑适地适树、消费需求及栽培目的。梨园要求苗木整齐健壮，要根系发达，品种纯正。综合考虑梨树栽植密度、栽植方式、栽植时间。依靠科学的肥水管理措施，适时采收、合理分级、包装与贮藏，才能逐步提高经济效益，实现增产增收。

项目测试

一、选择题

1. 梨树根系多分布于肥沃的上层土中，约在（　　）之间土层中根的分布最多最密。

    A. 20～60cm　　　　B. 60～80cm　　　　C. 80～100cm　　　　D. 10～20cm

2. 梨树的芽为（　　），大多在春末、夏初形成，一般当年不萌发，第二年抽生一次新梢。

    A. 早熟性芽　　　　B. 晚熟性芽　　　　C. 早熟与晚熟兼有

3. 梨树开花量大，大部分品种具有（　　）坐果率高的特点。

    A. 落花重、落果重　　　　　　　　B. 落花重、落果轻

    C. 落花轻、落果轻　　　　　　　　D. 落花轻、落果重

4. 梨树根系稀疏，对肥料吸收较慢，年周期中，器官集中生长的高峰期有（　　）。

    A. 4次　　　　　　B. 3次　　　　　　C. 2次　　　　　　D. 1次

5. 生产上梨树常用的丰产树形，下面（　　）不适宜。

    A. 小冠疏层形　　　　　　　　　　B. 纺锤形

    C. 自然开心形　　　　　　　　　　D. 高位开心形

6. 梨树的多数品种极性（　　），分枝角度小，直立生长，易造成中心干与主枝、主枝与侧枝间生长势差别太大，产生干强主弱、主强侧弱、上强下弱、前强后弱等弊病，不利于开花、结果。

    A. 很弱　　　　　　B. 很强　　　　　　C. 一般

二、简答题

1. 列表比较秋子梨、白梨、沙梨和西洋梨特征、特性方面的主要差异。

2. 梨的亮叶期标志着什么？有何生产意义？

3. 简述梨树疏花疏果的技术要领。

三、思考题

1. 梨树在结果习性方面与苹果有何不同？并举例说明其栽培应用。

2. 梨树生长习性与苹果主要有哪些区别？举例说明其对栽培管理的影响。

探究与讨论

1. 联系本地的气候及土壤特点，引进梨的新品种应考虑哪些方面的问题？
2. 根据梨各个器官生长发育规律，安排一个梨园成果期肥水管理计划？
3. 如何控制环境条件，提高梨的贮藏效果？

项目七

葡　萄

项目导读

　　葡萄是一种经济价值较高的果树，在我国栽植面积很大，葡萄果实营养丰富，一般含有 15％～25％ 的葡萄糖和果糖，葡萄汁中还含有维持人体正常生命活动的谷氨酸、精氨酸、色氨酸等多种氨基酸，以及对人体有益的各种矿物质和维生素，对增进人体健康具有多方面的功效。葡萄除鲜食外，主要用于酿酒，还可制干、制汁及罐头等加工品，葡萄适应性强，根系发达，耐干旱，耐瘠薄，较耐盐碱。葡萄结果早，产量高，寿命长，一般栽后 2 年即可结果，3～4 年就可获得一定经济效益，葡萄栽植方式多样化，可以集中建园，可以利用房前屋后、房顶庭院，还可以盆栽，既能绿化、美化环境，丰富人们的生活，又有一定的经济价值。随着人们生活水平的提高，葡萄日益受到人们的青睐，葡萄的栽培面积也不断增加，葡萄的生产进入了一个以提高质量和增加效益的新时期。

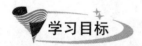

学习目标

知识目标

1. 了解目前葡萄生产上的优良品种及环境条件对葡萄生长的影响；
2. 了解生产上常见的葡萄架式；
3. 理解葡萄的生长发育规律；
4. 掌握葡萄的优质高效栽培配套技术。

能力目标

1. 能准确识别生产上常见的葡萄品种；
2. 能够熟练对葡萄进行整形修剪。

任务 7.1 葡萄品种

目前生产上葡萄的栽培品种很多，各品种对不同环境条件的适应性不同，抗病性、丰产性等表现各异。要实现葡萄丰产优质高效，选择一个好的品种是关键。

一、紫皇无核

母本为牛奶，父本为皇家秋天，经有性杂交选育而成的无核新品种，属欧亚种无核葡萄新品系。

该品种幼叶上表面淡紫色，有光泽，绒毛密；成熟叶近圆形、绿色，叶缘略卷缩，叶背绒毛极疏；卷须分布间断；两性花。果穗圆锥形，均重800g，最大1 500g，果粒着生中等紧密，果粒长椭圆形或圆柱形，均重10g，最大14g；果皮紫黑色至蓝黑色，果皮中等厚；果肉硬脆，多汁，果刷长、耐贮运、不裂果、不落果；具牛奶香味，可溶性固形物含量21%～26%，含酸量3.72%。

植株生长势中庸，萌芽率高，副芽萌发力较强，每果枝多为一穗果；在山东4月中旬萌芽，5月下旬开花，8月上旬成熟，从萌芽至成熟需132～138天；成熟一致，无青小粒，抗病性较强，亩产1 500～2 000kg。适合棚架和V形架整形，以中长梢修剪为主；该品种丰产性较强，应注意疏花疏果。

二、维多利亚

1996年河北果树研究所从罗马尼亚引入我国。

该品种嫩梢绿色，具稀疏绒毛；新梢半直立，节间绿色。幼叶黄绿色，边缘稍带红晕，具光泽，叶背绒毛稀疏；成龄叶片中等大，黄绿色，叶中厚，近圆形，叶缘稍下卷；锯齿小而钝。1年生成熟枝条黄褐色，节间中等长。两性花。果穗大，圆锥形或圆柱形，平均穗重630g；果粒着生中等紧密，长椭圆形，粒形美观，无裂果，平均果粒重9.5g，最大果粒重15g；果皮黄绿色，果皮中等厚；果肉硬而脆，味甘甜爽口，品质佳，可溶性固形物含量16.0%，含酸量0.37%。

植株生长势中等，结果枝率高，结实力强，每结果枝平均果穗数1.3个，副梢结实力较强。在河北昌黎地区4月中旬萌芽，5月下旬开花，8月上旬果实充分成熟。抗灰霉病能力强，抗霜霉病和白腐病能力中等。果实成熟后不易脱粒，较耐运输。该品种生长势中等，成熟早，宜适当密植，可采用篱架和小棚架栽培，中、短梢修剪。该品种对水肥要求较高，施肥应以腐熟的有机肥为主，采收后及时施肥；栽培中要严格控制负载量，及时疏果粒，促进果粒膨大。

三、京秀

中国科学院北京植物园通过杂交选育而成，亲本为玫瑰香和红无籽露。

果穗圆锥形，重 513g，果粒椭圆形，平均粒重 6.3g，果皮中厚，充分成熟时呈玫瑰红色或鲜紫红色，肉脆味甜，酸度低，味甜多汁。可溶性固形物含量 15%～18%，含酸量为 0.46%。

该品种穗粒整齐，形色秀丽，肉脆质佳，枝条成熟好，是优良的极早熟鲜食品种。生长势较强，结果枝率中等，枝条成熟好，抗病能力中等，副梢结实力低，落花轻，坐果好，不裂果，较丰产。果粒着生牢固，不落粒，耐运输，易栽培管理。篱架、棚架均可栽培，适宜中短梢混合修剪。京秀在采取设施栽培的情况下，可在 6 月份成熟供应市场，是当前鲜食、早熟、保护地栽培的优良品种之一。目前在北京、河北、山东、沈阳、云南等地有栽培。

四、奥古斯特

奥古斯特又称黄金果，属欧亚种，1998 年引入我国，生长势壮，极易形成花芽，2 次结果能力强。

该品种适应性广，抗病力强，有很强的多次结果能力，早果丰产。果皮绿黄色，充分成熟后金黄色，果皮中厚，果肉硬脆，果实晶莹剔透，果穗大，圆锥形，果粒圆形，平均粒重 10g，穗重 600g，果实着色一致，品质上佳。该品种早熟，新梢半直立，节间具紫红色条纹。露地栽培在 4 月 10～15 日萌芽，5月 15 日左右开花，7 月 15～25 日成熟，可溶性固形物 18%～20%，果粒着生紧密一致，果实颜色为纯金黄色，外观漂亮。是目前市场上黄色果粒葡萄中的上品。果实硬度大，且耐拉力强，不掉粒，耐贮运，商品性极佳。适宜篱架或小棚架栽培，适宜中长梢修剪，每亩定植 300 株左右。

五、巨峰

欧美杂交种，属中熟类品种，原产日本。1937 年大井上康用石原早生（康贝尔大粒芽变）×森田尼杂交育成的四倍体品种。我国 1958 年引入。东北、华北、华中、华南等地区栽培比较广泛。

该品种树势强旺,萌芽力强,结果枝率高,穗大、粒大。该品种 8 月份成熟,成熟时果皮紫黑色,果肉较软,有肉囊,味甜,汁液较多,果粉多,有草莓香味,皮、肉和种子易分离,可溶性固形物 17% ～ 19%。自然果穗圆锥形,平均穗重 400～600g,最大 1 250g,果粒着生中等紧密,果粒椭圆形,平均果粒重 10g 左右,最大可达 20g,果皮中等厚,紫黑色,果粉中等厚,果刷较短,品质中上等。适应性强,耐贮运,抗病、抗寒性能好,喜肥水。花芽分化良好,落花落果严重。抗病能力强,果实综合性状良好,是目前栽培面积最大的品种。

六、藤稔

欧美杂交种,四倍体,属大果型品种。该品种树势强,新梢和叶片密生灰色茸毛,枝条粗壮。自然果穗圆锥形,平均穗重 450g,果粒着生较紧密。果粒大,整齐,平均粒重 16～20g,近圆形。果皮厚,紫黑色,易与果肉分离。肉质较紧,味甜多汁,有草莓香味,含糖量高,品质中上等。在河北 8 月下旬成熟,裂果少,不脱粒。本品种可用来生产出大果粒,使单粒重达到 20g 左右。可通过控制产量、果穗整理、植物生长调节剂处理等方法达到大果粒。花芽分化好,丰产、稳产性很好。

七、里查马特

又称玫瑰牛奶。属欧亚种。原产前苏联,用可口甘与匹尔干斯基杂交育成。我国于 20 世纪 70－80 年代从前苏联和日本引入,是二倍体。在我国西北、华北、东北等葡萄产区均有栽培,生长、结果表现较好,自然果穗圆锥形,支穗多,较松散,平均穗重 1 000～1 500g,最大 1 800g;果粒长圆柱形或牛奶头形,平均粒重 12g,最大超过 20g;果皮玫瑰红色,成熟后暗红色;皮薄肉脆,清香味甜,可溶性固形物 10.2% ～11%,含酸量 0.57%,肉中有白色维管束,是该品种的特征之一。品质佳,较耐贮藏和运输。在西北干旱地区可溶固形物达 16.5% 上。要求肥水条件较高,树势极旺,第二次结果能力弱,产量中等。

八、夏黑

早熟品种,一般 7 月份成熟,欧美杂交种,三倍体品种。由日本山梨县果树试验场由巨峰×二倍体无核白杂交育成,1997 年 8 月获得品种登记,1998 年引入我国。

果穗圆锥形或有歧肩，果穗大，平均穗重 420g 左右，果穗大小整齐，果粒着生紧密。果粒近圆形，自然粒重 3.5g 左右。果肉硬脆，无肉囊，果汁紫红色，可溶性固形物含量 20%，有较浓的草莓香味，无核，品质优良。

九、美人指

欧亚种，是日本植原葡萄研究所于 1984 年用尤尼坤与巴拉底 2 号杂交育成的二倍体。1994 年由江苏省张家港市引入，现已在河北、辽宁地区栽培。

果穗长圆锥形，平均穗重 480g，最大为 1 750g；果粒着生松散，果粒平均重 15g，最大粒重 20g，果粒呈长椭圆形，粒尖部鲜红或紫红色，光亮，基部色泽稍浅，恰如用指甲油染红的美人手指头，故称美人指；果肉甜脆爽口，皮薄而韧，不易裂果，含可溶性固形物 16%～18%，品质佳。果实耐拉力强，不落粒，较耐贮运。

生长势极旺，枝条粗壮，较直立，易徒长。在我国西北、华北和东北的中南部雨量偏少地区发展较好，也是用于绿化和盆栽的优良品种，注意预防白腐病和白粉病。

任务 7.2 葡萄生长习性

一、葡萄生长习性

1. 根 葡萄的根系分两种：扦插繁殖的自根苗，其根系有根干（及插条枝段）、侧根和须根（图 7-1）；种子播种的实生苗，有主根、侧根和须根。葡萄的根系，除固定植株和吸收水分和无机营养外，还能贮藏营养物质，合成多种氨基酸和激素，对新梢和果实生长及花序的发育有重要作用。

葡萄一般是经扦插繁育而成，没有垂直的主根，由插入地下的一段根干长出侧根，在湿度大的情况下，多年生枝蔓上往往能长出气生根。葡萄是深根性树种，根系在土壤中的分布状况随气候、土壤、地下水位、栽培

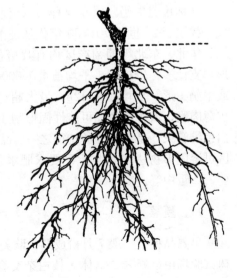

图 7-1 自根苗根系

管理等有所不同。葡萄根群分布在距地面20～80cm的土层中。

葡萄根系没有休眠期，如果温度合适，可以周年生长。根的生长则需土温达12℃以上，最适宜根系生长的土温为25℃左右，根系的开始生长约比地上部生长晚10～15天，根系的生长全年有2次高峰，第一次在6月下旬至7月间达到一年中生长的最高峰；第二次在9月中下旬又出现一次较弱的生长高峰。

2. 茎 葡萄为藤本植物，葡萄的茎干通常称为枝蔓。1株葡萄是由主干、主蔓、侧蔓、新梢、结果母枝、结果枝组成。自地面发出的单一树干称为主干，主干上的分枝称为主蔓。龙干型树形主干、主蔓是一个部位；扇形的有主干和主蔓。在主蔓上着生侧蔓，侧蔓上再着生结果枝组，结果枝组着生2～3个结果枝。由结果枝的冬芽抽生出的新枝称为新梢（如7-2-2），其中带果穗的枝称为结果枝，没有果穗的称发育枝或营养枝。从地面隐芽上发出的新枝称为萌蘖枝。葡萄新梢由节、节间、芽、叶、花序、卷须组成。新梢叶腋中由夏芽发出的2次梢称为副梢。葡萄的茎细而长，髓部较大，组织较

图7-2 着生花序的新梢

松软。新梢节部膨大，节上着生叶片和芽眼。叶片对面着生卷须或花序，卷须着生的方式有连续的，也有间断的，可作为识别品种的标志之一。新梢年生长量很大，在花期要进行主梢摘心，以抑制其营养生长，提高坐果率，同时在生长过程中要不断进行新梢摘心，以抑制其生长，提高冬芽的分化质量。

3. 芽 葡萄具有冬芽和夏芽两种。

（1）冬芽 在正常情况下，冬芽在当年不萌发，经过冬季休眠后，第二年春天继续分化后才萌发。所以，称此芽为冬芽。葡萄的冬芽是由1个主芽和2～8个副芽组成，所以又称"芽眼"（图7-3）。春季主芽先萌发，一般情况下副芽不萌发，但由于修剪等原因副芽也能萌发，从1个芽眼中长出2～3个新梢，只保留1个发育最好的新梢，其余及时去除。

图7-3 冬 牙

（2）夏芽 夏芽裸露，无鳞片包被，随新梢生长，当年即萌发成副梢（图7-4）。当对新梢进行摘心后，夏芽受到刺激即可萌发，形成副梢，叫1次副梢。对1次副梢摘心后，又会形成2次副梢，以此类推，1年可以形成多次副梢。幼树期可利用这一特性，加速成型，扩大架面。在生产上有时可以利用副梢2次结果，但副梢上形成的果穗一般较小，成熟期也很晚。

4. 叶 葡萄的叶为单叶互生、掌状，由叶柄、叶片和托叶组成。叶柄支撑着叶片伸向空间；叶片由5条主脉与叶柄相连。主脉又分支构成主脉、侧脉、支脉和网脉的叶脉网。按叶片的

图7-4 夏芽萌发

大小、形状，锯齿的大小和钝锐，缺刻的深浅，叶色的深浅，叶背茸毛的有无、多少，叶色的深浅等，可作为识别品种的依据。

二、葡萄结果习性

葡萄开始结果较早，一般在栽后第二年就开始结果，3～4年即可获得较高的经济产量。

1. 花序 葡萄是圆锥花序，花序一般着生在结果新梢的3～8节上，如果没有花絮就着生卷须，花序的形成与营养条件有关（图7-5）。

肥水条件好，花序发育完全，花蕾多；肥水条件差，花序发育不完全，花序小，花蕾少。

2. 花 多数葡萄品种的花是两性花，可以自花授粉，正常地受精结实，也有少数品种仅有雌能花或雌雄异株。对雌能花及雌雄异株的种类和品种必须配置两性花或少量雄株作为授粉树进行异花授粉。葡萄中有些品种如无核白有单性结实的习性，不经过受精，子房自动膨大产生果实。葡萄萌芽到开花，需6～9周，花期为6～10天，盛花后2～7天开始出现生理落果现象。

3. 卷须 葡萄的卷须和花序是同一起源的器官，在花芽分化过程中，营养充足时卷须逐步分化成花序，营养不足时分化成卷须（图7-6）。卷须有分叉的和不分叉的，卷须的主要作用是缠绕他物的攀援工具，在栽培中，为了减少养分消耗及减少管理上的困难，应将卷须及时摘除。

图7-5　花　序　　　　　　　　　　图7-6　葡萄卷须

4. 果穗　葡萄开花授粉后，子房发育膨大成为浆果，花序成为果穗。果穗由穗梗、穗轴和果粒组成。果穗的大小、形状与品种、产量和管理等有关。为提高葡萄品质，有时要剪除果穗的1～2个分枝和穗尖，目的是增大果粒，使果穗整齐一致。

5. 果实　果实形成的初期均为绿色，近成熟时果实因含色素的不同而出现不同的颜色。果皮与果肉的颜色，属品种固有的遗传特性，果实的含糖、含酸量则随着气候、栽培条件和成熟度的改变而变化。葡萄有两个明显的果实发育生长高峰。第一个高峰出现在花后数天，果粒迅速增大，持续1个月左右；经过一段缓慢生长后，出现第二个生长高峰，在第二个生长高峰后，浆果开始变软并出现弹性，叶绿素逐渐消失，含酸量逐渐减少，含糖量逐渐增加，种子开始变硬，果穗梗木栓化，直至全部成熟。

6. 种子　葡萄的种子较小，有坚实而厚的种皮，上有蜡质，一粒果实内一般有1～4粒种子，多数为2～3粒（图7-7）。葡萄种子可作为育种的材料。

图7-7　葡萄的种子

三、环境条件对葡萄生长发育的影响

1. 温度　葡萄原产温带，不耐严寒，但如果采取埋土防寒的方法栽植，在我国的适栽范围也很广泛。葡萄不同的物候期对温度的要求不同，欧洲种葡萄萌芽要求平均温度为 2～10℃。

开花、新梢的生长和花芽分化期的最适温度为 25～30℃；低于 15℃时，则授粉受精不良，影响产量。葡萄在成熟期（7～9 月）需要的最适温度为 28～32℃，温度适宜，果实含糖量高，着色好，不易裂果和霉烂。温度低则果实糖少酸多，低于 14℃时成熟缓慢，气温高于 40℃时果实会出现枯缩，甚至干瘪。因此，要注意通过整形、引缚等方式，避免果实直接曝晒，喷水可以防止高温的有害影响。

多数品种的芽能忍受 −16～−18℃ 的低温，枝条在充分成熟后可忍受 −22℃ 的低温。一般以冬季 −17℃ 的绝对最低气温作为葡萄冬季埋土防寒与不埋土防寒露地越冬的分界线。

欧洲种葡萄根系抵抗低温的能力差，如龙眼、玫瑰香的根系在 −4℃ 时即受冻害，在 −6℃ 时经 2 天左右即可冻死。所以，北方栽培葡萄时，要特别注意对葡萄根系的越冬保护。

昼夜温差直接影响葡萄的品质，温差大，果实含糖量高、品质好；反之，品质差。

2. 光照　葡萄是典型的喜光树种，光照充足时，叶片厚浓绿，促进新梢加粗，植株生长健壮，花芽分化良好，减少落花落果，增进果实着色，增加糖分积累，产量高，果实品质好。光照不足时，光合作用差，枝条细，节间长，叶薄色淡，花芽分化不良，落花落果严重，果穗小而分散，粒小品质差，着色不良。

不同品种要求光照不一样，一般欧亚品种比美洲品种和欧美杂交品种要求光照条件高；因此，葡萄园应建在风光通透、光照充足的地方。

3. 水分　充足的水分是植株新梢生长、开花、结果和提高产量的重要因素。葡萄不同发育阶段对水的需求量不同。

早春生长初期对水分要求高，水分不足，会使新梢生长缓慢。开花期水分不宜过多，过多的水分和连续阴雨天，会使新梢生长旺盛，与花争夺养分，容易造成落花落果，也不利于授粉受精。但过于干旱也会引起开花和授粉受精不良，造成落花落果严重。在浆果生长期对水分要求比较高，充足的水分使果实迅速膨大。浆果成熟期水分不宜太多，否则果实品质下降，病害严重。特别是

在葡萄生长前期需水量最多的季节，降水量少，必须灌水补充；而在果实成熟季节，应控制水分，水分过多对果实成熟和品质的提高不利。

4. 土壤 葡萄对土壤的要求不太严格，土壤 pH 5.8～8.2 均能栽培葡萄。对土壤的要求范围很宽，无论是盐碱地，还是山丘地、沙荒地、河滩地及砂砾山地，只要对立地条件加以改良，均可以成功地栽培葡萄。最适于葡萄生长的土壤条件是排水良好、通气性强的砂壤土，而含有大量砾石的粗沙土也是葡萄生长的好地方。中壤土和轻壤土对葡萄根系生长发育极为有利，在气候适宜、管理很好的情况下，葡萄生长旺盛，结果多，品质好。黏土地因其透气性差，营养状况不良，根系发育不好，不利于葡萄生长发育，其果实产量低，品质差。

任务 7.3 葡萄整形修剪

一、葡萄主要架式

1. 篱架式 这类架式的架面与地面垂直或略倾斜，葡萄枝叶分布在架面上，好似一道篱笆或篱壁，故称为篱架。篱架在葡萄栽培中应用广泛。其主要类型有单篱架、双篱架和宽顶篱架。

（1）单篱架 架高 1.8～2m，因整形方式不同，架设 2～4 道铁丝。每隔 8～10m 设立 1 根支柱（最好利用水泥、铁管），每道铁丝间的距离为 0.5m，枝蔓和新梢引缚在各层铁丝上（图 7-8）。其主要优点是作业比较方便，地面辐射强，通风透光较好，利于增进葡萄品质，适于密植，能早期丰产。其缺点是有效架面较小，单位面积产量较低，利用光照不充分，结果部位较低，易受病害侵染。

图 7-8 单篱架

（2）双篱架　在植株两侧，沿行向建两排有一定间距的单篱架，双篱架的两臂之间相距 70～80cm，垂直或略呈 V 形（基部相距 50～60cm，顶部相距 80～100cm）。植株栽在定植行的中心线上，枝蔓引缚于两侧篱架面上。或者在单篱架立柱上固定 3～4 根横杆，其长度由下向上递增，在每一横杆的两端沿行向拉铁丝，形成倾斜的双臂。

主要优点是植株形成分离叶幕，有效架面增大，能够容纳较多的新梢和负载量。缺点是通风透光条件较差，对肥水条件和夏季植株管理要求较高，易因产量过高而影响品质等，葡萄园的管理和机械化作业不太方便，另外需要的架材也较多。

（3）宽顶篱架（T 形架）　在单篱架支柱的顶部加一根长 60～100cm 的横杆，两端各拉一道铁丝，支柱的直立部分拉 1～2 道铁丝，篱架断面呈 T 形。这种架式适合生长势较强的品种及单干双臂水平整形的植株。

2. 棚架　架面较高，与地面倾斜或平行。适于丘陵山地，也是庭院葡萄栽培常用的架式。在冬季防寒用土较多、行距较大的平原地区，也宜采用棚架栽培。优点是土肥水管理可以集中在较小范围，而枝蔓却可以利用较大的空间。在高温多湿地区，高架有利于减轻病害。主要缺点是管理操作比较费事，机械作业比较困难，管理不善时易严重荫蔽，并加重病害发生。在生产中常用的棚架类型有大棚架（图 7-9）、小棚架和棚篱架。

图 7-9　大棚架

（4）大棚架　架长 8～10m 以上。架的后部，即近植株处高约 1m，架的前部高 2～2.5m。大棚架可分为倾斜式、水平式、连叠式和屋脊式等。在丘陵坡地多采用倾斜式大棚架，葡萄在梯田上呈带状定植或零散栽植。平地葡萄园采用网式水平棚架的效果好。土肥水管理集中在植株周围约 2m 的范围内，地上部枝蔓则凭借大棚架充分利用空间，这是大棚架的显著优点。但在平地条件下，因行距过大而不利于充分利用地力和早期丰产。此外，大棚架葡萄植株的前后部生长不易维持均衡，下架和上架不方便，衰弱老蔓更新较难。

（5）小棚架 架长 4～7m，适宜多主蔓扇形或龙干形整枝。与大棚架相比，其优点是利于早期丰产，便于棚下作业及合理利用土地，易于枝蔓更新、保持树势和产量的稳定。小棚架既可用于大面积葡萄园，也可用于零散的小块山坡地。

（6）棚篱架 基本结构与小棚架相同，架长 4～5m，架的前面有高 1.5～1.7m 的篱架面，再倾斜向一个方向延伸成棚架面，后架高约 2m，行距 6～8m。植株同时利用棚面和篱面结果。但篱面下部通风透光较差，易上强下弱。为保持生长均衡，植株主蔓由篱架面转向棚面时务必有一定的倾斜度，避免硬弯。

3. 柱式架 柱式架或单柱架不用铁丝，没有固定的架面，仅仅依靠 1 根或若干根单个支柱给葡萄枝蔓以支撑，使其能在离地面一定高度的空间内生长结果。单柱架适用于头状整形的植株。在每株葡萄旁边立一根木棍，植株的主干绑缚在木棍上，在主干的上方沿不同方向分布结果枝组。

二、葡萄的主要树形及整形技术

葡萄是多年生的藤本植物，不能单靠修剪成形，必须设立支架，不同的架式可以形成多种多样的树形。在生产中应根据立地条件、栽植密度及品种生物学特征、是否埋土防寒等，选用适宜树形。现就主要的树形及整形技术介绍如下：

（一）主要树形

1. 篱架多主蔓自然扇形 也叫多主蔓自由扇形，是当前大面积篱架栽培中普遍采用的一种树形。这种树形的主要特点是无主干，直接从地表分生出多个主蔓（4～6 个），株距可 1～2m。既适用于单臂篱架，也适用于双臂篱架。多个主蔓在架面上呈扇形分布，主蔓上可以不规则地配置侧蔓，也可在主蔓上直接着生枝组。主侧蔓之间保持一定的从属关系。整形过程：

定植当年一般能萌发 2～4 个新梢，冬季修剪时，可留 2～3 个剪成中、长梢做主蔓，粗壮蔓适当长留，细弱蔓要短留。若植株只长出 1 个新梢，并生长较旺，可在新梢发出 5～6 片叶时留 4 片叶摘心，促使萌发副梢，培养副梢用作主蔓。冬季修剪时，根据副梢的粗细和成熟确定剪留长度，一般剪留长度为 40～60cm。第二年春各主蔓萌芽抽梢后，按定梢的要求，每隔 25～30cm 留一

177

新梢,使其在各主蔓上交错排列。若定植当年所留主蔓不足,可再在适当部位选留并培养主蔓。冬剪时,原有各主蔓上的延长蔓和后补的主蔓都做长梢修剪,其余为结果母蔓,可根据架面空间情况进行长、中、短梢混合修剪。第三年可根据架面情况,适当选留侧蔓或培养枝组,使每个主蔓上有2~3个结果枝组。每个结果枝组有1个结果母枝和1个预备枝。株距大且株间空间多时,扇形两侧主蔓的结果枝可水平绑缚在第一道铁丝上,使枝蔓充分利用架面。

2. 棚架树形 棚架树形有多主蔓自然扇形、少主蔓自然扇形、龙干形等。

(1)多主蔓自然扇形 整形方法与篱架的多主蔓自然扇形基本相同,只是主蔓留得长,而且数量多(一般4~5个),植株上部新梢布满架顶平面而成棚状。根据其有无主干,又可分为有主干多主蔓自然扇形和无主干多主蔓自然扇形。

(2)少主蔓自然扇形 一般有2~3个主蔓,适宜于株距较小的棚架栽培,株距1~2m。定植当年选留1~2个健壮的新梢作主蔓。第二年冬剪时,在选留主蔓延长蔓的同时,再选留1~2个发育良好的成熟新梢作侧蔓,其余均作结果母蔓行中、短梢修剪,以后每年将主蔓先端的新梢留作延长蔓,尽快布满架面。

(3)龙干形 也叫龙杠形。根据所谓主蔓数量不同而分为独龙干、双龙干、三龙干。主蔓即是龙干,也就是架面上留1个主蔓、2个主蔓或3个主蔓。主蔓上不培养侧蔓,直接着生枝组,即在主蔓的两侧每隔25~30cm配置一个短梢枝组,这些枝组称为龙爪。

(二)修剪技术

1. 葡萄的夏季修剪 葡萄新梢生长量大,夏季修剪较其他果树更显重要。目的在于调节养分的流向,调整生长与结果的关系,改善通风透光,减少病虫孳生,提高浆果品质和加快幼树成形等。

(1)抹芽 抹去即将萌发多余的芽眼,或新梢展叶2~3片叶时,抹去部分嫩梢,使有限养分集中供应保留的芽眼,早抹比迟抹好(图7-10)。

抹芽一般分两次进行。第一次抹芽是在芽眼未破绽时进行,抹除发育不良的基节芽,瘦弱的尖头芽,对双生芽或三生芽留饱满的主芽,除去副芽,部位不当的不定芽也应抹除。抹除的芽占总除芽量的60%~

图7-10 抹 芽

70％；第二次抹芽约在第一次抹芽后 15 天左右进行。第二次抹芽有定梢性质，即决定选留的结果新梢和发育新梢的数量和比例。抹芽要抹去双芽、三芽、畸形芽及距地面 40cm 以下所有芽，留强不留弱。

（2）摘心　即主梢去顶，于开花前 5～6 天至始花期进行。目的是提高坐果率及花粉发芽率。开花前的摘心使养分暂时转运于花器部分，以免使新梢不断伸长，与花穗争夺养分而加重落花。这对某些落花重、坐果不良的品种有明显效果，而对自然授粉好，坐果整齐的品种，摘心效果并不显著。因此，可根据品种特性分为不摘心、轻摘心及重摘心 3 类。主梢第一次摘心时间一般于花前 7 天进行。凡坐果率高的如黑罕、红加利亚、尼加拉等，花前不摘心；凡坐果率较高的如金后，在花序以上留 4～7 片叶轻摘心；凡落花重、坐果差的如玫瑰香、巨峰等，花前半月留 2～3 片叶重摘心，摘心部位达半老叶。对于不同枝质的新梢，摘心也要有所区别。强梢摘心会迅速促进夏芽抽生副梢，仍然大量消耗养分。农谚"葡萄打顶不打杈，收成减一半"，可见摘心与除副梢结合进行才能增效。

（3）副梢处理与利用　包括花前的副梢处理与花后至浆果成熟期的副梢处理。

①花前的副梢处理：花前副梢处理有两种方法（图 7 - 11、图 7 - 12）。一种是主梢摘心的同时把中、下部副梢全抹除，只留摘心口的 2 个副梢；另一种是仅将花穗以下的副梢抹除，保留上部副梢，留 2～3 叶摘心，以后反复进行。究竟哪种方法好，要从生理营养状况出发，辩证地处理。对于坐果不良的品种如玫瑰香、白玫瑰香等，可采取前控后促的办法，花前副梢宜重抹，节约养分，以利坐果。

图 7 - 11　副梢摘心

图 7 - 12　去副梢

②花后至浆果成熟期的副梢处理：花后副梢轻剪，增加叶面积，有利于积累树体营养。花后副梢经常摘心，可改善架面的通风、日照，减少病虫危害，提高浆果质量。但修剪副梢工作要在浆果着色期停止，以免剪口诱发新的副梢，消耗养分，影响浆果着色和新梢成熟。

（4）疏花穗及掐穗尖　一个葡萄花穗上各部分花器的营养条件不完全一样，以花穗尖端及副穗上花器的营养最差，浆果成熟迟，糖度低，着色差或不能着色成熟。疏除这部分花器就能大大改善花穗的营养状况，提高坐果率，浆果成熟一致和排列紧密。对落花重的巨峰，开花前不必疏花穗，在坐果后能分辨出每穗坐果率高低时再疏穗比较稳妥。因此，疏花穗工作要根据各品种结果系数、花穗大小、落花习性及树体营养条件而定。

对结果系数高、坐果良好的品种如玫瑰露、尼加拉、黑罕等花前疏穗效果好，疏穗工作可与主梢摘心结合进行。对结果系数低，而坐果良好的龙眼、牛奶等品种可不疏穗或不掐穗尖。对落花重、果粒排列易于疏除的品种如白玫瑰香、玫瑰香、新玫瑰等，既要疏花穗，也要掐副梢及穗尖，则效果更为明显。

疏花穗的掌握尺度，一般是弱枝全疏不留穗，中庸结果枝留一穗，强枝留 2 穗。掐穗尖（图 7-13）是以手指掐去花序末端，掐去全穗的 1/5 或 1/4。

（5）除卷须　在栽培条件下，葡萄卷须是无用器官，有消耗养分，缠绕果穗、新梢之弊，要结合新梢摘心、绑蔓等及早除去。幼嫩阶段的卷须摘去生长点就行。为使新梢在架面上分布均匀，利于通风透光，避免大风吹折，可在新梢长40cm 左右时，绑缚于架面上（图 7-14）。

图 7-13　剪穗尖

去卷须

图 7-14　去卷须

（三）葡萄的冬季修剪

1. 修剪时期 葡萄的冬季修剪，在覆土越冬地区，一般在落叶后 2～3 周到埋土前的 10 月下旬至 11 月中旬进行，这段时间很短，要抓紧进行，以便及时下架防寒；在不覆土越冬地区，可在落叶后 3～4 周至萌芽前的 7～8 周进行冬季修剪。

2. 修剪方法

（1）疏剪 为了保证在各个主蔓上能按照一定距离配备好结果母枝组，要将不需要的或不能用的枝蔓从基部彻底剪除掉（图 7-15）。

（2）短截 冬季修剪时，习惯上把 1 年生的新生枝剪短。把枝蔓剪短留到所需要的长度，长度的确定主要是根据葡萄枝条的粗度和用途，确定短截枝条的保留长度。根据修剪的长度一般分为极短梢修剪、短梢修剪、中梢修剪、长梢修剪、极长梢修剪（图 7-16）。粗度在 0.5cm 左右的葡萄枝，留 1 个芽后短截，称为极短梢修剪，适合预备枝采用；短梢修剪留 2～4 芽修剪；中梢修剪留 5～7 芽修剪；长梢修剪留 8～12 芽修剪；极长梢修剪留 12 个芽以上修剪。

图 7-15 疏 剪

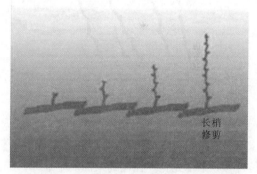

超短梢修剪　短梢修剪　中梢修剪　长梢修剪
（剪留 1 个芽）（剪留 2～4 个芽）（剪留 5～7 个芽）（剪留 8～12 个芽）

图 7-16 葡萄短截修剪的类型

一般枝梢成熟好、生长势强的新梢可适当长剪；生长势弱，成熟不好、细的可以短留；枝蔓基部结实力低的品种，宜采用中、长梢修剪；枝蔓稀疏的地方为充分利用空间，可以长留；对于夏季修剪较严格的可以短剪，对放任生长的新梢宜长留。在剪截时，通常要在枝条的节间处下剪，留一段枝做保护桩（通常在芽上 1～2cm 处剪）。

整形的架式不同，结果母枝的修剪方法也不同。篱架的枝蔓多直立或斜生向上，新梢顶端优势明显，为避免结果部位上移，多采用中、短梢修剪，预备蔓和多年生蔓用长梢修剪；棚架枝蔓分布均匀，宜采用长、中、短梢混合修剪，延长蔓用长梢修剪，预备蔓用短梢修剪。

(3) 更新修剪　对结果部位上移或前移太快的枝蔓要进行缩剪，利用它们基部或附近发生的成熟新梢来代替。更新修剪分单枝更新和双枝更新：单枝更新（图 7-17）就是在剪留的一条结果母枝上同时考虑结果和更新，将距主蔓较远的结果枝疏除，选距主蔓较近的成熟枝条留 2～3 个芽或留 5～7 个芽短截。第二年将结果后的结果枝再留 2～3 个芽或留 5～7 个芽短截，作为结果母枝。每年如此重复进行。单枝更新有重短截单枝更新和中短截单枝更新两种。双枝更新（图 7-18）的每个结果枝组留 2 个成熟枝条，上部枝适当长留（5～7 个芽），作为下年的结果母枝，下部枝短截（留 2～3 个芽），作为预备枝。第二年将结果后的结果母枝全部疏除，从预备枝上再选留 1 个结果母枝，1 个预备枝。每年反复进行。

图 7-17　单枝更新

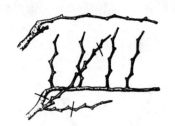

图 7-18　双枝更新

(4) 多年生枝蔓的修剪　葡萄多年生枝蔓由于连年结果，很容易造成结果部位外移，下部光秃。在葡萄架面的中下部，选留生长良好的枝条，代替架面上部的枝组，在多年生部位进行短截。这种局部的回缩又称小更新；培养并利用葡萄植株基部的萌生的枝条，代替已经衰老的植株，也可将葡萄植株基部的萌蘖或光秃的老枝蔓压入土中，促使他们萌生根系，培养成新的主蔓以代替衰老的主蔓，使葡萄植株的结果部位降低。这种从基部除去主蔓的更新方法称为大更新。

任务 7.4　葡萄优质高效栽培配套技术

一、土肥水管理

1. 土壤管理

(1) 深翻改土　深翻改土一般 1 年进行 2 次，第一次在萌芽前，结合施用催芽肥，全园翻耕，深度 15～20cm，既可使土壤疏松，增加土壤氧气含量，又可增加地温，促进发芽；第二次是在秋季，结合秋施基肥，全园深翻，尽可能深一点，即使切断些根系也不要紧，反而会促进更多新根生成。注意这次深翻宜早不宜晚，应当在早霜来临前一个半月完成。

（2）树盘覆盖　可分为地膜覆盖和稻草（或各种作物秸秆、杂草等）覆盖。地膜在萌芽前半个月就要覆盖，最好整行覆盖，可显著改善土壤理化结构，促进发芽，使发芽提早而且整齐。生长期还可减少多种病害的发生，增加田间透光度，并促进早熟及着色，减轻裂果。地面覆稻草，同样可以增加土壤疏松度，防止土壤板结，一举多得，应大力提倡。一般覆草时间在结果后，厚度 10～20cm，并用泥土压草，注意有的干旱区要谨防鼠害及火灾发生，若先覆稻草又盖膜，那就更好了。

（3）中耕除草　中耕除草的目的是保持树行内常年土松草净，改善土壤的通气条件，减少土壤水分蒸发，消灭杂草，促进根系的生长发育。一般中耕深度为 10cm 左右。

2. 施肥

（1）催芽促长肥　一般在发芽前 15～20 天，追施以氮肥为主、结合少量磷肥，亩施尿素 10～15kg 或碳酸氢铵 20～30kg，过磷酸钙 15～30kg。在春旱的地方结合施肥灌足一次水，或用成功 1 号有机液肥每亩地灌注 8～10L。

（2）果实膨大肥　盛花后 10 天，全园施一次氮、磷、钾全价肥，亩施复合肥 25～30kg、硫酸钾或氯化钾 10～15kg。若结合稀粪水或腐熟畜水更好，可开浅沟浇施，分 2 次施入，也可在雨前撒施在根部周围后适当浅垦，使化肥渗入土壤。

（3）着色增糖肥　以钾肥为主，每亩用硫酸钾 15～20kg 或宝力丰 2 号1～2kg，可浇施，亦可撒施浅垦。

（4）采果奖励肥　葡萄采摘后，为迅速恢复树势，增加养分积累，应早施基肥。这次以有机肥为主，这对于建园时缺少基肥的果园尤为重要。这次施肥对增加土壤肥力、促进吸收根发生、增加第二年大果穗比例效果很明显，应充分重视。方法如下：

离葡萄主干 1m 挖一环形沟，深 50～60cm，宽 30～40cm，将原先备好的各种腐熟有机肥分层混土施入沟内，可结合亩施复合肥 20～30kg、加惠满丰 1～2L，有小叶症或缩果病的果园再加施硫酸锌和硼砂各 1kg、腐熟有机肥 30～100kg。南方地下水位高，可全园撒施，不必开沟，结合深翻 1 次，翻后土块不必打碎，待冬季果树落叶腐烂后再做畦整平。

叶面追肥作为根部追肥的一个重要补充，能起到事半功倍的效果。要灵活运用，针对葡萄生长发育的不同阶段，结合对枝叶及生长势的观察，随时调整追肥种类及浓度，可迅速治疗葡萄缺素症，增加叶绿素含量，提高光合作用能力。一般叶面追肥结合植物生长调节剂混喷，效果更好。

叶面追肥应注意相关事项：晴天宜在晨露干后上午 10 时前，下午在 16 时后喷施；最好在无大风的阴天，注意尽量喷施在叶背处；喷施雾滴要细，喷布周到；可结合病虫害防治药剂混合喷施。

3. 水分管理　因各地气候条件不同而管理各异。南方葡萄生长期要做好开沟排水，深沟高垄栽培，尽量降低地下水位。梅雨季节过后如遇连续 5 天以上高温，即灌水抗旱；如再连续高温干旱，应视土壤墒情灌水 1～3 次。一般采用沟灌，必须夜晚灌水，水到畦面，第二天一早将水放掉。浆果着色成熟期不能灌水。

北方干旱区对水分要求更高，一般萌芽前灌足一次催芽水，特别是春季干旱少雨区，须结合施催芽肥灌透水。花期前后 10 天各灌一次透水，浆果膨大期若干旱少雨，可隔 10～15 天灌一次透水。秋施基肥后如雨量偏少、土壤干燥，可灌一次透水。但灌水应视天气情况及土壤墒情确定，遇大雨要及时排水。另外，有一定条件的果园，最好采用滴灌、喷灌，高效又省水，土壤也不易板结、不易盐碱化，并可结合施肥喷药，效果明显。

二、合理负载与果穗整理

1. 合理负载　单株留果量的确定，对葡萄定产栽培、标准化生产有着重要的意义。留果量确定的难点在于不同品种、不同土壤肥力、不同的管理水平下要有所区别，而且还要兼顾到产量。

叶片数与果穗数的比例是确定葡萄合理负载的重要数量指标，叶穗比例适中，则果穗整齐、果粒大、品质高。具体做法：在 1m 主蔓范围内留 5～6 个枝，其中 2～3 个枝为结果枝，其余枝均为营养枝，不留果穗；结果枝从基部长至 6～7 片叶时进行掐尖，时间越早越好，因花前的叶大，坐果率和无核率均高；营养枝 9～10 片叶时进行摘心，平均 20～25 片叶养 1.5 个果穗，各类枝上着生的副梢要全部抹除；花穗从穗尖掐去全穗的 1/4～1/3，卷须和副梢应尽早抹除。在相同的栽培条件下，产量增加了，不但会使葡萄的成熟期推迟，而且易引起果实着色明显推迟、着色不均匀等。

2. 果穗整理　果穗整理的目的是根据葡萄生产的具体目标，结合果园的具体情况，充分考虑产量与品质的关系，将每穗葡萄的果粒数控制在一个合适的数量，促使果粒大小均匀、整齐美观、松紧适度，以提高葡萄的商品价格。

果穗整理的时期与定穗同时进行，即在葡萄生理落果后及时进行，以减少树体养分消耗。对于落花落果严重的品种可以适当推迟 2～3 周进行。

疏穗时，通常疏除花器发育不好、穗小、穗梗细的劣质花穗，留下花穗大、发育良好的花穗。花芽分化好的花序会有副穗，开花前 1 周花序开始伸展，即可将所有副穗摘除，减少同化养分的消耗，以利于主穗发育。掐穗尖要视花序的大小而定，如花序发育较小或不完全，可以不掐穗尖；如花序较大则应掐去穗尖。掐穗尖的时间在开花期或花前 1～2 天，不宜过早，过早会促使留下的花序支轴伸长，同时增加果穗整形和疏果的难度。掐除全穗的 1/5～1/6，掐除过多会影响穗形，造成坐果差，产量低。如花序较好，通过除副穗、掐穗尖后所留下的穗轴上果粒偏多，则应除去基部过多的小穗轴，以减少疏果粒的劳动强度。除去基部过多小穗轴有两个时期，一是花前掐穗尖的同时进行，二是坐果后疏果粒的同时进行。通过果穗整形使果穗形成较整齐的圆形或圆锥形。

三、葡萄套袋、采收与包装

葡萄套袋的作用：可有效降低果实病害的发生，可提高果实外观品质，可降低果实的农药残留，可明显提高果农的经济效益。

（一）合理选择果袋

1. 根据不同品种果穗的大小选用合适的果袋 套袋后如果果穗紧贴果袋，向阳面很容易造成日烧。果穗大的品种需选用大果袋，以保证袋内有足够大的空间；果穗较小的品种应选择较小的果袋，以节约成本。

2. 根据葡萄的生长期选择合适的果袋 果穗生长发育期的长短决定着果穗的选择类型。一般来说，中晚熟品种应选择质量较好的果袋；早熟品种可选用质量一般的果袋。

3. 对日烧病敏感品种的果袋选择 对日烧病敏感的葡萄品种，一是要选择较大的果袋，二是选择黄色果袋（黄色果袋会降低果实的着色）。为降低日烧病的发生，可选用下部全部开口的伞形果袋，这样预防效果将更为显著。

4. 根据当地气候条件选择合适的果袋 在降雨较多的地区，必须要选用防水纸袋；降雨量较少的地区，用一般质量的果袋即可。

4. 套袋的方法 套袋前，将有扎丝的一端 5～6cm 浸入水中数秒，使果袋湿润软化，以便于操作。套袋时，用手将纸撑开，使果袋鼓起，将果穗放入果袋内，再将袋口从两侧收缩至果穗轴上，集中于紧靠新梢的穗轴最上部，将扎丝拉向与袋口平行，将袋口扎紧即可。

（二）葡萄的采收与包装

1. 葡萄的采收时期

（1）根据用途适时采收鲜食品种　鲜食品种要根据市场需求决定采收时期。一般市场供应鲜果，果实色泽鲜艳，糖酸比适宜，口感好，即成熟度八成左右即可采收，果实有弹性，耐贮运。酿酒用的品种，由于酿造不同酒种，对原料的糖、酸、pH 等要求不同，其采收期也不同。

（2）根据果实成熟度适时采收　浆果成熟的标志是糖分大量增加，总酸度相应减少，果皮的芳香物质形成，糖度高、酸度低、芳香味浓和色泽鲜艳，白色品种果皮透明，有弹性。当然，果实成熟品质与外界环境条件有关。

如成熟时遇天气晴朗，昼夜温差大，有色品种色泽更加艳丽，有香味品种香味更浓，含糖量较高酸味减少。相反，采收时阴雨天气，气温较低，果实成熟期延迟，着色不佳，香味不浓，则品质降低。

2. 葡萄的采收与包装

（1）采收　采收工具及物质准备按园内葡萄产量，准备人工、工具、包装材料及运力。并通知合同单位，说明采收和运送时间，以便按计划顺利进行；采收时要选择晴朗无风的天气，待露水干后进行采收；采收时用左手将穗梗拿住，右手剪断穗梗，并剪除坏粒、病粒和青粒。

（2）包装　按穗粒大小、整齐程度、色泽情况、分级装箱；葡萄果实较软怕压怕挤，通常果实包装箱一般以装单层为好，高档水果还要进行单穗包装，根据箱体的大小，每箱固定一定的果穗数量，这样显得比较整齐、档次较高。装箱太紧、太松、多层装箱都不适宜贮藏。如果要长途运输，首先 1kg 或 2kg 装入一个硬质小盒，然后将 20～40 个小盒装入大的硬质运输周转箱。小盒要贴有葡萄品种、重量和产地的标志。

 项目小结

葡萄果实营养丰富，在我国栽植面积非常大，本章对生产上栽培的部分葡萄品种进行了介绍，只有在了解各品种的生物学特性的基础上，才能更好地选择品种，一个好的葡萄品种是栽培上实现丰产、优质、高效的第一步。

葡萄的生长结果习性，包括：根、茎、芽、叶、花序、花、卷须、果穗、果实、种子。只有在了解其生长结果习性、对环境条件要求的基础上，生产上才能有针对性地采取各种措施，创造适宜的环境条件，以更好地满足葡萄的生

长发育。

　　葡萄的架式主要分：篱架、棚架、柱式架 3 类，要根据生产需要合理选择适宜的架式，同时要根据架式、环境、栽培情况进行合理的修剪，葡萄的修剪分夏季修剪和冬季修剪，葡萄新梢年生长量大。所以，夏季修剪比其他果树显得就更为重要。夏季修剪的目的在于调节养分流向，调整生长与结果的关系，改善光照条件，减少病虫危害。夏剪技术主要包括抹芽、摘心、副梢的处理与利用、疏花穗、掐穗尖、除卷须等；冬季修剪主要有疏剪、短截、更新修剪、多年生枝蔓的修剪。各种修剪手法的综合应用是葡萄实现丰产优质的基础。

　　通过本章的学习，要对葡萄的优质高效栽培配套技术有一个全面的总结，包括葡萄的土肥水的管理、果穗的整理、果实的合理负载与套袋、采收、包装等各个环节要一一掌握。

项目测试

一、名词解释

摘心　单枝更新　短截

二、选择题

1. 在生产上，葡萄多采用哪种方法培育果苗（　　　）。
　　A. 嫁接繁殖　　　　B. 压条繁殖　　　　C. 扦插繁殖

2. 按果树栽培学分类法，葡萄属于（　　　）。
　　A. 仁果类　　　　　B. 核果类　　　　　C. 浆果类

3. 在葡萄篱架栽培中，适宜的整形方式是（　　　）。
　　A. 头状整枝　　　　B. 扇形整枝　　　　C. 龙干形整枝

4. 采用扦插法培育的葡萄苗木，其根系属于（　　　）。
　　A. 根蘖根系　　　　B. 实生根系　　　　C. 茎源根系

5. 葡萄同一结果枝上，花序发出的顺序是（　　　）。
　　A. 由上向下　　　　B. 由下向上　　　　C. 任意

6. 葡萄的可食部分为（　　　）。
　　A. 外果皮　　　　　B. 中果皮　　　　　C. 外果皮

7. 由种子播种繁殖的葡萄植株的根系，叫（　　　）。
　　A. 实生根系　　　　B. 茎源根系　　　　C. 须根

8. （　　　）萌发后，伤流随即停止。
　　A. 夏芽　　　　　　B. 冬芽　　　　　　C. 秋芽和冬芽

9. 伤流发生在（　　　）。

　　A. 冬季　　　　　　B. 夏季　　　　　　C. 早春

10.（　　　）有利于葡萄的开花和坐果。

　　A. 氮　　　　　　　B. 磷　　　　　　　C. 钾

11. 栽植葡萄最适宜的 pH 范围为（　　　）。

　　A. 5.5～6.5　　　　B. 6.5～7.2　　　　C. 7.5～8.5

12. 葡萄的夏芽为裸芽，具有（　　　）随新梢的生长萌发成副梢。

　　A. 早熟性　　　　　B. 中熟性　　　　　C. 晚熟性

13. 葡萄的冬季修剪必须避开（　　　）。

　　A. 伤流期　　　　　B. 冻害期　　　　　C. 雨雾天气

14. 葡萄生长旺盛，必须加强（　　　）的修剪。

　　A. 花芽分化期　　　B. 生长期　　　　　C. 结果期

15. 葡萄根系生长最适宜的温度为（　　　）。

　　A. 10～15℃　　　　B. 15～20℃　　　　C. 25～30℃

三、简答题

1. 简述葡萄副梢管理过程？

2. 简述葡萄冬季修剪实施步骤？

3. 简述葡萄病虫害综合防治措施有哪些？

四、综合分析题

1. 调查当地栽培的主要葡萄品种有哪些？

2. 总结葡萄优质高效栽培的配套技术有哪些？

探究与讨论

1. 结合当地葡萄市场实际情况，探讨无籽葡萄的生产技术；

2. 综述你对当地葡萄生产管理的经验及设想。

项目八

桃

项目导读

　　桃是我国主要的栽培果树之一。原产于我国西部和西北部，栽培历史在
4 000 年以上。桃在我国分布区域广，其中以华北和华东地区栽培较多。其果
实不仅外观艳丽，汁多味美，而且营养丰富，除鲜食外，还可制作罐头、果
干、果汁、果脯、果酱等多种加工品。深受广大群众喜爱。桃树品种丰富，从
5 月下旬至 12 月均有上市，供应期达半年以上，对调节果品市场和周年供应
有积极的作用。桃树结果早、丰产、收益早。但桃树生长和结果年限较短，桃
果不耐贮运，我国桃的产量居世界第一，但在生产上存在布局不合理、管理水
平低、投入少、单产低、质量差等问题。我们要调整种类品种布局结构，强化
管理，增加科技投入，提升桃树栽培技术水平。

学习目标

知识目标

1. 了解桃的优良品种；

2. 了解桃的生长与结果习性和对环境条件的要求；

3. 理解桃果实品质的含义；

4. 掌握桃树整形技术要点；

5. 掌握桃的优质高效管理技术。

能力目标

1. 能正确识别常见桃的品种；培养学生观察能力；

2. 通过掌握整形修剪技术，培养学生动手操作能力；

3. 能学会桃优质高效栽培技术，培养学生在实际生产中分析和解决问
题的能力。

任务 8.1 桃的优良品种

一、品种概述

桃在全世界有 3 000 多个品种，中国约有 800 个品种，根据桃的形态、生态和生物学特性，可将桃品种分为北方品种群、南方品种群、黄肉桃品种群、蟠桃品种群和油桃品种群。

现在生产上的主栽品种受果实风味、丰产性、贮运性、栽培面积等诸多因素的影响，目前建园主要选用果实较大、果形正、外观美和品质优的优良品种。

近几年毛蟠桃、油蟠桃均培育出的一批新品种，如"早露蟠"、"瑞蟠"、"仲秋蟠"、"美国紫蟠"等市场售价高，效益可观。目前仅处于起步阶段，尚没有规模化栽植，加之收获期多处在桃的市场淡季，有较大的发展空间。

20 世纪 80 年代初我国从国外引进的油桃品种，普遍风味偏酸，已不宜再继续发展。在 80 年代后期我国培育的甜油桃品系，改变了风味偏酸的状况，但外观欠佳、易裂果，现已基本不再发展。1995 年以后推出的甜油桃品系，表现出高产、外观美、品质佳等优点，显示出较好的市场前景。

二、优良品种

1. 早花露 早花露由江苏省农业科学院选育出的极早熟水蜜桃。

果实中等或较小，平均单果重 80g，最大 107g。果实近圆形，顶部圆而微凹。果皮底色乳黄，顶部密生玫瑰红色细点，有时形成红晕。可溶性固形物 10.5%～12.5%，果肉乳白色，柔软多汁，核软，品质中上等。

2. 早美 果实近圆形，平均单果重 97g，最大果重 168g，果顶圆，缝合线浅，两侧对称，色泽鲜艳，果皮底色黄绿色，果面 50%至全面着玫瑰红色，绒毛短。果肉白色，硬溶质，黏核，成熟后，柔软多汁，风味甜，花粉多，丰产性好。

3. 雨花露 雨花露由江苏省农业科学院用白花与上海水蜜杂交育成。

果个中大，平均单果重 125g。果实长圆形，果皮底色乳黄，果顶有淡红色细点，形成红晕。果肉乳白色，柔软多汁，味甜而有芳香，半离核，品质中上等。

4. 砂激二号 砂激二号由安徽农业大学园艺系与合肥蜀山园林处用激光处理砂子早生而育成。

结果早，易丰产。果实中大，平均单果重 120g。果实广卵圆形，顶部圆而微凹，缝合线浅。果皮乳白色，附面有红晕。果肉乳白色，汁多，味甜，有香气，品质上等。有花粉。

5. 早凤王　早凤王，日本品种。

平均单果重 240g，最大果重 620g，果实近圆形，果皮底色乳白，果面着粉红色片状彩霞或红晕，艳丽美观。果肉较硬，完熟后柔软多汁，味甜，有香气。早果丰产，耐贮运。果大色红，品质好。

6. 新川中岛　新川中岛，日本品种。

平均单果重 260g，最大果重 450g，果皮底色黄绿，果面光洁，全面鲜红，色彩艳丽，果形圆至椭圆形。果肉黄白色，硬溶质，脆甜，近核处有红丝，甜酸适口，浓香，品质极优。

7. 大久保　大久保，日本品种。

果个大，平均单果重 200g，最大 500g。果实近圆形，果顶平，中央微凹，缝合线浅。果面绿黄色，阳面有鲜红晕，完熟时易剥离。果肉乳白色，阳面有红色，外形美观。硬溶质，耐贮运，离核，味香甜，品质上等。为目前鲜食与加工兼用品种。

8. 曙光　曙光，早熟黄肉甜油桃。

果实近圆形，平均单果重 80～90g，最大果重达 120g。果顶平稍凹，两半部较对称。全面着鲜艳红色，有光泽，艳丽美观。果肉黄色，肉质脆，致密，硬溶质。汁多，风味甜，香气浓郁，品质佳。耐贮运。果实 6 月下旬成熟，果实发育期 65 天

9. 中油 5 号　中油 5 号是中国农科院郑州果树所强力推出的中油 4、5、7号等系列品种中的白肉、纯甜型重点品种。

果实近圆形，果个大，均果重 120g，最大 180g，着玫瑰红到鲜红色，艳丽美观。果肉白色，硬溶质，耐贮运，浓甜有香气，黏核，极丰产，仅有少量裂果。

10. 千年红　千年红由中国农业科学院郑州果树所选育的最早熟的甜油桃品种，引起了果树界的广泛关注。

果形圆，全面着鲜红色。果形较大，均果重 86g，最大 125g。果肉黄绿色，脆甜，风味浓，不裂果。该品种适应性好，可在我国南北方发展。

任务 8.2　桃的生物学特性

一、桃的生长习性

桃为落叶小乔木，干性弱，树冠开张，幼树生长旺盛，树冠成形快。开始

结果早，定植后第二年就可以结果，在密植情况下，第三年就可以进入盛果期，15 年后进入衰老期。桃寿命较短，少数管理好的果园，20 年后还能维持结果。

（一）根系及其生长

1. 根系分布　桃树为浅根性果树，根系主要分布在 10～40cm 的土层中。水平根较发达，分布范围为冠径的 2～3 倍，大多分布在树冠滴水线内。垂直根分布大多为树高的 1/5～1/3。黏重土在 15～25cm；深厚土在 20～50cm；80cm 以下极少分布。

2. 根的生长

（1）在年周期中没有自然休眠期，只要温度适宜即可生长；当地温达 5℃时开始生长新根，22℃生长最快。

（2）年生长高峰。桃树的根系在每年 5～6 月和 9～10 月有 2 次生长高峰，第一次生长高峰比第二次生长高峰生长期长，生长势强。此时要注意加强土肥水管理。

（二）芽及其特性

1. 芽的类型　桃花芽肥大呈长卵圆形，叶芽瘦小而尖，呈三角形。桃的顶芽都是叶芽，花芽为侧芽。

根据芽的着生状态可分为单芽和复芽（图 8-1）。单芽是一种长在枝条顶端，为单生叶芽；另一种是腋生的单花芽或单叶芽。复芽多为叶、花芽混生。以二花一叶的三复芽最为普遍。复芽是桃品种的丰产性状。

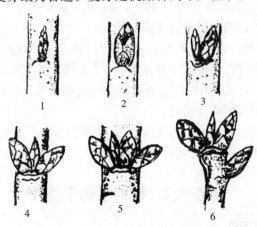

图 8-1　桃树花芽和叶芽及其排列

1. 单叶芽　2. 单花芽　3. 双芽　4. 三芽　5. 四芽　6. 短果枝上单芽

桃树的花芽为纯花芽。

2. 芽的特性

（1）早熟性　桃树的芽属于早熟性芽，即当年形成，当年萌发，生长旺的枝条一年可萌发二次枝或三次枝，甚至可抽生四次枝。因此，一方面要合理利用芽的早熟，实现早成形、早结果；另一方面要通过夏剪对分枝次数及时间进行控制，以利通风透光，促使枝条发育充实和花芽分化良好。

（2）萌芽率和成枝力　桃树的萌芽率、成枝力均较强，易造成树体通风透光不良、树冠内膛的枝条细弱。因此，修剪时应注意树冠外围枝的密度。

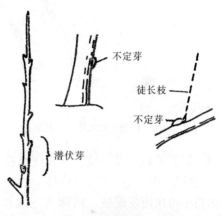

（3）潜伏力（图8-2）　枝条的基部只有叶痕而无芽称为盲芽。枝条基部两侧着生潜伏芽为休眠芽。桃的潜伏芽少且寿命很短，不易更新，树冠下部枝条易光秃，结果部位上移，修剪时需注意。

图8-2　潜伏芽

（三）枝及其生长

1. 枝的类型（图8-3）

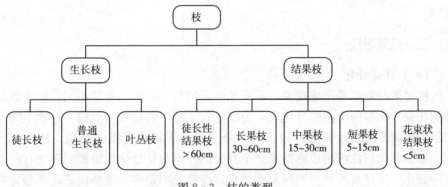

图8-3　枝的类型

结果枝如图8-4。

2. 枝的生长规律　桃树的新梢在一年中生长动态有一定的规律。桃叶芽萌发后，经过一段短期的缓慢生长，随着气温的上升，新梢即进入迅速生长期。但不同类型的枝条生长动态也不相同，一般短果枝在5月中旬停止生长，中果枝在6月中旬停止生长，长果枝在7月下旬停止生长。生长势强旺的新

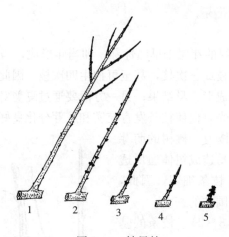

图 8-4 结果枝

1. 徒长性果枝　2. 长果枝　3. 中果枝　4. 短果枝　5. 花束状果枝

梢，如徒长枝、发育枝、徒长性果枝，停长较晚，因其在旺盛生长的同时，部分叶腋中的芽当年又萌发成枝，称为二次枝，又称"副梢"。副梢叶腋中的芽如当年再次萌发成枝，则称为三次枝，又称"二次副梢"。就整个树体来说，新梢如能在生长前期迅速生长，形成大量叶片。这不仅有利于当年果实的发育，更可使新梢上的芽发育饱满，多形成花芽，对第二年的产量有良好的影响。

二、结果习性

（一）花芽分化

桃多数品种容易形成花芽，不同品种开始花芽分化的时期不同，但多数品种的花芽分化有两个集中分化期，分别是在 6 月中旬和 8 月上旬，这两个时期与新梢的两次缓慢生长相一致。花芽分化开始于新梢缓慢生长期，从生理分化、形态分化到性细胞成熟约需 3 个月时间。于花芽分化前施氮、磷肥有利于花芽分化。通过夏季修剪控制新梢生长，改善光照条件，也是促进花芽分化的有效措施。

（二）开花坐果

桃大部分为完全花（图 8-5），能自花结实。有些桃树品种为雌雄花，即不产生花粉或花粉生活力很低，如深州蜜桃、上海水蜜，近些年大久保也有该现象发生。栽植时注意配置授粉树。有些品种有雌蕊退化现象，原因是树体贮存营养不足或早春低温造成分化不完全。

桃树开花始于平均气温 10℃，最适 12~14℃，花期一般 7 天。从授粉到受精要 7~15 天。大多能自花结实，个别品种需要授粉树，但异花授粉可以提高坐果率。

桃为虫媒花。当花即将开放之前，雌雄蕊即已成熟，部分花药已开裂散出花粉，即可自行授粉，完成受精过程，这种现象成为闭花受精现象。

图 8-5　桃　花

（三）果实发育

1. 桃的果实发育呈明显的双 S 曲线，果实发育阶段可分为三个时期，即幼果迅速生长期、缓慢生长期（硬核期）、果实迅速膨大期。

（1）幼果迅速生长期，又叫细胞分裂期　主要是果实细胞数目的增多，该期果实体积和重量迅速增加。果核发育很快，仅 60 天左右就达到应有大小。

（2）缓慢生长期（硬核期）　果实体积增长很少或停止，果核木质化，种胚发育，此期的长短与品种有关，早熟品种 2~3 周，晚熟品种 6~7 周。

（3）果实膨大期　此期果实体积和重量迅速增加，以采前 20~30 天增长最快，以横径生长为主。

2. 北方品种群中，由于单性结实，易形成"桃奴"。深州蜜桃"桃奴"现象很严重，原因可能是：

（1）花芽受冻，使授粉不良；

（2）自花不孕；

（3）赤霉素作用：（由于无种胚）不能产生赤霉素，使果实发育受限制；

（4）授粉受精不良。

三、桃对环境条件的要求

桃树对环境条件要求不太严格，在我国除极热及极冷地区外都有种植，但以冷凉、温和的气候条件生长最佳。故其主要产区是江苏、浙江、河南、河北、陕西等地。

（一）温度

1. 桃树为喜温树种　一般南方品种以 12~17℃，北方品种以 8~14℃ 的年平均温度为适宜。地上部发育的温度为 18~23℃，新梢生长的适温为 25℃

左右。花期 20~25℃，果实成熟期 25℃左右。桃树在冬季需要一定的低温才能完成自然休眠，实现正常开花结果。桃树的需冷量因品种不同而差异很大，一般在 600~1 200h 之间。

2. 桃在休眠期对低温的耐受力较强 一般品种在−25~−22℃时才发生冻害，有些品种甚至能耐−30℃的低温。但处于不同发育阶段的同一器官，其抵抗低温的能力也不一样。花芽在自然休眠期对低温的抵抗能力最强，萌动后的花蕾在−6.6~−1.7℃受冻害，花期和幼果期受冻温度分别为−2~−1℃和−1.1℃。花期温度过低影响授粉，授粉最适温度为 20~25℃。

3. 桃的果实成熟以温度高而干旱的气候对提高果实品质有利

（二）水分

桃是耐旱、不耐涝的果树。生长期土壤含水量在 20%~40%时就能正常生长。桃树虽耐旱，但不等于桃树不需要补充水分，生产中要实现高产优质，必须根据桃的需水规律适时浇水。桃不耐涝，桃园内短期积水就会造成黄叶、落叶，甚至死亡。所以，在建园时要选择地下水位低，排水良好的地方。

（三）光照

桃的原产地海拔高，光照强，形成了喜光的特性。桃树对光反应敏感，光照不良，同化作用产物明显减少；光照不足，枝叶徒长而虚弱，花芽分化少，质量差，落花落果严重，果实着色少，果实品质差，树冠下部小枝易枯死，树冠内部易于秃裸。因此，生产上必须合理密植，选择合理树形，正确运用修剪技术，以改善通风透光的条件。

据试验，树内光透过率低于 40%时光合产物非常低下。

（四）土壤

桃树较耐干旱，忌湿怕涝。根系好氧性强，适宜于土质疏松，排水通畅，地下水位较低的砂质壤土。黏重土或过于肥沃的土壤上易徒长，易罹流胶病和颈腐病。在土壤黏重、湿度过大时，由于根的呼吸不畅常造成根死树亡现象。

桃树对土壤的 pH 适应性较广，一般微酸或微碱土中都能栽培，pH 在 4.5 以下和 7.5 以上时生长不良。盐碱地含盐量超过 0.28%桃树生长不良，植株易缺铁失绿，患黄叶病。在黏重的土壤或盐碱地栽培，应选用抗性强的砧木。桃园重茬，常表现为生长衰弱、产量低或生长几年后突然死亡等异常现象，桃树最忌重茬。

任务 8.3　整形修剪技术

一、常见树形

我国桃树目前生产上主要采用三种丰产树形：三主枝自然开心形、Y 形、主干形等。

（一）自然开心形

三主枝开心形（图 8-6）主干高 30～50cm，在主干顶端分生临近或错落排列 3 个主枝，主枝与垂直方向的夹角为 45°～60°。是当前露地栽培桃树的主要树形，具有骨架牢固、易于培养、光照条件好、丰产稳产的特点。这种树形适合于株距大于 3m，行距大于 4m 的桃园。树高 2.5～3.5m，干高 40～60cm。

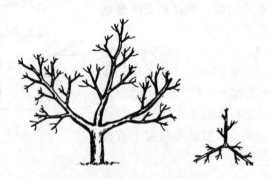

图 8-6　三主枝自然开心形

1. 主枝　三个主枝的方位角各占 120°，均匀布局。主枝分布是第一主枝最好朝北，第二主枝朝西南，第三主枝朝东南，切忌第一主枝朝南，以免影响光照。如是山坡地，第一主枝选坡下方，二、三主枝在坡上方，提高距地面高度，管理方便，光照好。

2. 侧枝　每个主枝上安排 2～3 个侧枝，侧枝与主枝的夹角为 50°～60°，开张角度 60°～80°。第一侧枝距主干 50～60cm。安排在各主枝的同侧，使之呈推磨式排列，第二侧枝距第一侧枝 40～50cm，方位与第一侧枝相对，第三侧枝与第一侧枝方向相同，距第二侧枝 50～60cm。

3. 结果枝组　在主枝与侧枝上着生各种类型的结果枝组。结果枝组在骨干枝上的配置：大型结果枝组着生在主侧枝的两侧、背后和下部；中小枝组在主侧枝的背斜上部补充空间。

整个树体透光均匀，60% 的果实分布在树冠上部和外围，40% 的果实分布在树冠的中下部和内膛。此树形主枝少，侧枝强，骨干枝间距大，光照好，枝组寿命长，修剪量轻，结果面积大，丰产。

（二）主干形

采用纺锤形或细长纺锤形，有中心领导干，在中心干上直接着生大中小型结果枝组，干高 30～50cm，一般结果枝组为 8～10个，上面的结果枝组比下面的结果枝组长。

纺锤形（图 8-7）适于保护地栽培和露地高密栽培。光照好，树形的维持和控制难度较大，需及时调整上部大型结果枝组与下部结果枝组的生长势，如果控制不好，易于形成上强下弱，造成失败。无花粉、产量低的品种不适合培养成纺锤形。

适于株行距 1.5～2m×3～3.5m 的树。树高 2.5～3.0m，干高 50cm。有中心干，在中心干上均匀排列着生 8～10 个大型结果枝组。大型结果枝组之间的距离是 30cm。主枝角度平均在 70°～80°。大型结果枝组上直接着生小枝组和结果枝。

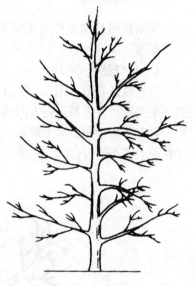

图 8-7 纺锤形

（三）Y 字形

Y 字形（图 8-8）不需设立支架，在栽植后的第 1～2 年采用拉枝的方法调整主枝的角度与方位。此外，主枝的开张角度为 45°～50°。Y 字整形一般采用宽行密植，树冠可大可小，适用于不同栽植密度。行距从 3～5m，株距从 0.8～3m 均可采用此法整形。一般株距小于 2m 时，不需配备侧枝，主枝上直接着生结果枝组；株距大于 2 米时，每个主枝上可配置 2～3 个侧枝。这种树形成形快，光照好，结果早，产量高，品质好。

图 8-8 Y 字形

二、常见树形整形技术要点

桃树幼树的整形修剪主要是以整形为主，修剪时夏季修剪与冬季修剪相结合。

（一）三主枝自然开心形

成苗定干高度为 60～70cm，剪口下 20～30cm 处要有 5 个以上饱满芽作整形带。第一年选出三个错落的主枝，任何一个主枝均不要朝向正南。第二年在每个主枝上选出第一侧枝，第三年选出第二侧枝。每年对主枝延长枝剪留长度 40～50cm。为增加分枝级次，生长期可进行两次摘心。生长期用拉枝等方法，开张角度，控制旺长，促进早结果。四年生树在主、侧枝上要培养一些结果枝组和结果枝。为了快长树，早结果，幼树的冬季修剪以轻剪为主。

（二）纺锤形

成苗定干高度 80～90cm，在剪口以下 30cm 内合适的位置培养第一主枝（位于整形带的基部，剪口往下 25～30cm 处），在剪口下第三芽培养第二主枝。用主干上发出的副梢选留第三、四主枝，各主枝按螺旋状上升排列，相邻主枝间距 10～15cm。第一年冬剪时，所选留主枝尽可能长留，一般留 80～100cm。第二年冬剪时，下部选留的第一、二、四主枝不再短截延长枝，上部选留的主枝一般也不进行短截。主枝开张角度 70°～80°。一般 3 年后可完成10～15 个主枝的选留。

（三）Y 字形

定植后在距地面 50cm 处选择剪口下 1～2 芽为东西芽进行短截定干，5 月中旬去除苗木接口下萌蘖。6 月上旬除顶端保留东西两个主枝，其余枝生长到20cm 摘心，留作铺养枝，培养成结果枝组，利用其早期结果。6 月下旬对主枝副梢摘心，促生分枝，增加枝量。8 月上旬将主枝按 45°拉枝开角，调整主枝为东西方位。第二年 3 月除主枝延长枝外，其余辅养枝和结果枝依据成花情况可轻剪或不剪，待果实采收后再作处理调整。

具体做法：疏去主枝背上、背下枝，斜生结果枝按 10～15cm 间距留一个，过密的可间疏。主干上保留南北各一个永久辅养枝，占领空间结果，其余辅养枝疏掉。主枝头经结果后下垂的可利用背上芽或枝换头，抬高主枝角度。经过 2 年冬夏修剪树形基本形成。

三、不同年龄树的修剪

按现代桃树生产的特点和要求，一般在盛果期末，甚至更早些时候就要进行更新。因此，生产园桃树的生长发育时期就只有幼树期、初果期和盛果期三个时期。

（一）桃树修剪常用技术

桃树修剪常用技术主要有短截、疏枝、长放、回缩。

（二）桃树修剪中要注意的问题

1. 修剪枝条的剪口要平滑，与剪口芽成45°角斜面。从芽的对侧下剪，斜面上方与剪口芽尖相平，斜面最低部分和芽基相平，这样剪口伤面小，容易愈合，芽萌发后生长快。疏枝的剪口，于分枝点处剪去，与干平不留残桩。

2. 在对较大的树枝和树干修剪时，可采用分部作业法。先在离要求锯口上方20cm处，从枝条下方向上锯一切口，深度为枝干粗度的一半，从上方将枝干锯断，留下一条残桩，然后从锯口处锯除残桩，可避免枝干劈裂。

3. 在锯除树木枝干时为防止雨淋或病菌侵入而腐烂，锯口一定要平整，用20%的硫酸铜溶液消毒，最后涂抹上保护剂（保护蜡、调和漆等），起防腐、防干和促进愈合的作用。

（三）桃树幼年时期的整形修剪

幼树整形修剪主要是培养骨干枝，为进入盛果期打好基础。

1. 当年栽植一年生树的修剪 有分枝的可选留三个位置、角度合适的强壮枝作为三大主枝，剪去上部的中心枝。三大主枝的剪留长度一般为30~40cm，注意剪口下留外芽，剪留长度也可根据枝条的强壮而定，强壮枝可留长些，细弱枝可留短些。其他的枝可剪留4~6节作辅养枝。对当年栽植没有分枝的树可距地面70~80cm处选7~9个饱满芽剪留，其中包括20cm的整形带。

2. 二年生树的修剪 一般从当年抽生枝的2/3或1/2处剪留饱满外芽，同时注意第一侧枝的选留，侧枝的剪留长度要短于主枝，其他枝可剪留4~6节作辅养枝或结果用，有空间的也可剪留2~3节作预备枝，第2年抽生新枝。

3. 三年生树的修剪 仍按上年的修剪方法和顺序进行，所不同的是对第二侧枝的选留和背上徒长枝的处理。对背上的徒长枝有空间的实行重短截，促进第2年抽生新枝，结合夏季摘心形成果枝，没空间的从基部疏除。对其他当年生枝过密的疏除，剩余的枝留4~5节坐果，空间大的枝留2~3节修剪作预备枝。

4. 四年生树的修剪 修剪仍按以上方法进行。对过旺的主枝可用副梢代替，用副梢代替主枝时，可从2~3节处截留，同时要选留第三侧枝。

进入4年的树各骨干枝已形成，果树数量不断增加，重点是对大、中、小型结果枝组的培养，对背上徒长枝过密的疏除，有空间的重短截，剪留长度在20cm左右，去直立留斜生，短截后的徒长枝第二年夏季当抽生的新梢长达30cm左右时摘心，形成结果枝。经2~3年即可培养成大中小型的结果枝组。对当年生长果枝4~5节，中果枝留2~3节，短果枝留1~2节，花束状果枝少留或不留。

（四）桃树初果期的修剪

初果期一般是栽后第三年至第六年。特点是生长仍很旺盛，树冠继续扩大，结果枝逐渐增多，产量逐年增加。此时的骨干枝已基本选定，主要任务是继续培养骨干枝，最终完成骨干枝的配置与调整，使树体具有合理的骨架结构，为盛果期负载足够的产量提供有利条件；同时要注重培养结果枝组。

1. 主枝的修剪　选择主枝延长枝，以调整主枝的角度和方向。对主枝延长枝要短截，在延长枝的 50～60cm 处，如有较好的外侧副梢时，可将副梢以上的部分剪除，以副梢做延长枝，再将副梢剪留 1/2。在缺枝部位可将其剪留 20～30cm，培养成较好的结果枝组，其余的发育枝可以从基部疏除。

2. 侧枝的修剪　未完成侧枝配备的必须加强选留，及早完成。已选留的侧枝将其延长枝剪留 1/2，疏去竞争枝，注意控制其长势，使其长势介于主枝和结果枝组之间。尤其上部侧枝延长枝的枝头不能高于或长于主枝延长枝的枝头，始终保持从属关系。

3. 结果枝组的培养　初果期为树体营养生长向果实生长转化的过渡阶段。培养良好的结果枝组是防止盛果期骨干枝秃裸的重要环节。结果枝组按其体积大小和分枝多少，分为大、中和小型结果枝组 3 种（图 8-9）。

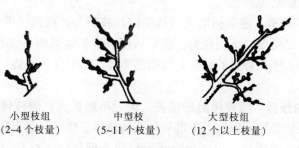

小型枝组　　　　中型枝　　　　大型枝组
（2~4 个枝量）　（5~11 个枝量）　（12 个以上枝量）

图 8-9　结果枝组类型

结果枝组是用发育枝、徒长性结果枝或徒长枝，经过短截促生分枝或长放而形成的。大型结果枝组多选用生长旺盛的枝条，经过短截、疏枝，3～4 年即可形成。用一般健壮的枝条通过短截，分生 2～4 个结果枝即形成小型结果枝组。大、中和小型结果枝组应具有枝组延长枝，并不断改变延伸方向，使枝组弯曲向上生长，抑制上强下弱，防止枝轴过长，下部光秃。

结果枝组的配置（图 8-10）应大中型枝组交错排列，小型枝组插空选留。随着树冠的扩大，小型枝组结果后逐渐衰弱枯死，大型枝组的延伸可补充小型枝组所占的空间。

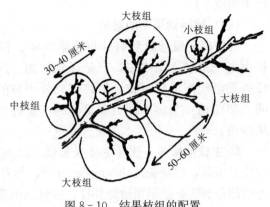

图 8 - 10　结果枝组的配置

大型枝组宜多选配在主枝或侧枝的中后部，中小型枝组宜配置在树冠的外围、上部和大型结果枝组的间隙。这样大小参差、高低错落、立体结果。配置时，以不妨碍主侧枝生长、枝组间互不干扰、树冠具有良好的通风透光为原则。

4. 结果枝的修剪　初结果树的中长果枝比重较大，一般以长果枝结果较好，其剪留长度应保证开花结果良好，并同时能抽生健壮的结果枝。一般长果枝留 8～10 节花芽，中果枝留 6～8 节花芽，短果枝留 3～4 节短截，花束状果枝只疏不截。

（五）桃树盛果期的修剪

盛果期树的主要任务是维持树势，调节主侧枝生长势的均衡和更新枝组，防止早衰和内膛空虚。

1. 主枝的修剪　盛果初期延长枝应以壮枝带头，剪留长度为 30cm 左右，并利用副梢开张角度，减缓树势。盛果后期，生长势减弱，延长枝角度增大，应选用角度小、生长势强的枝条，以抬高角度，增强其生长势，或回缩枝头刺激萌发壮枝。

2. 侧枝的修剪　随着树龄的增长，树冠不断扩大，侧枝伸展空间受到限制，由于结果和光照等原因，下部侧枝衰弱较早。修剪时对下部严重衰弱、几乎失去结果能力的侧枝，可以疏除或回缩成大型枝组。对有空间生长的外侧枝，用壮枝带头。此期仍需调节主、侧枝的主从关系。夏季修剪应注意控制旺枝，疏去密生枝，改善通风透光条件。

3. 结果枝组的修剪　对结果枝组的修剪以培养和更新为主，对细长弱枝组要更新，回缩并疏除基部过弱的小枝组（图 8 - 11），膛内大枝组出现过高或上强下弱时，轻度缩剪，降低高度，以结果枝当头。枝组生长势中庸时，只疏强枝。

侧面和外围生长的大中枝组弱时缩，壮时放，放缩结合，维持结果空间。

各种枝组在树上均衡分布。三年生枝组之间的距离应在 20～30cm，四年生枝组距离为 30～50cm，五年生为 50～60cm。调整枝组之间的密度可以通过疏枝、回缩，使之由密变稀，由弱变强，更新轮换。保持各个方位的枝条有良好的光照。总的要求是"错落生长两边分，均匀摆弄不遮阴，角度方向安排好，从属关系分得清"。

图 8-11　下垂枝组回缩更新复壮

盛果期结果枝的培养和修剪很重要，要依据品种的结果习性进行修剪。对大果型但梗洼较深的品种，以及无花粉品种的结果枝的修剪与有花粉和中、长果枝坐果率高的品种的结果枝的修剪要采用不同的培养措施和修剪手法。

（1）大果型但梗洼较深的品种以及无花粉的品种的结果枝的修剪　大果型但梗洼较深的品种以及无花粉的品种，如早凤王、砂子早生、丰白、深州蜜桃、八月脆等品种，以中、短果枝结果为好，因此在冬季修剪时以轻剪为主，先疏去背上的直立枝及过密枝，待坐果后根据坐果情况和枝条稀密再行复剪。对于长放的枝条，还可促发一些中、短果枝，这正是下年的主要结果枝。在夏季修剪中，通过多次摘心，促发短枝。当树势开始转弱时，及时进行回缩，促发壮枝，恢复树势。

（2）有花粉和中、长果枝坐果率高的品种的结果枝的修剪　对于有花粉和中、长果枝坐果率高的品种，可根据结果枝的长短、粗细进行短截。一般长果枝剪留 20～30cm，中果枝 10～20cm，花芽起始节位低的留短些，反之留长些。

要调整好生长与结果的关系，应通过单枝更新和双枝更新（图 8-12）留足预备枝。单枝更新和双枝更新在同一株上应同时应用。一般而言，在幼树宜多采用单枝更新，在树势较弱的树上宜采用双枝更新。

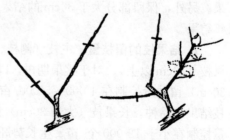

图 8-12　双枝更新

单枝更新：长果枝适当轻剪长放，待先端结果后，枝条下垂，基部芽位抬高并抽生新枝。第二年修剪时缩至新枝处。这种方法适于花芽着生节位高或后部没有预备枝时采用。

双枝更新：在二年生小枝组上，选定上下两个枝，上部的长果枝留 7～8 个花芽，用于结果；下部的枝仅留基部 3～4 个芽短截，以便抽生健壮的结果枝。第二年修剪时，将上部已结果的枝条剪除，下部的留两个壮枝，再依上述方法修剪。

四、桃树长梢修剪技术及应用

长梢修剪技术是一种以疏枝、回缩和长放为主，基本不使用短截的修剪技术，但对于衰弱的枝条，可进行适度短截。由于基本不短截，修剪后的一年生枝的长度较长，结果枝平均长度一般 50～60cm。长梢修剪技术具有操作简单、节省修剪用工、树冠内光照好、果实品质优良、利于维持营养生长和生殖生长的平衡、树体容易更新等优点，已得到了广泛的应用，并取得了良好的效果。

（一）疏枝 主要疏除直立或过密的结果枝组和结果枝。对于以长果枝结果为主的品种，疏除徒长枝、过密枝及部分短果枝、花束状果枝；对于以中短果枝结果的品种，则疏除徒长枝部分粗度较大的长果枝及过密枝，中短果枝和花束状果枝要尽量保留。

（二）回缩 对于两年生以上延伸较长的枝组进行回缩。

（三）长放 对于疏除和回缩后余下的结果枝组大部分采用长放的办法，一般不进行短截。

1. 结果枝的长度

（1）以长果枝结果为主的品种，主要保留 30～50cm 的结果枝，小于 30cm 的结果枝原则上大部分疏除。

（2）以中短果枝结果的无花粉品种和大型果、梗洼深的品种，如八月脆、早凤王等保留 20～30cm 的果枝及大部分健壮的短果枝和花束状果枝用于结果。另外，保留部分大于 30cm 的结果枝，用于更新和抽生中短果枝，便于翌年结果。

2. 结果枝的留枝量 主枝（侧枝、结果枝组）上每 15～20cm 保留一个长果枝（30cm 以上）。对于盛果期树，以长果枝结果为主的品种，长果枝（大于 30cm）留枝量控制在 4 000～5 000 个/亩，总枝量小于 10 000 个/亩；以中短果枝结果的品种，长果枝（大于 30cm）留枝量控制在小于 2 000 个/亩。总果枝量控制在小于 12 000 个/亩。生长势旺的树留枝量可相对大些；反之，留枝量应小些。另外，如果树体保留的长果枝数量多，总枝量要相应减少。

3. 结果枝的角度 所留长果枝应以斜上、水平和斜下方为主，少留背下枝，尽量不留背上枝。结果枝角度与树势、树龄、品种有关。直立的品种，主要留斜下方或水平枝，树体上部应多留背下枝。对于树势开张的品种主要留斜上枝，树体上部可适当留一些水平枝，树体下部选留少量背上枝。幼龄树，尤其是树势直立的，可适当多留一些水平枝及背下枝。

4. 短截 当树势变弱时，应进行适度短截。并对各级延长头进行短截，以保持其生长势。

5. 结果枝的更新 长梢修剪中结果枝的更新有以下两种方式。中部抽生的更新枝，采用长梢修剪后，果实重量和枝叶能将1年生枝压弯、下垂，枝条由顶端优势变成基部背上优势，从基部抽生出健壮的更新枝。冬剪时，对以长果枝结果的品种，将已结果的母枝回缩至基部健壮枝处更新。如果母枝基部没有理想的更新枝，也可以在母枝中部选择合适的新枝进行更新；对以中短果枝结果的品种，则利用中短果枝结果的品种，则利用中短果枝结果。保留适量长果枝仍然长放，多余的疏除。

（1）利用长果枝基部或中部抽生的更新枝 采用上梢修剪后，果实会将一年生枝压弯、下垂，枝条由顶端优势变为基部背上优势，从基部抽生出健壮的更新枝。冬剪时，对以长果枝结果的品种，将已结果的母枝回缩至基部健壮枝处更新。如果母枝基部没有理想的更新枝，也可以在母枝中部选择合适的新枝进行更新。对以中短果枝结果的品种，则利用中短果枝结果，保留适量长果枝仍然长放，多余的疏除。

（2）利用骨干枝上的更新枝 由于长梢修剪树体留枝量少，骨干枝上萌发新枝的能力增强，会抽生出一些新枝。如果在主侧枝上着生结果枝组的附近已出生出更新枝，则可对该结果枝组进行整体更新。

（四）适宜长梢修剪技术的品种有以下四类。

1. 应用于以长果枝结果为主的品种 对于以长果枝结果为主的品种，把骨干枝先端多余的细弱结果枝、强壮的竞争枝和徒长枝疏除，有计划地选用部分健壮或中庸的结果枝缓放或轻剪，结果后以果压势，促进骨干枝中后部枝条健壮生长，达到"前面结果，后面长枝，前不旺，后强壮"的立体结果目的。这样的品种有大久保、雪雨露等。

2. 应用于中、短果枝结果的无花粉品种 大部分无花粉品种在中短果枝上坐果率高，且果个儿大，品质好。先利用长果枝长放，促使其长出中、短果枝，再利用中、短果枝结果。如深州蜜桃、丰白、仓方早生、安农水蜜等品种。

3. 应用于易裂果的品种利用长梢修剪 在长果枝中上部结果，当果实长大后，便将枝条压弯、下垂，这时果实生长速度缓和，减轻裂果。适宜品种有华光、瑞光3号、丰白等。

4. 应用长梢修剪长放或疏除的原则

（1）枝条保留密度每 15～20cm 保留一个结果枝，同侧枝条之间距离在 40cm 以上。如栽培密度为 3m×5m 或 4m×6m 的成年树，每株树留长果枝平均在 150～200 个。

（2）保留一年生枝长度保留 40～70cm 长度的枝条较合适。对北方品种群品种，主要以中、短果枝结果，长果枝保留数量应减少，多保留一些中短果枝。

（3）保留的一年生枝在骨干枝上的着生角度对于树势直立品种，以斜生或水平枝为宜。对于开张型品种，主要保留斜上枝。对于幼年树（尤其是直立型的），可适当多留一些水平及背下枝。

（4）结果枝组的更新果实和枝叶重量能使一年生枝弯曲、下垂，并从基部生长出健壮的更新枝，冬剪时，将已结果的母枝回缩到基部健壮枝处更新。如果在骨干枝上结果枝组的附近已长出更新枝，则对该结果枝组进行全部更新，用骨干枝上的更新枝代替结果枝组。

采用长梢修剪时，也应及时进行夏剪，疏除过密枝条和徒长枝。并对内膛多年生枝上长出的新梢进行摘心，实现内膛枝组的更新复壮。同时长梢修剪之后，同样要疏花疏果，及时调整负载量，这是获得优质果实和枝条更新的前提。

4. 大型果、梗洼深的品种　大果型品种大都具有梗洼深的特点，适宜在中短果枝结果。如在长果枝坐果，应保留长果枝中上部的果实，在生长后期，随着果实的增大，梗洼着生果实部位的枝条弯曲进入梗洼内，不易被顶掉，如中华寿桃等。如果在结果枝基部坐果，果实长大后，由于梗洼较深，着生果实部位的 枝条不能弯曲，便被顶掉，或是果个小，易发生皱缩现象。

（五）不宜采用长梢修剪技术的桃树。

对于衰弱的树和没有灌溉条件的树不宜采用长梢修剪技术。

五、桃树的夏季修剪

由于桃树的芽具有早熟性，夏季桃树枝叶生长迅速，易造成树冠郁闭，光照不良。过多过旺的嫩枝幼叶生长与开花坐果、花芽分化在营养分配上发生矛盾，表现出花少、果少现象。因此，桃树应以"夏剪为主，冬剪为辅"，这是桃树提高品质，丰产的关键措施之一。

桃树夏季修剪一般可分为 4 次：

第一次　4 月下旬至 5 月上旬，主要是抹芽除萌。新梢长到 5cm 时，进行抹芽除萌，抹去无用的芽和新梢，双梢"去一留一"，即一个芽位发出的两个嫩梢，留角度大小合适的嫩梢，去除角度小的嫩梢，去强枝留弱枝，调节主枝和侧枝的延长枝方向和角度。抹除基部的双生芽，留副梢芽，抹掉内膛徒长芽和剪口下竞争芽。缩剪冬剪时留下的过长枝和落果后的空果枝，回缩到坐果的果枝位置上。无果的果枝剪成预备枝。

第二次　5月中下旬到6月上旬，当新梢长到40～50cm时，进行第二次夏剪。目的是调节骨干枝的角度和方向，调节果枝的长短，疏密枝，控制强枝。直立树冠，利用副梢加大开张角度。过分开张的树冠，利用副梢抬高角度。缩剪剪口旺枝，疏密枝，短截长留枝。控制内膛徒长枝（留约5片叶短截），徒长性结果枝留40cm轻摘心。

第三次　7月上中旬，目的是改善光照，控制生长，促进花芽分化和充实花芽，提高果实品质。弱树先剪，强树后剪。花芽分化早的先剪，花芽分化晚的后剪。

结果枝粗度0.5cm以上的剪去全长的1/5～1/4；粗度在0.5cm以下的剪去全长的1/4～1/3，未封顶的短果枝减去1/3～1/2，封顶的短果枝不剪。徒长性枝条密的疏除，有空间的在着生副梢的上中部"挖心"，剪口下第一个副梢不摘心，以下的副梢轻摘心，一般留1～2个副梢。

第四次　8月份，主要是控制前几次摘心的长果枝、中果枝所萌发的副梢。这些副梢可以轻摘心1～2次，或进行扭梢，抑制生长充实花芽。各级延长枝摘心，促使枝条充实。

任务8.4　桃果园管理技术

一、土肥水管理

桃园土肥水管理的任务就在于采取各种措施提高土壤肥力，供给桃树以充足的土壤营养和水分，并在其他农业技术措施配合下，达到早果、丰产、优质的目的。

（一）土壤管理

桃园土壤管理包括深翻改土、行间耕翻、中耕除草、果园覆盖、行间间作等。桃园土壤管理制度主要有清耕法、覆盖法和生草法，其发展方向为生草覆盖。

（二）施肥

1. 桃树的营养特点

（1）氮　桃树对氮反应较敏感，氮素过盛则新梢旺长，氮素不足则叶片黄化。

（2）钾　钾对桃产量及果实大小、色泽、风味等都有显著影响。钾素营养充足，果实个大，果面丰满，着色面积大，色泽鲜艳，风味浓郁；钾素营养不足，则果实个小，色差，味淡。

（3）磷肥　桃对磷肥需要量较小，不足需钾量的 30％，但缺磷会使桃果果面晦暗，肉质松软，味酸，果皮上时有斑点或裂纹出现。

桃树吸收氮、磷、钾的比例大致为 10：4.5：15，每生产 50kg 果实树体吸收氮、磷、钾的数量分别为 125g、50g 和 150～175g。

2. 施肥时期

（1）基肥　基肥是土壤补充供给桃树在今后一年中（或较长时期内）使用的肥料，以迟效性的有机肥为主。桃树基肥适宜施用期是秋季，可于 9～10 月结合桃园深翻施入。

（2）追肥　追肥是在基肥的基础上，对桃树一年中需要养分的几个主要物候期补充供应的肥料，以速效性肥料为主。

根据桃树一年中各物候期的特点，一般认为可安排 3 次追肥。

①萌芽前追肥：以速效性氮肥为主。

②硬核期追肥：以速效性钾、氮肥为主，辅以适量的磷肥。

③采果后追肥：以氮肥为主。

以上 3 次追肥中前两次是必不可少的，如受劳力及肥料的限制，第三次追肥（采后追肥）可以安排与秋季的基肥一并施入。

（3）施肥量　施肥量应根据树势、产量、树龄及树冠大小，结合土壤分析和树体营养分析来确定。

（4）施肥方法　施肥方法直接影响施肥效果，正确的施肥方法是设法将有限的肥料施到桃树吸收根分布最多的地方而又不伤大根，最大限度地发挥肥效。

（三）灌水与排水

桃树对水分需求的特点，一是比较耐旱，二是非常怕涝。

试验证明，当土壤持水量在 20％～40％时桃能正常生长，降到 10％～15％时枝叶出现萎蔫现象。南方雨量充沛，桃园水分管理的主要任务是降低地下水位，防止土壤长时间过湿和积水，灌水只在旱季进行。

二、花果管理

（一）提高授粉质量

花期喷 0.3％硼砂或硼酸，以此来提高授粉受精及花和幼果抗御多变天气的能力。对无花粉或花粉量少的品种，要在花期进行人工授粉或释放蜜蜂传粉，以提高坐果率。

（二）疏花与疏果

对自花结实率高的品种，如燕红，应及时疏花疏果，越早越好，对无花粉或自花结实率低的品种，不疏花只疏果。要生产优质商品果就必须进行疏花疏果。目前及今后一定时期内，我国桃树生产上将仍以人工疏花疏果为主。

1. 疏花时间　从花蕾露红开始，直到盛花期（或末花）为止。

2. 疏花与留花的对象　疏花时每节留一个花蕾，其余疏除。不计划留果的枝、预备枝、花束状果枝上的花蕾也全部疏除。

疏掉小蕾、小花，留大蕾、大花；疏掉后开的花，留下先开的花；疏掉畸形花，留正常花；疏掉丛蕾、丛花，留双蕾、双花、单花。

3. 疏果时间　第一、二次疏果在花后 2 周开始，即幼果直径长到 1cm 时进行。疏果时要先疏除萎黄果、小果、病虫果、畸形果、并生果、枝杈处无生长空间的果；其次是朝天果、附近无叶片的果和形状短圆的果。

4. 疏果顺序　应从树体上部向下，由膛内而外逐枝进行，以免漏疏。

5. 不同类型果枝留果量　徒长性果枝留 4～5 个果；长果枝留 3～4 个果；中果枝留 2～3 个果；短果枝留 1～2 个果；花丛枝留 0～1 个果；有果无叶枝（由短果枝误剪而成）留 1 个果；延长枝头（幼树）和叉角之间的果全部疏掉不留。

6. 疏花疏果的方法　有人工疏花疏果、化学疏花疏果和机械疏花疏果三种。

（三）果实增色措施

1. 铺反光膜　晚熟、不易着色品种铺反光膜着色效果显著，但中熟品种如大久保不宜铺反光膜，以防出现大量软果，不宜运输，影响销售。

2. 摘叶转果　摘除遮挡果实的叶片，使果面着色均匀。因费时，生产上只零星采用。

3. 套袋

（1）套袋的主要作用

①防止梨小食心虫、桃小食心虫、桃蛀螟、炭疽病、褐腐病等对中、晚熟品种果实的危害。

②有效地降低农药残留，生产出合格的绿色果品。

③使果面更干净，着色更均匀，色泽更鲜艳，果实的商品性更好，销售价格更高。

④套袋可以防止果肉中形成红色素，是生产优质罐桃原料的重要措施。

（2）套袋时间　结合疏果，随定果随套袋，直到幼果硬核后期（即生理落果后）进行结束；有桃蛀螟危害的果园要在桃蛀螟产卵盛期前结束。

（3）套袋对象　主要对中熟和晚熟品种，特别是晚熟品种，一般极早熟和早熟品种不套袋。套袋前应周到细致地喷洒一遍杀虫剂和杀菌剂，喷药后3～5天内完成套袋。纸袋可到市场上采购桃树专用袋或直接到厂家定做。

（4）套袋的方法　先小心张开袋口，将果实置于袋的中央，防止幼果与果袋摩擦，影响幼果生长。撕破袋口，穿过果枝，最后用扎丝扎紧袋口。

（5）解袋时间　解袋时间非常关键，过早果实返青，使成熟期推迟；过晚易形成大量软果。所以，鲜食果应在采收前5～7天将袋摘掉，以促进上色，日照差的地方或不易上色的品种要适当提早摘袋时间。罐藏桃采前不必撕袋。

（四）采收

桃果实不耐贮运，必须根据运输与销售的距离要适时采收。目前生产上将桃的成熟度分为以下4种：

1. 七成熟　底色绿，果实充分发育。

2. 八成熟　绿色开始减退，呈淡绿色，俗称发白。

3. 九成熟　绿色大部褪尽，呈现品种本身应有的底色，如白、乳白、橙黄等。

4. 十成熟　果实毛茸易脱落，无残留绿色。

一般就近销售在八至九成熟时采收，远距离销售于七至八成熟时采收。硬肉桃、不溶质桃可适当晚采；而溶质桃，尤其是软溶质桃必须适当早采。加工用桃应根据具体加工要求适时采收。采收桃果，用手掌握全果轻轻掰下，切不可用手指压捏果实。桃果的包装容器一般用纸箱，纸箱的强度要足够大，在码放和运输过程中不能变形。

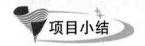 项目小结

桃原产于我国西部和西北部，中国约有品种800个。有5个品种群，在我国桃的栽培中白肉水蜜桃占70％以上。

桃树为浅根性果树，主根粗而浅。桃树的花芽为纯花芽。枝的类型有生长枝和结果枝。桃大部分为完全花，能自花坐果。桃的果实发育呈明显的双S曲线，分为三个时期。桃树的花芽分化有两个集中分化期，一是6月中旬，二是8月上旬。桃树对环境条件要求不太严格，在我国除极热及极冷地区外都有种

植，但以冷凉、温和的气候条件生长最佳。

　　我国桃树目前生产上主要采用三主枝或六主枝自然开心形、Y形等。桃树幼树的整形修剪主要是以整形为主，修剪时夏季修剪与冬季修剪相结合。按现代桃树生产的特点和要求，一般在盛果期末，甚至更早些时候就要进行更新。因此，生产园桃树的生长发育时期就只有幼树期、初果期和盛果期三个时期。

　　桃园土肥水管理的任务就在于采取各种措施提高土壤肥力，供给桃树以充足的土壤营养和水分，并在其他农业技术措施配合下，达到早果、丰产、优质的目的。要生产优质商品果就必须进行疏花疏果。套袋有效地降低农药残留，生产出合格的绿色果品。桃果实不耐贮运，必须根据运输与销售距离要适时采收。

 项目测试

一、名词解释

芽的早熟性　单枝更新　长梢修剪

二、选择题

1. 优良的早熟油桃品种是（　　）。
　　A. 曙光　　　　　　B. 早凤王　　　　　C. 大久保　　　　　D. 重阳红

2. 桃花芽分化的时期是上一年的（　　）。
　　A. 5月中旬　　　　　　　　　　　B. 6～7月
　　C. 6月中旬至8月上旬　　　　　　D. 5月上旬至6月中旬

3. 桃根系多分布在（　　）cm
　　A. 20～40　　　　　B. 10～40　　　　　C. 20～60　　　　　D. 10～60

4. 桃的第一次疏果时期是盛花后（　　）天。
　　A. 20～30　　　　　B. 10～20　　　　　C. 20～40　　　　　D. 30～40

5. 疏果时疏去的是（　　）。
　　A. 向下生长的果　　　　　　　　B. 背上生长的果
　　C. 结果枝中上部的果　　　　　　D. 叶片多的部位的果

6. 无花粉需配置授粉树的品种（　　）。
　　A. 早美　　　　　　B. 早凤王　　　　　C. 大久保　　　　　D. 重阳红

7. 不适宜长梢修剪技术的有（　　）。
　　A. 以长果枝结果为主的品种　　　B. 衰弱的树大型果
　　C. 梗洼深的品种　　　　　　　　D. 易裂果的品种

8. 桃树的叶芽具有（　　），萌芽率和成枝力。

　　A. 早熟性　　　　　B. 潜伏性　　　　　C. 晚熟性　　　　　D. 萌芽性

9. 桃树适宜的 pH 范围时（　　）。

　　A. 5.4～7.5　　　　B. 4.5～7.5　　　　C. 5.4～8.5　　　　D. 5.7～7.5

10. 以下品种极耐贮藏的是（　　）。

　　A. 早美　　　　　　B. 早凤王　　　　　C. 大久保　　　　　D. 重阳红

三、简答题

1. 简述果实增色技术。

2. 桃树初结果期树整形修剪的特点是什么？

3. 简述桃套袋的作用和方法？

四、综合分析题

1. 为什么桃树的夏季修剪很重要？

2. 桃树果实生长发育有什么特点？生产上应注意什么？

探究与讨论

　　根据个人兴趣爱好，自由结合分组，通过查资料、实地参观考察、专家访谈等形式，在桃品种、生长结果习性、整形修剪、优质高效栽培技术等学科方面选择一个方向，了解目前我国桃生产的现状和发展前景，并提出自己的科学设想和努力方向。

　　时间：一月。

　　表现形式：以小论文、图片、视频、实物等形成展览评比。

　　结果：邀请本学科专业老师做评委，评出 3～5 个优秀科技小组，8～10 名科技创新成员。

项目九

杏

项目导读

  杏在我国栽培历史悠久，是我国古老的果树之一，分布极广。长期以来在果树生产中占有相当大的比重，对改善人民生活、增加经济收益和开发山区、沙荒薄地等方面有着重要的作用。杏果实成熟早，正值春夏之交鲜果淡季，对丰富鲜果供应市场有重要作用。杏果实鲜艳美观、汁多味甜、芳香浓郁、营养丰富。除鲜食外，还可制杏干、杏脯、杏酱、杏汁、杏酒及糖水杏罐头等多种加工品。杏仁营养价值极高，是上等的滋补品及食品工业的重要原料。杏树适应性强，抗旱性强，耐瘠薄，结果早，管理容易。在山区、沙荒和丘陵干旱地栽培也能获得好的产量。

学习目标

知识目标

1. 了解杏的优良品种；

2. 了解杏的生长与结果习性和对环境条件的要求；

3. 掌握杏树形整形技术要点；

4. 掌握杏的优质高效管理技术。

能力目标

5. 能正确识别常见杏的品种；培养学生观察能力；

6. 通过掌握整形修剪技术，培养学生动手操作能力；

7. 能学会杏优质高效栽培技术，培养学生在实际生产中分析和解决问题的能力。

任务 9.1 杏的优良品种

杏的主要栽培品种，按用途可分为以下 3 类。

1. 鲜食杏类 果实较大，肥厚多汁，甜酸适度，着色鲜艳，主要供鲜食，也可加工用。在华北、西北各地的栽培品种有 200 个以上。如北京水晶杏、河北大香白杏以及金太阳、凯特杏等。

2. 仁用杏类 果实较小，果肉薄，种仁肥大，味甜或苦，主要采用杏仁，供食用及药用，但有些品种的果肉也可干制。生产上栽植的优良品种有龙王帽、一窝蜂等。

3. 加工用杏类 果肉厚，糖分多，便于干制。有些甜仁品种，可肉、仁兼用。例如，新疆的阿克西米西、克孜尔苦曼提、克孜尔达拉斯等，都是鲜食、制干和取仁的优良品种。

一、食用杏类

1. 串枝红 原产河北省巨鹿县孔家寨村和紫尚庄村。是优良的晚熟加工品种，其果实生长发育期 90 天左右。该品种果实卵圆形，平均单果重 52.5g，最大单果重 94.1g。纵径 4.33 cm，横径 4.1 cm，侧径 4.14 cm，果肉稍不对称。果实底色黄，阳面有紫红色，果肉橘黄色，肉质致密，纤维细少，汁少，味甜酸，耐贮运。一般可贮放 10 天以上。离核、仁苦。该杏结果早，产量高，管理好的栽后 3 年即可结果，5~6 年进入盛果期，一般株产 150~200kg，经济寿命可达 70~80 年。适应性强，抗寒、抗旱，耐瘠薄。色艳味美，是极好的加工品种，可以大面积发展。适栽地区为辽宁、河北、河南、山东、山西、北京、天津、陕西等省、自治区、直辖市。

2. 金太阳 果实圆形，平均单果重 66.9g，最大 90g。果顶平，缝合线浅不明显，两侧对称；果面光亮，底色金黄色，阳面着红晕，外观美丽。果肉橙黄色，味甜微酸可食率 95%，离核。肉质鲜嫩，汁液较多，有香气，可溶性固形物 13.5%，甜酸爽口，5 月下旬成熟，花期耐低温，极丰产。果实耐储运，常温下可放 5~7 天。

3. 凯特杏 凯特杏系美国品种。果实近圆形，果顶平圆，缝合线浅，两侧对称。果个大，平均重 105g，最大果重 135g。果皮光滑，底色橘黄色，阳面着红晕，不易剥离。果肉成熟时橙黄色，硬溶质，风味酸甜，有香气，品质上等。果核小，离核，苦仁。

树势强健，干性较强，树姿半开张，萌芽力中等，成枝力强，幼树以中长果枝结果为主，盛果期以短果枝结果为主，2次枝和秋梢花芽质量好，坐果能力强。能自花结实，丰产。

4. 北京水晶杏 是北京海淀区的特产。水晶杏，果实圆形、黄白色，外观宛如水晶，故名水晶杏。该品种色泽鲜艳，晶莹剔透，味道甜美，单果重可达 80g，是杏类中的珍品。

5. 河北大香白杏 又名真核香白杏，属鲜食优良品种，果大，平均单果重 120g，最大果重 180g，果皮薄，底色黄白，阳面着红晕，肉质细腻，汁液充沛，香味浓郁，酸甜适口，含可溶性固形物 13.6%，离核，甜仁，品质极佳，果实 6 月中下旬成熟，较耐贮运。

6. 骆驼黄杏 果实圆形，平均单果重 49.5g，最大单果重 78.0g；果实缝合线显著、中深，两侧片肉对称，果顶平，微凹；梗洼深广；果皮底色黄绿，阳面着红色。果肉橙黄色，肉质较细软，汁中多，味甜酸；可溶性固形物含量 10.6%、含总糖 7.1%、总酸 1.90%；黏核，种仁甜。果实在商品成熟期采收可存放 1 周左右。

二、仁用杏类

1. 龙王帽 目前我国生产上主栽的仁用杏品种中，仅有龙王帽这一个品种为一级，国际上称之为"龙皇大杏仁"。果实扁圆形，平均单果重 18g，最大 24g，果皮橙色，果肉薄，离核。出核率 17.5%，干核重 2.3g。出仁率 37.6%，干仁平均重 0.8～0.84g，仁扁平肥大，呈圆锥形，基部平整，仁皮绵，仁肉乳白色，味香而脆，略有苦味。5～6 年生平均株产杏仁 3.2kg。自花不结实。

2. 一窝蜂 又名次扁、小龙王帽，河北主栽品种之一。果实卵形，比龙王帽稍鼓，单果重 8.5～11.0g，最大 15g，果皮棕黄色，成熟时沿缝合线开裂，离核。单核重 1.6～1.9g，出核率 18.5%～20.5%。仁重 0.52～0.62g，出仁率 38.2%，仁肉乳白色，味香甜。极丰产，但不抗晚霜。

任务 9.2 杏的生长结果习性

一、生长习性

杏为高大乔木，自然生长可高达 10m 以上，生长在山区、干旱薄地上的杏树高约 3m。结果早，在管理好的条件下，杏的嫁接苗栽后 2～3 年开始结果，实生苗 4～5 年开始结果。寿命长，可达百年以上。经济寿命一般长达 40～50 年，如在较适宜的条件下，盛果期可延续得很久。

1. 根系 杏树的根系发达。其发育及在土壤中的分布，受栽植地的土壤状况、砧木种类、栽植方式等多种因素的影响。在通常情况下主要分布于距地表 20～60 cm 深处的土层中，在土层深厚的地方，垂直分布可深达 7m 以上，水平分布常超过冠径的 2 倍，故能耐瘠薄和干旱。但在瘠薄的山地要浅得多。实生杏、山杏砧木分布深，桃砧则浅。播种的坐地苗根系既广又深，移栽苗水平根发达，但缺明显的垂直根。因此，在干旱瘠薄地栽培杏树，采用在砧木坐地苗上嫁接所需品种的栽植方式可提高杏树的抗旱、耐瘠薄能力。杏根和其他果树一样，在 1 年中没有自然休眠期。如环境条件适宜，全年均可生长。春季一般在开花发芽后达到第一次发根、生长高峰，在杏果实发育、新梢生长盛期根系活动转入低潮，果实成熟采收后，出现第二次生根高峰。因此，在果实采收后追肥、浇水，对树体生长和次年结果极为有利。

2. 枝芽特性 杏的芽根据性质可分为叶芽和花芽；按其在枝条上着生位置分为顶芽和侧芽。侧芽着生在叶腋内，所以又叫腋芽。叶芽瘦小，萌发后长出枝条和叶片。花芽萌发后开 1 朵花。顶芽通常是假顶芽，即真正的顶芽在枝条停止生长时脱落由其下部第一个侧芽代替顶芽。侧芽依其每一节上着生芽的数量有单芽和复芽，单芽又有单叶芽和单花芽之分，复芽均为叶芽与花芽并生。生长健壮的树或果枝，复花芽多。杏树芽的萌发力强而成枝力弱。1 年生发育枝除顶部抽生 1～3 个中、长枝外，下部大都可抽生短枝并形成花芽。弱枝通常只有顶芽抽生新枝。发育枝基部的芽往往成为隐芽，一般情况不萌发。隐芽寿命长，有利于更新。

在核果类果树中，杏芽的休眠期最短，解除休眠最早，因而春季萌芽开花要比桃、李等均早。所以，容易受晚霜危害。

杏树的枝条在幼龄时期生长特别旺盛，栽后 5～7 年内，有时新梢年生长量可达 2m 以上。因此，在短时期内可形成较大的树冠，为早果早丰奠定了基础。此外，杏树的枝条生长能力保持年限较长，其更新生长能力也远比其他核果类树种强。

由叶芽萌发后长成的枝条，可分为结果枝和营养枝两种。结果枝，通常按长度又分为长果枝（30cm 以上）、短果枝（15～30cm）、中果枝（5～15cm）和花束状果枝（5cm 以下）4 种。只有一次生长，年生长量小，且停止生长早。对维持树势的作用较小。

营养枝生长量大，生长势强，1 年中具有明显的 2 次生长，其上叶芽多，花芽少，生长期长，前期消耗营养物质多，对其他器官影响较大，主要用于扩大树冠、增加枝量，同时对维持树势和辅养根系方面也有明显作用。杏树幼年期间，树冠中营养枝比例较大，随着年龄增长，各类结果枝比例上升，进入盛果期的杏树，各类结果枝比率约占全树枝类组成的 95% 以上。成年丰产树的营养枝一般在 5% 左右，而短果枝及花束状果枝比率在 80%～85%，间有10% 左右的中长果枝。通过土壤管理、施肥、灌水和整形修剪，可以调节枝类组成。杏的成枝率较小。因此，它的树冠较稀疏，但保留的潜伏芽较多，后期更新能力很强。

二、结果习性

俗话"桃三杏四梨五年"，也就是说，杏实生苗 4 年即可开花结果，杏是结果早的树种。在管理好的条件下，嫁接杏某些品种第二年可形成花芽。

杏的花芽为纯花芽，侧生。在一个枝条上，上部多为单芽，中下部多为复芽。单生花芽坐果率低，复芽是叶芽和花芽并列，中间为叶芽，这种花芽坐果率高而可靠。

杏树以短果枝和花束状果枝结果为主，但寿命短，一般不超过 5～6 年。花为两性花，其构造与桃、李等核果类果树相同。杏花普遍存在雌蕊发育不完全的退化现象，一般表现雌蕊短于雄蕊或彻底退化，这两种花不能正常结果。退化花得多少与品种、长势、果枝类型和管理水平有关。同一品种中树势越强，退化花越少。在不同的果枝类型中，短果枝退化花最少，中果枝次之，长果枝最多。在同一果枝上，不同部位的花，退化花多少也不同。一般果枝中部退化花少，而中上部和基部较多。

退化花得多少还与管理水平有密切关系，施肥浇水可显著减少退化花比例，特别是夏秋干旱会影响花芽分化，使退化花比例明显提高。所以，加强土肥水管理，及时更新复壮修剪，采收后及时追肥，保护叶片完整等，都可减少退化花的比率。

影响杏树开花的因素很多，如温度、地势、品种、树龄、果枝类型，以及花芽在枝条上的部位等。其中，温度是影响杏树开花早晚和花期长短的主要因素。与温度有直接关系的地理位置和地形，与开花也有很大关系。同一品种开花期多为 3～5 天，幼龄树可延长到 7 天以上。杏为虫媒花，原产我国的杏，同一品种自花结实率很低，当开花期遇阴冷天气昆虫活动受阻时，常导致授粉不良。因此，配置足够的授粉树和开花期放蜂或人工辅助授粉是必要的。

杏一般表现为 3 次落花落果高峰。第一次是落花，高峰出现在盛花后 1 周内，集中在第 3～4 天，其原因是花本身发育不完全，不能受精而引起的；第二次是落果，高峰出现在盛花后 8～20 天内，集中在盛花后 9～11 天，此时果实正脱萼，子房开始膨大，未膨大的陆续脱落，造成这次落果的主要原因是授粉受精不良；第三次落果高峰出现在盛花后 20～40 天内，集中在盛花后 30 天左右，这次落果的原因是营养不良和病虫危害造成。

杏果实为核果，由子房发育而成，包括果皮（外果皮）、果肉（中果皮）、果核（内果皮）、种子等部分。果实从授粉受精到充分成熟，其生长发育过程大致分为 3 个时期：即第一次迅速生长期（核生长、胚乳形成期），第二次缓慢生长期（硬核、胚生长期），第三次迅速生长期（果肉生长成熟、胚充分成熟期）。早、中、晚熟品种果实发育 3 个时期的长短，第一期相近，第二期差别最大，第三期差别较第二期差别小。3 个时期与产量构成的关系：果径生长量以第一期最大，纵径占 64.51%～73.36%，横径占 58.99%～69.49%；果实鲜重和干物重则第三期最大，占 43.19%～68.43% 和 63.31%～70.53%。因此，保证果实在第一期和第三期充分发育是提高产量和品质的两个重要时期。

三、杏树对环境条件的要求

（一）温度

温度是杏树要求最严的环境因素之一，杏树正常发育需有效积温 2 500℃以上。开花、受精、结实的温度均需高于 10℃，生长适宜温度为 20℃左右。一般品种花期冻害的临界温度，蕾期为 -5℃，初花期为 -2.8℃，盛花期为 -2.5℃，落花期为 -2.8℃。幼果期 -1℃可以使当年产量受到严重损失。开花期多雨、阴冷或旱风都会妨碍昆虫传粉，造成授粉不良而减产以至绝产。花期和坐果初期的低温（晚霜冻）制约着杏树的发展和产量。所以，应选择抗寒品种，将杏园建在背风向阳、开阔处，避开阴坡、风口处、低洼处，同时加强栽培管理，增强树势，有利于提高杏树对低温的抵抗能力。

（二）光照

杏树为喜光的树种，光照充足，生长结果良好，果实着色好，含糖量增加；光照不足则枝条容易徒长，内部短枝落叶早，易枯死，造成树冠内部光秃，结果部位外移，果实着色差，酸度增加，品质下降。光照条件也影响花芽分化的质量。光照充足则花芽发育充分，质量高，完全花比例高；光照不足则花芽分化不良，雌蕊败育花多。栽植过密或放任生长不进行整形修剪的杏树，容易树冠郁蔽而导致光照不足，从而影响果实品质和产量。

（三）水分

杏树具有很强的抗干旱能力。在年降水量 400~600 mm 的山区，如分配适当，即便不进行灌溉，也能正常生长结果。这是因为杏树的根系发达，分布深广，可以从土壤深层吸收水分。但杏树对水分的反应相当敏感。在雨量充沛，分布比较合理的年份，生长健壮，产量高，果实大，花芽分化充实；在干旱年份，特别是在枝条迅速生长和果实膨大期，如果土壤过于干旱，则会削弱树势，落果加重，果实变小，花芽分化减少，以至不能形成花芽，导致大小年或隔年结果的发生。果实成熟期湿度过大，会引起品质下降和裂果。杏树不耐涝，杏园积水 3 天以上就会引起黄叶、落叶，时间再长会引起死根，以至全树死亡；应及时排水、松土。

（四）土壤条件

土壤的要求不严。除积水的涝洼地外，各种类型的土壤均可栽培，甚至在岩石缝中都能生长，但以在中性或微碱性土壤，且土层深厚肥沃，排水良好的砂质壤土中生长结果最好。杏树的耐盐力较苹果、桃等强。在总含盐量为 0.1%~0.2% 的土壤中可以生长良好，超过 0.24% 便会发生伤害。杏树在丘陵、山地、平原、河滩地都能适应；在华北地区，海拔 400m 左右的高山也能正常生长。但立地条件不同，树体生长发育状况、果实产量和品质有所差别。

任务 9.3 整形修剪技术

一、适宜树形

1. 自然圆头形 其特点无明显的中心领导干，5~6 个主枝，中央枝向上延伸，其余主枝错落着生并向斜上方延伸。每个主枝上着生 3~4 个侧枝，主、侧枝上着生结果枝组。自然圆头形除中心主枝外，其他主枝基部与树干的夹角 45°~50°，主干高度为 80cm 左右。

这种树形修剪小，有利于早期丰产，但后期主侧枝之间易相互重叠，造成内部枝组因光照不好而枯死，结果部位外移。所以，生产中在前期一般采用这种树形，后期则改造成开心形或延迟开心形。

2. 自然开心形 其特点是没有中心领导干，树干矮，主干高度 50~60cm，全树均匀排列着 3~4 个主枝，每个主枝上生 2~3 个侧枝，主枝基角 60°~65°，在主侧枝上着生枝组。

自然开心形树体较小，通风透光好，果实质量高，树体成形快，结果早，适于密植。缺点是整形要花费较大人力物力，幼树要拉枝，盛果期后主枝容易下垂，管理不便，寿命短。

3. 延迟开心形 延迟开心形是一种改良树形，没有明显的层次，有 5～6 个主枝均匀配置在 70～80cm 高的主干上，最上一个主枝保持斜生。待树冠成形后，将中心干上最上部一个主枝去掉，呈开心形，这种树形介于诸树形之间，造形容易，树体中等，结果早，适宜密植。

二、不同年龄时期的修剪

杏树修剪应掌握疏密间旺，缓放斜生，轻度短截，增加枝量的原则。杏树以短果枝和花束状果枝结果为主，修剪时应着重培养。

1. 幼树修剪 杏进入盛果期后主枝易下垂，同时在接近地面的地方易受晚霜危害。所以定干要高些，一般掌握在 1m 左右。定干后，在整形带内选留 5～6 个错落着生的主枝，除最上一个主枝向上延伸外，其余向外围延伸。当主枝长达 50～60cm 时进行摘心，促生分枝培养侧枝，当侧枝长到 30～40cm 时对侧枝进行摘心。冬剪时对主、侧枝延长枝进行短截。以剪去 1/3～2/5 为宜。

由于杏成枝力弱，所以其他枝条要尽量保留，以抚养树体，提早结果。但应注意主从关系，一般对辅养枝于夏季长到 30cm 时摘心，培养成结果枝组。冬季对一些强旺的辅养枝拉平长放，促使发生小枝，成花结果，待结果后回缩成结果枝组。对幼树上的结果枝，一般均应保留。长果枝坐果率低，可进行短截，促其分枝培养结果枝组。中短果枝可隔年短截，既保证产量，又可延长其寿命，不致使结果部位外移。花束状果枝不动。

2. 结果期树的修剪 进入盛果期后，树冠容易郁闭，可采用回缩和疏除的办法清理过密枝，同时要着手对树形的改造。根据树体的具体情况改造成开心形或延迟开心形。

盛果期树修剪的目的在于调整生长和结果的关系，平衡树势，防止大小年的发生，延长盛果期年限，实现高产稳产。盛果期杏树修剪的主要内容为延长枝的短截、各类结果枝的短截和疏间、枝组的更新。

盛果期杏树年生长量显著减少，新的结果部位很少增加，为了每年都有新枝发出，补充因内部果枝枯死而减少的结果部位，稳定产量，要对主侧枝的延长枝进行较重短截。一般树冠外围的延长枝以剪去 1/2～1/3 为宜。

盛果期杏树花束状果枝和短果枝大量增加，很容易导致大小年现象。在修剪时应适当疏除一部分花束状果枝；对其余各类果枝进行短截去除一部分花芽。

结果枝组的更新对于盛果期杏树高产稳产具有重要作用。而实行不同程度的回缩是维持各类枝组生命力的有效措施。枝组衰弱后要在后部的分枝处回缩，以复壮其长势。对于由于结果而造成的水平枝和下垂枝，要在背上的分枝处回缩，以抬高其角度。

3. 衰老树的修剪　衰老期修剪的主要内容是骨干枝的重回缩和利用徒长枝培养枝组。

任务 9.4　杏的果园管理技术

一、花果管理

（一）影响杏坐果的主要原因

杏坐果率低，经常出现满树花半树果，甚至无果现象。影响杏坐果的主要原因：一是杏树开花早花和幼果易受晚霜危害；二是不完全花比例高，完不成授粉受精过程；三是管理水平差，造成树体营养不良，营养物质积累少，花芽质量差。

（二）保花保果技术措施

常用的方法有：

1. 配置授粉树并在花期放蜂。

2. 人工授粉效果很好，尤其是冬季温暖的年份，更应进行人工授粉，以提高坐果率，确保丰产。

3. 花期喷水，于盛花期喷清水，使柱头保持湿润，可显著提高坐果率，也可在水中加入 0.1％的硼砂和 0.1％的尿素。

4. 应用植物生长调节剂保果，盛花期喷 20mg/kg 赤霉素，可提高当年坐果率。4 月底喷 300 倍液 15％多效唑可控制旺长，减少落果。10 月中旬喷 50mg/kg，可提高第二年坐果率。

（三）疏花疏果技术

杏树不完全花比例高，一般不疏花，而采取疏果来控制产量。疏果在落花半个月，即第一次生理落果稳定后进行（此时幼果直径为 1.0～1.5cm）。疏果时先疏除病虫果、畸形果和小型果，摘除过密果，使留下的果均匀分布在树上，强旺树多留，弱树少留。掌握在每 5～10cm 枝梢留 1 个果的密度，每亩产量控制为 2 000kg 左右。

二、预防晚霜危害

1. 早春浇水和树盘覆盖　早春解冻后浇 2 次水，间隔 7～10 天，浇水后用麦秸、玉米秸覆盖,以推迟地温上升,可推迟花期。

2. 喷稀盐水和石灰水 花前 1 个月和花芽萌动前喷 0.1%～0.3%的食盐水,可增强树体抗冻能力,减少花期冻害。在花芽微露白时喷 5%～8%的石灰水反射光照,减少对热能的吸收,降低花芽附近温度,可推迟花期。

3. 树干涂白 用水、生石灰、石硫合剂、食盐和少量植物油制成涂白剂,将树干和大枝涂白,既可推迟花期,又可杀死害虫。

4. 熏烟防霜 花期注意收听天气预报,如有霜冻来临的夜晚,每亩地堆麦秸、杂草点燃熏烟,防止霜冻。

5. 选用花期较迟或耐低温的品种。

6. 加强土肥水管理 并保护叶片,以提高树体的营养水平,增强抗低温的能力。

三、土肥水管理

杏树不完全花比例高,良好的土肥水管理可以减少退化花的比例,提高产量,增进品质,增强树势。

(一)土壤改良

因杏园多建在山地或丘陵地,土层薄,影响根系生长。因此,在生产上,隔几年就要对杏树进行扩穴深翻,改良土壤,使土层厚度逐渐达到 80cm 以上。深翻多在秋季结合施肥进行。

(二)施肥

1. 幼树(1～2 年生)施肥 第一年采取薄肥勤施的原则;以迅速扩大树冠。并形成一定的花芽。第二年 4 月中旬、6 月下旬各追肥 1 次,追肥以速效复合肥为主,每株施 150g。9 月下旬至 10 月,秋施基肥(猪、鸡粪)。

2. 盛果期树 进入 4 月上旬,花前喷药防治虫害,每株树追果树专用肥 2kg。方法:绕树冠投影下挖 40cm 的坑 6 个,放入肥料埋土、浇水。5 月份中耕除草。6 月中旬果实膨大期,中耕除草,并追果树专用肥 2kg。方法同上,避开上次追肥的坑,后浇水,喷药防止蚜虫发生。进入伏天看墒浇水。10 月份,秋施基肥,以猪、鸡粪最好,其他农家肥也可。方法:绕树四周距主干 67cm 外,挖放射影沟 6～8 条,深度靠树近处 30cm,往外逐渐加到 50cm 至树冠投影处施入肥料;然后覆土,看墒浇水,落叶后清扫杏园,防治病害。坚持秋施基肥,每株按 100kg 施入,以腐熟的猪、鸡肥和人粪尿为主。每年春、秋各施 1 次氮、磷、钾复合肥料,每株 1.5kg,对提高花芽质量有明显效果。施后及时灌水。

叶面喷肥结合喷药进行，每年 5 次左右。特别强调秋季落叶前和早春树液流动后、萌芽前必须各喷 1 次，后者全树枝干进行喷淋。前期喷施 0.3% 尿素，后期喷施 0.5% 磷酸二氢钾。

（三）灌水和排水

杏树在少雨地区和干旱季节应加强灌水。第一次在萌芽前结合施春肥灌水，可保证开花和坐果及新梢生长的需要，此次灌水量较大。第二次在硬核期（谢花后 1 个月左右）灌水，此时需水量较大，再加上有春旱现象，故应注意浇水。第三次是在采果后结合施肥一并进行，以利于枝叶生长和花芽分化。此外，在 4～8 月用作物秸秆和杂草覆盖树盘和行间，有利于保持水分，增加土壤肥力。杏树不耐涝，应注意雨季排水，尤其是 7～8 月花芽分化期更应及时排水，保持适当干旱，有利于花芽分化。

项目小结

杏在我国栽培历史悠久，是我国古老的果树之一，分布极广。杏的主要栽培品种可分为鲜食杏、仁用杏和加工用杏。

杏树的根系发达，能在干旱瘠薄地生长，结果早，寿命长。杏的花芽为纯花芽，侧生。杏树以短果枝和花束状果枝结果为主，花为两性花。杏花普遍存在雌蕊发育不完全的退化现象，果实生长发育过程大致分为 3 个时期。在核果类果树中，杏芽的休眠期最短，解除休眠最早。因而春季萌芽开花要比桃、李等均早，所以容易受晚霜危害。桃树对环境条件要求不太严格，尤其土壤适应性强。

我国杏树目前生产上主要采用自然圆头形、自然开心形和延迟开心形等。杏树修剪幼树以整形为主，盛果期树要注意及时更新，修剪时以夏季修剪为主，冬季修剪为辅。

杏园土肥水管理的任务就在于采取各种措施提高土壤肥力，能有效减少退化花的比例，提高产量，增进品质。生产上主要通过保花保果的措施和预防自然灾害来提高杏的坐果率，保证其经济效益。

项目测试

一、选择题

1. 以下（　　）品种产于河北邢台一带。果实中大，味酸甜，是优良的鲜食加工兼用品种。

    A. 串枝红   B. 凯特杏   C. 北京水晶杏   D. 金太阳

2. 杏的根系主要集中分布在（   ）cm 土层中，是抗旱力极强的树种。

    A. 20～60cm   B. 10～40cm   C. 10～20cm   D. 60～70 cm

3. 杏树的芽具有（   ），当年形成的芽，条件适宜就能萌发。

    A. 早熟性   B. 晚熟性   C. 潜伏性   D. 极早熟性

4. 杏树以短果枝和（   ）结果为主，但寿命短，一般不超过 5～6 年。

    A. 花束状果枝   B. 长果枝

    C. 中果枝   D. 徒长性果枝

5. 杏花普遍存在雌蕊发育不完全的退化现象，退化花的多少与（   ）无关。

    A. 品种   B. 长势   C. 管理水平   D. 地形

6. 杏树一般表现为（   ）落花落果高峰。

    A. 3 次   B. 2 次   C. 4 次   D. 1 次

7. 以下（   ）树形，没有中心领导干，树干矮，主干高度 50～60cm，全树均匀排列着 3～4 个主枝。

    A. 自然圆头形   B. 自然开心形

    C. 主干疏层形   D. 延迟开心形

8. 以下（   ）时期的修剪目的在于生长与结果的关系，平衡树势，防止大小年的发生。

    A. 盛果期   B. 幼树期   C. 初结果期   D. 衰老期

9. 以下（   ）措施不能提高坐果。

    A. 人工授粉   B. 花期喷硼   C. 花期放蜂   D. 增施氮肥

二、简答题

1. 是什么原因导致杏坐果率低，经常出现满树花半树果现象？

2. 杏怎样预防晚霜危害？

3. 杏树对环境条件有哪些要求？

探究与讨论

    根据个人兴趣爱好，自由结合分组，通过查资料、实地参观考察、专家访谈等形式，在杏品种、生长结果习性、整形修剪、果园管理技术等内容里面选择一个方向，了解目前我国杏生产的现状和发展前景，并提出自己的科学设想和努力方向。

时间：1月。

表现形式：以小论文、图片、视频、实物等形成展览评比。

结果：邀请本学科专业老师做评委，评出 3～5 个优秀科技小组，8～10 名科技创新成员。

项目十

李

项目导读

李在我国栽培面积广，历史悠久，已有 3 000 多年的栽培历史。适应性强，是重要的核果类果树树种之一。果实成熟较早，品种又多，主要供鲜销，对丰富早期果品市场具有一定的作用。李果除供鲜食外，果实还可制糖水罐头、李干、果酱、果脯、果酒等加工品。营养价值高，风味独特，近些年来，鲜李和蜜饯等加工品均有销往中国港澳市场的，颇有好评。

学习目标

知识目标

1. 了解李的优良品种；
2. 了解李的生长与结果习性和对环境条件的要求；
3. 掌握李树形整形技术要点；
4. 掌握李树的优质高效管理方法。

能力目标

1. 能正确识别常见李的品种；培养学生观察能力；
2. 通过掌握整形修剪技术，培养学生动手操作能力；
3. 能学会李优质高效栽培技术，培养学生在实际生产中分析和解决问题的能力。

任务 10.1 李的优良品种

李为蔷薇科、李属植物，我国栽培的李主要有中国李，其次是欧洲李，美洲李。栽培的主要品种有：

一、大石早生李

是日本选出的早熟李品种。果实卵圆形，单果重 41～53g，大果重 70g。果皮底色黄绿，果面鲜红色，皮较厚。果粉较多，灰白色。果肉淡黄色，有放射状红条纹，质细、松脆，细纤维较多，汁液多，味酸甜，微香，含可溶性固形物 11.5％，黏核，核小，可食率 97.6％。品质上等，是早熟鲜食优良品种。果实在 6 月初上色，6 月中旬成熟，果实发育期 60 天左右。

二、黑宝石

原产美国，为美国加州李十大主栽品种之首。果实扁圆形，平均单果重 78g，最大单果重 127g，果顶圆，果面紫黑，果粉厚呈现霜状。果肉黄白色，厚而多汁，肉质脆硬，酸甜爽口，含可溶性固形物 15％，核小，离核，品质上等。果实 8 月下旬成熟。0～5℃条件下可贮藏 3 个月以上。

三、法兰西梅

原产美国。果实长卵形，果个大，平均单果重 125g，果实为卵圆椭圆形，基部有乳头状，果皮深紫红色，果肉乳黄色，味甜，品质极好，可溶性固形物 20％以上，核小，果肉硬，品质上等，极耐贮运，常温下可贮 20～30 天，冷库可贮 3 个月以上，亩产 2 200kg。果实成熟期 9 月下旬，自花结实率高。

四、秋姬

原产日本。果实卵圆形，高桩，果个大，平均单果重 150g，果面紫红色。果肉厚而多汁，细脆，味甜酸适口，核小，可溶性固形物含量 15％，品质上等。9 月底成熟。该品种自花授粉结实率高，丰产，抗病虫能力强。

五、盖县大李

果实大型，平均单果重 88g，最大 160g 以上。果实心形或近圆形，顶部加工稍尖或平，果梗短，梗洼深，缝合线浅，近梗洼处较深，片肉不对称。果实底色黄绿，果皮鲜红或紫红色，果皮薄；果粉厚，灰白色。果肉淡黄色，肉质硬脆，充分成熟后松软多汁，风味酸甜适度，香气浓，可溶性固形物含量 12.5％，品质上等。半离核，核小，可食率 98.7％。山东泰安地区果实 7 月成熟，常温下可贮存 5 天，为受欢迎的鲜食、兼用品种。

任务 10.2   李的生长结果习性

李为落叶小乔木。中国李的树冠高度一般为 4~5m。幼树生长迅速，结果早。李树寿命因种类、品种和农业技术而异。中国李在华北地区寿命可达30~40 年，而欧洲李和美洲李寿命较短，一般为 20~30 年。

一、生长习性

（一）根系

李为浅根性果树，根系分布浅而广，吸收根主要分布为 5~40cm 土层中，水平根分布的范围常比树冠大 1~2 倍。根系活动受温度、湿度、通气状况、土壤营养状况及树体营养状况的制约。根系一般无自然休眠期，只在低温下才被迫休眠。当土温达到 5~7℃时，即可发生新根，15~22℃根系生长最快。土壤湿度影响到通气状况和土温，同时也会影响土壤养分的利用情况，土壤水分为田间最大持水量的 60%~80%，是根系适宜的湿度，过高、过低均不利于根系的生长。根系的生长节奏与地上部各器官的活动密切相关。一般幼树 1 年中根系有 3 次生长高峰，春季温度升高根系开始进入高峰，之后随新梢旺长而减缓。当新梢进入缓慢生长期时根系则进入第二个生长高峰。秋季，当新梢快要停长时，进入第三次生长高峰。结果期大树则只有 2 次明显生长高峰。了解李树根系生长节奏及所需适宜的环境条件，对李树施肥、灌水等重要的农业技术措施有重要的指导意义。

（二）枝、芽及其生长

李树的芽根据性质可分为叶芽和花芽两种，花芽为纯花芽，单生或与叶芽并生成复芽。每个芽中有 1~4 朵小花。花芽形成容易，结果早。李多数品种在当年生枝的中下部形成单叶芽，中部形成复芽，上部接近顶端也形成单叶芽。各种枝条的顶芽均为叶芽。复芽中花芽、叶芽数目和排列规律与桃相似。李的潜伏芽寿命长，极易萌发，衰老期更为明显。萌芽力强，成枝力中等。层性明显。

萌芽力强，成枝力因品种而异。幼树生长迅速，1 年内新梢有 2~3 次生长，并有 2 次梢发生。枝细，节短。长枝经短截后，剪口下常可抽生 3~4 个长枝，下部则抽生多个短果枝。枝条基部隐芽寿命长，受刺激后即可抽发新枝，故树冠内部或主枝下部不易光秃，更新容易。

有长结果枝、中果枝、短果枝和花束状果枝 4 种。其中以花束状果枝和短果枝结果最可靠，它们仅顶芽为叶芽，每年下部结果，顶芽稍加延伸，继续成为花束状果枝或短果枝，可连续结果 4～5 年，结果部位比较稳定。老龄的花束状果枝，可以发生短的分枝，形成密集的花束状果枝群。中、长果枝在第二年除先端抽生几个长梢外，中、下部叶芽又可形成短果枝和花束状果枝。

李的结果部位外移较慢，且不易隔年结果。花束状果枝结果 4～5 年后，当生长势缓和时，基部潜伏芽常能萌发，形成多年生的花束状果枝群，大量结果。如营养不良生长势下降时，有的花束状果枝不能形成花芽，转变为叶丛枝；而当营养条件改善或受到某种刺激时，其中个别的花束状果枝，也能抽生较长的新梢，转变成短果枝或中果枝。

二、结果习性

（一）开花坐果

李的花芽分化较早，一般花芽分化高峰出现在新梢迅速生长期之后的缓慢生长期。李树花芽分化与果实生长有一个重叠期，10～20 天，出现在 6～7 月。此时应加强肥水管理，以满足花芽分化与果实生长对营养物质的需求。因为这不仅关系到当年产量，还影响到第二年花的数量、质量。

李花从花芽膨大到落瓣需 15～20 天，整株树从始花（开始 5%）到终花（谢花 95%）15 天左右，1 天中以下午 13～15 时为盛花期。

李自花结实力因品种不同而不同，中国李大多数品种自花授粉不能正常结实，欧洲李中则有许多品种可自花结实。李雌蕊败育花较多，开花又早，早春花期低温常影响正常授粉受精，导致着果率低下。南方李品种北引栽培时应注意这一问题。

（二）落花落果

在生长发育过程中有落花落果现象，有的品种相当严重，影响产量。主要有 3 次：

第一次：主要是落花，开花后带柄脱落，是由于雌蕊发育不充实所致。

第二次：主要是幼果脱落，于开花后 2～4 周幼果呈绿豆大小带柄脱落，此时落果主要是由于受精不良或子房发育缺乏某种激素、胚乳败育等原因造成。

第三次：在第二次落果后 2 周开始，幼果直径 2cm，主要是由于营养不良、日照不足等因素造成，氮肥过多引起新梢徒长、负载量过大、树势衰弱及水分失调等都会加剧落果。

（三）果实生长

果实生长发育有明显的 4 个阶段：

第一阶段：幼果膨大期。从授粉受精的子房开始膨大到果核木质化之前，果实的体积迅速增加，果核果肉没有分离。

第二阶段：硬核期。果实无明显增大，果核从先端开始逐渐木质化。

第三阶段：果实快速膨大期。这一阶段为果实的第二次生长期，果实快速膨大期的初期，果核才完成硬化，果肉厚度、重量快速、明显地增加，是产量形成的重要时期。

第四阶段：成熟期。果实快速膨大之后即转入成熟期，可分为硬熟期和软熟期采收。加工用果于硬熟期采收，鲜食用果于软熟期采收。

三、李对外界环境条件的要求

（一）光照

李是喜光果树，在良好的光照条件下树势旺盛、生长健壮、叶片浓绿、产量高、品质好。若光照不足，枝条细弱，花芽少而不充实，产量低。所以，李树要通过整形修剪的办法，避免枝条重叠，使叶面积分布配称，提高光能利用率。在李树的建园中，要特别注意选择园地，合理安排栽培密度和方式。

（二）温度

李对温度适应性较强，但在它的生长季节，仍然需要适宜的温度，才能使生长发育与开花结果良好。李树花期最适宜的温度为 $12\sim16℃$，不同发育阶段对低温的抵抗能力不同，如花蕾期 $-1.1\sim5.5℃$ 就会受害；花期和幼果期 $-0.5\sim2.2℃$ 则会受害。李的花期早，花易遭受晚霜严重冻害，为了获得李的高产稳产，应采取有效的防霜措施。可采用树干涂白、霜前灌水及熏烟防霜法。

（三）水分

李对土壤水分反应敏感。在开花期多雨或多雾能妨碍授粉；在生长期，如果水分过多，能使李树的根缺乏氧气，而且土壤中还积累了二氧化碳和有机酸等有毒物质，因而影响了根系的发育，严重的可使植株窒息而死。所以，李树宜栽在地下水位低、无水涝危害的地方；在幼果膨大初期和枝条迅速生长时缺水，则严重影响果实发育而造成果实的脱落，减少产量。

（四）土壤

李对土壤要求不严，只要土层较深、土质疏松、土壤透气良好和排水良好的平地和山地都可以种植。对低洼地必须挖深沟，起高畦种植，以利于排水防涝。

任务 10.3 整形修剪技术

一、主要树形

李树喜光性强，生长势旺盛，顶端优势强。根据其生长习性，常采用的丰产树形有疏散分层性、纺锤形和自然开心形等。

1. 疏散分层性 干高 50cm 左右，全树共着生 5 个主枝，分为两层。第一层 3 个主枝，主枝间水平夹角 120°左右，第一主枝与第二主枝相距 20～30cm。主枝与中心干夹角 60°左右。每个主枝上着生 2 个侧枝，第四主枝与第三主枝相距 80cm 左右，第四主枝与第五主枝相距 20cm，开张角度 50°左右，其上无侧枝，直接着生结果枝组，在第五主枝上剪去中心干顶端延伸部分，落头开心，树高 3～3.5m。适用于 3m×5m 左右密度的李园。

2. 纺锤形 干高 60cm 左右，在中心干上每隔 20cm 左右均匀着生 1 个主枝，全树共 8～10 个主枝，呈 70°左右的角度向四周伸展。主枝不分层次，均匀插空排列，同方向的主枝相距 50cm 左右，主枝上直接着生结果枝组，下层主枝长 1.5～2.0m，上层依次缩短，全树呈纺锤形，适用于密度较大的李园，有利于早果早丰。

3. 自然开心形 主干高 40～50cm，树高 2.5～3m。定植次春，在距地面 60cm 高处用短截定干，发枝后在顶端向下 15～20cm 的整形带内，选 3～4 个生长健壮、向四周延伸的枝条作主枝，其余枝条全部疏除，以免影响主枝的生长。主枝上再用摘心或短截配置侧枝，第一侧枝距主干 60cm，第二侧枝距第一侧枝 30～40cm，侧枝应是单数一边，双数一边，以免造成两主枝夹角间的相互交叉，扰乱树形。这种树形，骨架牢固，树冠大而不空，枝条密而不挤，既不挡风遮光，又不易出现下部光秃，并且生长旺盛，丰产性好，更新容易，但培养树形和修剪技术要求较高。

二、不同年龄树整形修剪

(一) 幼树

从定植至第三年生的幼树期，主要是培养牢固骨架，造就丰产树型，使之早日成树和投产。此期修剪除培养骨干枝需要进行短截外，其余枝条宜多轻剪长放，以缓和树势，促进多数短枝形成，早日结果。对发枝多、长势旺的品种，尤其要少截或不截，对直立旺枝和密生枝则宜疏除。需要用撑、拉、背、坠等方法开张主枝角度和调整好延伸方法，务必使枝条分布均匀，树势平衡，并及时疏除萌蘖、徒长枝和背上强旺枝，以缓和树势和减少无效生长。

1. 定干和选留骨干枝　苗木定植后要及时定干，定干高度一般掌握在60～80cm。第一年冬剪，要根据树形要求，选留3～4个枝条作主枝并进行短截，剪留量一般掌握在枝条长度的2/3。生长旺盛的植株，可在新梢长到50cm时进行摘心。第2～3年，要根据树形的要求选留侧枝。第二年冬剪，对于发枝多的品种和植株，骨干枝不必短截，但对于成枝力弱、发枝少的品种还应进行短截，以促生分枝，增加枝量。生长旺盛的骨干枝要注意开张角度。

2. 处理辅养枝　李幼树要多留辅养枝，以尽快填补空间，增加短枝量，分散养分，缓和树势，尽快结果。对辅养枝处理，以不影响主枝为度，在影响主枝生长的，可通过回缩、疏剪进行处理，影响多少去多少，直至将辅养枝疏除，为骨干枝让路。

3. 培养合理树形　采用自然开心形的树形，应注意选择骨干枝两侧的上斜枝，适度短截，再通过去直留斜、去强留弱，大中型结果枝组。

4. 控制顶端优势　李树枝条顶端优势明显，幼树期先端易抽生长枝，而中下部抽生的枝条长势较弱。因此，要多采用摘心、拉枝等措施，削弱顶端优势，提高下部枝条质量，形成较好的短果枝和花束状果枝。

5. 平衡树势　维持各级骨干枝的主从关系。一般采用强枝重剪、弱枝轻剪的方法进行调整。

（二）结果树

1. 控制树冠大小　一般采用骨干枝换头的方法，控制树体大小，调整先端角度，维持其适宜的生长势。

2. 控制外围　上层枝和外围枝应疏、放、缩相结合。即疏密留稀，去旺留壮，保留的枝条缓放；下年再在适宜的分支处回缩，这样可以减少外围枝量，改善内膛和下层的光照条件，缓和上部和外围的生长势，缩小上下、内外生长势的差距，且可形成数量多、质量好的花束状果枝。

3. 回缩更新　由于李树萌芽力强，成枝力中等。所以，长放后能形成良好的短果枝和花束状果枝，但连年长放，会造成结果部位外移，后部光秃，也不利于生产，所以在修剪时要及时进行回缩更新。

4. 维持枝组　首先剪去干枯枝、病虫枝，然后疏除密集的大枝和交叉重叠枝。对主枝延长头，有空间的继续短截，无空间的留单头延伸，且不可多头并进生长，对交叉枝回缩到后部分枝处。长势过强的骨干枝适当缩剪，开张角度；长势弱的骨干枝以强枝带头，抬高角度；抑强扶弱，均衡树势。

较弱的树应重截结果枝，少留花芽，强壮树势。连续结果3～5年已衰弱的短果枝要及时利用附近生长充实的枝条更新，对于较旺的生长枝，先长放，结果后回缩到后部分枝处，防止结果部位外移。

对生长枝有空间的可将其拉向水平，促使其结果，无空间的要及时疏除。枝冠内膛的一年生枝与结果枝，如附近缺枝时，可以对其重截，促发新枝，培养新的结果枝组。进入结果期李树尤其要注意防止外围枝条过多、过旺，影响内膛光照造成内部光秃，结果部位外移。

三、夏季修剪

夏季修剪是指在生长季节中的修剪，一般在 6 月中旬至 7 月上旬进行，可采用下面几种方法：

1. 摘心 在生长期间摘去枝条的生长点，具体时间应根据品种、栽培条件及目的而定。

2. 扭梢 把新梢的先端扭伤，但不扭断，一般有利用价值的徒长枝均可用此方法抑制生长。扭梢生长长度足够用时进行，扭伤部位要在半木质化处。

3. 环剥 在新梢接近停止生长时进行，对旺树主干或大枝做环状剥皮、剥皮宽度为被剥枝条直径的 1/10 左右，促花效果明显。

4. 拿枝 用手拿住枝条中下部，反复捏握，使枝条组织受损，呈水平或斜向上。

夏剪每一项措施的应用都要掌握正确的时间及实施对象（幼树或不结果的旺树），夏剪时要除去徒长枝、萌条、枯枝。

任务 10.4 果园管理技术

一、土肥水管理

李树在整个生长发育过程中，根系不断从土壤中吸收水分和养分，以满足生长和结果的需要。只有加强土肥水管理，才能为根系的生长、吸收创造良好的环境条件。

（一）土壤管理

土壤管理的中心任务是将根系集中分布层改造成适宜根系活动的活土层。这是获得高产稳产的基础。具体土壤管理应注意以下几个问题：

1. 秋季耕翻 秋季耕翻可以改善土壤结构，结合秋季施肥进行，提高土壤肥力。可于采收后进行，李园耕翻深度以 30~50cm 为宜。

2. 中耕除草 李园内杂草要尽可能除早、除小、除了，以免杂草与李树争肥水，同时也可减少李园病虫害的发生。中耕除草的次数、时期，应依当地的气候、灌水情况、生草量而定。中耕深度，春秋季可略深，夏季要浅锄。

（二）合理施肥

李园要根据树龄、树势、结果量、肥料种类、外界环境及李园其他管理条件，决定施肥时期和施肥量。合理施肥是李树高产、优质的基础，只有合理增施有机肥，适时追施化学肥料，并配合叶面喷肥，才能使李树获得较高的产量和优质的果品。

1. 基肥　一般以早秋施为好，多结合深翻进行。将磷肥与有机肥一并施入，并加入少量氮肥，对李树当年根系的吸收，增加叶片同化功能有良好作用。施肥量以树体大小、土壤肥力状况及结果多少而定。树体较大，土壤肥力差，结果多的树应适当多施；反之，则适当少施。原则是每产 1kg 果施入 1～2kg 有机肥。方法可采用环状沟施、行间或株间沟施和放射状沟施等。

2. 追肥　追肥时间以花前、花后、果实膨大、花芽分化期、果实生长后期。一般进行 3～5 次，前期以氮肥为主，后期 N、P、K 配合。花前或花后追施氮肥，幼树 100～200g 尿素，成年树 500～1 000g。弱树、果多树适当多施，旺树可不施；花芽分化前追肥，以施 N、P、K 复合肥为好；硬核期和果实膨大期追肥，N、P、K 肥配合利于果实发育，也利于上色、增糖；采后追肥，结合深翻施基肥进行 N、P、K 配合为好，如基肥用鸡粪可只补些氮肥。追肥一般采用环沟施、放射状沟施等方法，也可用点施法，即每株树冠下挖 6～10 坑，坑深 5～10 cm 即可，将应施的肥均匀地分配到各坑中覆土埋严。

3. 叶面喷肥　7 月份前以尿素为主，浓度 0.2％～0.3％的水溶液，8～9 月以 P、K 肥为主，可使用磷酸二氢钾、氯化钾等，同样用 0.2％～0.3％的水溶液。对缺锌、缺铁地区还应加 0.2％～0.3％硫酸锌和硫酸亚铁。叶面喷肥一个生长季喷 5～8 次，也可结合喷药进行，花期喷 0.2％的硼酸和 0.1％的尿素，有利于提高坐果率。

（三）合理排灌

1. 灌水　可通过看天、看地、看李树本身来决定是否需要灌溉。根据气候特点，结合物候期，一般应考虑以下几次灌溉：

（1）花前灌水　有利于李树开花，坐果和新梢生长，一般在 3 月下旬至 4 月上旬进行。

（2）新梢旺长和幼果膨大期灌水　此时是李树需水临界期，必须注意灌水，以防影响新梢生长和果实发育。

（3）果实硬核期和果实迅速膨大期灌水　此时也正值花芽分化期，结合追肥灌水，可提高果品产量，提高品质，并促进花芽分化。

（4）采后灌水 采果后是李树树体积累养分阶段，此时结合施肥及时灌水，有利于根系的吸收和光合作用的进行，从而促进树体营养物质的积累，提高抗冻性和抗抽条能力，有利于第二年春的萌芽、开花和坐果。

（5）冬前灌水 可增加土壤湿度，有利于树体越冬。灌溉的方法生产上以畦灌应用最多，还有沟灌、穴灌、喷灌、滴灌等。如有条件，应用滴灌最好，不仅节水，而且灌水均匀。

2. 排水 在我国北方地区，降水多集中在 7～8 月。在雨季来临之前，首先要修好排水沟，连续大雨时要将地面明水排出园区。

二、花果管理

（一）保花保果

1. 加强采后管理 采后合理施肥、修剪及保护好叶片，对花芽分化充实。

2. 人工授粉 对提高坐果最有重要作用，可减少下年落花落果的发生。人工授粉是提高坐果最有效的措施，注意采集花粉要从亲和力强的品种树上采。在授粉树缺乏时必须搞人工授粉，即使不缺授粉树，但遇上阴雨或低温等不良天气，传粉昆虫活动较少，也应搞人工辅助授粉，人工授粉最有效的办法是人工点授，但费工较多。也可采用人工抖粉。即在花粉中掺入 5 倍左右滑石粉等填充物，装入多层纱布口袋中，在李树花上部慢慢抖动。还可用掸授，即用鸡毛掸子在授粉树上滚动，后再在被授粉树上滚动。

3. 花期喷硼或植物生长调剂 花期喷 0.1%～0.2% 的硼酸＋0.1% 的尿素也可促进花粉管的伸长，促进坐果。另外，在花期喷 30mg/kg 的赤霉素＋0.3% 的硼砂＋0.3% 的尿素，可显著提高坐果率。在生产上保花保果的措施主要是通过增加激素减少第二次落果或根外追肥改良营养减少第三次落果，但更重要的要从治本入手，增加树体营养储备从根本上解决问题。

4. 花期放蜂 对于结实率低的品种，栽植时在配置合适的授粉树的基础上，花期放蜂可明显提高坐果率。每亩果园放壁蜂 100 头左右。尤其是壁蜂授粉不但授粉效率高，果实产量高，而且品质好，在蜜蜂不能活动的低温、阴雨天气也能出来活动。

（二）疏花疏果

李树疏花疏果可以有效地节约养分，减少生理落果，提高坐果率及果实品质，保证连年丰产稳产。因此，为节约养分，疏花疏果越早越好。对坐果率高的品种可进行疏花蕾。一般李树在盛花期疏花，谢花后 1～2 周疏果为好，坐果少的树晚疏、少疏，坐果多的树先疏、多疏。疏花疏果以"看树定产"、"按枝定量"为原则，一般强树、壮枝多留，弱树、弱枝少留；树冠中下部多留，上部少留。花束状果枝留1个，短果枝留2个，中长果枝每20片叶留1个果，果实间距在10～15cm。

对于坐果率低的李品种为确保产量，不疏花而直接疏果。疏果在已经坐住果以后进行，2周内完成，严禁不定期陆续疏果。先疏去小果、畸形果、病虫果、过密果，然后按间距留果，一般短果枝小型果留两个果，中大型果留1个果；中长果枝，小型果4～5cm留1个果，中大型果8cm左右留1个果。

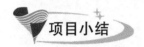

项目小结

李在我国栽培面积广，历史悠久，已有3 000多年的栽培历史。我国栽培的李主要有中国李、欧洲李和美洲李。

李为浅根性果树，根系分布浅而广，花芽为纯花芽，每个芽中有1～4朵小花。花芽形成容易，结果早。各种枝条的顶芽均为叶芽。果枝有长结果枝、中果枝、短果枝和花束状果枝4种。李的花芽分化较早，一般花芽分化高峰出现在新梢迅速生长期之后的缓慢生长期。李落花落果现象比较严重。果实生长发育过程分为4个时期。

李树生产上常采用的丰产树形有疏散分层性、纺锤形和自然开心形等，杏树修剪幼树以整形为主，盛果期树要注意及时更新，修剪时以夏季修剪为主，冬季修剪为辅。

李园土肥水管理的任务就在于采取各种措施提高土壤肥力和合理灌水，能有效提高产量，增进品质。生产上主要通过保花保果的措施和预防自然灾害来提高李的坐果率，保证其经济效益。

项目测试

一、选择题

1.（　　）品种，原产美国，为美国加州李十大主栽品种之首。核小，离核，品质上等。果实8月下旬成熟。0～5℃条件下可贮藏3个月以上。

　　A. 黑宝石　　　　B. 秋姬　　　　C. 大石早生李　　　D. 法兰西梅

2. 李的潜伏芽（　　），极易萌发，衰老期更为明显。

　　A. 寿命长　　　　B. 寿命短　　　　C. 寿命极短　　　　D. 适中

3. 李根系多分布在（　　　）。

    A. 20～40cm   B. 5～40cm   C. 20～60cm   D. 10～60cm

4. 李（　　　）结实力强，寿命长，在营养条件较好的条件下，其寿命可达 10～15 年之久。

    A. 花束状果枝   B. 长果枝   C. 中果枝   D. 短果枝

5. 一般李树在盛花期疏花，谢花后（　　　）疏果为好。

    A. 1～2 周   B. 3～4 周   C. 5～6 周   D. 7～8 周

6. 夏季修剪是指在生长季节中的修剪，一般在（　　　）进行。

    A. 6 月中旬至 7 月上旬   B. 4 月中旬至 5 月上旬

    C. 8 月至 9 月   D. 3 月至 4 月

7. 不适宜长梢修剪技术的有（　　　）。

    A. 以长果枝结果为主的品种   B. 衰弱的树大型果

    C. 梗洼深的品种   D. 易裂果的品种

8. 李树花期最适宜的温度为（　　　）。

    A. 12～16℃   B. 20～25℃   C. 5～10℃   D. 20～22℃

9. 追肥时间以花前追肥、花后追肥、果实膨大和花芽分化期追肥、果实生长后期追肥。一般进行 3～5 次，前期以（　　　）为主。

    A. 氮肥   B. 磷肥   C. 钾肥   D. 磷钾肥

10. 土壤水分为田间最大持水量的（　　　）是根系适宜的湿度，过高过低均不利于根系的生长。

    A. 60%～80%   B. 30%～40%

    C. 50%～60%   D. 80%～90%

二、简答题

1. 简述李保花保果技术措施。

2. 李树怎样做到合理施肥？

3. 简述李对环境条件的要求？

三、综合分析题

李树果实生长发育有什么特点？生产上应注意什么？

探究与讨论

    根据个人兴趣爱好，自由结合分组，通过查资料、实地参观考察、专家访谈等形式，在李品种、生长结果习性、整形修剪、果园管理技术等内容方面选择一个方向，了解目前我国李生产的现状和发展前景，并提出自己的科学设想和努力方向。

时间：1月。

表现形式：以小论文、图片、视频、实物等形成展览评比。

结果：邀请本学科专业老师做评委，评出 3～5 个优秀科技小组，8～10 名科技创新成员。

项目十一

大 樱 桃

项目导读

　　大樱桃原产于欧洲，在我国已有100余年的栽培历史。大樱桃果实营养丰富，色泽艳丽，风味独特鲜美，是商品价值极高的鲜食果品。近年来，随着市场经济的发展和果树品种结构的调整，种植大樱桃已成为农民致富快、收益高的生产经营项目。通过学习本章内容，充分了解大樱桃的生物学特性，熟练掌握大樱桃优质高效栽培技术，增强致富本领，同时为促进樱桃发展和新农村建设做出自己应有的贡献。

学习目标

　　知识目标
　　1. 了解大樱桃主栽品种基本性状；
　　2. 掌握大樱桃的生物学特性；
　　3. 掌握在大樱桃栽培中的主要修剪方法；
　　4. 理解在大樱桃优质高效栽培中各项技术措施的主要作用。
　　能力目标
　　1. 针对不同龄期的大樱桃树，能够正确应用各种修剪方法；
　　2. 能够综合应用大樱桃栽培中的各项技术措施。

任务 11.1　樱桃品种的识别

一、主要种类

樱桃为蔷薇科、樱桃属植物，本属植物种类甚多，分布在我国的约16个种，主要栽培的有 4 个种。

1. 中国樱桃 灌木或小乔木，树高 4～5m。叶片小，叶缘齿尖锐，花白色稍带红色，总状花序，2～7 朵簇生，果实多为鲜红色，皮薄，果小，重 1g左右，果肉多汁，肉质松，不耐贮运，中国樱桃品种众多，我国各地广泛栽培。

2. 欧洲甜樱桃 又称甜樱桃、西洋樱桃、大樱桃。乔木，株高 8～10m，生长势旺盛，枝干直立，极性强，树皮暗灰色有光泽。叶片大而厚，黄绿或深绿色，先端渐尖；叶柄较长，暗红色，有 1～3 个红色圆形蜜腺；叶缘锯齿圆钝。花白色，总状花序，2～5 朵簇生。果实大，单果重 5～10g，色泽艳丽，风味佳，肉质较硬，贮运性较好，以鲜食为主，也适宜加工，经济价值高，是世界各地及我国已栽培并正在大量发展的一个品种。

3. 酸樱桃 本种原产于欧洲东南部和亚洲西部。灌木或小乔木，树势强健，树冠直立或开张，易生根蘖。枝干灰褐色，枝条细长而密生。叶小而厚，叶质硬，具细齿，叶柄长。果实中等大，少数品种果实较大。果实红色或紫红色，果皮与果肉易分离，味酸，适宜加工，还可提取天然色素。耐寒性强，结果早，我国栽培量不大。

4. 毛樱桃 别名山樱桃、梅桃、山豆子。原产我国，落叶灌木，一般株高 2～3m，冠径 3～3.5m，直立、开张均匀，为多枝干形，干径可达 7cm，单枝寿命 5～15 年。叶芽着生枝条顶端及叶腋间，花芽为纯花芽，与叶芽复生，萌芽率高，成枝力中等，隐芽寿命长。花芽量大，先花后叶，白色至淡粉红色，萼片红色，坐果率高，花期 4 月初。果实 5 月下旬至 6 月初成熟，果梗短。核果圆或长圆，鲜红或乳白，果皮上有短茸毛，味甜酸。抗寒、丰产性好。生产上常作育种原始材料。

二、主要品种

1. 红灯 是大果、早熟、红色的甜樱桃品种，树势强健，枝条直立、粗壮，树冠不开张。叶片特大、较宽、椭圆形，叶柄较软，新梢上的叶片呈下垂状，叶片深绿色，质厚，有光泽，基部有 2～3 个紫红色肾形大蜜腺。芽萌发率高，成枝力较强，直立枝发枝少，斜生枝发枝多。果实大，果梗短粗，果皮深红色，充分成熟后为紫红色，富光泽，果实呈肾形，肉质较硬，酸甜可口，半黏核。成熟期 5 月下旬至 6 月上旬，较耐贮运。适宜授粉品种有那翁、大紫、巨红、红蜜、滨库、佳红等。

2. 那翁 又名黄樱桃、黄洋樱桃，为原产欧洲甜樱桃品种，属于中晚熟黄色优良品种。树势强健，树冠大，枝条生长较直立，结果后长势中庸，树冠半开张。叶形大，椭圆形至卵圆形，叶面较粗糙。萌芽率高，成枝力中等，枝条节间短，花束状结果枝多，可连续结果 20 年，果实中等大小，果形心脏形或长心脏形，果顶尖圆或近圆，缝合线不明显，有时微有浅凹，果形整齐。果梗长，与果实不宜分离，落果轻。果皮乳黄色，阳面有红晕，偶尔有大小不一的深红色斑点，富有光泽，果皮较厚，不易离皮。果肉浅米黄色，肉质脆硬，汁多，甜酸可口，品质上等。果核中大，离核，鲜食、加工兼用。6 月上中旬成熟，自花授粉结实力低，栽培上需配植授粉品种。适应性强，在山丘地、砾质壤土和砂壤土栽培，生长结果良好，花期耐寒性弱，果实成熟期遇雨较易裂果，降低品质。

3. 佐藤锦　日本培育的甜樱桃品种，树势强健、直立，树冠接近自然圆头形。果实中等大小，短心脏形；果面淡黄色，有鲜红色红晕，光泽美丽；果肉白色，脆硬，核小肉厚，酸味少，甜酸适度，品质极佳，6 月份成熟。本品种适应性强，丰产性好，较耐贮运，为鲜食大樱桃中上乘品种。

4. 大紫　又名大红袍、大红樱桃。原产俄罗斯。树势强健，幼树期枝条较直立，结果后开张。萌芽率高，成枝力强，枝条较细长，不紧凑，树冠大，结果早。叶片特大，呈长卵圆形，叶表有皱纹，深绿色。果实较大，心脏形至宽心脏形，果顶微下凹或几乎平圆，缝合线较明显，果梗中长而细，果皮初熟时为浅红色，成熟后为紫红色，有光泽，果皮较薄，易剥离，不易裂果。果肉浅红色至红色，质地软，汁多，味甜，果核大。果实发育期 40 天，5 月下旬至 6 月上旬成熟，成熟期不一致，可分批采收。果实柔软，不耐贮运。

5. 拉宾斯　加拿大品种，甜樱桃品种。树势健壮，树姿较直立。花粉量大，能自花授粉结实，也宜作其他品种的授粉树。果实为大果型，深红色，充分成熟时为紫红色、有光泽、美观；果皮厚韧；果肉肥厚、脆硬，果汁多，风味佳，品质上等。早实性和丰产性很突出，耐寒，6 月中下旬成熟。

任务 11.2　观察樱桃生长结果习性

一、生长习性

1. 根系　樱桃主根不发达，主要由侧根向斜侧方向伸展，一般根系较浅，须根较多。不同种类有一定差别，中国樱桃根系较浅，主要分布在 5～30cm 深的土层中，但水平伸展的范围广，是树冠冠径的 2.5 倍；毛樱桃和山樱桃的根系比较发达，主根粗，细长根多，分布深，固地性强，适应性强。播种繁殖的砧木，垂直根比较发达，根系分布较深。用压条等方法繁殖的无性系砧木，一般垂直根不发达，水平根发育强健，须根多，固地性强，在土壤中分布比较浅。

土壤条件和管理水平对根系的生长也有明显的影响。砂质土壤，透气性好，土层深厚，管理水平高时，樱桃根量大，分布广，为丰产稳产打下基础；相反，如果土壤黏重，透气性差，土壤瘠薄，管理水平差时，根系则不发达，也影响地上部分的生长和结果。嫁接的中国樱桃、酸樱桃和毛樱桃树根系易发生根蘖苗，实际上这也是嫁接亲和力较差的表现，可做砧木或者更新换冠。

2. 芽　樱桃分叶芽和花芽两类。枝的顶芽均为叶芽，腋芽单生，只有生长健壮的欧洲酸樱桃有少量复芽。一般幼树或成龄树旺枝上的侧芽多为叶芽。成龄树上生长势中庸或偏弱枝上的侧芽多数为花芽。结果枝上的花芽通常在果枝的中下部，花束枝除中央是叶芽外，四周均为花芽。

1个花芽内簇生2～7朵花，花芽内花朵的多少与其着生的部位有关，在树冠上部或外围枝条上花芽内的花朵多。樱桃的侧芽都是单芽，即每个叶腋间只形成1个叶芽或花芽。因此，在修剪时必须认清叶芽和花芽，短截部位的剪口芽必须留在叶芽上，才能保持生长力。若剪口留在花芽上，一方面果实附近无叶片提供养分，影响果实发育，品质差；另一方面该枝结果后便枯死，形成枯枝。樱桃侧芽的萌发力很强，1年生枝上的叶芽多数都能萌发，只有基部极少数侧芽有时不萌发而转变成潜伏芽（隐芽）。即使是直立的枝条其侧芽也都能萌发，这个特点有利于樱桃的修剪管理，容易达到立体结果。

樱桃潜伏芽大多是在枝条基部的副芽和少数没有萌发的侧芽转变而来。副芽着生在枝条基部的两侧，形体很小，通常不萌发，只有在受刺激时，如重回缩或机械损伤，伤口附近副芽即萌发抽出新枝。

3. 枝　樱桃树的枝根据生长习性和结果特点，可以分为营养枝和结果枝（图11-1）。

（1）营养枝　又称发育枝或生长枝，幼龄树和生长旺盛的树一般都形成发育枝，叶芽萌发后抽枝展叶，是形成骨干枝，扩大树冠的基础。其顶芽和侧芽都是叶芽，进入盛果期或树势较弱的树，其营养枝基部部分侧芽变成花芽，此时营养枝即是营养枝又是结果枝，称之为混合枝。

（2）结果枝　枝条上有花芽、能开花结

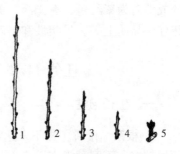

图11-1　樱桃树枝条
1. 营养枝　2. 长果枝
3. 中果枝　4. 短果枝　5. 花束状果枝

果的枝条称结果枝，按其长短和特性可分为混合枝、长果枝、中果枝、短果枝、花束状果枝。

①混合枝：由营养枝转化而来，一般长度为 20cm 以上，仅枝条基部有花芽。该果枝上的花芽质量差，坐果率低，果实成熟相对较晚。

②长果枝：长度为 15～20cm。除顶芽及其邻近几个腋芽外，其余腋芽均为花芽。结果后中下部光秃，只有顶部几个芽继续抽生出长度不同的果枝。初期结果的树上，这类果枝占有一定的比例，进入盛果期后，长果枝比例减少。

③中果枝：长度为 5～15cm。除顶芽为叶芽外，侧芽全部为花芽。一般分布在 2 年生枝的中上部，数量不多，也不是主要的果枝类型。

④短果枝：长度为 5cm 以下。除顶芽为叶芽外，其余芽全部为花芽。通常分布在 2 年生枝中下部，或 3 年生枝条的上部，数量较多。短果枝上的花芽，一般发育质量好，坐果率高，是大樱桃丰产的基础。

⑤花束状果枝：是一种极短的结果枝，一般为 1cm 左右，节间很短，除顶芽为叶芽外，其余均为花芽，这种枝上的花芽质量好，坐果率高，果实品质好，是盛果期樱桃树最主要的果枝类型。花束状果枝的寿命较长，一般可达 7～10 年，在良好的管理条件下可达 20 年之久。花束状果枝在初果期树上很少，进入盛果期才逐渐增多。一般壮树壮枝上的花束状果枝花芽数量多，坐果率也高，弱树、弱枝则相反。

以上几类结果枝因树种、品种、树龄、树势不同所占的比例也不同。中国樱桃在初果期以长果枝结果为主，进入盛果期之后则以中、短果枝结果为主，甜樱桃在盛果期初期有些品种以短果枝结果为主，与树龄和生长势有关，在初果期和生长旺的树中，长、中果枝占的比例较大，进入盛果期和偏弱的树则短果枝和花束状果枝结果为主。大樱桃不同的营养枝和果枝之间在一定的条件下可以相互转化。因此，栽培中常通过改善树体营养状况、合理修剪和喷施生长调节剂等措施来调节营养枝和结果枝的比例，从而实现高产稳产。

4. 叶　樱桃叶为卵圆形、倒卵形或椭圆形。先端渐尖，基部有腺体 1～3 个，颜色与果实颜色相关。一般中国樱桃叶较小而甜樱桃叶较大，另外叶缘锯齿中国樱桃多尖锐，甜樱桃锯齿比较圆钝。叶的大小、形状及颜色，不同品种有一定差异。

二、结果习性

1. 花及花序　樱桃的花为总状花序，每花序 1～10 朵花，多数为 2～5 朵。花未开时，为粉红色，盛开后变为白色，先开花后展叶。樱桃花的授粉结实特性，不同种类区别较大，中国樱桃与酸樱桃自花结实能力强。欧洲甜樱桃除拉宾斯、斯坦勒、斯塔克、艳红等少数品种有较高的自花结实外，大部分品种都有明显地自花不实现象，而且品种之间的亲和性也有很大不同。

2. 果实 樱桃的果实较小，中国樱桃单果重仅 1g 左右，欧洲甜樱桃单果重一般 5～10g 或更大一些。果实有扁圆形、圆形、椭圆形、心脏形、宽心脏形、肾形；果皮颜色有黄白色、有红晕或全面鲜红色、紫红色或紫色；果肉有白色、浅黄色、粉红色及红色；肉质柔软多汁；有离核和黏核，核椭圆形或圆形，核内有种仁，或者无种仁。中国樱桃、毛樱桃成仁率高，可达 90%～95%，欧洲甜樱桃的成仁率低。

三、年生长周期及其特点

樱桃一年中从花芽萌动开始，通过开花、萌叶、展叶、抽梢、果实发育、花芽分化、落叶、休眠等过程，周而复始，这一过程称为年生长周期。不同的生长阶段有不同的生长特点，需要不同的措施加以管理才能达到高产、优质、高效的目的。

1. 萌芽和开花 樱桃对温度反映比较敏感，当日平均气温为 10℃左右时，花芽开始萌动，日平均气温达到 15℃左右开始开花，整个花期约 10 天，一般气温低时，花期稍晚，大树和弱树花期较早。同一棵树，花束状果枝和短果枝上的花先开，中、长果枝开花稍迟。同一朵花通常开 3 天，其中开花第一天授粉坐果率最高，第二天次之，第三天最低。中国樱桃的花期比欧洲甜樱桃早 15 天左右。

2. 新梢生长 叶芽萌动期，一般比花芽萌动期晚 5～7 天，叶芽萌发后约有 7 天是新梢初生长期。开花期新梢生长缓慢，谢花后新梢迅速生长；果实进入硬核期，新梢又渐转慢，以致停止生长，称为春梢生长期。果实成熟采收后，对于生长势比较强的树，新梢又一次迅速生长，到秋季还能长出秋梢。生长势比较弱的树，只有春梢一次生长。

幼树营养生长比较旺盛，第一次生长高峰在 5 月上中旬至 6 月上旬延缓生长或停长，第二次在雨季之后，继续生长形成秋稍。

3. 果实发育 从果实开始膨大到果实成熟为果实的发育期。这个时期的长短因品种不同而有很大差异，一般需要 30～50 天。

4. 花芽分化 甜樱桃花芽分化时间较早，花芽的生理分化在果实采收后 10 天左右完成，其形态分化需要 20～50 天。花芽分化受多种因素的影响，总体上说，树体营养水平高，花芽分化的速度快，质量好；相反，则速度慢，质量差。

5. 落叶和休眠 果树休眠一般是指秋末初冬树体自然落叶至次年春季萌芽之间的时段。休眠是树体对环境适应的反应，进入休眠期的成熟枝芽较耐低温。所以，休眠对樱桃安全越冬具有重要意义。树体进入自然休眠后，需要一定的低温积累，才能进入萌发期。大樱桃在 7.2℃ 以下需经过 1 440h 才能完成花芽分化，也就是说，在 7.2 ℃ 以下需 2 个月才能通过休眠。植株的不同器官，进入休眠的时间不同，芽在新梢停止生长后即开始休眠，休眠期较长；其他地上部分则在落叶后进入休眠；根系则在 5℃ 以下进入休眠，休眠期极短。自然休眠期过后，只要温湿度条件适宜，便可以萌芽生长。

四、环境条件的要求

1. 温度 樱桃是喜温而不耐寒的落叶果树，适于年平均气温 10~12℃ 的地区栽培，1 年中要求日平均气温高于 10℃ 的时间为 150~200 天。中国樱桃原产于我国长江流域，适应温暖潮湿的气候，耐寒力较弱，故长江流域及北方小气候比较温暖地区栽培较多。甜樱桃和酸樱桃原产于西亚和欧洲等地，适应比较凉爽干燥的气候，在我国华北、西北及东北南部栽培较宜。但夏季高温干燥对甜樱桃生长不利。冬季最低温度不能低于 -20℃，过低的温度会引起大枝纵裂和流胶。在开花期温度降到 -3℃ 以下花即受冻害。所以，在发展樱桃时，不宜在过分寒冷的地区。

2. 水分 樱桃对水分状况很敏感，既不抗旱，也不耐涝。大樱桃根系分布比较浅，抗旱能力差，但其叶片大，蒸腾作用强。所以，需要较多的水分供应。一般大樱桃适于年降雨量 600~800mm 的地区生长。有灌溉条件的果园不受年降雨量影响。

樱桃和其他核果类一样，根系要求较高的氧气，如果土壤水分过多，氧气不足，将影响根系的正常呼吸，树体不能正常地生长和发育，引起烂根、流胶，严重将导致树体死亡。如果雨水大而没及时排涝，樱桃树浸在水中 2 天，叶子即萎蔫，但不脱落，叶子萎蔫不能恢复，甚至引起全树死亡。

3. 光照 樱桃是喜光树种，尤其是甜樱桃，其次是酸樱桃和毛樱桃，中国樱桃比较耐阴。光照条件好时，树体健壮，果枝寿命长，花芽充实，坐果率高，果实成熟早，着色好，糖度高，酸味少。因此，建园时要选择阳坡、半阳坡，栽植密度不宜过大，枝条要开张角度，保证树冠内部的光照条件，达到通风透光。

4. 土壤 樱桃最适宜在土层深厚、土质疏松、透气性好、保水力较强的砂壤土或砾质壤土上栽培。在土质黏重的土壤中栽培时，根系分布浅，不抗旱，不耐涝，也不抗风。樱桃树对盐渍化的程度反应很敏感，适宜的土壤 pH 5.6～7。因此，盐碱地区不宜种植樱桃。

5. 风 樱桃的根系一般比较浅，抗风能力差。严冬早春大风易造成枝条抽干，花芽受冻；花期大风易吹干柱头黏液，影响昆虫授粉；夏秋季台风，会造成枝折树倒，造成更大的损失。因此，在有大风侵袭的地区，一定要营造防风林，或选择小环境良好的地区建园。

任务 11.3 樱桃优质高效栽培技术

一、建园

（一）园址选择

1. 选择背风向阳的山坡或地块；

2. 选择有一定的灌溉条件，排水良好；

3. 土壤肥沃、疏松，保水性较好的砂质壤土；

4. 选择地形较高、空气流通的山坡；

5. 选择交通便利的大城市郊区。

（二）品种选择和配置

1. 品种选择 选择早熟、果实大、色泽艳丽、肉质硬、味甜少酸、风味好、丰产、抗裂果、耐低温、耐运输，鲜食加工兼用的优良品种，但是生产上往往不能兼顾，要遵循因地制宜、适地适种、品质优良、高产高效原则。

在品种选择时，早、中、晚熟品种合理搭配，早熟品种有大紫、红艳、红蜜、红灯等；中熟品种有佳红、雷尼尔、滨库、佐藤锦、骑士等；晚熟品种有拉宾斯、萨米脱、巨红、高阳锦等。一般品种的比例可以考虑为 6∶2∶2；在色泽方面，应种植深红色品种为主。对于黄色品种，品质好的也可适当发展；在果实大小方面，风味好的前提下尽量选择大型果品种。

2. 配置授粉品种 大樱桃自花结实率差，选择授粉树时应本着品种多、距离近、花期一致、亲和力好，配置比例为 2～3∶1。

另外，中国樱桃能自花授粉结实，种植时不需要配置授粉树，特别适合田边、地头、村旁、道旁孤植。

（三）苗木选择

应选择苗高 1m 以上，地径 0.8cm 以上，饱满芽 6 个以上，根系发达，无病虫害，生长健壮，发育充实的苗木；跨县调运的还需有苗木检疫合格证。

（四）定植

1. 栽植密度　栽植密度应充分考虑立地条件、砧木种类、品种特性及管理水平。一般立地条件好，乔化砧，品种生长势强，栽培密度要小一些；山地果园，矮化砧，品种生长势弱则栽植密度要大一些。高度密植果园管理水平要求高。樱桃园应适当密植，株行距应为 3m×5m 或 2m×4m。

2. 栽植时期　北方冬季低温、干旱、多风，容易将树苗吹干。所以，适合于春栽。在南方，可以秋栽，于落叶后 11 月中下旬栽植，也可以春栽。适时栽植的具体时期各地不同，以物候期为标准，即在樱桃苗的芽将要萌动前种植，华北地区约在 3 月中下旬。

3. 栽植方法　山地果园及土壤贫瘠的平原，最好在栽植前一年挖直径 1m、深 0.8～1m 的定植坑，再将土杂肥、复合肥与坑周围的表土混合，回填入坑内至坑平。土壤肥沃、土层深厚的平原地区，整地成高垄后，可挖直径 0.5m、深 0.5m 的穴，施入有机肥和复合肥后，用表土填平。栽苗前在原来挖坑填土的中央，挖 1 个与根系大小相适应的小穴，树苗放在穴正中，填入疏松表土后提动苗子，使根系与土壤密接，同时使根系伸展，而后再填土踏实，此时树苗的栽植深度和树苗在苗圃中的深度相同。在树苗四周筑起土埂，整好树盘，随即浇水。

（五）土壤管理

樱桃大部分根系分布在土壤表层，不抗旱、不耐涝、不抗风。要求土壤肥沃，水分适宜，通气良好。生产上要加强土壤管理，为丰产、稳产、优质奠定基础。

1. 深翻扩穴　在幼树定植后的头 5 年内，从定植穴的边缘，向外挖宽约 0.5m、深 0.6m 的环状沟，每年或隔年向外扩展，逐步扩大直至两树间深翻沟相接。一般秋末冬初深翻，落叶后结合秋冬施肥进行最好，深翻扩穴有利于根系向外延展。

2. 中耕松土　通常在灌水后及下雨后进行，可切断土壤毛细管，保蓄水分，促进土壤通气，防止土壤板结；还可以消灭杂草。

3. 果园间作　幼树期间，为充分利用土地、阳光，增加收益，可在樱桃行间间作经济作物。间作物要选矮秆且能提高土壤肥力的作物，例如花生、豌豆等豆科植物，不宜间作小麦、玉米、高粱、甘薯等耗肥力强的作物。间作要留足树盘，树行宽要留出 2m。间作以不影响樱桃树体生长为原则。

4. 树盘覆盖　山地果园，将割下的杂草、麦秸秆、玉米秸秆、稻草等物覆盖于树下土壤表面，如果草源不足，可只覆盖树盘，覆草的厚度为 20cm 左右。一般在雨季之前进行，草被雨水压实固定，避免被风吹散，同时雨水可促进覆盖物腐烂。树盘覆盖可保墒减少地面水分蒸发，保持土温稳定，抑制杂草，还可以增加土壤有机质，促进土壤微生物活动，改变土壤的物理化学性质，有利根系生长。

（六）合理施肥

1. 施肥时期 樱桃不同树龄对肥料要求不同。3年生以下的幼树需氮量多，应以施氮肥为主，辅助施适量磷肥，促进树冠形成。3～6年生和初果期幼树，为了使树体由营养生长转入生殖生长，促进花芽分化，要注意控氮、增磷、补钾。7年生以上树进入盛果期要补充钾肥，以提高果实产量与品质。

樱桃在1年中不同时期对肥料要求不同。树体需在秋季积累营养满足早春生长开花需要，所以秋季要施足基肥；春夏要展叶、开花、果实发育成熟，树体对养分需求大而急迫。因此，应注意春季追肥。

2. 秋施基肥 一般在9月至10月下旬树体落叶前进行。基肥施用量占全年施肥量的70%，施肥量应根据树龄、树势、结果量及肥料种类而定。每棵幼树施土杂肥25～50kg，盛果期大树每棵施100kg左右。施肥方法是对幼树可用环状沟施法，对大树最好用放射沟施肥。

3. 追肥

（1）土壤追肥 是主要方式。每年可在开花和采果后追肥2次。开花前追肥，可促进开花和展叶，提高坐果率，加速果实增长；盛果期大树每株可追施复合肥1.5～2.5kg，或人粪尿30kg，开沟追施，施后浇水；采果后，此时花芽分化，树体需要补充营养，每棵可施腐熟人粪尿60～70kg，或复合肥2kg，穴施。

（2）根外追肥 是对土壤施肥的有效补充。第一时间段为开花后到果实成熟前，此时追肥可提高坐果率，增加产量，提高品质。可在花前喷0.3%的尿素，花期喷0.3%的硼砂，果实膨大到着色期喷0.3%磷酸二氢钾2～3次。第二时间段在秋季落叶前半个月，可喷2%的尿素，此时叶片厚，气温低，在尿素浓度高时也不会发生药害。叶面喷肥应该在下午近傍晚时进行，喷洒部位以叶背面为主，便于叶片气孔吸收。

（七）灌水和排水

樱桃树对水分状况反应敏感，既不抗旱，也不耐涝。因此，要根据其生长发育中的需水特点和降雨情况适时浇水和及时排水。

1. 适时浇水 樱桃生产上一般在以下几个阶段，如果土壤供水不足需进行灌水。

（1）花前水　主要是满足发芽、展叶、开花、坐果及幼果生长对水分的需要；还可以降低地温，延迟开花期，有利于避免晚霜的危害，可以结合施肥进行。

（2）硬核水　在果实生长的中期进行，在灌水1周后，中耕松土，使土壤水、气、热均达到最佳状态，促进果实膨大，达到最大单果重，提高了产量和品质。

（3）采后水　果实采收后，雨季未到，雨水少，而气温高，日照强，水分蒸发量很大，需进行灌水，促进树体恢复和花芽分化。

（4）封冻水　落叶后至封冻前，结合深翻扩穴秋施基肥后灌水，使树体吸足水分，有利于安全越冬。

一般采用畦灌和树盘灌，在有条件的地方，还可采用喷灌、滴灌和微喷灌。

2. 及时排水　樱桃怕涝，在栽植时可采用高垄栽植和地膜覆盖，防止幼树受涝。对于大树，在行间中央挖深沟，沟中的土堆在树干周围，形成一定的坡度，使雨水流入沟内，顺沟排出。对于受涝树，天晴后要深翻土壤，加速土壤蒸发和通气，尽快使根系恢复生机。

二、整形修剪

整形修剪应因树修剪，随枝造形，统筹兼顾，合理安排开张角度，促进成花为原则。

（一）树形选择

大樱桃优质丰产树体结构应具备以下几个特点。一是低干、矮冠；二是骨干枝级次少；三是主枝角度大，光照充分。

生产上所采用的树形包括：自由纺锤形、小冠疏层形、自然开心形等。

（二）不同树龄的修剪措施

1. 幼树修剪　以生长季修剪为主，休眠期修剪为辅。

（1）生长季修剪　一是通过扭梢或疏除直立旺梢控制旺长，改善光照，节约营养；二是通过拿枝和拉枝、坠枝等措施开张角度；三是通过多次摘心抑制生长，促生分枝和促进花芽分化。

（2）冬季修剪　对枝组上的1年生枝轻短截，可缓和树势，促生分枝，增加结果枝；对骨干枝延长头中短截，可扩大树冠；对1年生枝甩放，可提高萌芽率，缓和树势；对密生枝进行疏除可以改善光照；对竞争枝疏除可以平衡树势。

2. 初结果期的修剪

（1）继续整形 樱桃栽植 3～4 年进入初结果期，对还没有形成理想树型的树体继续冬剪造型，对中心干或主枝进行中截，培养新的主枝和侧枝。当主枝之间生长不平衡时：拉大生长较旺的主枝角度，并适当清除一些发育枝；拉小生长差的主枝角度，多留发育枝，冬季进行中截，多发枝条，促进弱枝长强。

（2）培养结果枝组 结合品种特征、利用修剪技术培养延伸型枝组和分枝型枝组。延伸型枝组是枝组上有延伸型中轴，长度 50～100cm，中轴上着生多年生花束状果枝和短果枝。这类枝组主要通过大枝缓放，改变角度，对其先端强枝进行摘心和疏除。对中下部的多数短枝缓放至第二年，形成花束状果枝或短果枝，第三年开花结果。分枝型枝组是一类枝轴有较多、较大分枝的枝组，一般枝轴短，分枝级次较多。这类枝组多数对中长枝进行短截，然后有截、有放、有疏，结合夏季摘心培养而成。这类枝组上除有花束状果枝和短果枝外，以中、长果枝为主，混合枝也有一定的数量，枝组本身的更新能力较强。

3. 盛果期树的修剪 一般树体初结果期经过 2～3 年后逐渐进入盛果期。此时期的修剪任务是要保持中庸健壮的树势，防止多头延伸，维持合理的树体结构，稳定枝量和花芽量。盛果期壮树的标准为：全树枝条长势均衡，外围新梢年生长量 30cm 左右，枝条充实，芽体饱满，花束状果枝及短果枝上有叶片 7 片左右，叶片大而深绿。

防止多头延伸，使果园覆盖率稳定为 75% 左右，不超过 80%。在修剪上若结果枝组和结果枝长势好，结果能力强，则外围选留壮枝继续延伸，扩大结果面积；反之，结果枝组和结果枝长势弱，则外围枝要选留偏弱的枝延伸，甚至外围不留枝，回缩结果枝轴，保持中庸树势，促进内部萌生结果枝。对一局部旺长部位要清除旺枝，去强留弱，去直留平，抑制生长。

4. 衰老期的修剪 樱桃树寿命一般在 25 年左右。进入衰老期，树冠呈现枯枝，缺枝少叉，结果部位远离母枝，生长结果能力明显减退，产量下降。此时期的修剪任务主要是及时更新复壮，重新恢复树冠。因为樱桃的潜伏芽寿命长，大、中枝经回缩后容易发生徒长枝，对引发的徒长枝选择合适部位进行培养，2～3 年内便可重新恢复树冠。

（1）地上部分更新 长势衰退的大枝，若适当部位有生长正常分枝，对大枝在分枝前端短截回缩更新，促进分枝的生长，同时可保留一定结果部位。对回缩部位萌生的新枝，选择一个长势健壮、方位适宜的留作更新枝，并及时调整好角度。抹除多余萌枝，以促进更新枝的生长。更新枝长到 50cm 长时摘心，促发 2 次枝，一般枝条延伸 2 年后，前端生长延缓，后部枝即开花结果，花束状果枝、短果枝比幼树容易形成。对于更新的老树一般不考虑树形，只需尽早恢复树冠，延长结果年龄。

（2）地下部分更新 挖沟施肥时有目的地切断部分根系，促使老根长出新根，并增施肥水，以利根系的更新生长，根系吸收能力提高后又能促进地上部分生长。

（三）不同时期的修剪措施

1. 冬剪 又叫休眠期修剪，目的是促使局部生长势增强，削弱整个树体的生长。一般每年 11 月中下旬落叶开始到第二年 3 月中下旬均可进行，但最佳时期是早春萌芽前。常用的方法有短截、缓放、回缩、疏枝等。

（1）短截 剪去 1 年生枝一部分，即为短截。此法促进新梢的生长，增加长枝的比例，减少短枝的比例，促进树冠扩大。短截可分为轻、中、重和极重 4 种。剪去枝条 1/4～1/3 称为轻短截，剪去枝条 1/2 的称中短截，剪去枝条 2/3 的称重短截，剪去枝条 3/4～4/5 的称极重短截。

（2）缓放 又叫甩放、长放，多在幼龄树的营养枝上应用。对 1 年生枝不进行剪截，任其自然生长，称为缓放。

（3）回缩 将多年生枝剪除或锯掉一部分，即为回缩。多用于连续结果多年的母枝。其作用是调整枝组数量和大小，复壮树势，更新枝组，改善光照，促进回缩部位以下的枝条生长。

（4）疏枝 把 1 年生枝或多年生枝从基部剪去或锯掉的修剪措施。主要疏除树冠外围的多余 1 年生枝、徒长枝、轮生枝、过密枝。

2. 夏剪 又叫生长季修剪，多在 4～8 月份生长旺季进行。主要作用是缓和长势，促发中短枝，促进花芽形成。方法有刻芽、摘心、剪梢、扭梢、拉枝、环割、环剥等。

（1）刻芽 用锯条在芽的上方横拉，深达木质部，刺激该芽萌发成枝的方法。刻芽要严格掌握时期，要在顶芽变绿尚未萌发时进行，过早会引起流胶。

（2）摘心及剪梢 在夏季新梢木质化前，摘除新梢先端部分，即为摘心，对木质化新梢摘除或剪去新梢先端部分，即为剪梢；其作用是控制旺长，促发 2 次枝，加速整形；促进花芽形成，提早结果。早期操作在花后 7～10 天进行，生长旺季操作在 5 月下旬至 7 月中旬进行。

（3）扭梢 在新梢半木质化时，用手捏住新梢的中部扭曲 180°，别在母枝上。其作用是控制旺长，改善光照，积累营养，促进花芽形成，要注意扭梢的时期。

（4）拿枝　用手对旺梢自基部到顶端逐段捋拿，伤及木质部而不折断。目的是缓和长势，开张角度。在5～8月皆可进行。

（5）开张角度　开张角度方法有拉枝、拿枝、坠枝、撑枝、别枝等，最好在生长期进行，一般在3月下旬以后或6月底樱桃采收以后进行。此法可迅速扩大树冠，增加内膛光照，削弱枝条顶端优势，促进下部小枝发育，提早形成花芽和开花结果。一般在幼树阶段进行。

（6）环剥、环割　为抑制生长过旺，促进花芽形成，采用此法。对生长旺盛2年生枝条，从基部剥去一圈韧皮部的措施即为环剥，宽度为枝条直径的1/10。剥皮后不用手触摸，立即用纸或塑料包扎保护。环割指在枝干光滑部位割断一圈或几圈皮层。

三、花、果及其他管理

（一）提高坐果率的措施

1. 放养蜂群　为促进授粉，提高坐果率，在花期按每10亩1箱的标准放养蜜蜂。遇到早春温度低，蜜蜂活动率低的年份，可放养壁蜂。

2. 人工授粉　生产上可采用棍式授粉器，即选用1根长1.2～1.5m、粗约3cm的棍式竹竿，在上端缠上长塑料条，外包一层洁净的纱布即可。用棍式授粉器的上端在不同品种的花朵上滚动，速度要快。也可用鸡毛掸子代替棍式授粉器。人工授粉一般进行2～3次，重点在盛花期，可明显提高坐果率。

3. 施用植物激素　花期及落花后喷2次40～50mg/L的赤霉素，有助于授粉受精，能明显地提高坐果率。

4. 施用营养液　花期树体喷5%糖水或喷0.3%尿素＋0.3%硼砂＋600倍液的磷酸二氢钾2次，都可显著提高坐果率。

（二）提高果实品质的措施

1. 疏花蔬果　疏花在开花前及花期进行。疏去细弱枝上的弱花、畸形花，每个花束状短果枝留2～3个花序。疏花后可改善保留花的养分供应，提高坐果率和促进幼果的生长发育。疏果在坐果稳定后进行，主要在结果过密处，疏去小果、畸形果及光线不易照到、着色不良的下垂果。

2. 防止和减轻裂果　加强土壤管理，保持土壤湿度稳定，特别是临近果实成熟时，不能灌水。

3. 防治鸟兽危害　国内外预防鸟类的方法较多，如在樱桃园内悬挂稻草人或用塑料制作的猛兽形象挂在树上，吓跑害鸟；在果园内敲锣打鼓，或用扩音机播放鸟类惨叫的录音，惊吓鸟类；日本采用架设防鸟网的方法，把树保护起来，效果最好，但耗资较大。

四、果实的采收、分级及贮运

（一）适时采收

采收时期主要根据果面着色而定。黄色品种一般在果皮变黄，并有着色的红晕时采收；红色或紫色品种果面全面红色或紫色时采收。生产上最直观的判断为樱桃果实最鲜艳美观的时期，即为最佳采收时期。同一棵树上的果实成熟期也不尽一致，树冠上部及外围开花早，果实成熟早；树冠下部及内膛开花迟，果实成熟晚。在采收时要分期分批采收。

（二）采收方法

樱桃果实不耐机械损伤，主要靠人工采摘。采摘时手拿果梗，顺着生长方向轻轻摘下即可。切忌手拉果梗逆向往下拉，损伤结果枝，影响来年产量。

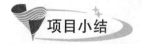 项目小结

大樱桃分为软肉品质群、硬肉品质群、杂交品质群。3 个品质群又分别分为浓色和淡色 2 个亚群。

大樱桃的生命周期可长达数十年，分幼树期、盛果期和衰老期，生命周期无明显界限，受环境条件、栽培目的、管理措施影响而改变。

大樱桃的生长周期分为萌芽开花期、新梢生长期、果实发育期、花芽分化期、落叶休眠期。

大樱桃的根系根据来源分为实生根系和茎源根系两大类。其生长和结构与砧木种类、繁殖方法、土壤条件和栽培技术等关系密切。

大樱桃的枝条分为营养枝和结果枝。营养枝顶芽和腋芽都是叶芽；结果枝分为混合枝、长果枝、中果枝、短果枝、花束状果枝 5 种。

大樱桃的芽按性质分为叶芽、花芽；按着生部位分为顶芽和腋芽。其中，顶芽都是叶芽；腋芽既有叶芽，也有花芽。叶芽较瘦长，花芽较肥大。

大樱桃对温度反应敏感，日平均 10℃ 左右，花芽开始萌动，日平均温度达到 15℃ 时开始开花，花期因品种而异，一般 7～14 天。花期遇到晚霜，会对产量造成严重影响。

不同樱桃种类之间自花结实能力差别很大，应注意配置授粉品种。

大樱桃自花结实率很低，除斯坦勒、拉宾斯等少数几个品种可以自花结实以外，大多数都需要配置授粉品种，即使是自花结实率较高的品种，配置授粉

品种也可以提高结实率，增加产量，改善品质。

樱桃属于核果类果树，其果实有外果皮、中果皮、内果皮（果核）、种皮和胚组成。可食部分为中果皮。果实发育期较短。

大樱桃在生产上多采用自由纺锤形、小冠疏层形、自然开心形等。密植栽培用自由纺锤形或小冠疏层形；反之，用主干分层形或自然开心形。

大樱桃修剪分生长季修剪和冬季修剪。生长季修剪的主要方法有刻芽、开张角度、扭梢、拿枝、摘心等；冬季修剪的方法有缓放、回缩、疏枝、短截等。不同时期树修剪的任务和方法不同，幼树期以培养树形和促进结果为主；结果期树以调整结果和维持结果为主；衰老期树以更新复壮为主。

建园的主要任务：一是园地的选择和规划；二是品种的选择和授粉树的配置。

果园土壤管理的主要内容包括：深翻、中耕、间作、树盘覆盖和土壤改良。

基肥多以有机肥为主，有时配适量的化肥，多在秋季施用。

追肥，根部追肥以速效肥为主，采用放射沟或穴施，多在花前、花期和花后3个时期进行。

大樱桃是喜湿怕涝的树种，灌溉宜少量多次，一般在花前、硬核期、采前期、采后期。灌溉方法有漫灌、沟灌、穴灌、喷灌、滴灌。大樱桃长时间积水易引起根系腐烂，要做好排水设施和排水工作。

 项目测试

一、判断题

1. 樱桃主根不发达，主要由侧根向斜侧方向伸展，一般根系较浅，须根较多。　　　　　　　　　　　　　　　　　　　　　　　（　　）

2. 枝的顶芽均为叶芽，腋芽单生，只有生长健壮的欧洲酸樱桃有少量复芽。　　　　　　　　　　　　　　　　　　　　　　　　　（　　）

3. 樱桃结果枝按其长短和特性可分为混合枝、长果枝、中果枝、短果枝、花束状果枝。　　　　　　　　　　　　　　　　　　　　（　　）

4. 樱桃对水分状况不敏感，既抗旱，也耐涝。　　　　　　　（　　）

5. 樱桃的夏剪多在4～8月份生长旺季进行。主要作用是缓和长势，促发中短枝，促进花芽形成。　　　　　　　　　　　　　　　（　　）

二、选择题

1. 樱桃的顶芽都是（　　　）；腋芽既有叶芽也有花芽。

  A. 花芽   B. 叶芽   C. 潜伏芽

2.（ ）不是提高樱桃果实品质的有效措施。

  A. 疏花疏果   B. 防治鸟兽危害

  C. 防止裂果   D. 铺设反光膜

3. 大樱桃是（ ）的树种，灌溉宜少量多次。

  A. 喜湿怕旱   B. 怕湿耐寒   C. 喜湿怕涝

4. 生产上因为嫁接亲和性不太好，一般不用（ ）作樱桃的砧木。

  A. 酸樱桃   B. 毛樱桃   C. 中国樱桃

三、简答题

1. 当地推广的优良樱桃品种有哪些？它们有哪些特性？

2. 樱桃枝条有哪些类型，分别有什么用？

3. 樱桃树为什么结果后容易光秃？

4. 哪些措施能促使樱桃高产优质

探究与讨论

  学生自由结合分组，每组 6 人，通过查资料从国内外市场价格、生产投入、人工费、承担风险、技术要求等方面论证大樱桃的生产优势和发展前景。

  时间：1 周。

  表现形式：调查报告。

  结果：邀请本学科专业老师做评委，按 1∶2∶3 的比例评出一、二、三等奖。

项目十二

山　楂

项目导读

　　山楂又称红果、山里红。我国是其原产地之一，栽培历史悠久，已有3 000余年，山楂丰产早实，寿命长、适应性广。栽后第三年结果，4～6年进入盛果期，经济栽培寿命长达100年以上，270余年生大树年产时仍可达200kg。为深受群众喜爱的经济林树种之一。

　　山楂果实营养丰富，适合鲜食，并且其药用价值也非常广泛，它具有散淤、消积、化痰、解毒、开胃、收敛等多种效能，已制成山楂丸、健脾丸、保和丸等十几种传统中成药。据近代医学证明，山楂还有降压、强心、扩张血管及降低胆固醇的作用。此外，山楂果实中还含有一种抗癌的药物成分牡荆素。

　　山楂果实富含红色素和果胶等物质，特别适于制成各种加工品，是食品工业的一种重要优良原料。常见加工品有山楂糕、果丹皮、山楂酱、蜜饯、果茶、山楂酒及糖葫芦等。近年还制成山楂晶、浓缩山楂汁等新产品，颇获好评。此外，从山楂叶中能提取山楂酮，制成高级营养保健饮料；从山楂核中能提取山楂核精，制成快速高效治疗软组织急性损伤和慢性劳损的贴膏。

　　学习这一章节，利用学到的山楂建园和一些栽培技术，就能在一些瘠薄山地、河滩沙地栽植，如果再结合山楂的深加工技术，开发出各种山楂的产品，就能获得显著的经济效益，增加当地的经济收入。

学习目标

知识目标

1. 熟悉当地山楂品种资源状况，认识山楂常见的优良品种；

2. 了解山楂的植物学习性，掌握山楂枝条的分类特征及生殖器官知识；

　　3. 了解山楂的生物学习性，掌握山楂的生长发育规律及对环境的需求。

能力目标

　　能综合利用文字资料、网络资料进行山楂的品种资源的调查，并结合本地状况进行品种的优化筛选，进而进行山楂园的建造；

　　1. 掌握山楂园的土、肥、水管理技术；

　　2. 掌握山楂园的花果管理技术；

　　3. 掌握山楂园的整形修剪技术；

　　4. 掌握山楂园的病虫害防治技术。

任务 12.1　山楂的调研及建园

一、山楂植物学特性的观察

　　1. 根系　山楂根系因砧木来源不同，其组成结构和在土壤中的分布状况有明显差异。用根蘖苗嫁接的山楂树，无明显的主根，根的垂直分布较浅，侧根发达。用实生苗嫁接的山楂树有主根，垂直分布较深。就地播种就嫁接的要比移栽的更深。

　　山楂树幼苗时期根系生长最快，并且垂直生长的速度超过地上部，但水平生长的速度较慢，须根不发达。随树龄的增加，垂直生长减缓，水平生长加快。盛果期前，水平根的幅度已达最大限度，根系不再向外延伸。衰老期树，因树体缩小，骨干枝衰老，根系的水平范围有所缩小。幼树的根系在 1 年中，生长开始得早，结束得晚，吸收根粗而长，第一次生长高峰结束得早，而第二、三次生长高峰持续的时间长于初果期和盛果期树。

　　2. 芽的类型　山楂芽依着生位置分为顶芽和侧芽。由营养枝顶端生长点形成的芽为顶芽；在幼旺树上此类枝条往往又有个别第一侧芽与顶芽距离很近，节间很短，发育大小相似，这样的芽一般表现芽体较大，近圆球形而饱满、坚实，大部分是混合花芽。花枝顶端结果后，花序基部成为一段枯桩，花序总轴宿存，着生于该总轴基部的芽，虽居一枝之顶，但并非由枝顶生长点所形成故称假顶芽，此类芽多为混合芽。顶芽有叶芽、花芽（混合芽）之分，圆大而饱满者多为花芽，尖小而瘦瘪者是叶芽。

　　3. 枝条的分类　山楂的树体是由各种枝条组成的，各类枝条的长势及转化情况，直接影响着树体的生长发育状况。按年龄可分为当年新梢、1 年生枝、2 年生枝和多年生枝，与生产关系密切的是营养枝和结果母枝两类。

（1）**营养枝**　营养枝是由叶芽萌发而形成的枝。

（2）**结果母枝**　当年抽生并能开花结果的枝条为结果枝或结果新梢，又称作结果母枝，具有一定粗度的果枝坐果能力较强，结果母枝顶部着生 1 个或几个混合芽，翌年能抽生结果新梢开花结果。

（3）**徒长枝**　停长晚，一般开花后还在生长，当年形成花芽较困难，可利用更新树冠或培养结果枝组。

（4）**叶丛枝**　着生在 1 年生或多年生枝上的叶片呈"莲坐状"分布，并可以看出一个明显的顶芽，但无明显的节间，这样的短缩枝称为叶丛枝。

营养枝和结果枝在不同的情况下可能相互转化。山楂树上的营养枝或早或晚，大部分都会转化成结果枝，但因枝势不同，转化的难易程度也有所不同。

4. 花的类型　山楂以伞房花序为主，也有伞形和复伞房花序。在结果新梢的顶端着生总花梗，其上再分出 2～4 个分花梗，顶端再分生小花梗，小花梗上方着生小花。山楂的果枝除具有直接着生在结果新梢顶端的主花序外，在其下第一节往往生有副花序。在 1 个花序内，副花序的有无和 3 枝花得多少是品种丰产性能的重要标志之一。通常每个花序有小花 5～42 朵，以 14～16 朵者居多。

5. 果实　山楂的果实是子房下位花形成的假果，一般由 5 个心皮构成，可食部分是花托的皮层。

山楂果实的颜色多数为红色或紫红色、橙红色、黑红色等，也有的为黄色（云南山楂）、橙黄色（阿尔泰山楂）。栽培类型的各品种果实较大，一般单果重 9～11g，大者可达 17g。山楂的果实自盛花期发育起直到完全成熟一般为120～150 天。果实的生长发育大体可分为幼果速长期、缓慢增长期和果实速长期 3 个阶段。

6. 叶片　山楂的叶片一般由 3 部分构成：叶片、叶柄、托叶。叶片多呈宽卵形或三角状形等，叶正面革质化较强，光亮，呈深绿色；背面呈浅绿色，有较多的绒毛，叶尖多为渐尖型。

春季山楂自展叶后，以较短的时间形成叶幕，成龄树比幼旺树需要的时间短。在初花期前已形成全树叶面积的 75.5%，对山楂生长结果较有利。叶幕形成还受温度、树体营养状况等因素的影响，加强秋季肥水管理，增加树体营养物质的贮存，对翌春及早形成叶幕是十分必要的。

二、山楂生物学习性及对环境的要求

山楂树对环境适应性强，耐干旱、耐瘠薄、抗风、耐寒。但品种（类型）

不同，对环境适应性也有较大的差异，各地在栽植山楂时，应注意选用适宜当地栽培的品种。

1. 土壤　山楂树对土壤要求不严，但喜砂质壤土或壤土，河滩沙土、砾质壤土亦能正常生长结实。黏重壤土生长较差，且果实品质也欠佳。土壤一般以中性微酸性为好，pH 7.4 以上的盐碱地上生长较弱，易患黄叶病。山楂在山地、丘陵、平原均可栽植，在海拔 1 500m 以下，坡度为 5°～15°的缓坡山地栽植，随着海拔高度的增加，果实着色愈浓，冠高率愈小。土层较厚、较湿润的半阴坡或水源条件较好的阳坡生长结果良好。

2. 温度　我国山楂的经济栽培区在北纬 29°～48°，无霜期 110～120 天，年均气温为 2.4～22.6℃（12～14℃的地区为最好），≥10℃有效积温为 2 000～7 000℃，丰产区有效积温为 3 000～4 500℃。山楂可忍耐绝对最低气温－40℃，最高气温 43.3℃。一般能适应－15～－20℃的严寒和 40℃的高温。山楂萌芽抽枝的月平均气温为 13℃左右，果实生长发育的月平均气温为 20～28℃，最适气温为 25～27℃；山楂根系在早春地温达 5℃以上，即开始生长；晚秋或初冬地温降至 6℃以下，根系被迫停止生长，进入休眠状态。

3. 湿度　山楂具有强大的根系，树体组织的水势较低，山楂叶组织水势为－31.96×10^5 帕（苹果和梨的水势分别为－24.77×10^5 帕和－23.05×10^5 帕），山楂抗旱能力较强。安全土壤含水量为 9.34%～11.66%，萎蔫湿度为 7.2%～9.15%，致死湿度为 5.8%～8.6%。山楂不耐涝，若在地下水位过高或排水不良、容易积水的场所栽植，根系常因积水而死亡。

4. 光照　山楂为喜光果树，要结果良好，需要有 5h 以上的直射光照。所以，在整形修剪上要严格控制枝叶量，充分利用并控制背上枝，改善并扩大露光叶幕面积，达到高产优质的目的。

三、常用品种

1. 大金星　山东省临沂、潍坊和泰安等地主栽的农家品种。果实极大，阔倒卵圆形，平均单果重 16g，最大果重 19g；果皮深红或紫红；果点极大而密，黄褐色；果肩稍平，呈多棱状；萼片卵状披针形，开张反卷；果肉绿白，散生红色斑点；味酸稍甜，肉质细硬；可食率高达 88.3%。百克鲜果可食部分含可溶性糖 11.35g，可滴定酸 3.57g，果胶 2.7g，维生素 C 62.4～73.6mg。加工干片，出片率 35.6%。树势强，萌芽率 45.1%，可发长枝 4～5 个。定植后 4～5 年始果，中、长枝成花力强，果枝长势强；自然授粉坐果率 52.9%，花序坐果平均 8.8 个；果枝连续结果能力强。果实 10 月中旬成熟。

2. 敞口　山东省鲁中山地主栽的农家品种。河北、北京、辽宁和中原栽培区近年引种表现良好。果实扁圆形，平均单果重 10.1g，果皮深红色；果点较大而密，黄褐色；近萼处常有褐色斑块；萼片绿色、开张反卷；萼筒大，漏斗形，故有'敞口'之名；果肉绿白，散生有红色斑点；肉质较细硬，味酸稍甜，可食率 85.5%。百克鲜果含可溶性糖 8.44～11.07g，可滴定酸 2.48～4.04g，果胶 2.14～2.92g，维生素 C 48.1～65.21mg。树势强，半开张；萌芽率 44.4%，可发长枝 5～6 个；果枝长势极强，果枝连续结果能力强；自然授粉坐果率 57.4%；花序平均坐果数 7.0 个。定植后 3～4 年始果，成龄树株产 50～120kg。在北京地区 10 月上中旬成熟。该品种适应性强，适栽地区广，丰产稳产，果实品质中上等。适于加工山楂干片或入药等。

3. 磨盘山楂　辽宁抚顺市供销社选出的品种，1984 年经辽宁省农作物品种审定委员会审定。

果实大，扁圆形，纵径 2.4cm，横径 2.7cm，平均果重 11.2g。果皮深红色，果点中大；果肉绿白，甜酸，肉质致密可食率 83.9%。叶片极大，长卵圆形，长 12.0cm，宽 10.9cm，叶面浓绿。花冠 30mm，雌蕊 4～5 枚，雄蕊 20 枚，花药紫红色。每百克鲜果可食部分含可溶性糖 8.96g，可滴定酸 3.01g，果胶 2.2g，维生素 C 59.84～63.8mg。

4. 九山红　1976 年在山东省曲阜市董庄乡丁庄村发现的优良单株，经 10 余年繁育，1986 年通过济宁市鉴定，已在临沂、泰安、济宁等地推广。

果实中大，扁圆形，纵径 2.5cm，横径 2.8cm，平均果重 9.0g。果皮鲜红色，果点较小，果面光洁艳丽；果肉浅黄色，肉细致密，酸甜适口，可食率 85%～90%。叶片大而厚。每百克鲜果可食部分含可溶性糖 9.8g，可滴定酸 3.07g，果胶 3.99g，维生素 C74.16mg。

树姿半开张，树势中庸，萌芽率 85%，成枝力强。自然授粉坐果率 68.2%。结果早，定植树第二年结果株率 25%，3 年生结果株率 72.5%。成龄树丰产、稳产。在山东曲阜地区，5 月上旬始花，10 月上旬果实成熟。

该品种适应性强，山丘薄地、沙滩地都可栽培。树体紧凑，结果早，易早期丰产。果实品质上等，适于鲜食和加工利用。

5. 大红袍　山东龙口农家品种，山东福山等地也有少量栽培。

果实中大，方圆形，纵径 2.7cm，横径 2.9cm，平均果重 8.0g，大小不整齐。果皮大红色，梗洼浅陷，果梗有毛。果点较大，星芒状，黄褐色；果肉粉红，肉质松软，酸甜适口，可食率 86.7%。不耐贮藏，贮藏期 60 天左右。叶片广卵圆形，叶梗细长。花冠较大，冠径 26mm，雌蕊 3～5 枚，雄蕊 17～

22 枚，花药紫红。1 年生枝栗褐色，2 年生枝灰褐色。

该品种树树势健壮，结果早，丰产，鲜食品质中上等。

6. 大货　山东历城农家品种，泰安地区也有栽培。

树势强，萌芽率中等，成枝力较弱，中长枝成花力强，果枝长势中等。自然授粉坐果率 17.5%，花序坐果数较低。成龄树树姿半开张，1 年生枝红褐色，2 年生枝灰褐色。在山东省菏泽、泰安地区，4 月中旬萌芽，5 月初始花，10 月上中旬果实成熟。

该品种适应性强，耐旱，较丰产，果实品质较差。

7. 甜红　1982 年在平邑县发现的甜酸适口、香味浓郁，宜鲜食的品种，1990 年通过鉴定。

树势中庸，树姿半开张，树冠呈自然开心形。萌芽率、成枝率皆高，果枝可连续结果 4～6 年。果实扁圆形，平均单果重 10.2g，果皮橙红色，光亮。果肉厚、米黄色、质细，可食率 91.2%，含总糖 10.7%，总酸 1.53%，每100g 果肉含维生素 C 37.4mg。10 月上旬成熟。抗旱、耐瘠薄，适应性强，丰产，宜作鲜食品种。

8. 金星绵　山东栖霞市南部栽培的农家品种。果实较大，近圆形，纵径 2.4cm，横径 2.7cm，平均果重 11g。果皮大红色，果肩呈多棱状，果梗密生绒毛，果面较粗糙。果肉黄白或橙黄，味酸稍甜，肉质较松软，可食率 88.4%。每100g 鲜果可食部分含可溶性糖 7.8mg，可滴定酸 2.91mg，维生素 C 58.0mg。

树姿开张，1 年生枝红褐色，2 年生枝黄褐色。叶片中大，长 9.0cm，宽 9.0cm，叶尖渐尖。花冠 25mm，花药紫红。树势强，成枝力弱。果枝连续结果能力强。在山东栖霞 3 月下旬萌芽，5 月中旬始花，10 月下旬果实成熟。

该品种树势强，丰产；果实品质中上等，适于入药和加工利用。

四、建园与栽植

1. 园址选择　山楂建园的行向，平地、河滩地以南北向为好。山区梯田地栽植，以与梯田的长边走向一致为佳。

山楂建园应因地制宜、全面规划、合理安排。山楂树虽然对环境条件要求不严，但土层深厚、肥沃、排水良好的砂质壤土地生长最好，而在黏重土壤、盐碱地生长不良。丘陵山地，光照充足、昼夜温差大、排水良好，果品质量较高。因此，建园时宜选择土层深厚、坡度较小的地块。如土层薄、土质较差时，则需先行深翻改土，增厚土层，并整成梯田，以利保持水土。丘陵山地的坡向对山楂树生长发育也有一定的影响，一般南坡比北坡光照时间长，早春地温回升快，物候期较早，果实成熟早、着色好。若无水浇条件，则北坡比南坡稍好。

平原建园，则应选地下水位不高，易于机械化操作的地块；若土壤瘠薄，肥力较差，可增施有机肥料，改善土壤肥力状况，以利栽植后强壮树势。

2. 山楂园建立　新建园地，需先进行勘察分析，合理布局。对小区的划分、道路的设置、防风林的建立、排灌系统的设置等，都要统筹安排，做出规划并进行建设。

3. 栽植　山区和土壤瘠薄地多采用 3m×4m 或 4m×5m 的株行距，每亩栽植 33～55 株，按短矩形永久性栽植；平地或较肥沃地，多采用 4m×6m、5m×7m 的株行距，每亩栽植 22～28 株永久性植株。为充分利用地力，可利用山楂早实特性变化密植，即前期密植，对永久性的临时性植株分别采取不同的修剪及管理方法，令临时性植株提前结果，早期丰产。当覆盖率达 80％左右，叶面积系数大于 3 时，进行间伐，保留永久性植株。

任务 12.2　山楂主要生产技术

一、土、肥、水管理

（一）土壤改良

每年春、夏、秋季进行 1～3 次耕翻树盘，疏松土壤，消除根蘖、杂草，改善土壤通气、水分和营养状况。同时结合进行培土修筑存水盘。也可用麦秸、玉米秸、糠、杂草、落叶、锯末等物进行树盘覆盖。

（二）肥料管理

山楂的施肥时期主要有基肥、花期追肥、果实膨大前期追肥、果实膨大期追肥。

1. 基肥施用　最好在晚秋果实采摘后及时进行，这样可促进树体对养分的吸收积累，有利于花芽的分化。基肥的施用最好以有机肥为主，配合一定量的化学肥料。化学肥料的用量：作基肥的氮肥一般占年施用量的一半左右，相当于每株施用尿素 0.25～1.0kg 或碳酸氢铵 0.7～5.0kg；磷肥一般主要作基肥，约占年施用量的 80％，相当于施用含五氧化二磷 16％的过磷酸钙 1.0～5.0kg；基肥中的钾肥用量一般主要为 0.25～2.0kg 的硫酸钾或 0.25～1.5kg 的氯化钾。施用量根据果树的大小及山楂的产量确定。开 20～40cm 的条沟施入，注意不可离树太近，先将化学肥料与有机肥或土壤进行适度混合后再施入沟内，以免烧根。

2. 花期追肥 以氮肥为主，一般为年施用量的 25％左右，相当于每株施用尿素 0.1～0.5kg 或碳酸氢铵 0.3～1.3kg。根据实际情况也可适当配合施用一定量的磷、钾肥，结合灌溉开小沟施入。

3. 果实膨大前期追肥 主要为花芽的前期分化改善营养条件，一般根据土壤的肥力状况与基肥、花期追肥的情况灵活掌握。土壤较肥沃，基肥、花期追肥较多的可不施或少施，土壤较贫瘠，基肥、花期追肥较少或没施肥的应适当追施。施用量一般为每株 0.1～0.4kg 尿素或 0.3～1.0kg 碳酸氢铵。

4. 果实膨大期追肥 以钾肥为主，配施一定量的氮、磷肥，主要是促进果实的生长，提高山楂的碳水化合物含量，提高产量、改善品质。每株果树钾肥的用量一般为硫酸钾 0.2～0.5kg，配施 0.25～0.5kg 的碳酸氢铵和 0.5～1.0kg 的过磷酸钙。

（三）水分管理

山楂树一般 1 年浇 4 次水，灌水量因树龄、树势、土壤而不同，一般每次灌水应达到树冠投影面积内的土壤湿透 40～60cm 为好。春季有灌水条件的在追肥后浇 1 次水，以促进肥料的吸收和利用。从落花后到生理落果前，结合追肥浇水可减少花后落果和有利于第一次果实生长高峰的出现，加速果实膨大，从而提高其坐果率。8 月份山楂果实生长最后 1 次高峰之前浇水，对加速果实膨大作用明显。在冬季及时浇足封冻水，以利树体安全越冬。低洼易涝土壤黏重的山楂园，应挖沟排涝，及时排除积水。其措施：树盘培土，防止积水。适时松刨，增强土壤通气性，促进水分蒸发，减少土壤含水量。

二、山楂的常用树形

山楂的树形，目前多采用低干、少主侧枝、大层间受光表面积大的主干疏层形、二层延迟开心形及开心形等。

1. 主干疏层形 适于平原土壤肥沃地区应用，基本结构为主干高 40～60cm，树高 3～4m，第一层主枝 3 个，均衡占满水平面；第二层 2 个主枝与第一层主枝插空留好，层间距 80～90cm；第三层主枝 1 个，不留中心干延长枝，第三层至第二层的层间距 50～60cm。每主枝上留侧枝 2～3 个，左右排列，最后培养成紧凑的主干疏树形。

2. 二层延迟开心形 适于产地条件好、管理水平高的密植山楂园。基本结构为主干高 30～40cm，树高 3～4m，第二层侧枝 2 个，第二层主侧枝都要把角度拉开，形成开心。

3. 开心形 该树形适于山地密植山楂园。基本结构为干高 50～60cm，树高 3～3.5m，主枝 3～4 个，各主枝在外侧分层配置侧枝，各侧枝着生位置低于主枝高度。

三、病虫害防治技术

（一）病害防治

山楂常发生病害有白粉病、褐斑病、黑斑病、立枯病、炭疽病、黑斑病、疮痂病、锈病、叶枯病、斑点病、白星病。

1. 白粉病 由子囊菌亚门单丝壳属真菌和叉丝单囊壳属引起的病害，发病部位叶片及嫩梢。初期叶片上产生白粉状斑点，后迅速扩大蔓延，整个叶片布满白色霉层，叶片皱缩，新梢扭曲，最后病部形成不规则褪绿斑。

防治方法：发病初用 0.2～0.3 波美度石硫合剂，每 10 天 1 次，也可用 20%粉锈宁（三唑酮）可湿性粉剂 1 000～1 500 倍液及 32%乙蒜素酮乳剂 1 500 倍液喷洒，7 天 1 次，连喷 2 次以上。

2. 褐斑病 由半知菌亚门尾孢属真菌引起的病害，主要危害叶片。叶片上初出现黄褐色失绿小斑，后渐扩大呈圆形，初淡褐色，后褐色至深灰色，直径 2～3mm，后病斑上长出暗色绒毛状物。

防治方法参考黑斑病。

3. 黑斑病 由半知菌亚门放线孢属引起的病害，主要危害叶片。病斑潜生于叶片上表层，初呈黄褐色斑，后扩大为圆形或不规则形，黑色或紫色，常愈合，边缘纤毛状，菌丝在角质层下，呈放射形分枝。

防治方法：可在发病初期用 50%多菌灵可湿性粉剂 800 倍液或 50%苯菌灵可湿性粉剂 1 000 倍液及 16%病无灾（乙蒜·酮）可湿性粉剂 800 倍液及 70%甲基托布津可湿性粉剂 1 000 倍液喷洒，10 天 1 次，连喷 2 次以上。

4. 炭疽病 由子囊菌亚门小丛壳属真菌引起的病害，主要危害叶片亦危害果实。始发病叶片上呈圆形、近圆形小斑，中央微黄，边缘微红褐，后扩大边缘褐色，中央青色凹陷变薄，潮湿时微露小黑点。果实发病，初水渍状深青色斑，后扩大中央凹陷，成褐色，微具轮纹，上生小黑点。

防治方法：用 50%多菌灵可湿性粉剂或 70%甲基托布津可湿性粉 1 000 倍液，50%炭疽福美可湿性粉剂 400 倍液，80%代森锰锌可湿性粉 500 倍液喷洒，7 天 1 次，连喷 2 次以上。

5. 黑腐病 由子囊菌亚门囊孢壳属及半知菌亚门球壳孢属引起的病害，主要危害叶片，新梢和果实。叶片发病多从叶尖和叶缘开始，初呈水渍状淡绿色，后逐渐向内发展，呈不规则形，灰褐色，边缘红褐色，潮湿时有小黑点。新梢发病如灰褐色、溃疡状，皮层破裂，腐烂枯死。果实发病，出现水渍状斑，后扩大为黑褐色腐烂，有小黑点出现。

防治方法：

（1）早春地表及植株普喷1遍5波美度石硫合剂或1∶1∶100波尔多液。

（2）发病初及时用50%多菌灵可湿性粉剂800倍液，50%苯菌灵可湿性粉剂1 000倍液，32%乙蒜素酮及30%菌无菌（乙蒜素）乳剂1 500倍液喷洒，10天1次，连喷2次以上。

（二）虫害防治

山楂上常发生虫害有白小食心虫、桃小食心虫、梨小食心虫、槐枝坚蚧、山楂红蜘蛛、草毛金龟子、天牛、大绿浮尘子等。

1. 三种食心虫　白小食心虫以初孵幼虫从果实萼洼处蛀入，吐丝把数果缀在一起危害。把虫粪排出果外，以丝相连，形成较大粪团。桃小食心虫幼虫蛀入果实后，可见针尖大小的入果孔，1～2天后，果面有微量水珠状胶，初害果着色早，幼虫在果内纵横串食，果内充满粪便。梨小食心虫幼虫从萼洼处蛀入，萼洼处有粪柱。从果面蛀入者，孔口有少量虫粪，孔口边缘变黑色。

防治方法：

（1）越冬幼虫出土期每亩用10%辛拌磷粉粒剂或2.5%甲敌粉2.5kg，撒园内，浅锄混土。

（2）各代成虫始发期田间设置糖醋诱液或高压汞灯诱杀成虫。

（3）各代卵盛期，田间释放赤眼卵蜂，3万～5万头/亩。

（4）在各代老熟幼虫脱果化蛹，在各树干上捆草把，诱集幼虫，越冬后或早春取下草把，并刮老皮集中烧毁。

（5）各代卵孵盛期用20%速灭杀丁乳剂或5%来福灵乳剂1 500～2 000倍液，90%晶体敌百虫800倍液，40%乐果乳油，50%杀螟松乳油2 000倍液喷洒。

（6）卵孵始盛也可用1亿/ml活孢子含量的白僵菌或杀螟杆菌菌液喷洒。

2. 山楂红蜘蛛　以成若螨吸食叶片汁液，最初使叶片出现失绿小斑点，随后扩大连片，叶片枯黄提前脱落。

防治方法：有红蜘蛛发生危害时，可及时用1.8%阿维菌素乳剂2 000倍液或3.2%快克螨（阿维·哒）乳油1 000倍液，0.2～0.3波美度石硫合剂或5%唑螨酯悬浮剂1 500倍液喷洒。

3. 蚧壳虫类　以幼虫在枝叶上危害，初害枝叶形成煤烟状物，被害叶色变黄，严重时提前落叶和枝条干枯。

防治方法：幼虫初孵期可用 0.2～0.3 波美度石硫合剂，25％西维因可湿性粉剂 300 倍液，50％杀螟松乳油 1 000 倍液，40％乐果乳油 1 000 倍液喷洒。

4. 金龟子类　以成虫取食山楂叶片，造成叶片大量缺刻，严重时可将全树叶食光。

防治方法：成虫发生期可叶面喷洒 40％乐果乳油 1 000 倍液或 40％毒死蜱乳剂 1 500 倍液，2.5％三氟氯氰菊酯乳剂 1 500 倍液及 1 亿/ml 活孢子含量的白僵菌菌液喷洒。

5. 天牛　以幼虫钻蛀茎干内蛀隧道危害，使山楂生长势降低，成虫在早晨可啃食幼嫩枝皮。

防治方法：

（1）早晨在园内捕捉成虫。

（2）园内释放天牛幼虫寄生天敌肿腿蜂或花绒肩甲成虫。

（3）发现树茎干虫孔，把用蘸有 80％敌敌畏原液的棉球塞入洞内，用泥土封孔。也可用 1/2 磷化铝片塞孔洞内，泥土封口。

 **项目小结**

1. 山楂的植物性特性：根、芽、枝、结果习性。

2. 山楂生物学习性对环境条件的要求：山楂树对环境（土壤、光照、温度、湿度）适应性强，耐干旱、耐瘠薄、抗风、耐寒。但品种（类型）不同，对环境适应性也有较大的差异。

3. 山楂常见的品种：大金星、敞口、大货、大红袍、九山红等。

4. 建园技术：园地选择、品种选择、栽培密度、栽植季节、栽植方法及幼树管理。

5. 土肥水管理：土壤管理、科学施肥、水分管理。

6. 山楂树的整形修剪：常用树形及修剪。

7. 病虫害防治：病害主要有白粉病、褐斑病、黑斑病、立枯病、炭疽病、黑斑病、疮痂病、锈病、叶枯病、斑点病、白星病；虫害主要有白小食心虫、桃小食心虫、梨小食心虫、槐枝坚蚧、山楂红蜘蛛、草毛金龟子、天牛、大绿浮尘子等。

项目测试

一、名词解释

二层延迟开心形　伞房花序　放任树

二、选择题

1. 下列哪一种果树，芽的异质性最明显（　　）。

A 苹果　　　　　　B. 桃　　　　　　C. 山楂

2. 下列哪种果树的花芽属顶侧生，而果实为侧生（　　）。

A. 山楂　　　　　　B. 核桃　　　　　　C. 柿树

3. 下列哪种果树的耐阴性强（　　）。

A. 山楂　　　　　　B. 葡萄　　　　　　C. 桃

4. 下列哪种果树的果实发育动态图形是双 S 形（　　）。

A. 苹果　　　　　　B. 核桃　　　　　　C. 山楂

5. 下列果树中，属仁果类的果树是（　　）。

A. 李　　　　　　B. 山楂　　　　　　C. 枣　　　　　　D. 柿

6. 苹果、梨、山楂、木瓜等果树属于（　　）。

A. 核果类　　　　　B. 坚果类　　　　　C. 浆果类　　　　　D. 仁果类

7. 下列属于温带果木的一组是（　　）。

A. 苹果、梨、核桃、李、桃、山楂、葡萄、柿

B. 柑橘类、荔枝、龙眼、杨梅、枇杷、橄榄

C. 香蕉、菠萝、芒果、椰子、人心果

D. 山葡萄、山定子、秋子梨、树莓

8. 山楂播种育苗时，由于种子的种皮坚硬，为提高其出芽率，可采用两种处理方法，即（　　）。

A. 层积处理　　　B. 冷热处理　　　C. 浓硫酸处理　　　D. 催芽处理

三、判断题

1. 山楂花期在 5～6 月，果实于 9～11 月成熟，果内富维生素。　　（　　）

2. 山楂是利用种子繁殖，但是为了提高出芽率，要进行冷热处理或浓硫酸处理。　　（　　）

四、简答题

1. 山楂可加工成哪些产品？

2. 山楂对环境的要求有哪些？

3. 山楂的常用的树形有哪些?

五、综合分析题

促进山楂丰产优质的措施有哪些?

探究与讨论

疏于管理的放任树的改良措施

山楂树适应强,但多年疏于管理往往造成树形混乱,不是徒长枝过多,就是树势衰弱,从而造成结果状况不良。针对这种树可以考虑从下面 3 个方面的措施加以改造。

1. 整形修剪放任生长的山楂树,全树大枝往往过多,而冠内小枝密集,影响产量和品质。根据山楂枝条的生长特性,可采用疏散分层形、多主枝自然圆头形或自然开心形的树形进行整形。疏散分层形的树体结构与苹果相同,可参照进行。惟山楂树干性较弱,容易发生偏干、偏冠现象,整形中可利用剪口芽的剪留方向或更换中心干的延伸枝加以控制调整。当中心干严重倾斜不易培养时,也可顺应其长势除去中心干,改成自然开心形树形。全树保留 3~4 个主枝,基角 45°~50°,再在各主枝上适当培养副主枝,占有空间。采用多主枝自然圆头形整形时,可根据枝条的自然长势,使主枝间保持 30cm 左右的间隔适当疏散排列,并向四外伸展,全树共培育 6~7 个主枝。盛果期的山楂树,主要是对连续结果数年的结果母枝轮流回缩复壮,防止结果部位外移,稳定产量,并维持良好的长势。特别对结果多年而下垂的枝群应在 3~5 年生枝段上较重回缩。当因结果过多发生大小年现象时,对大年树应疏除过多的结果母枝,使母枝与发育枝的比例保持 2∶1 或 1∶1。也可在现蕾期进行花前复剪,疏去部分弱枝上的花序,促进花芽分化。树冠郁闭严重时,首先间流或回缩部分大枝,同时疏剪部分发育枝。

2. 土肥水管理及其他基肥掌握秋季早施,追肥可在发芽展叶、开花着果及果实膨大等几个时期中,根据具体情况施用。春季花期追肥和叶面喷硼(用 0.5% 硼酸溶液)能显著提高着果率和促进新梢生长。大年树则应加强后期 (8~9 月)追肥,促进花芽分化。遇有旱情引起落果时,应进行灌溉或松土覆草,减轻旱情。

生产中有山楂会发生严重的落花落果现象,影响产量。原因包括树老衰弱、授粉受精不良、土壤干旱、光照不足等,要针对不同情况采取相应措施。

对因授粉受精不良引起的落果或花而不实时，可在初花期到盛花期喷布50mg/kg浓度的赤霉素溶液，重点喷布花簇，能提高着果率1～2倍以上，并使果实提前着色成熟。

3. 主要病虫害及其防治。山楂病害一般发生不重。有时有花腐病和白粉病发生。花腐病危害叶片、新梢和花果，可在清园的基础上于萌芽前喷布5波美度石硫合剂，展叶后喷布0.4波美度石流合剂或700倍液50％甲基托布津药剂，同时兼防白粉病。虫害主要有金龟子类和刺蛾吃食叶片或花器，食心虫类为害果实，以及叶螨类吸食树液，可参照苹果和梨树上的发生规律进行防治。

项目十三

核　桃

项目导读

　　核桃是我国栽培历史悠久的重要木本油料果树，具有较高的经济价值。核桃种子富含脂肪、蛋白质、糖类、维生素及钙、铁、磷、锌等多种无机盐，具有较高的营养价值和良好的医疗保健作用，尤其是种仁中富含的亚油酸对软化血管、降低血液胆固醇有明显的作用。核桃树体高大，枝干挺立，枝叶繁茂是荒山造林、保持水土、美化环境的优良树种。

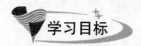学习目标

知识目标

1. 了解核桃主栽品种基本性状；

2. 掌握核桃生物学特性；

3. 掌握在核桃栽培中的主要修剪方法；

4. 理解在核桃优质高效栽培中各项技术措施的主要作用。

能力目标

1. 能够正确应用各种修剪方法；

2. 能够综合应用核桃栽培中的各项技术措施。

任务 13.1　核桃的主要品种

一、核桃主要品种

　　核桃科（Juglandaceae）共有 7 个属，约有 60 个种。用于果树栽培的有 2 个属，即核桃属（*Juglans* L.）和山核桃属（*Carya Nutt.*）

（一）核桃属

核桃属约有 20 个种分布在亚洲、欧洲和美洲。我国栽培的有 1 8 个种，其中栽培最多、最广的有 2 个，即普通核桃（*Juglans rejia* L.）和铁核桃（*J. sijillata* Dode），其余有少量栽培或野生，或用作砧木。

1. 普通核桃（*J. rejia* L.） 又称胡桃，国外叫做波斯核桃或英国核桃。世界各国核桃绝大多数栽培品种均属此种。普通核桃在我国栽培分布很广，除部分属于铁核桃，多为此种。以山西、河北、陕西、甘肃、河南、山东、新疆、北京等省、自治区、直辖市为集中产地。

树为高大落叶乔木，一般树高 10～20m，树冠大，寿命长；树干皮灰色，幼树平滑，老时有纵裂。一年生枝呈绿褐色，无毛，具光泽，髓大；奇数羽状复叶，互生，小叶 5～9 枚，稀 11 枚，对生。雌雄同株异花、异熟。雄花序葇荑状下垂，长 8～12cm，每序有小花 100 朵以上，每小花有雄蕊 15～20 个，花药黄色；雌花序顶生，雌花单生、双生或群生，子房下位，1 室，柱头浅绿色或粉红色，2 裂，偶有 3～4 裂，盛花期呈羽状反曲。果实为坚果（假核果），圆形或长圆形，果皮肉质，幼时有黄褐色茸毛，成熟时无毛，绿色，具稀密不等的黄白色斑点；坚果多圆形，表面具刻沟或光滑。种仁呈脑状，被浅黄色或黄褐色种皮。

2. 铁核桃 又称泡核桃、漾濞核桃、茶核桃、深纹核桃，主要分布在云南、四川、贵州等地。

落叶乔木，树皮灰色，老树暗褐色具浅纵裂。1 年生枝青灰色，具白色皮孔。奇数羽状复叶，小叶 9～13 枚。雌雄同株异花。雄花序粗壮，葇荑状下垂，长 5～25cm，每小花有雄蕊 25 枚，雌花序顶生，具雌花 2～3 枚，稀 1 枚或 4 枚，偶见穗状结果，柱头 2 裂，初时呈粉红色，后变为浅绿色形。果实倒卵圆形或近球形，黄绿色，表面幼时有黄褐色茸毛，成熟时无毛；坚果卵形，两侧稍扁，表面具深刻点状沟纹。内种皮极薄，呈浅棕色。喜湿热气候，不耐干冷，抗寒力弱。

3. 核桃楸 又称胡桃楸、山核桃、东北核桃、楸子核桃，原产我国东北，以鸭绿江沿岸分布最多，河北、河南也有分布。

落叶大乔木，高达 20m 以上；树皮灰色或暗灰色，幼龄树光滑，成年后浅纵裂。小枝灰色，粗壮，有腺毛，皮孔白色隆起。奇数羽状复叶，小叶 7～17 枚。雄花序葇荑状，长 9～27cm；雌花序具雌花 5～10 朵。果序通常 4～7 果；果实卵圆形或椭圆形，先端尖；坚果长圆形，先端锐尖，表面有 6～8 条棱脊和不规则深刻沟，壳及内隔壁坚厚，不易开裂，内种皮暗黄色，很薄。抗寒性强，生长迅速，可作核桃品种的砧木。

4. 河北核桃 又称麻核桃，系核桃与核桃楸的天然杂交种，在河北、北京和辽宁等地有零星分布。

落叶乔木，树皮灰白色，幼时光滑，老时纵裂。嫩枝密被短柔毛，后脱落近无毛。奇数羽状复叶，小叶 7～15 枚。雌雄同株异花。雄花序葇荑状下垂，长 20～25cm；雌花序 2～3 小花簇生。每花序着生果实 1～3 个。果实近球形，顶端有尖；坚果近球形，顶端具尖，刻沟、刻点深，有 6～8 条不明显的纵棱脊，缝合线突出；壳厚不易开裂，内隔壁发达，骨质，取仁极难，适于做工艺品。抗病性及耐寒力均很强。

(二) 山核桃属

本属约有 21 个种，主要产于北美，其中 1 个种产于我国。现我国栽培的主要是山核桃和长山核桃 2 个种。

1. 山核桃 别名山核、山蟹、小核桃，产于我国浙江、安徽等省。生长于针叶阔叶混交林中。乔木，树皮光滑。小叶 5～7 枚；果实倒卵形，幼时有 4 棱；坚果卵形，顶端短尖，基部圆形，壳厚有浅皱纹。

2. 薄壳山核桃 别名美国山核桃、培甘、长山核桃，原产美国，是当地重要干果，我国云南、浙江等地有引种栽培。乔木，皮黑褐色。小叶 9～17 枚；果实矩圆形或长椭圆形，有 4 条纵棱，坚果矩圆形或长椭圆形。

二、核桃优良品种

我国各地有记载的品种和类型有 800 多个。按其来源、结实早晚、核壳厚薄和出仁率高低等，将其划分为 2 个种群、2 大类型和 4 个品种群。

核桃按来源分核桃和铁核桃；按结果早晚分为早实核桃和晚实核桃；按核壳的厚薄分纸皮核桃、薄皮核桃、中皮核桃和厚皮核桃。

早实核桃类群：实生播种后 2～3 年开始结果，嫁接后 2～3 年能开花结实，树体较小，常有 2 次生长和 2 次开花现象，发枝力强，侧生混合花芽和结果枝率高。

晚实核桃类群：实生播种后 6～10 年开始结果，嫁接后 3～4 年能开花结实，树体较大，无两次开花现象，发枝力弱，侧生结果枝率低。

1. 辽宁 5 号 由辽宁省经济林研究所经人工杂交培育而成。已在辽宁、河南、河北、山西、陕西、北京、山东、江苏、湖北、江西等地栽培。坚果长扁圆形，果基圆，果顶肩状，微突尖。纵径为 3.8cm，横径约为 3.2cm，侧径约为 3.5cm，坚果重约 10.3g。壳面光滑，色浅；缝合线宽而平，结合紧密，壳厚约 1.1mm。内褶壁膜质，横隔窄或退化，可取整仁或 1/2 仁。核仁较充实饱满，平均单核仁重 5.6g，出仁率 54.4%。核仁浅黄褐色，文理不明显，风味佳。该品种果枝率高，丰产性特强，抗病，特抗风，坚果品质优良，连续丰产性强。适宜在我国北方核桃栽培区和常有大风灾害的地区发展。

2. 辽宁 6 号　由刘万生等人通过人工杂交育成。已在辽宁、河南、山西、陕西、河北和山东等地栽培。坚果椭圆形，果基圆形，顶部略细，微尖。平均单果重约 12.4g。壳面粗糙，颜色较深，为红褐色。缝合线平或微隆起，结合紧密，壳厚 1mm 左右。内褶壁膜质或退化，可取整仁。核仁较充实，饱满，黄褐色，仁重约 7.3g，出仁率为 58.9%。树势较强，树姿半开张或直立，分

图 13-1　辽宁 6 号

枝力强，结果枝粗壮较长，属长枝类型，雌先型。比较抗病、耐寒。该品种树势较强，枝条粗壮，果枝率高，连续丰产性强，抗病（图 13-1）。

3. 寒丰　由刘万生等通过人工杂交育成，亲本为新疆纸皮核桃实生后代的早实单株 11005 和日本心形核桃。已在辽宁、河北、山西、陕西、甘肃和新疆等地栽培。坚果长阔圆形．果肇圆，顶部略尖。平均单果重 14.4g，属中大果型。壳面光滑，色浅，缝合线窄。壳厚约 1.2mm。可取整仁或 1/2 仁。核仁重约 7.6g，出仁率为 52.8%。核仁较充实饱满，黄白色，味略涩。树势强，树姿直立或半开张，分枝力强，属于中短枝类型。每雌花序着生 2～3 朵雌花，在不授粉的条件下可坐果 60% 以上，具有较强的孤雌生殖能力。多双果。丰产性较强，属雄先型。该品种生长势强，树冠较直立，分枝率高，抗病性强，坚果品质优良，连续丰产性强。雌花出现特晚，抗春寒，孤雌生殖力强，是其独特的生物学特性，非常适宜在北方易遭晚霜和春寒危害的地区栽培。

4. 中林 3 号　由中国林业科学研究院林业研究所经人工杂交育成。已在河南、山西、陕西等地栽培。树势较旺，树姿半开张，分枝力较强。属雌先型，中熟品种。侧花芽率在 50% 以上，幼树 2～3 年开始结果。丰产性极强，6 年生株产量在 7kg 以上。坚果椭圆形，平均单果重 11g。壳面较光滑，在靠近缝合线处有麻点，缝合线窄而凸起，结合紧密，壳厚约 1.2mm。内褶壁退化，横隔膜膜质，易取整仁，出仁率为 60%，核仁充实饱满，乳黄色，品质上等。该品种适应性强，品质佳。由于树势较旺，生长快，也可作农田防护林

的材果兼用树种。

5. 中林 5 号 由中国林业科学研究院林业研究所经人工杂交育成。已在河北、山西、陕西、四川和湖南等地栽培。树势中庸，树姿较开张。树冠长椭圆形至圆头形，分枝力强，枝条节间短而粗，丰产性好。属雌先型，早熟品种。结果枝属短枝型，侧生混合芽率为 90%。坚果圆形，果基平，果顶平。壳面光滑，缝合线较窄而平，结合紧密，壳厚约 1mm。内褶壁膜质，横隔膜膜质，易取整仁，出仁率为 58%，核仁充实饱满，仁乳黄色，风味佳。该品种适应性强，特丰产，品质优良，核壳较薄，不耐挤压，贮藏运输时应注意包装。适宜密植栽培。

6. 香玲 山东省果树研究所采用人工杂交技术育成。主要栽培于山东、河北、河南、四川、陕西等地。基部平，果顶微尖。坚果重 12.2g 左右，最大 14g。壳厚 0.9mm 左右，内褶壁退化，可取整仁。内种皮淡黄色，无涩味，种仁饱满，具香味。出仁率 65.4%，脂肪含量 65.5%，蛋白质含量 12.6%，坚果美观，品质上等。树势中等，树姿直立，树冠圆柱形，分枝力强，雄先型，中熟品种。核仁色浅，果仁饱满，丰产性能好。树势较旺，树姿较直立，分枝力较强，适应性较强，丰产，适宜在山区土层较深厚和平原林粮间作栽培。在土层薄、干旱地区和结实量太多时，坚果变小（图 13-2）。

图 13-2 香 玲

7. 鲁香 山东省果树研究所 1978 年杂交，亲本为上宋 6 号和新疆早熟丰产，1985 年选出，1989 年定为优系，1995 年 8 月通过专家组验收并定名为鲁香。树姿开张，树冠半圆形。坚果倒卵形，浅黄色，果顶平而微凹，果基扁圆，壳面刻沟浅、稀，较光滑，缝合线平，结合紧密，不易开裂，内褶壁膜质，纵隔不发达。平均单果重 12.7g，仁重约 7.84g，壳厚约 1.1mm，可取整仁。内种皮淡黄色，无涩味，核仁饱满，有香味。该品种树势中庸，树姿开张。幼树生长较旺，新梢较细，枝条髓心较小。嫁接苗定植后第一年开花，第二年结果；结果后树势变弱。母枝分枝力强，以中、短枝结果为主，坐果率为

82%。丰产、稳产性较强。鲁香核桃抗逆性强，适应性广，最适宜在青石山及含钙丰富的微碱性土壤上生长（图13-3）。

图13-3 鲁香

8. 元丰 山东省果树研究所从引进的新疆早实类群实生树中选育而成。主要栽培于山东、山西、陕西、辽宁、河南和河北等地。树冠半圆形，主枝开张角度为40°～45°，树势中庸，新梢黄绿色，复叶小叶5～7片，全缘无茸毛，为雄先型。雄花量较多，雌雄花芽重叠，常有2次开花结果习性。结果枝组紧凑、粗短，连续结果率为95.5%。坚果卵圆形，中等大，平均单果重12g，壳厚1.15mm。易取整仁，出仁率为49.7%，仁色深，风味香。该品种适应性较强，早期产量高，品质优良。适宜在山丘土层深厚处栽培。

9. 岱香 山东省果树研究所用早实核桃品种辽核1号作母本、香玲为父本进行人工杂交选育而成。树姿开张，树冠圆形，树冠密集紧凑。混合芽大而多，连续结果，雄花芽少时该品种具有丰产、稳产的突出性状。该品种为雄先型。坚果圆形，浅黄色，果基圆，果顶微尖，壳面较光滑，缝合线紧，稍凸，不易开裂。内褶壁膜质，纵隔不发达，易取整仁。平均单果重13.9g，仁重8.1g，出仁率58.7%。核仁饱满，香味浓、无涩味。坚果综合品质优良。适应性广、早实、丰产、优质，最适宜在平原壤土地区栽培（图13-4）。

图13-4 岱香

10. 元林和青林 由山东省林业科学研究院通过核桃种间杂交（母本为元丰，父本为强特勒）选育出的新品种。2007年9月通过了山东省科学技术厅组织的成果鉴定，并命名为元林、青林。

（1）元林 树姿直立或半开张，生长势强，树冠自然半圆形，以中、短果枝结果为主。单枝以双、三果为主，多者坐果可达8个，结果母枝连续结果能力较强，可连续4年结果。早实、丰产性状表现突出。坚果长圆形，平均单果重16.84g。壳面光滑美观，浅黄色。缝合线略窄而平，结合紧密，壳厚1.26mm左右，褶壁退化，易取整仁。核仁充实饱满，仁重约9.35g，出仁率为 55.42%左右，味香微涩。萌芽晚，抗晚霜，较抗细菌性黑斑病、炭疽病，结果早，品质优，丰产性状稳定，外观商品性状优良等特点。适宜在平原和丘陵山地、梯田堰边等土壤立地条件较好，以及在早春容易发生冻害的地区栽植。

（2）青林　优良母株生长旺盛，干性强，树姿直立，结实量大。坚果长椭圆形，果基圆，果顶微尖，平均单果重 17.8g，壳面为条状刻沟，较深，壳面较光滑，壳色黄褐色，缝合线窄凸，结合紧密，壳厚约 2.18mm。内褶壁退化，横隔膜膜质，取仁易，可取半仁或整仁。核仁浅黄色，充实饱满，内种皮淡黄色，无涩味，浓香，品质上等。仁重约 7.27g，出仁率为 40.12%。作为实生核桃品种，适于材果兼用。

11. 薄壳香　由北京市农林科学研究院林果研究所从新疆核桃实生园中选育而成。主要在北京、山西、陕西、辽宁和河北等地栽培。坚果长圆形，果基圆，果顶微凹，平均坚果重 12g。壳面较光滑，有小麻点，颜色较深；缝合线较窄而平，结合紧密，壳厚 1.0mm，易取整仁。核仁充实饱满，味香而不涩，出仁率60%左右；脂肪含量为 64.3%，蛋白质含量为 19.2%。树势较旺，树姿较开张，分枝力中等。雌、雄同熟型。适宜树形为主干疏层形，果粮间作适宜密度为 6m×10m，园艺栽培适宜密度为 5m×6m。较耐旱，抗霜冻，抗病性也较强。适宜在华北、西北丘陵地区栽培（图 13-5）。

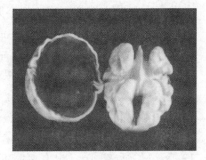

图 13-5　薄壳香

12. 西扶 1 号　由西北林学院 1981 年从陕西扶风隔年核桃实生树中选出，1989 年定名。坚果长圆形，果基圆形，平均坚果重 12.5g。壳面光滑，色浅；缝合线窄而平，结合紧密，壳厚 1.2mm，可取整仁，出仁率53%。核仁充实饱满，色浅，味香甜。树姿较开张，分枝力中等，节间较短。以中果枝结果为主，雄先型。适宜树形为自然圆头形，修剪上应注意及时短截多年生结果母枝，保持树势健壮；适宜的果粮间作密度为 4m×8m，园艺栽培适宜密度为 4m×5m。在陕西萌芽期为 3 月底，4 月下旬雄花散粉，5 月初雌花盛开，9 月中旬坚果成熟。抗性较强，适宜在华北、西北地区栽培。

13. 晋丰　由山西省林业科学研究所从祁县的新疆核桃实生树中选育而成，主要在山西、河南、陕西和辽宁等地栽培。树势中庸，树姿较开张，树冠半圆形，干性较弱而短果枝较多，为雄先型。坚果圆形，中等大，平均单果重

11.34g。壳面光滑美观，壳厚约 0.81mm，微露仁，缝合线较紧。可取整仁，出仁率为 67%。仁色浅，风味香，品质上等。该品种丰产、稳产，需要注意疏花疏果。耐寒、耐旱、较抗病。适宜在我国北方平原或丘陵区土肥水条件较好地块栽培。

任务 13.2　核桃生长结果习性

一、核桃生长特性

(一)核桃的根系

1. 核桃根系生长动态　核桃属深根性树种，主根较深，侧根水平伸展较广，须根细长而密集。在土层深厚的土壤中，成年核桃树主根深度可达 6m，侧根伸展可达 12~14m，根系集中层为地面以下 20~60cm。实生树 1、2 年垂直根生长快，地上部分生长慢；3 年以后，侧根生长加快，数量增加。因此，切断 1~2 年生树的主根，能促进侧根生长，提高定植成活率，加速地上部分生长（图13-6）。随树龄增加，水平根扩展加速，营养积累增加，地上枝干生长速度超过根系生长。

核桃根系开始活动期与芽萌动期相同，3 月 31 日出现新根，6 月中旬至 7 月上旬、9月中旬至 10 月中旬出现 2 次生长高峰，11月下旬停止生长。

图 13-6　核　桃

2. 根系与土壤的关系　成龄核桃树根系生长与土壤种类、土层厚度和地下水位有密切关系。土壤条件和土壤环境较好，根系分布深而广。土层薄而干旱或地下水位较高时，根系入土深度和扩展范围均较小。因此，栽培核桃树应选土壤深厚，质地优良，含水量充足的地点，有利于根系发育，从而可加快地上部枝干生长，达到早期优质丰产的目的。由于土壤条件不良，常常导致根系发育差，地上部枝干生长衰弱，造成"小老树"，影响树体的生长和结果。

(二)核桃芽的类型及特性

核桃的芽根据其形态、构造及发育特点，可分为混合芽（雌花芽）、雄花芽、营养芽（叶芽）和潜伏芽四大类。

1. 混合芽　芽为圆形，芽体肥大，发育饱满，芽顶钝圆，鳞片紧包，萌芽后抽生结果枝，在结果枝顶端着生雌花。晚实核桃的混合芽，着生在 1 年生枝顶部 1～3 个节位处，单生或与叶芽、雄花芽上下呈复芽状态，着生于叶腋间。早实核桃除顶芽为混合外，其余 2～4 个侧芽也多为混合芽。

2. 雄花芽 多着生在枝条中下部，单芽或双芽上下聚生。雄花芽为纯花芽、圆锥形，似桑葚，鳞片很小，不能覆盖芽体，故又称裸芽，膨大伸长后形成雄花序。

3. 营养芽 又叫叶芽，萌发后只抽生枝和叶，枝条各节均可着生。在结果枝上多着生混合芽以下，雄花芽以上，或与雄花芽上下排列呈复芽着生。在徒长枝上，除潜伏芽外，均为营养芽。营养芽因着生部位和营养状况不同，其形状大小差异很大。在盛果期，营养条件较好的情况下，着生在顶端 1～3 芽的营养芽可抽生结果枝。

4. 潜伏芽 又叫休眠芽，属于叶芽的一种，着生在枝条基部，芽体扁圆瘦小，在正常的情况下不萌发，但生命力可达数十年之久，当枝条上部遭到破坏或遇到刺激时，常萌发徒长枝，成为树体更新和复壮的后备力量。

(三) 核桃的枝条

1. 核桃枝长的种类 核桃的一年生枝条，可分为结果枝、营养枝、雄花枝和徒长枝。

(1) 结果枝 一般结果枝上着生混合芽、营养芽、雄花芽和潜伏芽，结果枝可分为长果枝、中果枝和短果枝。

长果枝：顶部 1～5 芽多为混合芽，长度为 15cm 以上，粗度 1cm 以上。

中果枝：顶部 1～3 芽多为混合芽，长度为 7～15cm 以上，粗度 0.8～1cm 以上。

短果枝：一般只有顶芽为混合芽，长度为 7cm 以下，粗度 0.8cm 以下。

(2) 营养枝 营养枝是指只长叶不结实的枝条，是扩大树冠和形成新的结果枝基础，长度为 20～50cm。

(3) 雄花枝 雄花枝长度一般只有 3～5cm，只着生雄花，既不能萌发新枝，也不能结果，雄花脱落后便干枯。

(4) 徒长枝 徒长枝大部分是由潜伏芽萌发而产生，多见于更新期的老树，这类枝条生长旺盛，一般比较粗长，但组织发育不充实，长度为 0.6～1.2m，有的可达 2m 以上，幼树上的应及早疏除，老树上的可改造成结果枝组。

2. 枝条的特性 核桃枝条的生长，受年龄、营养状况、着生部位及立地条件的影响。一般幼树和壮枝 1 年中可有 2 次生长，形成春梢和秋梢。2 次生长现象，随年龄增长而减弱。短枝和弱枝只有 1 次生长即形成顶芽，健壮发育枝和结果枝可出现2次生长，一般来说，2次枝生长过旺，木质化程度差，不利于枝条越冬，应加以控制。需要注意的是，核桃背下枝吸水力强，生长旺盛，这是不同于其他树种的一个重要特性，在栽培中应注意控制或利用；否则，会造成"倒拉枝"，使树形紊乱，影响骨干枝生长和树下耕作。

二、核桃结果特性

（一）核桃开花结果特性

核桃一般为雌雄同株异花（图 13-7、图 13-8）。核桃雄花序长 8～12cm，偶有 20～25cm 者，每花序着生 130 朵左右小花，多者达 150 朵。而有生命力的花粉约占 25%，当气温超过 25℃时，会导致花粉败育，降低坐果率。雄花春季萌动后，经 12～15 天，花序达一定长度，小花开始散粉，其顺序是由基部逐渐向顶端开放，2～3 天散粉结束。散粉期如遇低温、阴雨、大风天气等，将对授粉受精不利。雄花过多，消耗养分和水分过多，会影响树体生长和结果。试验表明，适当疏雄（除掉雄芽或雄花约 95%）有明显的增产效果。

图 13-7 核桃雌花开放　　　　　图 13-8 核桃雄花开放后期

核桃雌花可单生或 2～4 朵簇生，有的品种有小花 10～15 朵呈穗状花序，如穗状核桃。雌花初显露时为幼小子房露出，2 裂柱头抱合，此时无授粉受精能力。经 5～8 天，子房逐渐膨大，羽状柱头开始向两侧张开，此时为始花期；当柱头呈倒八字形时，柱头正面突起且分泌物增多，为雌花盛花期，此时接受花粉能力最强，为授粉最佳时期。经 3～5 天后，柱头表面开始干涸，授粉效果较差。之后柱头逐渐枯萎，失去授粉能力。

核桃雌雄花的花期不一致，称为"雌雄异熟"性。雄花先开者叫"雄先型"，雌花先开者叫"雌先型"，雌雄花同时开放者为雌雄同熟型，但这种情况较少。各种类型因品种不同而异。

雌雄异熟性决定了核桃栽培中配置授粉树的重要性。多数研究认为，以同熟型的产量和坐果率为最高，雌先型次之，雄先型最低。

开花结果年龄因类型和品种而异。初结果树多先形成雌花，1～2年后才出现雄花。成年树雄花量多于雌花量几倍、几十倍，因此雄花过多而影响产量。成年树以健壮的中、短结果母枝坐果率最高。在同一结果母枝上以顶芽及其以下1～2个腋花芽结果最好。一般1个果序可结1～2个果，也可着生三果或多果。健壮的结果枝在结果的当年还可以形成混合芽，具有连续结实能力。

核桃一般每年开花1次。早实核桃具有2次开花结实的特性。2次花着生在当年生枝顶部。花序有3种类型：第一种是雌花序，只着生雌花，花序较短，一般长10～15cm；第二种是雄花序，花序较长，一般为15～40cm，对树体生长不利，应及早去掉；第三种是雌雄混合花序，下半序为雌花，上半序核桃还常出现两性花：一种是雌花子房基部着生雄蕊8枚，能正常散粉，子房正常，但果实很小，早期脱落；另一种是在雄花雄蕊中间着生一发育不正常的子房，多早期脱落。

核桃的授粉效果与天气状况及开花情况有较大关系。核桃花期的早晚受春季气温的影响较大。即使同一地区不同年份，花期也有变化。对一株树而言，雌花期可延续6～8天，雄花期延续6天左右；一个雌花序的盛期一般为5天，1个雄花序的散粉期为2～3天。

经验证明：凡雌花期短，开花整齐者，其坐果率就高；反之，则低。花期如遇低温阴雨天，则会明显影响正常的授粉受精活动，降低坐果率。

核桃系风媒花。花粉传播的距离与风速、地势等有关，在一定距离内，花粉的散布量随风速增加而加大，但随距离的增加而减少。据研究报道，最佳授粉距离应在距授粉树100m以内，超300m，几乎不能授粉，这时需进行人工授粉。人工授粉，应注意保持花粉的活力。在1天中，以上午9～10时，下午15～16时给雌花授粉效果最佳。

核桃属异花授粉果树，风媒传粉、人工辅助授粉可以提高坐果率，增加产量。自然授粉受自然条件的限制，每年坐果情况差别很大。幼树最初几年只开雌花，3～4年以后才出现雄花。少数进入结果盛期的无性系核桃园，也多缺乏配置授粉树。此外，由于受不良气象因素，如低温、降雨、大风、霜冻等的影响，雄花散粉也会受到阻碍。实践证明，即使在正常气候情况下，实行人工辅助授粉也能提高坐果率。

花粉的采集及稀释：从当地健壮树上采集基部小花开始散粉的粗壮雄花序，放在室内或无太阳直射的院内摊开晾干，保持 16～20℃，室内可放在热炕上保持 20～25℃，待大部雄花开始散粉时，筛出花粉，装瓶，置于 2～5℃低温条件下备用。据河北农业大学试验，465kg 雄花序，阴干后可出花粉 5.3kg。按蔸授花粉的方法计算，平均每株授粉 2.8g，可作为计划采集雄花序和花粉用量的参考。瓶装贮存花粉必须注意通气，过于密闭会发霉，降低授粉效果。为了便于授粉，可将原粉稀释，以 1 份花粉加 10 份淀粉（粉面）混合拌匀。

授粉适期：根据雌花开放特点，授粉最佳时期是柱头呈倒八字张开，分泌黏液最多时，一般只有 2～3 天。

授粉方法：可用双层纱布袋，内装稀释好的花粉，进行人工抖授。也可配成花粉水悬液 1：5 000 进行喷授，两者效果差别不大。

疏雄时间：当核桃雄花芽膨大时去雄效果最佳，大约在 3 月下旬至 4 月上旬（春分至谷雨）。

疏雄的方法主要是用手指抹去或用木钩去掉。疏雄量一般以疏除全树雄花芽的 70%～90% 较为适宜。

有些核桃品种或类型不需授粉，也能正常结出有生命力的种子，这种现象称为孤雌生殖。

（二）核桃果实发育特性

在同一结果母枝上，以顶芽及其以下 1～2 个腋花芽结果最好。结果枝坐果的多少，与品种特性、营养状况和所处部位的光照条件有关。一般 1 个果序可结 1～2 个果，也可着生 3 果或多果及枇杷状坐果。着生于树冠外围的结果枝结实好，光照条件好的内膛结果枝也能结实。健壮的结果枝在结果的当年，还可形成混合芽。坐果枝中有 96.2% 于当年继续形成混合芽，而落果枝中能形成混合芽的只占 30.2%。这说明核桃结果枝具有连续结实的能力。核桃树喜光与合轴分枝的习性有关，随着树龄的增长，结果部位迅速外移，果实产量集中于树冠表层。

早实核桃的 2 次雌花常能结果，所结果实多呈一序多果穗状排列。

从雌花柱头枯萎到总苞变黄开裂、坚果成熟的整个过程，称为果实发育期。此期的长短因生态条件的变化而异，一般南方为 170 天左右，北方为 120 天左右。核桃果实发育大体可分为 4 个时期（以中部产区为例）。

1. 果实速生期　一般在 5 月初至 6 月初，30～35 天，是果实生长最快的时期，其体积生长量约占全年总生长量的 90％以上，重量则占 70％左右，日平均绝对生长量达 1mm 以上（图 13－9）。

2. 果壳硬化期　亦称硬核期。6 月初到 7 月初，约 35 天，坚果核壳自果顶向基部逐渐变硬。种仁由浆状物变成嫩白核仁，营养物质也迅速积累。至此，果实大小已基本定型（图 13－10）。

图 13－9　核桃速生期　　　　　　　　　　图 13－10　硬化期

3. 油脂迅速转化期　7 月初到 8 月下旬，50～55 天，为坚果脂肪（即油）含量迅速增加期，可由 29.24％增加到 63.09％。同时，核仁不断充实，重量迅速增加，含水率下降，风味由甜淡变成香脆（图 13－11）。

4. 果实成熟期　8 月下旬至 9 月上旬，15 天左右。果实各部分已达该品种应有的大小，坚果重量略有增加，青果皮由绿变黄；有的出现裂口，坚果易脱出。据研究，此期坚果含油量仍有较多增加，为保证品质，不宜过早采收（图 13－12）。

图 13－11　油化期　　　　　　　　　　　图 13－12　成熟期

任务 13.3　建园技术

一、园地选择

核桃园地的选择直接关系到核桃生产的成败及其经济效益高低。为了达到早果、优质、丰产、高效的目的，应尽量选择地势平坦、土层深厚、土壤肥沃、背风向阳、交通便利的地方，同时要求园地具有空气清新、水质纯净、无污染的良好生态环境，远离容易产生污染物的工矿、企业及交通干线。避免在栽植过柳树、杨树的土壤上栽植核桃，以防发生根腐病；避免核桃多年连作，连作会使根结线虫等虫体密度大量增加，影响核桃的生长发育；撂荒地由于土壤肥力下降，生产性能降低，切忌选择重茬地、撂荒地。

核桃建园地气候条件：

1. 温度　以北纬 30°～40°为核桃适宜的栽培区域。垂直分布为海拔 700～1 300m 的地区核桃生长结果良好。无霜期 180 天以上，年平均气温 8～16℃的地区均可栽植。核桃树在休眠期能耐−20℃的低温，部分品种耐寒可达−30℃。春季萌芽后，耐寒能力降低，如温度降到−4～−2℃，可使新梢受冻，花期和幼果期温度降到−2～−1℃，即受冻减产，但对成年树不会造成大的伤害。

2. 湿度　核桃树对大气湿度要求不严，在干燥的气候环境下生长结果仍然正常。但对土壤湿度则较为敏感，过旱、过湿均不利于核桃的生长结果。幼苗期水分不足时，生长停止。结果期在过旱的条件下，树势生长弱、叶片小、果实小，这种情况必须浇水。长时间晴朗而干燥的气候，能促进开花结果。核桃在排水不良、长期积水的情况下，特别是受到污染，就会产生缺氧，造成根系腐烂，甚至整株死亡。

3. 土壤　核桃对土壤适应性强，无论是丘陵、山地，还是平川，只要土层较厚、排水量好就能生长。在土壤疏松、排水良好的河谷地带，则生长更好，地下水位为 1.5m 以下，pH 7.0～8.2 的中性、微碱性土壤的条件下，核桃树生长良好。

4. 地形和坡向　核桃园对地形总的要求是背风向阳、空气流通、日照充足。因此，在山地栽植核桃时，应特别注意海拔高度、坡度、坡向、坡形及涂层得厚薄等条件，以及核桃对光照、温度、水分等条件的适应状况。对于坡向，理论上认为阳坡、半阳坡最好，但在光照充足、没有灌溉的条件下，种植在半阴坡和半阳坡。理论上来说，山体南坡较北坡温暖，春季地温上升快，日照时间长，物候期也较早。

总之，在建园时主要考虑土壤条件及小气候。建园必须具备的条件：土层厚度为 1m 以上；密植核桃园应具备必要的灌溉条件；选择核桃园要严禁重茬地；要避开风口、不通风、易积水地块。

二、品种选择

选用优良品种是核桃园设计的重要方面，栽植品种除应具有良好的商品性状外，还应注意该品种对环境条件的要求，诸如对土壤、肥力、气候条件等适应能力等，关系着各品种栽植是否适宜和建园能否成功。为此，在从外地引种之前，必须经过品种区域性试验后，方可确定栽植的主要品种。

核桃具有雌雄异熟性，风媒传粉距离短及坐果率差异较大等现象，平地建园栽植时，可按主栽品种 4～5 行，配置 1 行授粉品种；山坡梯田栽植时，可根据梯田面的宽度，配置一定比例的授粉树。主栽品种与授粉树的距离最大不宜超过 100m。主栽品种与授粉品种都应该是商品价值较高的优良品种。

在选择品种上要遵循 3 个原则：

1. 品质好 果个为 3cm 以上，外形美观，缝合线紧，不露仁；果仁白色，饱满，涩味小，可取整仁。

2. 产量高 结果要早，盛果期产量 175kg/亩以上。

3. 适合当地立地条件 在发展品种上，一个县最好仅发展 1～2 个主栽品种，防治品种混杂，降低产品等级。经核桃专家讨论后认为，早实品种仅能在肥沃、并有水浇条件的土地上栽植，其他地建园及果粮间作选晚实新品种。

三、栽树时期

各地栽植时间可根据当地的土壤、气候情况，采取春栽或秋栽均可。

1. 秋栽 秋栽是秋季苗木落叶后到土壤封冻前栽植。高海拔寒冷多风地区秋栽比春栽效果好，伤口及伤根可以愈合，翌年春季发芽早而且生长壮，成活率高。栽植后苗柱干要涂聚乙烯醇防寒，也可埋土防寒。如果秋栽不防寒，苗柱干易失水抽干，成活率低，发枝部位低。

2. 春栽 春栽是在土壤解冻后到春季苗木萌芽前（清明节前后）栽植。冬季气温较低、冻土层很深、干旱多风的地区，多采取春栽。春栽能有效地防止秋季栽植后所栽苗木的抽条和冻害。一般在土壤解冻后抢墒及时栽植，宜早不宜迟。

核桃幼树和大树都可进行移植，只要严格技术操作，都能取得较高成活率，且树体越大生长越快，成形快，结果早。不同季节栽树成活率和生长量有明显差别。最好的季节是秋末冬初，落叶树种发芽后栽树较难成活。即"秋冬一场梦、春栽一场病、夏移要它命"。

四、栽植方法

1. 栽植密度　核桃树喜光、生长快、成形早，经济寿命长，可以适当密植。一般栽植在土壤深厚、肥力较高的条件下，株行距应大些，早实品种可采用4m×5～6m，晚实品种可采用5m×7～8m。对于栽植在耕地田埂，实行果粮间作的核桃园，一般株行距为6m×12m或7m×14m。山地栽植密度一般株行距为6m×12m或7m×14m。山地栽植以梯田面宽度为准，一般1个台面1行，台面大于20m的可栽2行，台面宽度小于8m时，隔台1行，株距一般为5～8m；在土壤较瘠薄、肥力较差的丘陵山地，株行距应当较小些，早实品种可采用3m×4～5m，或长短结合的密度，即2～2.5m×4～5m，当树冠郁闭光照不良时，可有计划地隔株间伐。

2. 挖定植穴　在栽植坑（穴）或栽植沟定植点处，挖一个30～40cm见方的栽埴坑，并掺入3～5kg农家肥，或者在底部混合施入0.1～0.2kg磷酸二铵。

3. 栽树　核桃苗木栽植前要修剪根系，并用石硫合剂溶液浸泡蘸根处理。远途运输苗木，需在清水中浸泡一昼夜后再栽植。栽植时要把苗木摆放在定植穴的中央，填土固定，力求横竖成行。苗木栽植深度以苗木原埋土深度为准，过深则生长不良，树势衰弱；过浅容易干旱，造成死苗。苗木栽植要根据"一埋二踩三提苗"的原则，栽植时要使根系舒展，均匀分布，边填土边踩实，并将苗木轻轻摇动上提，避免根系向上翻，与土壤紧密接触，一直将土填平踩实。在树的周围做树盘，充分灌水，水完全下渗后，再于其上覆盖一层松土，并覆盖一层1m见方的地膜，中间略低，周围用土压紧。

五、幼树管理

建园当年，新建幼苗处于成活和根系恢复阶段，加强栽后管理，确保幼苗幼树健壮生长安全越冬是一项主要的工作。

1. 留足营养带，避免间作物争水、争肥、争光　核桃幼树期间作套种是提高土地利用率的一项有力措施。但是间作套种必须处理好与主业的关系，标准化建园栽植地块应禁止套种高秆作物和宿根系药材，间作以薯类、豆科植物为最佳；间作套种必须在树行留足1.5m营养带，以确保间作物不与幼苗幼树争水、争肥、争光。

2. 加强中耕除草，促进生长　栽植当年幼苗幼树很容易被杂草掩盖，尤其是 6、7、8 月幼树高生长期，也是杂草疯长时期，加强管理，及时松土除草，避免草荒是促进苗木生长，保障建园成效的一项主要的管理内容。

3. 及时除萌，避免养分浪费　采用嫁接苗建园，要及时检查定干后造成嫁接部位以下砧木萌发新芽，应及时抹除，及时复查除萌是一项重要工作内容。

4. 核查成活，及时补栽　春季萌芽展叶后，应及时进行成活情况检查，发现未成活情况，及时补植。

5. 合理定干，促进成形　核桃新建园，要达到成园整齐，可按苗木等级和生长情况进行合理定干。定干分当年定干和次年定干两种方法，当年定干要求苗高均为 1m 以上，且生长健康，苗木定干部分充实，定干高度根据建园要求可控制 0.4～1.2m。次年定干是苗木大部分高度未达到定干要求，可在嫁接部位以上 1～2 个芽片处进行重短截，短截后要在发芽时及时定芽，一般情况下只要水肥充足，管理得当，第二年均可达到定植高度。

6. 加强越冬保护，防止抽条　北方寒冷地区，幼树越冬易因生理干旱而抽条，幼树越冬管理应采用压土埋苗、整袋装土、涂抹油料、缚绑报纸或塑料等措施，降低水分蒸腾，避免冬季冻害和抽条发生。

任务 13.4　核桃优质高效生产技术

一、土肥水管理

(一) 土壤管理

1. 松土、锄草　果园不同于农作物，对松土要求不严格，一般不单独进行松土。但幼树树盘必须及时松土锄草。春、夏、秋三季可结合除草进行中耕 3～5 次，深度 6～10cm 最佳。对于土壤条件较差、管理比较粗放的果园更应该中耕松土，并且深度应为 10～15cm 为宜。

2. 果园翻耕　主要针对成龄园进行。如果土壤多年不翻耕，则透气不良，理化性质差，根系发育受抑制，造成树势衰弱。果园翻耕有利于改善核桃园土壤结构、增加土壤透气性、提高土壤保水保肥能力、减少病虫害发生，有利于根系分布向深处发展，扩大树体营养吸收范围。

3. 合理间作　任何间作都必须留出足够宽的树带，幼树为 2m，初果后树冠内不得间种。树带是树体生长的基础，是管理的重点，任何时候都要求土壤疏松和干净。

间作物种类：绿肥、中药材等低秆农作物，严禁种瓜果（遭浮尘子危害），严禁种玉米等高秆作物（图 13 - 13）。

图 13 - 13　间作物大豆

（二）施肥

1. 核桃树需肥特性　核桃喜肥，每生产 50kg 核桃需从土壤中吸收纯氮 1.5kg，加上枝叶生长，丰产园每亩每年要从土壤中夺走纯氮 7.5kg。结果前树以吸收氮为主，结果后必须和磷、钾肥配合，随产量增加施肥量加大。1 年中前期需氮量多，中后期要配合一定量的磷、钾肥。

2. 肥料种类

（1）有机肥料　主要指农家肥、绿肥，含多种营养元素，肥效长，且有改良土壤等作用。在农家肥中，禽类粪最高，依次为人粪尿、厩肥、土肥最低。

（2）化学肥料

碳酸氢铵：含氮为 17%，在作物上宜作底肥和追肥，易挥发，施用时一不离土、二不离水，在作底肥时均匀撒在地上随即翻入土中，作追肥时，特别是旱地，要距离树干 50cm 以上，把化肥施入 5cm 深的沟或穴中。在核桃树上，施碳酸氢铵必须与浇水结合，水分亏缺施肥有害无利，贮藏碳酸氢铵要阴凉干燥，水分要低于 0.5%，湿产品 10 天内氮损失一半以上。

尿素：含氮量 46%，其施后易随水流失，一般施用中要先浇水，水落后立即撒施。尿素易作旱地追肥，要穴施和沟施。

过磷酸钙：含磷量为 16%～18%，通常情况下，利用率仅有 10%～25%，其易被土壤固定，移动性小（在 1～3cm 内）。在核桃树施用磷肥上，一是集中深施在根集中区；二是与有机肥混合秋季做基肥。

复合肥：在核桃树上施用硝酸磷二铵均可，与有机肥混合做基肥，穴施、沟施做追肥。比单项肥成本高、效果好。

3. 施肥方法

（1）化肥施用方法　在核桃树上，化肥施用量大沟施、量小穴施。氮肥要均匀、要浅施，磷肥集中施、要深施。

（2）有机肥施用方法　常用放射沟施、环状沟施、穴状施肥和全园撒施。

4. 施肥时期及施用量

（1）施基肥　施用最佳时间是采果后至叶黄前越早越好，以 9 月份最好，有利于伤根的愈合及后期营养积累。做基肥主要是有机肥和磷肥混合沤肥。施用量结果前为 50kg/株，结果树为"斤果 10kg 肥"。

（2）追肥　分 3 次施。发芽前后施速氮促开花坐果，新梢生长；花后施速氮减少落果促花芽分化；6 月下旬硬核期施磷、钾肥促果仁发育促花芽分化。3 次用量一般是"斤果斤肥"。

（3）根外追肥　花期喷 B9 提高坐果，5～6 月喷铁使树叶肥厚促光合，7～8 月喷钾提高核仁品质。

施用量：基肥占全年施肥有效成分的 30％，其量大肥效低，重点是改良土壤及全面营养的作用。追肥占全年肥效 70％，根外追肥不能代替地下施肥。

（三）水分管理

核桃属于需水较多的树种，年降水量为 600～800mm 且降水均匀的地区，可以满足核桃生长发育，不需要灌水。但在降水量不足的地区或者年分布不均匀的地区，就必须在关键期进行灌水。

我国北方产区年降水量多为 500mm 左右，且分布不均匀，常出现春夏干旱，需灌水以补充降水不足。

1. 灌水时期

（1）春季萌芽开花期　3～4 月份，需水较多。此时的树体生理活动变化急剧而且迅速，1 个月时间要完成萌芽、抽枝、展叶和开花等过程，需要大量的水分，才能满足树体生长发育的需要。此期如果缺水，就会严重影响新根生长、萌芽的质量、抽枝快慢和开花的整齐度。因此，每年要灌透萌芽水。

（2）开花后　5～6 月份，果实迅速进入速长期，其生长量约占全年生长量的 80％。同时，雌花芽的分化已经开始。果实生长和花芽分化，均需要大量的水分和养分，是全年需水的关键时期。干旱时，要灌透花后水。

（3）花芽分化期　7～8 月份，核桃树体的生长发育比较缓慢，但是核仁的发育则刚刚开始，并且急剧且迅速，同时花芽的分化也正处于高峰时期。通常此时正值北方的雨季，核桃树一般不需要灌水。如遇长期高温干旱的年份，则需要灌足水分，以免此期缺水，给生产造成不必要的损失。

（4）封冻水 10 月末至 11 月份落叶前，应结合秋施基肥灌足封冻水。这样，一方面可以使土壤保持良好的墒情；另一方面，此期灌水能加速秋施基肥的分解，有利于树体吸收更多的养分并进行贮藏和积累，从而提高树体新枝的抗寒性，也为越冬后树体的生长发育贮备营养。

2. 灌水方法

（1）漫灌 是一种比较粗放的灌水方法。灌水的均匀性差，水量浪费较大。

（2）渠灌 渠灌属开渠放水，水流急，水量大，渗透性好。但来得快，去得疾，易造成水土流失大。

（3）喷灌 喷灌像人工造雨，覆盖面积大，持续性也不错，但喷洒不匀，渗透性差。

（4）滴灌 是目前干旱缺水地区最有效的一种节水灌溉方式，水的利用率可达 95％。滴灌较喷灌具有更高的节水增产效果，同时可以结合施肥，提高肥效 1 倍以上。其不足之处是滴头易结垢和堵塞，因此应对水源进行严格的过滤处理。

二、整形修剪

整形修剪是核桃早果、丰产、优质、高效生产中的一项重要措施，是在加强土、肥、水管理的基础上，在保证病虫害防治的前提下，对加快树体成形，充分、合理利用空间，调整核桃生长、结果关系有着重要作用的一项管理技术。

（一）修剪时间

核桃树修剪的时间与其他果树不同，休眠期修剪容易引起伤流，使大量水分和养分丧失，造成树势衰弱、枝条枯死，严重影响产量。所以，核桃树修剪应该在生长期间进行，即从春季萌芽以后直到秋季落叶以前均可进行。

（二）不同年龄阶段的修剪

1. 幼树整形修剪 在生产实践中，应根据品种特点、栽培密度及管理水平等确定合适的树形，做到"因树修剪，随枝造形，有形不死，无形不乱"，切不可过分强调树形。

（1）定干 应根据品种特点、土层厚度、肥力高低、间作模式等，因地因树而定。如晚实核桃结果晚，树体高大，主干可适当高些，干高可留 1.5～2m。山地核桃因土壤瘠薄，肥力差，干高以 1～1.2m 为宜。早实核桃结果早，树体较小，主干可矮些，干高可留 0.8～1.2m。立地条件好的定干可高一些。密植时干可低一些，早期密植丰产园干高可定 0.2～1m。果材兼用型品种，为提高干材的利用率，干高可达 3m 以上。

①早实核桃定干：在定植当年发芽后，抹除要求干高以下部位的全部侧芽。如幼树生长未达到定干高度，可于翌年定干。如果顶芽坏死，可选留靠近顶芽的健壮芽，促其向上生长，待到一定高度后再定干。定干时选留主枝的方法与晚实核桃相同。

②晚实核桃定干：春季萌芽后，在定干高度的上方选留 1 个壮芽或健壮的枝条作为第一主枝，并将以下枝、芽全部剪除。如果幼树生长过旺，分枝时间推迟，为控制干高，可在要求干高的上方适当部位进行短截，促使剪口芽萌发，然后选留第一主枝。

(2) 培养树形　核桃树形主要有疏散分层形和自然开心形两种。

①疏散分层形：树形一般有 6～7 个主枝，分 2～3 层配置。第一层主枝在定干高度以上选留 3 个不同方位（水平夹角约 120°），生长健壮的枝条或已萌发的壮芽，培养成第一层主枝，枝基角不小于 60°，层内两主枝间的距离不小于 20cm，其余枝条全部除掉。4～5 年生的早实核桃已出现壮枝时，开始选留第二层主枝，一般选留 1～2 个，同时在第一层主枝上的合适位置选留侧枝。第一个侧枝距主枝基部的距离早实核桃为 40～50 cm。一级侧枝留 1～2 个。如果只留两层主枝，第一层和第二层之间的间距为 1.5m 左右。此后 1～2 年时，继续培养第一层主、侧枝和选留第二层主枝上的侧枝。7～8 年生时，选留第三层主枝 1～2 个，第三层与第二层主枝间距为 1.5m 左右，并从最上的主枝的上方落头开心，整个树形骨架已基本形成。

②自然开心形：一般有 3 个主枝，早实核桃 3 年生时，在定干高度（早实核桃为 0.6m，晚实核桃为 0.8～1m）以上按不同方位留出 2～4 个枝条或已萌发的壮芽做主枝。各主枝基部的垂直距离一般 20～40cm，主枝可 1 次或 2 次选留，各相邻主枝间的水平距离（或夹角）应一致或很相近，且长势要一致。每个主枝可留 3 个左右侧枝，上下左右要错开，分布要均匀。第一侧枝距离主干基部的距离为 0.8m 左右。第一主枝一级侧枝上的二级侧枝数 1～2 个；第二主枝的一级侧枝数 2～3 个。第二主枝上的侧枝与第一主枝上的侧枝间距为 0.8 m 左右。

核桃幼树修剪应充分利用顶端优势，用高截、低留的定干整形法。促使幼树多发枝，尽快形成骨架，为丰产打下坚实的基础，达到早成形、早结果的目的。

(3) 核桃幼树的修剪方法　因各品种生长发育特点的不同而异，其具体方法有以下几种：

①控制二次枝：早实核桃在幼龄阶段抽生二次枝是普遍现象。由于二次枝抽生晚，生长旺，组织不充实，在北方冬季易发生抽条现象，必须进行控制二次枝。若二次枝生长过旺，可在枝条未木质化之前，从基部剪除。凡在1个结果枝上抽生3个以上的二次枝，可于早期选留1~2个健壮枝，其余全部疏除。在夏季，对选留的二次枝，如生长过旺，要进行摘心，控制其向外伸展。如1个结果枝只抽生1个二次枝，生长势较强，于春季或夏季将其短截，以促发分枝，培养结果枝组。短截强度以中、轻度为宜。

②利用徒长枝：早实核桃由于结果早、果枝率高、花果量大、养分消耗过多，常常造成新枝不能形成混合芽或营养芽，以至于第二年无法抽发新枝，而其基部的潜伏芽会萌发成徒长枝。这种徒长枝第二年就能抽生5~10个结果枝，最多可达30个。这些果枝由顶部向基部生长势渐弱，枝条变短，只能看到雌花。第三年中下部的小枝多干枯脱落，出现光秃带，结果部位向枝顶推移，易造成枝条下垂。必须采取夏季摘心法或短截法，促使徒长枝的中下部果枝生长健壮，达到充分利用粗壮徒长枝培养健壮结果枝组的目的。

③处理好旺盛营养枝：对生长旺盛的长枝，以长放或轻剪为宜。修剪越轻，总发枝量、果枝量和坐果数就越多，二次枝数量就越少。

④疏除过密枝和处理好背下枝：早实核桃枝量大，易造成树冠内膛枝多、密度过大，不利于通风透光。对此，应按照去弱留强的原则，及时疏除过密的枝条。背下枝多着生在母枝先端背下，春季萌发早，生长旺盛，竞争力强，容易使原枝头变弱，而形成"倒拉"现象，甚至造成原枝头枯死（图13-14）。可以采取一定的方法进行处理。

图13-14 倒拉枝

处理方法：在萌芽后或枝条伸长初期剪除。如果原母枝变弱或分枝角度过小，可利用背下枝或斜上枝代替原枝头，将原枝头剪除或培养成结果枝组。如果背下枝生长势中等，并已形成混合芽，则可保留其结果。如果背下枝生长健壮，结果后可在适当分枝处回缩，培养成小型结果枝。

2. 盛果期树的修剪

（1）骨干枝和外围枝的修剪 及时回缩交叉的骨干枝，对过弱的骨干枝回缩到斜上生长的生长较好的侧枝上，以利抬高延长枝角度。对树高达到 3.5m 左右的及时落头。按去强留弱原则，疏除过密外围枝，对有可能利用空间的，可适当短截。

（2）结果枝组的培养　培养方法有先放后缩、先截后放、辅养枝改造 3 种。

①先放后缩：对 1 年生壮枝进行长放、拉枝，一般能抽生 10 多个果枝新梢，第二年进行回缩，培养成结果枝组。这种修剪方法利于早结果，但此法易结果部位外移，内部光秃，所以在生产实践中多采用先截后放。

②先截后放：在空间较大，培养大型结果枝组时，先对 1 年生壮枝中短截，第二年疏去前端的 1～2 个壮枝，其他枝长放，从而培养成结果枝组。也可在 6 月上旬进行新梢摘心，促使分枝，冬剪时再回缩，1 年即可培养成结果枝组。这种修剪方法利于促进枝条的形成。

③辅养枝改造：对有空间的辅养枝，当辅养作用完成后，可通过回缩方法培养成大型枝组，一般采用先放后缩的办法，枝组的位置以背斜枝为好。背上只留小型枝组，不留背后枝组。枝组间距离控制为 60～80cm。

（3）结果枝组的修剪　结果枝组形成后，每年都应不同程度地短截部分中长结果母枝，控制留果量，防止大小年现象，及时疏除过密枝、细弱枝和部分雄花枝，直立生长的结果枝组剪留不能过高，留枝要少，3～5 个即可，将其控制在一定范围内，以防扩展过大影响主、侧枝生长。斜生枝组如空间较大时，可适当多留枝，充分利用空间，及时采用回缩和疏剪的方法，去下留上，去弱留壮，更新结果母枝，使其始终保持生长健壮，防止内膛秃裸，结果部位外移。

（4）背后枝处理　核桃树大量结果后，背上枝生长变弱，背后枝生长变旺，形成主、侧枝头"倒拉"的夺头现象。若原枝头开张角度小，可将原头剪掉，让背后枝取代；若原枝头开张角度适宜或较大时，要及时回缩或疏除背后枝。

（5）徒长枝处理（图 13-15）　徒长枝在结果初期一般不留，以免扰乱树形；在盛果期，有空间时适当选留，及早采取短截、摘心等方法，改造成

图 13-15　背上直立

枝组。而对辽核 4 号这样的品种，对上部徒长枝应及时疏除。

（6）二次枝处理　良种核桃易形成二次枝，由于二次枝抽枝晚、生长旺、枝条不充实，基部很长一段无芽，成光秃带，应及时处理。当有空间时，应去弱留强，并在 6～7 月份摘心，控制旺长，促其形成结果母枝，无空间时及时疏除。

三、核桃采收及采后处理技术

（一）采收

1. 采收适期　为白露节前后。外部特征为青果皮由绿变黄，部分顶部开裂，青皮易剥离。内部特征是种仁饱满，幼胚成熟，子叶变硬，风味香浓。若采收时遇雨可延迟数日采收，否则青果皮无法脱皮，坚果不能及时晾晒。

2. 采收的方法　分人工采收法和机械振动采收法两种。人工采收法是在核桃成熟时，用有弹性的长杆，自上而下，由内向外顺枝敲击，较费力费工。机械振动法是采收前 10～20 天，在树上喷布 500～600 mg/L 乙烯利催熟，然后用机械振动树干，将果实振落到地面。此法优点是青皮易剥离，果面污染轻；缺点是用乙烯利催熟，会造成叶片大量早期脱落而削弱树势。

（二）脱青皮

在生产中核桃脱青皮的主要方法有堆沤脱皮法、药剂脱皮法、核桃青皮剥离机 3 种。

1. 堆沤脱皮法　这是我国传统的核桃脱皮方法。其技术要点：果实采收后及时运到室外阴凉处或室内，切忌在阳光下曝晒，然后按 50cm 左右的厚度堆成堆（堆积过厚易腐烂）。若在果堆上加一层 10cm 左右厚的干草或干树叶，则可提高堆内温度，促进果实后熟，加快脱皮速度。一般堆沤 3～5 天，当青果皮离壳或开裂达 50％以上时，即可用棍敲击脱皮。对未脱皮者可再堆沤数日，直到全部脱皮为止。堆沤时切勿使青皮变黑，甚至腐烂，以免污液渗入壳内污染种仁，降低坚果品质和商品价值。

2. 药剂脱皮法　主要是用乙烯利催熟脱皮技术，其具体做法：果实采收后，在浓度为 0.3％～0.5％乙烯利溶液中浸蘸约半分钟，再按 50cm 左右的厚度堆在阴凉处或室内，在温度为 30℃、相对湿度 80％～95％的条件下，经 5 天左右，离皮率可高达 95％以上。2 天左右即可离皮。乙烯利催熟时间长短和用药浓度大小与果实成熟度有关。果实成熟度高，用药浓度低，催熟时期也短。

3. 核桃青皮剥离机　这是目前生产中主要脱皮方法。核桃脱青皮一般采用机械脱皮处理，青皮剥离净率 88%，机械损伤率 1%，生产率每小时 1 216kg。该机加工后核桃外观洁净。

（三）漂洗

核桃脱青皮后，先进行清水洗涤，清除坚果表皮面上残留的烂皮、泥土和其他污染物，以提高坚果的外观品质和商品价值。如有必要，特别是用于出口外销的坚果洗涤后还需漂白。用漂白粉漂洗时，先把 0.5kg 漂白粉加温水 3～4kg 化开，滤去残渣，然后在陶瓷缸内对清水 30～40kg 配成漂白液，再将洗好的坚果放入漂白液中，搅拌 8～10min，当壳面变白时，捞出后清洗干净，晾干。此法只能漂白脱皮的湿核桃，不能用于晾干的核桃，因干核桃基部微管束收缩，水易浸入果内，使种仁变色，甚至腐烂。

（四）晾晒

核桃坚果漂洗后，不可在阳光下曝晒，以免核壳破裂，核仁变质。洗好的坚果应先在竹箔或高粱秸箔上阴干半天，待大部分水分蒸发后再摊放在芦席或竹箔上晾晒。坚果摊放厚度不超过 2 层果。注意避免雨淋和晚上受潮，一般 5～7 天即可晾干。

（五）果实贮藏

1. 贮藏条件 贮藏场所应清洁卫生，不与有毒有害物品混存混放。一般长期贮存的核桃坚果要求含水量不超过 7%。核桃一般的贮藏温度应低于 5℃，适宜的贮藏温度为 1～3℃，相对湿度为 75%～80%。

2. 贮藏方法

（1）室内贮藏 贮藏用的核桃，必须达到一定的干燥程度，以晒到仁、壳由白色变为金黄色、隔膜易于折断、内种皮不易和种仁分离、种仁切面色泽一致时为宜。短期少量贮藏时，可将晾干的核桃装入布袋、麻袋或筐内，放在通风、冷凉、干燥的室内贮藏，并定期检查，注意防止发生霉烂、虫害和"返油"现象。

（2）低温贮藏 长期贮存应有低温条件。少量贮藏可将坚果封入聚乙烯袋中，贮于 0～5℃冰箱中，可保存良好品质 2 年以上。大量贮存可用麻袋包装，贮存在 −1℃ 的低温冷库中。为防止贮藏过程中发生鼠害和虫害，可用溴甲烷（40～56 g/m³）熏蒸库房 4～10 h，或用二硫化碳（40.5 g/m³）密闭库房18～24 h。

（3）塑料薄膜帐贮藏法 选用 0.2～0.23mm 厚的聚乙烯膜做成帐，帐的大小和形状可根据贮存数量和仓储条件设置。然后将晾干的核桃封于帐内贮藏，帐内氧气保持 2% 以下。北方冬季气温低，空气干燥，秋季入帐的核桃不需立即密封，待翌年 2 月下旬气温逐渐回升时再进行密封。密封应选择低温、干燥的天气进行，使帐内空气相对湿度不高于 50％～60％，这样既可防止种仁脂肪氧化变质，又能防止核桃发霉和生虫。南方秋末冬初气温高，空气湿度大，核桃入帐时必须加吸湿剂，并尽量降低贮藏室内的温度。春末夏初，气温上升时，在密封的帐内配合充二氧化碳或充氮降氧法，既能抑制核桃呼吸，减少损耗，又可防止霉烂。

 项目小结

1. 栽培品种有薄丰、辽宁 4 号、清香、香玲等。
2. 核桃树的生物学特性：根、芽、枝、结果习性。
3. 建园技术包括：园地选择、品种选择、栽培密度、栽植季节、栽植方法及幼树管理。
4. 核桃园管理：土壤管理、科学施肥、水分管理。
5. 核桃树的整形修剪：修剪的作用及时期、幼树修剪、盛果期树修剪、放任树修剪、树形改造等。
6. 核桃采收及采后处理：采收、脱青皮、漂洗、晾晒。

 项目测试

一、名词解释
混合芽　潜伏芽　修剪
二、选择题
1. 薄丰品种树势（　　）。
　　A. 强　　　　　　　B. 弱　　　　　　　C. 中
2. 辽宁 4 号的抗病性（　　）。
　　A. 强　　　　　　　B. 弱　　　　　　　C. 中
3. 核桃树属于（　　）根性树种。
　　A. 深　　　　　　　B. 浅
4. 核桃树的根系一般有（　　）次生长高峰
　　A. 1　　　　　　　B. 2　　　　　　　C. 3
5. 核桃的雄花芽多着生在枝条的（　　）。
　　A. 中上部　　　　　B. 中部　　　　　　C. 下部

6. 晚实核桃一般 （　　） 年开始结果

  A. 2～3   B. 3～5   C. 8～10

7. 幼旺树枝条一年可出现 （　　） 次生长高峰

  A. 1   B. 2   C. 3

8. 雄花枝一般长 （　　）。

  A. 1～2cm   B. 3～5   C. 6～7cm

9. 核桃实生树 （　　） 年垂直根生长快

  A. 1～2   B. 2～3   C. 3～4

10. 晚实核桃品种有 （　　）。

  A. 辽核 5 号   B. 青香   C. 薄丰

三、简答题

1. 核桃根系的生长有何特点？

2. 核桃施肥方法？

3. 核桃整形修剪作用？

四、综合分析题

核桃生产中存在的问题

五、探究与讨论

1. 核桃树的枝分几种类型，有何特点？

2. 如何进行核桃树的周年管理？

项目十四

板　栗

项目导读

板栗是一种经济价值很高的干果，也是重要的木本粮食树种，因其适应性强，抗旱、耐瘠薄，易栽培，产量稳定，号称"铁杆庄稼"它既是栽培果树，又是绿化荒山的优良树种。我国板栗品种和产量均居世界首位，中国板栗品质优良，涩皮易剥除，被誉为"中国甘栗"。栗果营养丰富，既可生食、糖炒、制罐，又可加工成栗粉，制作各种糕点。

通过学习这部分内容，就能利用学到的板栗建园和一些栽培技术，在一些山区丘陵地带种植板栗既绿化荒山，又增加了当地的经济收入。

学习目标

知识目标

1. 熟悉当地板栗品种资源状况，认识板栗常见的优良品种；

2. 了解板栗的植物学习性，掌握板栗枝条的分类特征及生殖器官知识；

3. 了解板栗的生物学习性，掌握板栗的生长发育规律及对环境的需求。

能力目标

1. 能综合利用文字资料、网络资料进行板栗的品种资源的调查，并结合本地状况进行品种的优化筛选，进而进行板栗园的建造；

2. 掌握板栗园的土、肥、水管理技术；

3. 掌握板栗园的花果管理技术；

4. 掌握板栗园的整形修剪技术；

5. 掌握板栗园的病虫害防治技术。

任务 14.1　主要种类及品种的观察

一、主要种类

1. 板栗　我国原产。为乔木。主要的栽培种，优良品种多，分布于全国各地。通常总苞又叫栗棚，有坚果 3 粒，果实大，扁圆形，种皮易剥离，肉质细密、味甜、黏质、品质好。9～10 月成熟。

2. 锥栗　我国原产。为大乔木。在浙江和福建山区栽培较多。每总苞内有坚果 1 个，少数 2 个。果实底圆而顶尖，其形如锥，故名锥栗。果小味甜，可食。主要作淀粉用。

二、主要优良品种

板栗的品种类型多达 300 个以上。按其分布区域，基本上可划分为两大品种群，即北方品种群（华北地方品种群）和南方品种群（长江流域地方品种群）。此外，还有丹东栗品种群（属日本栗系统）及一些矮生野板栗。现将主要栽培品种介绍如下。

1. 华丰　山东省果树研究所从野杂 12（野板栗×板栗）×板栗的杂交后代中选育的新品种。树冠较开张，呈圆头形。总苞椭圆形，重 40g 左右，平均含坚果 2.9 个，单粒重 8g 左右，出实率 56%。9 月中旬成熟。坚果大小整齐、美观，果肉细糯香甜，含水 46.92%、糖 19.66%、淀粉 42.29%、脂肪 3.33%、蛋白质 8.5%。适于炒食，耐贮藏。幼树生长旺盛，雌花形成容易，1～2 年生苗定植后当年嫁接，次年即可结果，接后 2～4 年平均每公顷 2 674.5kg，第七年 6 405kg，3～7 年平均 4 650kg。

2. 华光　山东省果树研究所以野条 12×板栗杂交育成。树冠呈圆头形。总苞椭圆形，重 43g，平均含坚果近 3 个，平均单粒重 8.2g，出实率 55%。9 月中旬成熟。坚果大小整齐、光亮，果肉细糯香甜，含水 45.73%、糖 20.1%、淀粉 48.95%、脂肪 3.35%、蛋白质 8%。适于炒食，耐贮藏。幼树生长旺盛，大量结果后生长势缓和，结果枝粗壮，雌花形成容易，结果早，丰产、稳产。苗砧嫁接后第 3 年平均每公顷产量 2 506kg，第 7 年 5 055kg，3～7 年平均 4 080kg。

3. 红栗 1 号　山东省果树研究所从红栗×泰安薄壳杂交后代中筛选的，幼叶、枝芽和总苞的紫红色性状，适应性均超过原红栗品种，为我国首次通过人工杂交选育成的生产兼风景绿化的新品种。树冠呈圆头形，枝条红褐色，嫩梢紫红色。总苞红褐色，椭圆形，单苞重 56g，每苞含坚果 2.9 个，单粒重 9.4g，出实率 48%。9 月 20 日左右成熟。坚果大小整齐、饱满、光亮，果肉黄色，质地细糯香甜，含水 54%、糖 31%、淀粉 51%、脂肪 2.7%。在常温下沙藏 5 个月，腐败率仅 2%。树体健壮，雌花形成容易，早果丰产。嫁接后 2～4 年平均株产 8.2kg，亩产量 421.6kg，最高 560kg。适应范围广，抗逆性强，在山区、丘陵和河滩地栽培，树体生长发育均良好，结果正常。

4. 郯城 3 号 从实生栗树中选出的新品种。树冠圆头形，生长直立，枝条粗壮。总苞椭圆形，单苞重 70g 左右，每苞含坚果 2.8 个。9 月下旬成熟。单粒重 12g，含水 55%、糖 29%、淀粉 53%、脂肪 2.7%。为早实丰产，品质优良的炒食栗。

5. 石丰 山东省海阳县从实生栗中选出。树姿较开张，呈圆形，结果母枝长而粗壮。总苞扁椭圆形，重 53g，单粒重 9.2g，出实率 45% 左右。9 月下旬成熟。坚果红褐色，整齐美观，果肉细糯香甜，含水 54.3%、糖 15.8%、淀粉 63.3%、脂肪 3.3%、蛋白质 10.1%。较耐贮藏。树势稳定，冠内结果能力强。树体较矮小，适宜密植，早果丰产性好，抗逆性强，适应范围广。

6. 红光栗 由山东省莱西市店埠乡从实生栗树中选出。树冠紧凑，树姿开张，结果母枝粗壮。总苞椭圆形，重 60g，每苞含坚果 2.8 个，出实率 45% 左右。10 月上旬成熟。单粒重 9.5g 左右，坚果红褐色，大小整齐美观，果肉质地糯性，含水 50.8%、糖 15.4%、淀粉 64.2%、脂肪 3.06%、蛋白质 9.2%。耐贮藏。

7. 早丰 河北省昌黎果树研究所从实生栗中选出。树势中庸，树冠为高圆头形，树高 4.0m。每结果母枝抽生果枝 1.9 个，每结果枝着生总苞 2.4 个。总苞中厚，每苞含坚果 2.8 个，出实率 40.1%。坚果扁圆形，大小整齐，褐色，茸毛较多，单果重 7.6g，果肉质地细腻，含糖量 19.7%，味香甜。该品种适应性、抗逆性较强，早实丰产性强。嫁接后第二年结果，3～4 年生单产 224kg/亩。

8. 燕奎 河北省昌黎果树研究所由实生栗中选出。树势强健，树体高大，树姿开张呈开心形。每结果母枝抽生结果枝 2.1 条，每结果枝平均着生总苞 1.9 个，每苞含坚果近 3 个，空篷率低，出实率 41.3%。坚果近圆形，平均重 8.6g，整齐均匀，棕褐色，具光泽，含糖 21.1%，质地细糯，味香甜。高产，稳产，抗干旱，耐瘠薄。为优质中熟品种。

9. 银丰 北京市林业果树研究所从实生栗中选出。树势中庸，树姿开张，树冠半圆形，树高 3.5m。每结果母枝抽生结果枝近 3 条，每结果枝着生总苞 2.7 个，每苞含坚果 2.3 个，出实率 47%。坚果圆形，平均重 7.1g，褐色，具光泽，大小整齐美观，果肉质地细糯，含糖量 21.2%，品质上等。耐贮藏。嫁接后 2 年结果，3~4 年丰产，平均单产 191.0kg/亩。为优良晚熟品种。

10. 尖顶油栗　江苏省植物研究所从实生栗中选出。树势中庸，树冠开张，枝条细软，易呈开心形，6 年生树高 3.1m，冠径 3.8m。每结果母枝抽生果枝 3 个左右，每结果枝着生总苞 3 个，每苞含坚果 2.9 个，出实率 46%。果皮紫红色，富光泽，大小整齐，单果重 8.2g，肉质细糯，味香甜，品质优。嫁接后 2 年结果，盛果期密植园单产 258kg/亩。晚熟，抗性强。

11. 燕山魁栗　河北省迁西县从实生栗树中选出，原代号为 107。树冠呈半圆头形，树姿自然开张。每结果母枝平均抽生结果枝 2.38 个，每结果枝平均着生总苞 2.15 个，总苞椭圆形，刺束较密，斜生。每苞内含坚果 2.75 粒，均重 10g，出实率 40%。坚果椭圆形，棕褐色，具光泽，大小整齐一致，果肉质细糯，含糖 21.2%，适于炒食，品质佳。幼砧嫁接后 3 年结果，5 年生平均株产 2.60kg，适应性强，丰产、稳产。

三、板栗对环境的要求

1. 温度　板栗在年平均温度 10~15℃，最高不超过 39.1℃，最低不低于 −24.5℃，都能正常生长和结果。

北方板栗主要产区在河北、北京、山东、辽宁等地，年平均气温为 8.5~12℃，生育期平均气温为 18~22℃，1 月份平均气温约 −10℃。该地区气候冷凉，温差较大，日照充足，栗实含糖量高，风味香甜，高糯性，品质优良，是出口的商品基地。

2. 水分　年降雨量为 500~2 000mm 的地方都可栽种板栗，但以 500~1 000mm 的地方最适合。不同物候期对水分的要求和反应不同，特别是秋季板栗灌浆期，如水分充足，有利于坚果的充实生长和产量的提高。

3. 光照　板栗为喜光性较强的树种，生育期间要求充足的光照。日均光照时间不足 6h 的沟谷地带，树体生长直立，叶薄枝细，产量低，品质差。因此，在园址的选择、栽种密度的确立、整形修剪的方式及其他栽培管理方面，应根据板栗喜光性强这一特点来考虑。

4. 风　微风有利于授粉，有利于光合作用。但在风口处，生长期遇到暴风和强风，易造成折枝、落叶落果，影响授粉，空蓬多。

5. 土壤 板栗适宜在含有机质较多、通气良好的砂壤土上生长，有利于根系的生长和产生大量的菌根。在黏重，通气性差，雨季排水不良（易积水）的土壤上生长不良。板栗对土壤酸碱度敏感，适宜的 pH 4～7，最适为5～6 的微酸性土壤。石灰岩山区风化土壤多为碱性，不适宜发展板栗。花岗岩、片麻岩风化的土壤为微酸性，且通气良好，适于板栗生长。板栗适应于酸性土壤的原因，主要是其能满足板栗树对锰和钙的要求，尤其锰元素，当 pH 高时锰呈不可溶状态，不能被根系所吸收利用。板栗是高锰植物，叶片中锰的含量达 0.2％以上，明显超过其他果树。但在碱性土壤中叶片锰的含量将低于 0.12％，叶色失绿，代谢机能特低。因此，板栗必须在微酸性土壤地区发展。

任务 14.2 板栗的生长结果习性

一、生长习性

1. 根 板栗为深根性树种，根系发达，根系的水平分布通常为树冠的 2.5 倍。有外生菌根，菌根的生长繁殖要求土壤有机质含量高，pH 5.5～7.0，氧气充足，含水量达到 20％～50％，土温 13～32℃。

2. 板栗的芽 板栗的芽主要有叶芽、完全混合芽（图 14-1）、不完全混合芽（图 14-2）、副芽。

图 14-1 花 芽

图 14-2 雄花芽

（1）完全混合花芽 能抽生带雌雄花序的结果枝。着生在粗壮枝的顶端，芽扁圆形肥大。

（2）不完全混合花芽 抽生有雄花序的雄花枝。着生在粗壮枝条基部或细枝的顶端，芽较小，呈短三角形。

（3）叶芽　叶芽又称小芽，呈三角形瘦小，萌发出短小发育枝和叶片。

（4）潜伏芽　又称休眼芽，着生在枝条基部或潜伏在多年生的枝干上。这种芽平时不萌发，在枝条受到严重刺激或重修剪时，能萌发长出徒长枝。板栗树寿命长与隐芽萌发力有关，老树的隐芽通过强度刺激能长出新枝而返老还童。

3. 板栗的枝　结果母枝、结果枝、发育枝和雄花枝4种。

（1）结果母枝　着生完全混合花芽的枝条称为结果母枝。根据其生长势可分为3种。

①强壮结果母枝：又称"棒槌码"，生长粗壮，有较长的尾枝，长度为15～30cm，上有3个以上完全混合花芽结实力强，能连续结果。

②弱结果母枝：又称"香头码"，生长细弱，尾枝短，长度为10cm左右，仅着生1～2个完全混合花芽，结实力差，一般不能连续结果。

③更新结果母枝：又称"替码"，生长粗壮，长度为6～10cm，粗度近似棒槌码，无尾枝，顶部无大芽，下年从基部抽生结果枝，母枝上部自然枯死。

（2）结果枝　能生长果实的枝条称为结果枝，又称混合花枝。先在结果枝上开雄花和雌花，而后结果。结果枝着生在1年生枝的前端，自然生长的栗树，结果枝多分布在树冠外围，有些品种在枝条中下部短截后也能抽生出结果枝。结果枝从下到上可分4段：基部2～3节为叶芽（瘪芽）；中部4～17节叶腋中是雄花序；雄花脱落后成为盲节；最上端1～6节是混合花芽，也称果前梢或尾枝。

（3）发育枝　由叶芽或休眼芽萌发形成的枝条。根据枝条的生长势可分为3类：

①普通发育枝：由叶芽萌发而成，生长健壮，长20～40cm，是扩大树冠的主要枝条。

②徒长枝：以称"娃枝"，由休眼芽萌发而成，生长旺盛，节间长，组织不充实，是老树更新和缺枝补空的主要枝条。

③细弱枝：由枝条基部叶芽或由于枝条所处部位和营养不良而形成的，长度一般为10cm以下。

（4）雄花枝　由不完全混合花芽抽生而成，只着生雄花序的枝条。

自下而上分为3段：第一段基部1～2节叶腋内具有小芽；第二段中部5～10个芽着生雄花序，花序脱落后成盲节，不再形成芽；第三段花前有几个小叶片，叶腋内芽较小。雄花枝生长量短，顶芽瘪小。在一般管理水平条件下，很难形成雌花。

二、结果习性

1. 开花 板栗一般雄花（图 14－3）先开，雌花（图 14－4）后开，相隔时间 8～10 天。花期可持续 30 天左右，雄花多，约为雌花的 1 000 倍左右，主要靠风媒传播，花粉分散的距离为 20m 左右。一般品种异化授粉可以提高坐果率。生产中应注意配置适宜的授粉树。

图 14－3 板栗雄花　　　　图 14－4 板栗雌花

2. 果实发育 板栗能自花结果，但异花结果率高。落花后，幼果开始迅速生长，体积增长较快。果实在成熟前的 1 个月增重最快，在其外面有一个带刺的外壳，称为总苞，总苞内为坚果。果肉在采收前十几天充实长成。因此，果实采收不能过早，需总苞开裂（图 14－5），种皮变色后方可采收。果实由形成发育至成熟需 4～5 个月。

图 14－5 成熟的板栗

3. 花芽分化 在当年形成的芽内就完成了雄花序的形态分化。在河北地区 6 月中旬新梢停止生长后,结果枝的果前梢的大芽开始分化,芽内先形成"雏梢"(翌年形成新梢),雏梢的中部,能见到泡状的雄花序原基,以后雄花序原基逐步增大,到 7 月份基本完成分化过程,约需 70 天。雌花簇的分化是春季分化出来的,当新梢长到 3~4cm 时,首先出现一个大叶苞,在叶苞内分化雌花簇。雌花的形态分化是当年春季萌动后完成。

任务 14.3 板栗的整形修剪技术

一、适宜树形

根据对自然生长树的调查,栗树以有主干的半圆形为主,其次是两大叉或三大叉开心形,根据各地的栽培经验,认为板栗的适宜树形有主干疏层延迟开心形、开心形,原则主干形,其中以前两种应用最广。

1. 主干疏层延迟开心形 其结构特点是干高 60~80cm,主枝 5 个。第一层 3 个主枝,间距 25~30cm,第二层二主枝,间距 60cm,层间距 80~100cm。第一层主枝角度 45°~50°,上层主枝角度 30°~40°,基部主枝上选留 2~3 个侧枝,上层主枝上选 1~2 个侧枝,第一侧枝距主干 70~100cm,第二侧枝距第一侧枝 40~60cm,树高 5~7m。

对于大树冠形树,可多留一层主枝,即留 7 个,该树形分层通风透光好,结果面积大,立体结果产量高。

2. 开心形 主干高 50~60cm,全树 3 个主枝,不留中心领导枝,各主枝在主干上相距 20~30cm,主枝角度 40°,各主枝左右两侧选留侧枝,2 个背斜,1 个背后为好,树高 3~4m,适宜密植。

开心形光照好,树体较矮,利于结果,便于管理。

二、幼龄树的修剪

(一)修剪时期
新枝长度为 30cm 时进行。

(二)修剪方法
板栗的修剪方法主要有疏枝、摘心、拉枝、缓放。

1. 疏枝 即将枝条从基部剪掉。疏枝可减少营养消耗,改善树冠通风透光状况,除密挤枝、细弱枝、交叉枝、重叠枝、竞争枝、病虫枝、干枯枝。

2. 摘心 也称顶尖。即去掉枝条顶端的一部分。摘心可以收到控冠和增加枝量的效果。摘心长度一般为 4cm 左右。嫁接当年根据发枝强壮程度，进行 1～4 次摘心。第一次新梢长度达 30cm 时进行，第二次及以后要长短结合。第二年摘心 1～2 次，促其及早结果。

3. 拉枝　即把主枝角度拉至 40°～50°，把直立的徒长枝拉平，以填补枝条空缺部位，增加结果面积。因栗树枝干木质硬而脆，故应在树液活动后萌芽期间进行。

4. 缓放　即对那些长度在 20cm，方位合适，能形成结果母枝的枝条不加修剪。

三、结果树的修剪

1. 结果母枝的修剪　树冠外围生长健壮的 1 年生枝，大多能成为优良的结果母枝，应尽量保留。强壮的结果母枝顶部 4～6 个饱满芽都能抽生较好的结果枝，但为缓和树冠扩展，减少养分消耗，宜适量轻剪。若一基枝上着生多个结果母枝，可适当疏去较弱枝，并选强壮枝重短截，使其基部萌发强壮新梢，留待作次年的结果母枝，以利于克服大小年结果现象。结果母枝附近的细弱枝也应及早疏除，使养分集中供应结果母枝。

2. 结果枝的修剪　新抽发的结果枝及时摘心，能提高当年产量。板栗的雄花众多，消耗大量养分。因此，结果枝的中下部的雄花序应及早除去，仅留混合花序下 2～3 条雄花序供授粉，这样可增加总苞数。结果后的结果枝，部分尾枝因营养不足、芽瘦小，不能形成混合花芽，宜适当疏除，或短截促其基部萌发健壮枝梢，成为良好的结果母枝。

3. 营养枝的修剪　除过密或过于纤弱的营养枝要疏除外，对一般营养枝可任其自然生长，或基部留 2～3 个芽重短截，促发壮枝成为结果母枝。也可以于夏季新梢长 30cm 时摘心，促发二次梢。对徒长枝，一般应疏除，也可用于树冠补空缺和老树更新。

4. 枝组的修剪　枝组也称侧枝群，是着生叶片和开花结果的主要部分。经多年结果后，有的已衰弱，结果能力低，应回缩修剪。可选择枝组基部营养枝着生处，把其前端剪截去，促使营养枝萌发新枝，或枝组基部留 3～5cm 缩剪，促使基部及分叉处的隐芽萌发枝条，形成新的结果枝组。枝组过密时应去弱留强，以利于通风透光。

5. 骨干枝的回缩更新　若骨干枝的枝头只能抽生细弱新梢，就表明其已衰老，应及时更新。可先在骨干枝下部培养更新枝，待更新枝生长良好并开始结果时，再回缩骨干枝，但要注意在更新枝前方留 4～5cm 短桩起保护作用。

任务 14.4　板栗的优质高效栽培技术

一、建园与栽植

1. 园址选择　板栗属深根性树种,对土壤及立地条件要求不严格,但喜向阳南坡,土质疏松,地下水位低,中性至微酸性土壤。因此,建园前应尽量选择适宜的园地。对立地条件较差的山地、沙滩地,要进行深翻改土或做好水土保持工程。

2. 合理密植　成年冠径:一般大冠 7～9m,小冠 5～7m。山地密植:3～4m×4～5m,过去一般多零星栽植或大冠稀植,每亩 7～8 棵,根据近年的研究成果和栽培经验,一般山地带状栽植的行距 4～5m,株距 5～7m;缓坡的或平地以 6～10m×8～10m 为宜。还应考虑土质肥沃程度和品种特点(小冠品种、土质稍微密一些,否则宜稀一些)。保证成年树土地覆盖率不超过 70%～80%。

为提高早期产量或提高土地利用率,还可采用计划密植,以后逐渐间伐。

3. 挖大穴、施足底肥、栽大苗　板栗属深根性,为促进根苗发育,要增大定植穴,施足有机肥或秸秆等。定植坑比其他果树都要大,特别是长度。山地可采用炮崩振学法。

板栗缓苗较慢,且抗寒性较差。一般定植时选 2～3 年生的大苗,尽量少伤大根。为提高成活,栽后还要平茬。有些地区定植时平茬,冬季为防止抽条,于秋后先平茬,然后培土,连续 1～2 年,待根条开始长大后,再让地上部正常生长。

4. 品种选择及授粉树配置　板栗树雄花量大,雌花量小,且有些品种自花结实率低,有些品种虽自花能结实,但雌雄花期不一致,影响结实。为此,建园时要注意品种的选择及授粉品种的搭配。尽可能选择雌雄花期相遇,授粉结实率高,雄花量较少的品种搭配。

二、土、肥、水管理

1. 土壤管理

(1)土壤改良　板栗多栽于立地条件较差的山坡地及河滩沙地,抓好栗园土壤改良、肥培,对栗树生长结果十分重要。

(2)深翻扩穴　深翻扩穴时间以秋末为宜,深 60～80cm。深翻时应结合施入杂草、落叶、圈肥等有机肥。

(3)树盘、行间管理　一是进行覆草。栗树树盘用作物秸秆、杂草和树叶等覆盖，有利于保蓄土壤水分，增加土壤有机质含量，有利于生长结果；栗树树盘覆盖，每年进行 1 次，覆盖厚度 25～35cm；二是进行间作，即在板栗行间间作矮秆的作物，如甘薯、花生等。

2. 肥料管理

（1）施肥应掌握板栗需肥特点

①板栗对氮素的吸收：在萌芽前，即根系活动后即开始了，以后随物候期的变化，吸收量渐增，一直到采收前，采收后氮素的吸收急剧下降，10 月下旬至落叶前吸收甚少或几乎不吸收，在整个周期中以果实膨大期吸收最多。

②磷的吸收：在开花前吸收很少，开花后到 9 月下旬采收期吸收较多而稳定，采收后吸收量很少，落叶前停止吸收，磷的吸收时期比氮、钾都短，吸收量也少。

③钾的吸收也是开花前很少，开花后渐增，果实膨大期到采收前，吸收最多，采后急剧下降，钾肥的施用期应是成全大树，氮、磷、钾比例以 14：8：11 为宜。

板栗虽然在瘠薄的山地、河滩地上能生长结果，但土壤高，有机质含量有利于丰产、优质。日本栗园有机质为 3％以上，我国不足 1％。因此，应增施有机肥或须绿肥，增加土壤有机质。板栗为高锰、高钙、高硼植物，还需要多种微量元素。因此，要注意补充。磷肥在土壤中移动性差，且易被固定。因此，应在急需物候期施用，或混于基肥中发酵后施用。栗的雌花分化在早春，因此应注意秋后基肥和早春追肥。

（2）施肥时期

①基肥：秋施基肥提倡早施，一般结合秋季深翻进行，采收前后，以有机肥为主，结合施入一定量的速效性肥料，秋施基肥对促进雌花形成、提高结实率及产量效果显著。

②追肥：根据生产中的经验，追肥分 2～3 次，

第一次：早春萌芽前后，施用速效性氮肥，缺硼地区混入硼肥，有利于雌花分化、开花、结实。

第二次：新梢速长期，以氮肥为主，促进果实梢生长为花芽分化奠定基础。

第三次：果实膨大期（7 月中下旬至 8 月上旬）促进果实膨大，减少空棚，以速效性氮、磷、钾肥复合肥为好。

③叶面喷肥，板栗树多栽植在恶劣的土壤条件下，根系施肥往往不能满足，可进行叶面追肥，特别是叶面喷肥可满足板栗对多种微量元素的需要，如

硼、锰、钙等，叶面喷肥一般前期以氮肥为主，中后期以磷、钾肥为主，各地普遍认为采前每半个月喷一次 0.1％～0.2％磷酸二氢钾，对增加单粒重有重要作用。

3. 水分管理 板栗抗旱性较强，但充足的水分有利于高产优质，板栗需水的关键时期是萌芽前和花前，可促进雌花分化，开花结实，有利于枝条生长，提高产量。板栗多栽植在山地，绝大部分园子无灌水条件。因此，重点应在保水、保墒上，如覆盖蓄水等。

三、疏花疏果技术

1. 疏雄 在不加人工控制的情况下，雄花与雌花的比例通常为 20～50：1。雄花消耗了大部分的营养物质，使产量明显降低。所以，必须将大部分雄花序在 2cm 左右时去除，只留新梢最上端 3～5 个花序，使雄花和雌花的比例保持在 5：1 左右。增施钾肥，有助于抑制雄花序的过旺生长。

2. 合理疏蓬 疏蓬可以有效节约树体养分，提高结实率。一般在花后进行疏蓬，即在栗蓬直径半厘米以前开始，越早越好。疏除对象主要是病虫蓬、过密蓬、瘦小蓬等。具体疏除标准是 30cm 长的粗壮果枝留 2～3 个蓬；20cm 长的中庸果枝留 1～2 个蓬。留蓬时每个节上最好留 1 个，不宜过多。

四、抹芽、摘心促枝、促果

1. 抹芽 在芽体萌动时，将强枝的中、下部及上部多余的芽抹除。一般强旺枝留 4～5 个大芽，中庸枝留 1～3 个大芽。抹芽的原则：去小留大，去下留上，疏密留稀，去弱留强。当雄花序长至 1～2cm 时，除将新梢上端的 3～5 个花序保留外，其余全部疏除。

2. 促生母枝 针对幼龄树第一、二年枝条旺长的特性，采取多摘心的方法，使长枝变短，单枝变多枝。具体做法：前期宜早宜轻，当新梢长到 20cm 时，摘除梢头。后期宜晚宜重，当 2、3 次梢长到 30cm 时，摘去 7～10cm，可使先端芽充实饱满，成为大芽。个别旺枝仍可"戴帽"修剪，达到控冠早实的目的。

3. 促生二次雌花 结果初期雌花很少时，摘心促生二次雌花形成，效果明显，以增加产量。

五、人工辅助授粉

板栗自花授粉结实率低，且雌雄开花期不同，雌花比雄花晚开 8～10 天。

为提高板栗坐果率和产量，必须进行人工授粉。板栗授粉的最佳时期 5 月下旬至 6 月上旬，即雌花柱头露出后 9～13 天为最佳期。采集花粉的最佳时间是上午 8 时以前或下午 13～14 时。

六、防止空苞现象

空苞主要原因是缺硼。解决方法：每平方米树冠投影面积施硼肥 10～20g，施时于树盘中绕树以 1m 为半径开沟施入，沟深不宜超过 15cm，施硼后覆土盖平灌水。

根据试验，在板栗花期喷施 400 倍硼液 3 次，每隔 5～7 天 1 次，空苞率由 69.34％降低到 4.83％，无空苞株率由 4.17％提高到 61.11％，出籽率由每苞 1.8 个提高到 2.4 个，单粒重由 6.2g 增加到 8.69g。

七、采后贮藏方法

（一）杀虫法

板栗的采后杀虫贮藏方法主要：水浸法、恒温法、熏蒸法。

1. 水浸法　将栗果浸入水中，每日换水 1 次，并上下翻动，虫即窒息而死。水浸法对栗果色泽、品质有一定影响，但仍可做种用。

2. 恒温法　将栗果浸在恒温 50℃ 的水中 45min，虫可全部杀死，然后捞出晒干妥善保存。采用此法，色泽变暗，品质不变，发芽力无损。

3. 熏蒸法　根据果实数量得多少，可以采用不同方式的熏蒸灭虫。少量的果实可采用熏蒸箱，或水桶、坛、罐等密闭而不漏气的容器。栗果数量多时，可利用熏蒸室和库房进行熏蒸。但是，不论熏蒸容器或库房容积有多大，总的要求是密闭而不漏气为原则。熏蒸剂一般用溴甲烷或二硫化碳。

（二）干藏法

1. 栗果采收后，风干、晒干、烘干或加工成粉，均适于长期贮藏。其缺点是风味不及新鲜栗果。

2. 将新鲜栗子倒入沸水中煮 5min，捞出晒干，以摇响为度，放在透风干燥的地方，每 25 天晒 1 次，可久藏 1 年，食用和制粉品质营养无损。

（三）沙藏法

沙藏法贮藏板栗可以进行室内堆藏和露天坑藏两种方法。

1. 室内堆藏　在阴凉室内地面上，铺一层高粱秆或稻草，再于其上铺以手捏不成团的湿河沙一层，然后按 1 份栗果 2 份沙的比例，将果沙混匀后堆放其上。也可将栗果和河沙分层交互放置，每层 4～7cm 厚，最后在堆的上部再覆湿河沙一层，厚 4~5cm，沙上再盖以稻草。堆高 80~100cm 为宜。沙藏期间每隔 3~4 周翻动检查 1 次。

2. 露天坑藏　选择地势高、干燥、排水良好的背阴处，挖宽 100cm 左右，深 80~100cm，长度视贮藏数量而定的坑。先在坑底铺河沙一层，厚 10cm 左右，再将栗、沙分层交互放入坑内；或 1 份栗 2 份沙混合放入坑内。堆至距地面 12~15cm 时，用沙填平，上面加土成屋脊状。为了降低坑内温度，可于坑中间每隔 100cm 左右，立放秸秆 1 束，以利通气。

（四）塑料薄膜袋贮藏法

选用正常成熟的栗果，先经过 1 个月的发汗和散热时间，以降低其湿度和呼吸产生的热量。塑料薄膜袋的薄膜厚度为 0.05mm，可将薄膜袋先放在果篓或果箱中。果实装袋前，宜先进行消毒处理，以防栗果发霉，晾干后再行装袋，扎紧袋口，每袋 25kg。装袋后的果篓或果箱，应放在冷凉和不太干燥的地方，或贮藏库中，以免袋内温度增高。果实贮藏期间经常进行翻动和检查，既有利于袋内通风换气，又能够散失袋内的水分。尤其在温度高，袋内湿度大的情况下，更需要加强翻检工作。

（五）气调贮藏法

气调贮藏法是当前一种比较先进的贮藏方法。效果良好，且贮藏的数量较大，无污染。

通过调节贮藏环境中氧和二氧化碳气体成分的比例，达到延缓贮藏期限的目的。

（六）锯末屑贮藏法

贮藏前需对材料进行处理。锯木屑选取新鲜未发霉的为好。填充材料的含水量以手捏成团，手松缓慢散开为度，含水量 30%~35%。

1. 木箱贮藏　即将完好的坚果与填充材料混合，装入箱中，上面再覆盖材料约 10cm，放置通风阴凉处。

2. 室内堆藏　即在通风凉爽的室内，用砖头围成 1m² 见方，高约 40cm 的方框，框内近地面先铺一层填充材料，厚约 5cm。然后将坚果与材料以 1：1 混合倒入框内，最上面覆盖材料厚约 10cm。

贮藏期间要经常检查室内的温度、湿度、通风条件及箱或堆内的状况，如遇温度过高、湿度过大时，需要及时通风；如箱或堆内出现严重腐烂时，应及时翻查，防止蔓延。

（七）坛藏法

将栗果放入干燥清洁的细口坛（多用泡菜坛，切忌用酒坛）内，装满栗果后，用塑料薄膜扎紧封口或用黄泥密封，也可在坛沿经常灌水，进行密封，这样可保存到春节。

八、病虫害防治技术

（一）病害防治

1. 干枯病 干枯病又称栗疫病、栗胴枯病、栗烂皮病，为真菌性病害。病原菌多从伤口入侵，主要危害树干和枝条，初期不易发现，用小刀轻刮树皮，可见红褐色小斑点，斑点连成块状后，树皮表面凸起呈泡状，松软，皮层内部腐烂，流汁液，具酒味，渐干缩，后期病部略肿大成纺锤形，树皮开裂或脱落，影响生长，重者枯死。干枯病由雨水、鸟和昆虫传播，主要由各种伤口入侵，尤以嫁接口为多。

防治方法：①加强肥水管理，增强树势；②剪除病枝，清除侵染源；③避免人畜损伤枝干树皮，减少伤口；④冬季树干涂白保护；⑤于4月上旬和6月上中旬，刮去病斑树皮，各涂1次碳酸钠10倍液，治愈率可达96%。也可涂刷50%多菌灵或50%托布津400～500倍液，或5波美度石硫合剂，或50%代森铵500倍液。刮削下来的树皮要集中烧毁。

2. 白粉病 白粉病为真菌性病害，主要危害苗木及幼树，被害株的嫩芽叶卷曲、发黄、枯焦、脱落，严重影响生长。受害嫩叶初期出现黄斑，叶面叶背呈白色粉状霉层，秋季在白粉层上出现许多针状、初黄褐色后变为黑褐色的小颗粒物，即病原菌的闭囊壳。病菌在落叶上越冬，于3～4月借气流传播侵染。

防治方法：①冬季清除落叶并烧毁，减少病源；②发病期间喷0.2～0.3波美度的石硫合剂，或0.5：1：100～1：1：100的波尔多液，或50%退菌特1 000倍液；③加强栽培管理，增强抗病能力。

3. 栗锈病 栗锈病为真菌性病害，主要危害幼苗，造成早期落叶。被害叶片于叶背上现黄色或褐色泡状斑的锈孢子堆，破裂后散出黄色的锈孢子。冬孢子堆为褐色，蜡质斑，不破裂。

防治方法：冬季清除落叶，减少病源。发病前期喷1：1：100的波尔多液。

（二）虫害防治

1. 栗瘿蜂 栗瘿蜂也称栗瘤峰，成虫头部和腹部黑褐色，触角丝状，褐色，胸部膨大，漆黑色，6～7月间产卵于芽内，幼虫在芽内生长、越冬。春季芽萌发抽生短枝，被害枝或叶柄等膨大成虫瘿（瘤），使枝叶枯死，树体衰弱，严重影响当年和次年的生长和结果。

防治方法：①冬季剪除纤弱枝、病虫枝并烧毁，以消灭越冬幼虫；②保护天敌跳小蜂；③成虫羽化出瘿前后（6～7月）喷40%氧化乐果1 000倍液；或于4月上旬（栗芽发红膨大而未开放）对树枝干涂刷40%增效氧化乐果，可选粗约10cm的枝干刮去长30cm半圆环上的木栓层，涂刷药液约10mL。

2. 云斑天牛 云斑天牛成虫黑褐色，前胸背板具两白斑，幼虫前胸背板有山字形褐斑。主要危害枝干，造成枯枝，影响树势。

防治方法：①5～7月捕杀成虫于产卵前；②6～7月刮除树干虫卵及初孵幼虫；③用钢丝钩杀已蛀入树干的幼虫；④从虫孔注入80%敌敌畏100倍液或用棉球沾50%磷胺（或50%杀螟松）40倍液塞虫孔。

3. 桃蛀螟 桃蛀螟也称桃食心虫、果斑螟蛾等，成虫鲜黄色，腹部背面和侧面有成排黑斑。幼虫于树皮裂缝或干的总苞等处越冬，羽化成虫后约于8月产卵于总苞，孵化后从总苞柄柱入，常引起严重落果。栗生长期间仅少数老龄幼虫蛀入栗果，但采收后大量蛀食，常可使栗果被蛀空，而以虫粪和丝状物相黏连，使未蛀空的栗果失去食用价值。

防治方法：①幼虫孵化期喷布80%敌敌畏1 000倍液；②总苞采回后5～6天内及时脱壳取栗果，以减轻危害；③采收后用二硫化碳熏蒸总苞，或用90%敌百虫100倍液速浸总苞即堆放。

4. 栗红蜘蛛 栗红蜘蛛以成虫和若虫危害叶面，使受害叶片呈苍白小点，最后呈黄褐色焦枯和早期落叶。它以卵在枝背越冬，4月下旬至5月中旬孵化，5月中旬至7月上旬为发生盛期。

防治方法：①发生期树冠喷布三氯杀螨醇800～1 000倍液，或40%乐果1 000倍液；②5月上中旬以药剂涂树干，在树干基部刮10cm环带（仅刮去粗皮，稍露出嫩皮），涂40%乐果1～10倍液或50%久效磷1～20倍液，药液稍干后再涂1次，干后用塑料薄膜包扎。

5. 大袋蛾 大袋蛾幼虫藏于袋内，立于叶面或挂于叶背，吃食叶片，食性烈，常将全树叶片吃光。

防治方法：①树冠喷布90%敌百虫800～1 500倍液；②摘除虫袋。

项目小结

板栗的主栽品种主要有红光栗和河北明栗。

板栗的芽：叶芽、完全混合芽、不完全混合芽、副芽。

板栗的枝：结果母枝、结果枝和发育枝。

幼龄树的修剪：1. 修剪时期。新枝长度在 30cm 时进行。2. 修剪方法。有疏枝、摘心、拉枝、缓放。

结果树的修剪包括：结果母枝的修剪、营养枝的修剪、枝组的修剪、骨干枝的回缩更新。

优质高效栽培技术有：一是建园与栽植；二是土肥水管理；三是疏花疏果技术；四是抹芽、摘心促枝、促果；五是人工辅助授粉；六是防止空苞现象；七是采后储藏方法；八是病虫害防治技术

项目测试

一、名词解释

完全混合芽　不完全混合芽　结果母枝　结果枝　尾枝

二、选择题

1. 下列哪种果树雌雄花器着生的年龄枝段相同。

　　A. 板栗　　　　　　B. 板栗　　　　　　C. 柿树

2. 板栗的雄花序着生在。

　　A. 当年且枝上　　　B. 一年生枝上　　　C. 二年生枝上

3. 下列哪种果树的种子适于干藏。

　　A. 板栗　　　　　　B. 苹果　　　　　　C. 樱桃

4. 下列哪种果树的雌雄花器着生的年龄枝段不同。

　　A. 桃树　　　　　　B. 板栗　　　　　　C. 板栗

5. 下列哪种果树的种子不能干藏。

　　A. 板栗　　　　　　B. 苹果　　　　　　C. 桃

6. 下列落叶果树中，属坚果类的果树是。

　　A. 梅　　　　　　B. 枣　　　　　　C. 梨　　　　　　D. 板栗

7. 下列树种中，具有混合花芽的树种有（　　　）。

　　A. 梨　　　　　　B. 杏　　　　　　C. 板栗　　　　　　D. 枣

8. 板栗的花芽为混合芽，穗状花序，为（　　　）。

　　A. 雌雄同花　　　　B. 雌雄异株异花

　　C. 雌雄异花　　　　D. 雌雄同株同序异花

三、判断题

1. 板栗适时疏雄花序也可以有效地减少空蓬现象。　　　　　　　　　（　　　）

2. 石榴、枣树不耐涝，而樱桃、板栗、柿、枇杷较耐涝。　　　　（　　）

3. 石榴、樱桃可以扦插育苗，而板栗、枣、枇杷以嫁接为主育苗。

（　　）

4. 石榴、板栗、枣、柿的花芽为混合花芽，而樱桃的花芽为纯花芽。

（　　）

5. 目前板栗产量普遍较低，主要原因是施肥方法不当，修剪量过轻。

（　　）

6. 嫁接繁殖板栗苗木选取接穗时，一般要求母株达到开花结果年龄。故只要达到开花结果年龄的植株，都可作为母株选取接穗。　　　　（　　）

7. 目前板栗产量普遍较低，主要原因是施肥方法不当，修剪量过轻。

（　　）

8. 嫁接繁殖板栗苗木选取接穗时，一般要求母株达到开花结果年龄。故只要达到开花结果年龄的植株，都可作为母株选取接穗。　　　　（　　）

9. 石榴、樱桃可以扦插育苗，而板栗、枣、枇杷以嫁接为主育苗。

（　　）

10. 石榴、板栗、枣的花芽为混合花芽，而樱桃、柿的花芽为纯花芽。

（　　）

11. 板栗树为提早结果，最好全部轻短截或不短截。　　　　（　　）

四、简答题

1. 板栗出现空棚的原因是什么？怎样解决板栗空蓬问题？

2. 板栗的常用树形有哪些？

3. 板栗的枝条类型有哪些？

五、综合分析题

结合本地实际状况，谈谈促进板栗丰产优质的技术措施有哪些？

板栗坐果率的提高及防治空蓬技术

板栗落果较轻，但存在着严重的空蓬现象，即刺苞中没有栗果，称为空蓬、哑苞、哑巴栗子或秕子。空蓬一般到成熟期仍保持绿色不开裂、个小，板栗落叶期才脱落，苞内的坚果不发育或只有种皮。据调查，板栗空蓬平均有15%～50%，北京、河北的一些山坡地上空蓬率达90%，严重影响产量，空蓬发育消耗大量营养。

1. 原因

（1）授粉受精不良 解剖观察发现总苞发育的初期 16 个胚珠都没有膨大，8 月上旬白色胚珠全部变黄褐色，子房不发育，刺苞早期发育，后期停止，是由于没有完成授粉受精引起，河北昌黎所对 107 品系进行组合授粉试验，不授粉的空蓬率 90%；自花授粉 42.9%，异花授粉几乎无空蓬，还观察到花期阴雨天空蓬严重。

（2）营养不良 总苞中子房内胚珠开始膨大后十几天又萎缩，坚果不发育，形成空蓬，与土壤肥水、树体营养状况有关。合理施肥、灌水、修剪，疏雄都可减少空蓬。

（3）品种特性和气候条件 有些实生树品种严重，且年年严重。

（4）缺硼 近年的研究表明，板栗空蓬的主要原因是缺硼。缺硼不能正常受精，导致胚胎早期败育，引起空棚。据测定，土壤速效硼含量的临界指标是 0.5mg/L，低于 0.05 时，随含量降低，空蓬增加。施硼肥防止空蓬效果显著（表 14－1）。

表 **14－1**

处理	株施 0.15～0.3kg 硼砂	对照
空蓬率	3.68～2.27%	85.53%

2. 防治措施

（1）选择结实率高的板栗优良品种 有许多板栗优良品种适合在我国南方地区种植。在建园时应选择那些结实率高的、丰产性好的板栗品种。

（2）合理选配授粉树 板栗是异花授粉植物，自花授粉结实率比较低。在生产上应注意避免单一品种种植，要配置适当的授粉树。

（3）合理施用硼肥 施硼能明显地抑制板栗空蓬的形成，但是施硼的量必须合适。一般 3～4 年生幼龄树，每株施用硼砂 0.10kg 左右为宜，大树适当多施些，但每株不可超过 0.25kg。如果施硼量过多，就会发生药害，表现出硼中毒的症状：其叶边缘及叶侧脉之间呈现褐色，叶片变脆，主脉向叶背弯曲，严重时除叶脉附近呈绿色外，其他区域呈烧焦状，叶片逐渐枯萎，甚至会毒死植株。所以，一定要掌握好施硼量，达到既能有效地防治空蓬的产生，又不产生药害的目的。施硼时，要求施在树冠外围须根分布较多的区域。施硼的效果能延续好几年，并不需要连年施用，可隔 2～3 年施 1 次硼肥。叶面喷硼对防治空蓬也有一定的效果，例如在花期喷 0.3% 硼砂溶液，空蓬率为 47.75%，而对照树为 62.16%。如果连年喷硼，其效果更加明显，说明喷硼后树体内硼的含量可不断增加，对以后减少空蓬率有一定的作用。叶面喷施硼肥通常结合喷施其他肥料，如 0.2% 硼砂＋0.3% 尿素＋0.25% 磷酸二氢钾。叶面喷施以在展叶期、初花期、盛花期各喷施 1 次较好。

(4) 合理施用植物生长调节剂　合理施用植物生长调节剂可以协调植物的营养生长与生殖生长的关系，促进板栗生殖生长。如喷施多效唑 0.5g/L，在一定程度上可提高结实率。

(5) 加强肥水管理　追肥 1 年 3 次，第一次在萌芽前，以氮肥为主，有利雌花形成，促进萌芽展叶；第二次在新梢生长期，6 月中旬，以磷肥为主，保花保果；第三次在果实膨大期，8 月中旬，以钾肥为主，结合施氮、磷、钾复合肥，有利于果实饱满。每次施肥后要进行灌水，生长季节结合土壤墒情，干旱时及时灌水。在缺水的干旱山地及丘陵栗园，应推广穴贮肥水，地膜覆盖或采用秸秆、杂草覆盖树盘、树行或全园，有利抗旱保墒，又可缓和地表温度的剧烈变化，有利于根系生长活动。

(6) 及时去雄和合理疏蓬　具体见疏花疏果部分。

柿

　　柿树在我国栽培历史悠久，是一种寿命长、收益大、果材兼用的果树。柿具有早实、丰产、适应性强的特点。柿果可鲜食、加工柿饼，营养价值很高，还是制醋、酿酒的良好原料。因此，是群众喜爱的果树。

 学习目标

知识目标

1. 能正确了解柿树主栽品种；
2. 能正确了解柿树生长结果习性；
3. 正确掌握柿树整形修剪的方法；
4. 能正确掌握柿树优质高效栽培技术。

能力目标

1. 会识别当地主栽品种，培养学生的观察能力；
2. 能够对柿树进行整形修剪，培养学生的动手能力；
3. 培养学生综合运用所学知识在实际生产中分析问题、解决问题的能力。

任务 15.1　柿主栽品种及生长结果习性

一、主栽品种

柿的品种很多，依其果实在树上能否自然脱涩可分为涩柿和甜柿两大类。

（一）涩柿

1. 磨盘柿　磨盘柿又名盖柿、宝盖柿、腰带柿等（图 15-1）。

果中大，平均果重 225g，扁圆形，近蒂部有缢痕 1 条，似盖子或磨盘状，故名。果面橙黄色，微有果粉。果肉淡黄色，脱涩后，味甜多汁，品质佳，无核。9 月下旬至 10 月下旬成熟。最宜生食，也可制饼，但因含水分多，不易干燥，出饼率低。本品种性喜肥沃，单性结果率强，生理落果少，抗旱、抗寒。

2. 于都盒柿　于都盒柿（图 15-2）产于江西于都、兴国等县。

图 15-1　磨盘柿　　　　　　　　　　图 15-2　于都盒柿

树冠高大开张。果大，平均重 300g。扁方形，橙红色。皮薄、肉质致密，纤维少，汁多，味浓甜，含糖 20% 以上。10 月上旬成熟，宜生食。

3. 铜盆柿　铜盆柿（图 15-3）产江苏宜兴一带。

果中大，扁圆形，重约 280g。果顶平，顶点稍凹入，自果顶射出浅斜沟和纵沟共 6 条。果面橙黄，肉鲜、橙黄色，质致密，纤维少，无核。10 月上旬成熟。

4. 牛心柿　牛心柿（图 15-4）产于广东、广西一带。果为心脏形，向顶部渐尖，横断面方形。重 110～120g。果面橙黄色，稍有白蜡粉。肉红色，汁多、味甜。9 月下旬至 10 月成熟，宜生食。

图 15-3　铜盆柿　　　　　　　　　　图 15-4　牛心柿

(二) 甜柿

1. 富有柿　富有柿原产日本，为目前甜柿中最优良的品种。其果形扁圆，顶部稍平，蒂部稍凹，重 250g。果皮红黄色，完熟后则为浓红色。果肉柔软致密，甘味浓，汁多，风味佳。种子 2～3 个。在树上能自行脱涩，9 月下旬可采收，但以 11 月果完熟为采收适期。单性结实力弱，不受精者易落果。故栽培时须配置有雄花的授粉品种或行人工授粉。

2. 我国湖北罗田的甜柿，广东番禺的斯文柿，日本的次郎柿（图 15 - 5）均属甜柿。

图 15 - 5　次郎柿

二、生长结果习性

柿树为高大乔木。一般嫁接后 5～6 年结果，15 年后进入盛果期，寿命长，经济寿命可达百年以上。在密植条件下，嫁接苗 2～3 年开始结果，5～6年进入盛果期。

(一) 根系

柿树根系因砧木不同而有差异。柿砧主根发达，细根较少，根层分布较深，耐寒性弱，但较耐湿，不宜在北方栽培。君迁子砧根系分布浅，细根多，侧根伸展远，根系大部分分布为 10～40cm 土层中，但垂直根可达 3～4m 以上。由于根系强大，吸水、吸肥能力强。所以，用君迁子作砧木抗旱、耐寒、耐瘠薄，适宜北方栽培。其吸收根全年有 2 次发生高峰，第一次在 5 月下旬至6 月中下旬，第二次在 7 月中下旬至 8 月上旬。

柿根单宁含量多，在苗木春季枝接时，易从伤口溢出单宁物质，并氧化形成隔离层，嫁接不易成活，应先剪砧"放水"，15～20 天后再嫁接。根系受伤后难愈合，发根也较难，移植后树势恢复很慢。因此，在柿树移植时尽量多保留根系，运输途中切勿使根系干燥；否则，移栽成活率低，树势恢复慢。

（二）芽

柿枝条在其生长后期，顶端幼尖自行枯萎并脱落。因此，柿树枝条没有真正的顶芽。所谓的"顶芽"，实际上是枝条顶端第一侧芽，即伪顶芽。

柿树的芽有花芽、叶芽、潜伏芽和副芽4种。

1. 花芽 花芽为混合芽，肥大饱满，着生在结果母枝的顶端及以下1～3节位；第二年春季萌发，抽生成结果枝，在结果枝上开花结果。

2. 叶芽 叶芽较花芽瘦小，着生于结果母枝的中下部或发育枝的顶端及叶腋间，萌发后形成发育枝。

3. 潜伏芽 潜伏芽着生于枝条的下部，很小，芽片平滑，平时不萌发，寿命较长，可达10年左右；受刺激后可以萌发，并能抽生出较壮的枝条。

4. 副芽 在枝条基部两侧的鳞片下，有1对呈潜伏状态的副芽，大而明显，一般不萌发，一旦萌发，则形成健壮的枝条。副芽是预备枝和徒长枝的主要来源，也是老树更新、重新形成树冠的基础。

（三）枝条

柿树枝条一般可分为结果枝、结果母枝、发育枝和徒长枝4种。

幼树及生长势强的植株，每年除春季抽梢外，夏季也能抽生2～3次梢。成年树每年仅抽春梢，生长期短，枝梢长约20cm。

1. 发育枝 由叶芽、潜伏芽或发育枝副芽萌发而成。发育枝长短不一致，长者可达40～50cm，短者只有3～5cm；一般10cm以下的为细弱枝条，它不能形成花芽，影响光照并消耗养分，修剪时应及时疏除。

2. 徒长枝 由潜伏芽或副芽萌发形成的直立枝条，俗称水娃枝或水枝。生长过旺，叶片大、节间长、不充实，通常直立向上生长，长度可达100cm以上，多是由直立发育枝的顶芽或大枝上的潜伏芽、副芽受到刺激形成的。柿新梢顶端有自枯现象，呈假轴分枝，其顶芽是第一侧芽发育而成。

3. 结果枝 柿树的结果母枝生长势较强，一般长度10～30cm，多着生于2年生枝的中上部。结果枝是结果母枝上的花芽萌发后抽生的当年能开花结果的新梢，着生于结果母枝的顶部2～3节。结果枝中部数节开花结果，其叶腋间不再着生芽而成为盲节。在生长旺盛的树上结果枝顶端也能形成花芽，成为下一年的结果母枝。

4. 结果母枝 指着生混合芽、第二年萌发后能抽生结果枝的枝条。它生长势较强，一般长度 10～30cm，多着生于 2 年生枝的中上部。结果枝是花芽萌发后抽生的当年能开花结果的新梢，着生于结果母枝的顶端及以下 2～3 节。结果枝中部数节开花结果，其叶腋间不再着生芽而成为盲节。在生长旺盛的树上结果枝顶端也能形成花芽，成为下一年的结果母枝。

（四）开花结果

柿是多性花果树，有雌花（图 15-6）、雄花（图 15-7）和两性花。

图 15-6　柿的雌花　　　　　　　　图 15-7　柿的雄花

1. 雌花　柿树雌花单生，雄蕊退化，多连续着生在结果枝第 3～8 节叶腋间；一个结果枝上通常着生 4～5 朵，多者 10 余朵，少者 1～3 朵。结果枝着生花朵得多少，与结果母枝的强弱和结果枝着生的位置有关。柿树具有壮枝结果习性，健壮的结果母枝萌生的结果枝也壮，着生的雌花也多；反之，生长势弱的结果母枝抽生的结果枝也弱，着生雌花也少。柿雌花可单性结实。

2. 雄花　柿雄花只有雄蕊，雌蕊退化，花呈吊钟状，簇生成序，每序 1～4 朵，多着生于细弱的 1 年生枝萌发的新梢上。

3. 两性花　为完全花，花内有雌蕊和雄蕊，但结实率很低，果实很小。

以上 3 种花因品种不同而形成 3 种类型的树，即雌株、雌雄异花同株和雌雄杂株 3 种类型。在同一株柿树上，仅着生雌花的叫雌株，我国的栽培品种绝大多数属于此种类型；在同一株植树上既着生雌花又着生雄花的叫雌雄异花同株，我国栽培的树很少属于这种类型；在一株柿树上同时着生雌花、雄花和两性花的叫雌雄杂株，这种类型多见于野生柿树。

任务 15.2 整形修剪技术

一、幼树整形

根据柿树生长结果特性，常采用疏散分层形、自然半圆形和自然开心形。

柿幼树生长旺盛，顶芽生长力强，有明显层性，分枝角度小。修剪的主要任务是搭好骨架，整好树形，促进营养生长，适当多留辅养枝，夏季摘心，促生结果母枝，为早期丰产打下基础。具体方法：

1. 疏散分层形（图 15-8） 定植后长势健壮的苗木可于距地面 1.2m 左右剪截定干；生长一般或偏弱的可以不加修剪，任其自然地生长。

（1）一年后 在顶部选留直立向上的壮枝作中心干，并进行短截，剪留长度为枝条原长度的 2/3～3/4。从分枝中选 3 个生长比较健壮，方向、位置、角度合适的枝条作为第一层主枝，剪留长度 40～60cm，剪口芽留外芽，3 个主枝间的水平角度为 120°。其他的枝条在不影响整形的情

图 15-8 疏散分层形

况下尽量保留，以增加枝叶量，辅养树体过密或过强的枝条要及时剪除。

（2）栽后 2～3 年 在中心干上距第一层主枝 100cm 左右的地方选留第二层主枝，并在第一层主枝上选留和培养 1～2 个侧枝。

（3）栽后 4～5 年 可在距第二层主枝 70cm 处选留第三层主枝，同时在各主枝的适当位置培养和选留侧枝，在各层之间和主侧枝上留辅养枝和结果枝组。经过 5～6 年的选留和培养可以基本成形。

2. 自然半圆形 定植后春季发芽前，于距地面 1m 左右的地方剪截定干，以后每年冬剪时，将中心干剪留 30～40cm；从中心干分枝中选方向好、角度好的健壮枝条作为主枝培养，剪留长度一般为 40～60cm，或为原枝条长的 2/3。

2～3 年后，即可在中心干上培养出 3～5 个错落生长、方位理想的主枝。为了开张角度，防止抱头生长，幼树中心干可暂时保留，但要用重短截或促其成花结果等方法控制生长。当树冠初步形成后，将中心干从基部锯掉。在选留和培养主枝的同时，要按树形的要求培养侧枝，每个主枝一般要留 2～3 个侧枝。相邻的两侧枝之间要保持 50～60cm 的距离，并分别排列在主枝的两侧。侧枝与主枝的分枝角度为 50°左右，最好是背斜侧。在主枝和侧枝上培养辅养

枝和结果枝组。

3. 自然开心形　柿子树一般按自然开心形进行整形修剪，其树体结构为：干高 30～60cm，主枝树以 3 个为宜，第一主枝与第二主枝的间距为 30cm 左右，第二主枝与第三主枝的间距在 20cm 以上。在果树生长期主要做好除萌、扭梢和摘心工作。除萌即自结果母枝发生多数结果枝时，留中部所生结果枝 2 个，其他早行除萌。对生长在适当位置须保留的徒长性枝条，在其长至 30cm 左右，其基部尚未硬化时，将其基部扭曲，抑制其徒长，并在 6 月中旬对其进行摘心，使其抽生结果枝条。在果树休眠期主要疏除密生枝、剪去病虫枝、交叉枝和重叠枝，短截和回缩下垂枝衰弱枝条。

二、成年树修剪

1. 夏季修剪

（1）摘心　生长期在新梢长度达 40～50cm 时进行摘心，摘心数次，于 7 月底停止摘心。

（2）剪梢　7 月中旬到 9 月中旬，对生长过旺的夏秋梢和树冠内影响通风透光的枝梢适当剪除。

2. 冬季修剪

（1）密生枝　疏剪部分过密枝，或将过密枝留基部 2 个芽进行短剪，以促使生长成为新枝。

（2）结果枝　柿树结果枝结果后大多不能形成结果母枝，一般回缩到下部的发育枝处或从基部重短截，来年形成结果枝，过密的疏除，疏除后可刺激副芽萌发形成结果枝。

（3）结果母枝　通常结果母枝近顶端 2～3 个芽，均为混合芽，萌发后可生成结果枝，修剪时，一般不短截。若结果母枝基部有营养枝，可将上部已经结果的部分剪除，使基部营养枝成为来年新的结果母枝。

（4）徒长枝　对于无利用空间的徒长枝，尽早从基部剪除。

任务 15.3　优质高效栽培技术

一、定植

（一）定植时期

柿子在落叶后至萌芽前定植，即从 11 月中旬至翌年 4 月初均可定植，秋植比春植好。

（二）栽植密度

栽植密度依地势土壤、品种、砧木、栽培管理等而有不同。通常坡地、瘠地涩柿 5m×6m，甜柿 4m×5m；肥沃平地涩柿 6m×7m，甜柿 5m×6m。

二、土肥水管理

（一）土壤管理

柿园全年可中耕除草 3～4 次。秋末进行扩穴施基肥改土，但因柿树伤口难愈合，中耕时树冠下只能浅锄，尽量少伤根。

（二）土壤施肥

1. 基肥　9～10 月施基肥，每株施堆肥 50kg，饼肥 1.5kg，钙镁磷肥 1kg。

2. 追肥

（1）幼树　3～7 月份，每月施 1 次肥，每次每株尿素 50g，或粪水 5kg，施肥时离树 30～40cm。

（2）成年树　花前肥：每株施尿素 0.2～0.3kg，过磷酸钙 0.5～0.75kg。稳果肥：谢花后即 4 月底 5 月初施复合肥 0.5～1kg＋钾肥 0.5kg，促进果实发育。方法：沿滴水线开浅环沟，施后覆土，最好能树盘盖草。

（3）壮果肥　7～8 月份是果实迅速膨大和花芽分化期，施肥对促使果实生长、提高品质、促进花芽分化很重要。施肥方法同上，但天旱时要结合灌溉或淋水肥。另外，早春根据发芽状况，如花多芽多、长势偏弱的可在新梢自枯以后至开花前施用少量速效氮肥，有利于花芽分化，但此次肥不宜过早，用量不可过多，否则刺激新梢旺长，导致落花落果。采后肥：每株施尿素 0.3kg，过磷酸钙 1kg，饼肥 2kg。

（三）水分管理

柿树耐湿，但怕渍水，要注意开沟排水。

三、花果管理

（一）保花保果

1. 刻伤保花　刻伤保花常用的方法有环割（图 15－9）、环剥（图 15－10）。

（1）环割　在小寒至大寒对柿树主茎或分枝的韧皮部（树皮）用环割刀或电工刀进行环割一圈或数圈。经环割后，可促进花芽分化，其方法可采取错位对口环割 2 个半圈（2 个半圈相隔 10cm），也可采用螺旋形环割，环割深度以不伤木质部为度。

（2）环剥　在清明前后可对柿树主茎进行环剥，在主枝或侧枝上进行环剥促花，环剥宽度一般为被剥枝粗度的 1/10～1/7，剥后及时用聚乙烯薄膜纸把环剥口包扎好，以保持伤口清洁和促进愈合。环割后约 10 天即生效。

图 15-9　环　割

图 15-10　环　剥

2. 喷药保果　在盛花期喷一次 0.2％硼砂或芸薹素 12 000 倍液，能提高坐果率 30％左右；在盛花期和幼果期喷 800 倍液聚糖果乐，对提高坐果率效果明显。为防止幼树抽发夏梢造成落果，可在夏梢抽发前 7～10 天，用 15％多效唑 150～250 倍液叶面喷洒，可削弱枝梢长势，提高坐果率。

3. 合理施肥　柿子追肥不能过早。一般在 5 月份枝条枯顶期和 7 月份果实膨大期追肥，这两次肥对提高坐果率有明显的促进作用，并且还可以增加下一年的花芽数量和提高花芽质量。

4. 防治病虫害　柿圆斑病、柿蒂虫和柿绵蚧等严重影响柿树的坐果率。可于发芽前喷 3～5 波美度石硫合剂或 5％的柴油乳剂，效果显著，再于 6 月份喷 1 次功夫 2 000 倍外加百菌清可湿性粉剂 600～800 倍液，对防治病虫害有重要的意义。

（二）疏花疏果

柿可进行适当的疏蕾、疏花与疏果。一般结果枝中段所结的果实较大，成熟期早且着色好，糖度也高。因此，在疏蕾疏花时，结果枝先端部及晚花需全部疏除，并列的花蕾除去 1 个，只留结果枝基部到中部 1～2 个花蕾，其余疏去。疏蕾时期掌握在花蕾能被手指捻下为适期。疏果在生理落果结束时即可进行，把发育差、萼片受伤的畸形果、病虫害果及向上着生易受日灼的果实全部疏除。疏果程度须与枝条叶片数配合，叶、果比例一般掌握在 15：1。

项目小结

柿树在我国栽培历史悠久，柿果可鲜食、加工柿饼，营养价值很高，还是制醋、酿酒的良好原料。因此，是群众喜爱的果树。

柿的品种很多，依其果实在树上能否自然脱涩可分为涩柿和甜柿两大类。

一、柿树的生长习性

（一）根系

柿为深根性，直根发达，细根较少。柿树根富含单宁，受伤后，愈合能力差。因此，移栽时要注意保护根系。

（二）芽

柿枝条在其生长后期，顶端幼尖自行枯萎并脱落。因此，柿树枝条没有真正的顶芽。所谓的"顶芽"，实际上是枝条顶端第一侧芽，即伪顶芽。

柿树的芽有花芽、叶芽、潜伏芽、副芽4种。

（三）枝梢

幼树及生长势强的植株，每年除春季抽梢外，夏季也能抽生2～3次梢。成年树每年仅抽春梢，生长期短，枝梢长约20cm。

二、柿树的结果习性

（一）结果枝

柿树的结果枝是花芽萌发后抽生的当年能开花结果的新梢，着生于结果母枝的顶部2～3节。结果枝中部数节开花结果，其叶腋间不再着生芽而成为盲节。

（二）结果母枝

结果母枝是指着生混合芽、第二年萌发后能抽生结果枝的枝条。结果枝是花芽萌发后抽生的当年能开花结果的新梢，着生于结果母枝的顶部2～3节。

（三）花

柿是多性花果树，有雌花、雄花和两性花。

三、柿树整形修剪技术

根据柿树生长结果特性，柿树常采用疏散分层形、自然半圆形和自然开心形。

柿成年树修剪：

（一）夏季修剪主要是摘心和剪梢。

（二）冬季修剪主要处理密生枝、结果枝、结果母枝和徒长枝。

四、柿优质高效栽培技术

（一）定植

1. 定植时期；

2. 栽植密度。

（二）土肥水管理

1. 土壤管理；

2. 土壤施肥：（1）基肥；（2）追肥。

（三）水分管理

柿树耐湿，但怕渍水，要注意开沟排水。

（四）花果管理

1. 保花保果；

2. 疏花疏果。

项目测试

一、选择题

1. 北方栽培柿树要用（　　）作砧木

　　A. 柿树　　　　　B. 君迁子　　　　　C. 山丁子　　　　　D. 海棠

2. 目前甜柿中最优良的品种是（　　）。

　　A. 次郎　　　　　B. 罗田　　　　　　C. 富有　　　　　　D. 斯文

3. 柿树枝条基部两侧鳞片下，有一对呈潜伏状态的芽为（　　）。

　　A. 花芽　　　　　B. 叶芽　　　　　　C. 副芽　　　　　　D. 潜伏芽

4. 柿树结果枝的结果部位在（　　）。

　　A. 顶部　　　　　B. 上部　　　　　　C. 中部　　　　　　D. 下部

5. 柿树枝条俗称水娃枝的是（　　）。

　　A. 发育枝　　　　B. 徒长枝　　　　　C. 结果母枝　　　　D. 结果枝

6. 我国栽培的柿树品种大多数属于（　　）。

　　A. 雌株　　　　　B. 雄株　　　　　　C. 雌雄杂株　　　　D. 两性花

7. 对柿树结果母枝正确的修剪方法是（　　）。

　　A. 疏除　　　　　B. 重短截　　　　　C. 一般不短截　　　D. 摘心

8. 对于柿树的土肥水管理正确的是（　　）。

　　A. 早春进行扩穴施基肥　　　　　　B. 施肥不必灌水

　　C. 柿树耐湿可不设排水沟　　　　　D. 成年柿树稳果肥以复合肥和

钾肥为主

二、简答题

1. 柿树移栽为何不易成活？

2. 幼树修剪的任务是什么？

3. 成年柿树对结果母枝如何冬剪？

4. 成年柿树夏季修剪主要有哪些方法？怎样进行？

5. 在柿树生产中保花保果的措施有哪些？

6. 怎样对柿树进行环剥？

三、论述题

试述柿树的土肥水管理。

探究与讨论

根据个人兴趣爱好，自由结合分组，通过查资料、实地参观考察、专家访谈等形式，了解柿树主要品种及生长结果习性，提出柿树优质高效栽培技术。

时间：1 周。

表现形式：以小论文、图片等形成展览评比。

结果：邀请本学科专业老师做评委，评出 3～5 个优秀科技小组，8～10 名科技创新成员。

项目十六

枣

 项目导读

枣树在我国栽培历史悠久，具有适应性强、分布较广、栽培省工、结果早，收益快等特点。对绿化荒山，保持水土，防风固沙，改造生态环境都具有重要的作用。枣果用途广泛，既可鲜食、制干，也可加工成蜜饯，是蜜饯、干制的好原料。枣也是许多保健品的主要原料。因此，是群众喜爱的果树。

 学习目标

知识目标

1. 了解枣树主要栽培品种；
2. 掌握枣树生长结果习性和对环境条件的要求；
3. 掌握枣树土肥水管理方法。

能力目标

1. 能用所学知识对枣树进行整形修剪；
2. 掌握枣树优质高产栽培技术。

任务 16.1　枣主栽品种及生长结果习性

一、优良枣品种

枣为鼠李科（Rhamnaceae）、枣属（*Ziziphus*）植物。原产于我国黄河流域，起源于酸枣，主要分布在陕西、山西、山东、河北、河南等省、自治区、直辖市。是我国果树栽培中历史最久的果树之一，也是我国重要的特有果树。

（一）鲜食品种

1. 梨枣 主要分布于山西运城地区，过去多零星栽培，后引种到全国各地。

果实（图15-1-1）近卵圆形或椭圆形，平均单果重30g左右，果面不很平整，果皮薄，果肉厚，白色。肉质松脆，汁多味甜。鲜枣含糖量27.9%，可食率97.3%，鲜食品质中上等。9月下旬成熟。

该品种丰产稳产，当年生枣结果能力很强，喜肥沃土地，要求高水肥和精细管理，适于矮化密植栽培。易裂果，不抗炭疽病。

2. 冬枣 主要分布于山东滨州、德州、聊城等地，果实（图16-2）近圆形，果面平整光洁，平均单果重12~13g，大小较整齐，果肉绿白色，细嫩多汁，甜味。可食率97.1%，成熟期在10月中旬。

图16-1 梨 枣

图16-2 冬 枣

品种适应性强，果实成熟晚，品质极上，为优良的鲜食晚熟品种，易遭受绿盲蝽象危害，需要精心管理，否则不易坐果。

（二）鲜食制干兼用品种

1. 金丝小枣 主要分布于山东乐陵、庆云、无棣及河北的交河、献县等地。将该品种的果实晒至半干，掰开果肉，可拉出6~7cm长的金黄色细丝，故名"金丝小枣"。果实较小，椭圆形或倒卵形，单果重达4~6g，果皮薄、核小，肉质厚、致密细脆，汁液中多，味极甜，清香，鲜枣可溶性固形物34%~38%，可食率95%~97%，制干率55%~58%。制干红枣肉质细，果形饱满，富有弹性，含总糖74%~80%，耐储运，品质上等，为优良的鲜食和制干兼用品种。成熟期在 9 月下旬至 10 月上旬。

金丝小枣喜肥沃的壤质土或黏壤土，较耐盐碱，不耐瘠薄，抗旱，喜深厚肥沃土壤。抗铁皮病，果实成熟期遇雨易裂果。能适应 pH 8.5 的条件下生长，沙地及山岭薄地或砂质土壤上生长弱，产量低、品质差。

2. 赞皇大枣 主要分布于河北赞皇县，果实中大，长圆形或椭圆形，单果重 14～15g，大小整齐。果面光滑，皮厚，暗红色带有黑斑，果肉致密质细，汁液中等，味甜略酸，风味中上等，干制红枣果形饱满，有弹性，耐贮运，品质上等。果实 9 月中下旬成熟，树势中庸，树冠较稀。早结果，丰产稳产。适应性强，耐瘠耐旱，抗涝性较强，不裂果，但自花结实性较差，栽植时需要配置授粉品种。

3. 骏枣 主要分布于山西省交城县，果实大，长倒卵形、圆柱形，单果重 22～25g，最大果重 36g，大小不均匀。果面光滑，果皮薄，果肉厚，质地略松脆，汁液中多，品质上等，宜制干、加工酒枣或蜜枣，果实 9 月下旬成熟，树势强旺，适应性强，耐旱、耐涝、耐盐碱，较丰产；有采前落果现象，近成熟期遇雨易裂果，贮运性能较差。

（三）制干品种

1. 圆铃枣 又名紫枣、紫铃枣等，主要分布于山东聊城、德州、泰安、济宁等地，果实中等大，圆形或近圆形，单果重 11g 左右，最大果重 25g。果皮厚，紫红色，韧性强，果肉厚，质地紧密，汁液较少，果核较大，短纺锤形。鲜枣含糖量 33%，可食率 95% 以上，制干率 60%～62%。成熟期在 9 月上中旬。

树势中等，发枝力很强，产量中等。花期要求气温较高，日平均温度低于 22～23℃ 则坐果不良。适应性强，较耐盐碱、耐瘠薄，在黏土、沙土、沙砾土等土壤上均能较好生长。

2. 无核枣 又名软核蜜枣、空心枣，主要分布于山东乐陵县、河北沧县一带。果实圆柱形，中部稍细，平均单果重 3～4g，果实大小不均匀。果皮薄，鲜红至橙红色，肉细腻，较松软，汁液多，味甜，核多数退化，品质上等，为稀有制干品种。鲜枣含糖量 33%～35%，可食率 99% 以上，制干率 50.8%～53.8%。成熟期在 9 月上中旬。

树势较弱，发枝较差，产量较低。植株适应性差，喜深厚肥沃的壤土或黏壤土，可在水肥条件较好的地区栽培。

3. 相枣（贡枣） 主要分布于山西运城一带，果实大，近圆形，单果重 20g 左右，最大单果重 26g。果面光滑，皮薄，肉厚，质致密而脆，味甜，汁液较少。核较小，短纺锤形，品质上等，为优良的制干品种。果实 9 月下旬成熟，近成熟期遇雨易裂果，树势较弱，枝条密而下垂，发枝力中等，树体中大，丰产，稳产性较好。植株抗逆性较弱，易染枣疯病，适于水肥条件较好的地区栽培。

（四）观赏品种

1. 茶壶枣（图16-3）　果实畸形，果实中部或肩部有明显凸起，形似壶嘴和壶把，整个枣形似茶壶，故名茶壶枣。平均单果重7g左右。果皮薄，紫红色，光泽鲜艳，果肉绿白色，汁液中多，味甜略酸，斑红果含可溶性固形物24％～25％，鲜食品质中等。7月上旬着色成熟。抗裂果能力强。

树势生长较强，结果早，坐果稳定，产量高。果实形状奇特美观，有极高观赏价值。

2. 葫芦枣（图16-4）　果实中部凹陷，果实顶部较尖，形似葫芦，故名葫芦枣。果实中大，平均单果重7g左右，鲜食品质中上，制干品质中等。因果形独特，有较高观赏价值。

图16-3　茶壶枣

图16-4　葫芦枣

3. 龙爪枣　又名龙枣、龙须枣、蟠龙枣。果实扁柱形，胴部平直，中腰部略凹陷。平均单果重约4g，大小较整齐。果皮厚，果肉质地较粗硬，汁少味淡，鲜食品质差。枣头1次枝、2次枝弯曲不定，或蜿蜒曲折前伸，或盘曲成圈，或上或下、或左或右，犹如群龙狂舞、竞相争斗、意趣盎然。枣吊细长，亦左右弯曲生长，有很高观赏价值。

4. 磨盘枣　别名磨子枣，分布于陕西、河北、山东、河南等地。果实中部凹陷，呈石磨状，故名磨盘枣。平均单果重11g，果皮厚，紫红色，韧性强。阳面有紫黑斑，果肉绿白色，质硬略粗，汁少，味较淡，甜，微酸，可溶性固形物30％～33％，鲜食品质中下，制干率50.5％。果形奇特美观，可供观赏。

二、生长特性

（一）根系

枣树根系发达、形体粗大，水平根延伸力强，一般可超过冠径的 3～6 倍，又称"行根"或"串走根"，主要集中在 15～50cm 的土层中，尤以 15～30cm 的浅土层最多；根系入土较深，深达 4m，粗度不超过 1cm；枣树须根多，吸收能力强，但寿命短，仅能存活一个生长季，土质条件好，生长快，密度高，遇旱遇涝容易死亡。

（二）芽

芽有两类：一是主芽，二是副芽。

1. 主芽　主芽生长在叶柄基部正上方，冬季着生在各个枝条顶端或节上，被深褐色鳞片包裹着，它是在前一个生长季中开始形成，经过冬季到春季才会萌动，为晚熟性芽。主芽可以发育形成新的枣头（发育枝）或枣股（短缩枝），有时不萌发成为隐芽。

2. 副芽　副芽生长在主芽的左上方或右上方，随形成、随萌发，为早熟性芽，它在枣树生产中占有相当重要的地位，可以形成二次枝和枣吊，枣树的花和花序也是由副芽形成的。

（三）枝

枣树的枝条与其他果树不同。枣树的枝条可分为枣头（发育枝）、二次枝（结果基枝）、枣股（结果母枝）、枣吊（结果枝）4 种。

1. 枣头　枣头又称作 1 年生发育枝，为营养性枝条，是形成枣树骨架和结果基枝的基础。它不单纯是营养生长枝，同时又能扩大结果面积，有的当年就能结果。在整形修剪时，有的枣头可培养成骨干枝，有的则用其结果，所以又称为结果单位枝，北方枣区称其为滑条（图 16-5）。

枣头都是由主芽萌发而成，具有很强的延伸能力，并能连续单轴延伸，加粗生长也快。新生枣头，既能进行营养生长扩大树冠，又可增加结果部位提高产量。所以，枣头既是营养生长性枝条，又是结果性枝条，在生产中对枣头摘心，可显著提高坐果率，增加产量。

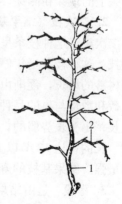

图 16-5　枣　头
1. 枣头　2. 二次枝

一般枣头 1 年萌发 1 次，在生长过程中，枣头主轴上的副芽，按 2/5 叶序萌发，其主轴继续延伸生长，随着枣头的生长，其上的副芽也由下而上逐渐萌发成二次枝。其中上部萌发的永久性二次枝，按 1/2 叶序着生芽组，每一芽组内有 1 个主芽和数个副芽，当年副芽萌发成三次枝，也就是枣吊，可以当年开花结果。

在幼树、旺树和更新的枣树上，1 年中常有 2 次生长的现象，但在 2 次生长之间，不像苹果的春、秋梢那样有明显的界线。

枣头的生长很旺，年生长量一般可达 1m 以上，是形成主、侧枝、构成树冠的主要枝条；枣头上的二次枝，一般只有 5～8 节，最多也可达 10 节以上，每个节上又有主芽和副芽。主芽当年不萌发，第二年形成枣股，二次枝是着生枣股的基枝；副芽在当年只能抽生 1 个枣吊，虽然也能开花结果，但因生长期短，开花结果晚。所以，果实小，品质也差，摘心后可提高坐果率，促进果实发育。

在枣头二次枝基部侧生的主芽，一般当年多不萌发，常处于休眠状态，是枣树更新的基础；枣头顶端的主芽，虽能萌发枣头，但在树体衰弱或营养条件较差的情况下，也可能由枣头转化为枣股。这种枝芽的相互转化，是枣树修剪的重要依据。

枣树的年龄时期不同，着生枣头得多少也不一样。幼树和旺树，着生枣头较多，进入盛果期后逐渐减少，进入衰老期后，几乎不能抽生枣头，但在自然更新时，仍能萌发大量枝头。

枣头的生长特点，与其他果树的发育枝不同，它不是先抽生一次枝，再抽生二次枝，而且一次枝和二次枝几乎同时向前延伸，很难分出先后顺序。由于枣头上的顶芽和侧芽，连年不断地萌发新枣头，便逐渐构成了整个树冠。

2. 二次枝（结果基枝） 由枣头中上部的副芽所长成的永久性二次枝，简称二次枝。这种枝条呈之字形弯曲生长，是形成枣股的基础。所以，又称结果基枝。这种枝条当年停止生长后，顶端不形成顶芽，以后也不再延长生长，并随树龄的增长，逐渐由先端向后枯缩，加粗生长也较缓慢。结果基枝的长度、节数和数量与枣的品种、树势、树龄等有关。一般枣头生长势强的，其二次枝也长；枣头长势弱的，二次枝也短；二次枝的节数变化也大，短的只有 4 节左右，长的可达 13 节以上，每节着生 1 个枣股，其中以中间各节的枣股结果能力最强。结果基枝的寿命和枣股相似，为 8～10 年。

3. 枣股 是由结果基枝或枣头上的主芽萌发形成的短缩结果母枝，与其他果树的结果母枝相似，每年由其上的副芽抽生枣吊开花结果，它是枣树结果的重要器官。所以，称为枣股（图 16-6）。

枣股的顶芽是主芽，虽然每年都延伸生长，但生长量极小，只有 1～2mm。随着枣股顶芽的生长，其周围的副芽也同时抽生 2～6 个枣吊开花结

图 16-6　枣　股

果。随着枣股年龄的增加，抽生枣吊的数量也随之增加，产量也逐年提高。一般以 3～7 年生的枣股结果能力最强。着生在二次枝上的枣股，10 年生以后，结果能力衰退；而着生在主、侧枝上的枣股，最多可活 20～30 年，以后便逐渐衰老死亡。

枣股的年龄不同，抽生枣吊得多少也不一样：1～2 年生的枣股，一般只抽生 2～3 个枣吊；3～5 年生的枣股，可抽生 4～6 个枣吊，而且结果也好；7～8 年生以上的枣股，抽生枣吊的数量逐渐减少，结果能力也逐年衰退。

枣股衰老后，基部往往还有潜伏芽。所以，能再度形成枣股，继续抽生枣吊开花结果。对弱树、弱枝回缩更新时，其上的枣股还能抽生强壮的枣头，重新形成树冠。

由枣股副芽所抽生的枣吊，是结果的基础。只有增加枣股，才能增加枣吊，只有增加枣吊，才能提高产量。因此，在加强土肥水综合管理的前提下，正确运用修剪技术，培养大量健壮枣股，才能获得高产。

4. 枣吊　枣吊是枣树的结果枝。是由副芽或枣头基部的二次枝抽生的纤细枝条，它具有结果和进行光合作用的双重作用，常于结果后下垂。所以，枣区群众称其为枣吊。

枣吊一般长 10～25cm，15 节左右，个别品种如垂丝枣或幼旺树上的枣吊，可长达 30cm 以上。每年由枣股萌发，随着枣吊的生长，在其叶腋间出现花序，开花结果，于秋季随叶片的脱落而脱落，枣吊具有枝、叶两种性能。所以，又称"脱落性结果枝"。

枣吊多 1 次生长，一般枣吊有 13～17 节，长势弱的树，枣吊的节数也少，也很少有分枝。枣吊又对叶面积的大小，起决定性的作用。随着枣吊的生长，叶面积逐渐扩大，花序也陆续形成，生长和发育同时进行。在 1 个枣吊上，以 4～8 节叶面积最大，以 3～7 节结果最多。到开花坐果期，枣叶面积达生长顶点，如果此时枣吊继续生长，则对坐果不利。所以，应选择枣吊一次生长的品种；如在花期摘心，抑制其先端生长，也可提高坐果率。

枣吊一般没有分枝能力，但在生长期间遭受机械损伤脱落后，仍然从原枣股处萌发新的枣吊，它具有多次萌发和多次结果的特点。所以，在生产中可以看到，遇有冰雹等自然灾害，第一茬花遭受损失以后，还能重新抽枝开花。这是修剪中应该注意利用的特性，也是枣树能够抗灾丰产的基础。

三、开花结果特性

1. 花芽分化特点　枣树的花芽分化是在当年生枝上，其特点是当年分化、当年开花、并能多次分化、单花分化时期短、分化速度快。1 个单花分化只需 8 天时间，1 个花序需 7～20 天，1 个枣结果枝上分化时间约 30 天，全株分化需 2～3 个月。

2. 开花和授粉习性　枣树开花多，花期长，单花的花期在 1 天左右，1 个枣吊开花期 10 天左右，全树花期经 2～3 个月。枣属虫媒花，一般能自花结实，如配置授粉树或人工辅助授粉可提高坐果率。

3. 枣果实发育特点　果实发育分为迅速生长期、缓慢生长期和熟前生长期 3 个时期，具有核果类果实——双 S 形果实的发育特点。多雨年份少数品种在果实成熟期会出现裂果现象。

4. 枣树落花落果特性　枣的花量大、花期长，只有一小部分能坐果，自然坐果率低（仅 0%～3%），落花落果较重。落果时期可分为 3 个阶段：第一时期为落花后半月左右，占总落果量的 20%；第二时期为 7 月中下旬，占总落果量的 70%；第三时期为采前落果，由风、干旱、病虫危害等外因引起，约占 10%。

四、枣树对环境条件的要求

枣与其他果树一样，要求适宜的立地条件。土壤、地势、气温、雨量及光照等，是影响枣对生长发育和结果状况的主要因素。

1. 温度　温度是影响枣树生长发育的主要因素之一，直接影响枣树的分布，花期日均温度稳定为 22℃以上、花后到秋季的日均温下降到 16℃以前果实生长发育期大于 100～120 天的地区，枣树均可正常生长。枣树为喜温树种，其生长发育需要较高的温度，表现为萌芽晚，落叶早，温度偏低坐果少，果实生长缓慢，干物质少，品质差。因此，花期与果实生长期的气温是枣树栽种区域的重要限制因素。枣树对低温、高温的耐受力很强，在 -30℃时能安全越冬，在绝对最高气温 45℃时也能开花结果。

枣树的根系活动比地上部早，生长期长。在土壤温度 7.2℃时开始活动，10～20℃时缓慢生长，22～25℃进入旺长期，土温降至 21℃以下生长缓慢直至停长。

2. 湿度 枣树对湿度的适应范围较广，在年降水量 100～1 200mm 的区域均有分布，以降水量 400～700mm 较为适宜。枣树抗旱耐涝，在沧州年降水量 100 多毫米的年份也能正常结果，枣园积水 1 个多月也没有因涝致死。

枣树不同物候期对湿度的要求不同。花期要求较高的湿度，授粉受精的适宜湿度是相对湿度 70%～85%，若此期过于干燥，影响花粉发芽和花粉管的伸长，导致授粉受精不良，落花落果严重，产量下降。相反，雨量过多，尤其是花期连续阴雨，气温降低，花粉不能正常发芽，坐果率也会降低。果实生长后期要求少雨多晴天，利于糖分的积累及着色。雨量过多、过频，会影响果实的正常发育，加重裂果、浆烂等果实病害。"旱枣涝梨"指的就是果实生长后期雨少易获丰产。

土壤湿度可直接影响树体内水分平衡及器官的生长发育。当 30cm 土层的含水量为 5% 时，枣苗出现暂时的萎蔫，3% 时永久萎蔫；水分过多，土壤透气不良，会造成烂根，甚至死亡。

3. 光照 枣树的喜光性很强，光照强度和日照长短直接影响其光合作用，从而影响生长和结果。光照对生长结果的影响在生产中较常见。密闭枣园的枣树，树势弱，枣头、二次枝、枣吊生长不良，无效枝多，内膛枯死枝多，产量低，品质差；边行、边株结果多，品质好。就一株树而言，树冠外围、上部结果多，品质好，内膛及下部结果少，品质差。因此，在生产中，除进行合理密植外，还应通过合理的冬、夏修剪，塑造良好的树体结构，改善各部分的光照条件，达到丰产优质。

4. 土壤 土壤是枣树生长发育中所需水分、矿质元素的供应地，土壤的质地、土层厚度、透气性、pH、水、有机质等对枣树的生长发育有直接影响。枣树对土壤要求不严，抗盐碱，耐瘠薄。在土壤 pH 5.5～8.2 范围内，均能正常生长，土壤含盐量 0.4% 时也能忍耐，但尤以生长在土层深厚的砂质壤土中的枣树树冠高大，根系深广，生长健壮，丰产性强，产量高而稳定；生长在肥力较低的沙质土或砾质土中，保水保肥性差，树势较弱，产量低；生长在黏重土壤中的枣树，因土壤透气不良，根幅、冠幅小，丰产性差。这主要是因为土壤给枣树提供的营养物质和生长环境不同所致。因此，建园尽量选在土层深厚的壤土上，对生长在土质较差条件下的枣树，要加强管理，改土培肥，改善土壤供肥、供水能力和透气性，满足枣树对肥水的需求，达到优质稳产的目的。

5. 风 微风与和风对枣树有利，可以促进气体交换，改变温度、湿度，促进蒸腾作用，有利于生长、开花、授粉与结实。大风与干热风对枣树生长发育不利。枣树在休眠期抗风能力很强，萌芽期遭遇大风可改变嫩枝的生长状态，抑制正常生长，甚至折断树枝等；花期遇大风，尤其是西南方向的干热风降低空气湿度，增强蒸腾作用，致使花、蕾焦枯，落花落蕾，降低坐果率；果实生长后期或熟前遇大风，由于枝条摇摆，果实相互碰撞，导致落果，称为"落风枣"，效益降低。

任务 16.2　枣树优质高产栽培技术

一、育苗技术

我国枣产区过去主要采用根蘖繁殖。其优点是方法简单，操作容易，但因母株根系数量的限制，育苗数量有限，不适于大量育苗。目前多采用断根繁殖法和归圃育苗法。

（一）断根繁殖法

方法是在春季发芽前，在行间挖宽 30～40cm、深 40～50cm 的沟，切断粗度为 2cm 下的根，剪平创面，然后填入湿润肥沃的土壤，促其发生根蘖。根蘖发生后多为丛生，当苗高达 20～30cm 时进行间苗，留壮去弱，并施肥灌水促其生长，翌年根蘖苗高达 1m 左右即可连带一段母根出圃。

（二）归圃育苗法

利用枣园行间散生的自然根蘖苗，经选择后将其归圃集中培育。操作步骤：

1. 选背风向阳处、土层深厚、良好的地块做归圃育苗地。

2. 在秋末冬初进行深翻并施入有机肥，翌春土壤解冻后耙平，做好归圃培育的准备。

3. 从优良母株上将根蘖苗取下并分离成单株。并按粗细分类捆成捆，每捆 50～100 株。

4. 栽前对苗根要进行修剪，侧根留 15～20cm 长，须根留 8～10cm 长，对苗体粗壮、无须根的苗，可在根部刻伤，刺激发根。为提高根蘖苗的生根率，可用 ABT 生根粉进行处理。可用非金属容器先将 1g 3 号生根粉溶解在 90％～95％ 的工业用酒精中，再加 0.5kg 蒸馏水或凉开水，即配成浓度为 1 000mg/kg 的生根粉原液，现用现配。使用时将原液加入清水（20kg）稀释 20 倍，即为 20mg/kg 的溶液，然后将成捆的苗木根浸入药液内，深度 5～7cm，浸 3～4.5h，捞出即可栽植。

5. 栽植时期为 5 月上旬。栽前 3 天要浇透水，3 天后用犁开沟，按 25cm×60cm 定点栽植，每亩栽 4 400 株。

6. 栽后浇 1 次透水，天旱时每半月浇水 1 次。8 月上旬和下旬各追尿素 1 次，每次 2.5kg/亩左右。苗发芽后选一直立健壮枝条作主干，其他侧芽抹去，一般培育 2 年即可出圃。

（三）酸枣嫁接育苗技术

利用酸枣嫁接枣树具有投资少、结果早等优点。其技术要点：选择土层深厚、地势平坦、交通和灌水方便的地块，秋播采取双行密植的方式（大行距为 70cm，小行距为 30cm，株距 15cm），春播多采用大垄双行点播（株距 15～20cm，每穴播种 5～6 粒）。北方大部分地区酸枣接大枣主要用皮下接和 T 形芽接（带木质部）。接后要及时除萌，当接穗长出的新枣头达 30～50cm 时，要及时解绑并设立支柱，当枣头长到 70cm 是摘心定干；此外，应进行追肥灌水、中耕除草和病虫害防治等方面工作。

枣树枝条木质坚硬，含水量少，接口愈合慢，嫁接成活率较低。用 3 号 ABT 生根粉处理接穗，可提高嫁接成活率。方法是采用皮下接时，把削好的接穗将其削面浸入 200mg/kg 的生根粉药液中处理 5s；采用带木质部盾状芽接时，用 50mg/kg 生根粉处理，然后速将接穗插入砧木切口中，用塑料条包扎。

二、加强土肥水管理

1. 加强土壤管理　加强土壤管理的目的在于改善土壤的理化性质，创造适宜枣树根系生长的环境条件，促进根系健壮生长，较好的做法是深翻改土。冬季应在枣树 1.5m 的树穴内培土，以增加抗旱保肥能力。土壤解冻后在枣树周围 2m 范围内进行深翻，改变土壤通气状况，掌握"春翻易浅，秋翻易深"的原则。贫瘠土壤，可采取深翻撩壕压肥客土的做法，加深耕作层。改土埋撩壕宽 100cm，每公顷压有机肥 37 500kg，以充分发挥肥水在枣树增产中的基肥效能。

2. 科学施肥　秋末封冻前施足基肥，春季发芽前施足追肥。第一次在 2 月至 3 月初，每株枣树施尿素 1.0kg，或硫酸铵 2.0kg，或者碳酸铵 3.0kg，人粪尿 25.0kg，对水浇施；第二次在开花前即 4 月下旬至 5 月中旬，每株追施尿素 0.5kg、硫酸铵 1kg、磷肥 2.5kg；第三次在坐果期即 6 月至 7 月施尿素 1.0kg/株、碳酸氢铵或磷肥各施 1.5kg/株、过磷酸钙 2.0kg/株、钾肥 0.5kg/株、草木灰 5.0kg/株。采用放射沟施入，还可用 0.2%尿素，0.4%磷酸二氢钾溶液作根外追肥，连续喷 2～3 次。

3. 适时灌水　有灌水条件的枣树地方每年 3～4 次灌水。早春发芽结合追肥灌溉一次水；第二次在花前灌水保证开花；第三次在开花期灌水；第四次在幼果膨大期灌水，这 4 次灌水，一、三次尤为重要，不能忽视。

三、整形修剪

整形修剪是枣树科学栽培管理中一项技术性较强的措施，它能改善光照条件，使树冠形成丰产型的结构。

（一）枣树常用的丰产树形结构有下列类型

1. 低矮单轴形　树高 1.0～1.5m，由枣头单轴延伸生长而成。树干上下均匀着生 10～15 个二次枝，螺旋状排列。每个二次枝留 5～7 节，树冠呈长形纺锤形，此树形适合于密植丰产栽培。

2. 圆柱形　干高 50cm 左右，树高 1.5～2.0m，在中心领导干上直接配置 6～7 个结果枝组，螺旋状均匀排列，每个结果枝组留 5～10 个二次枝，树冠直径 1.5～2.0m，呈圆柱形，适合于密植丰产栽培。

3. 主干疏层形　干高 70cm，具有明显的主干，主枝稀疏，分层排列，全树共 6～7 个主枝，上下层主枝错开排列，每层主枝配置侧枝 2～3 个，该树形为枣树的主要丰产树形。

4. 自然开心形　干高 70cm，树高 3m 左右，无中心领导干，由树干顶端着生 3 个向外侧方斜伸的主枝。每主枝配着生 4～5 个侧枝，每侧枝为 1 个结果枝组。一般留二次枝 8～10 个。树冠内空间大，有利于通风透光，适合于晋枣等树形直立、不易开张的品种丰产栽培。

（二）修剪

1. 幼树修剪

（1）定干　定干高度 1～1.2m。幼树栽植后，2～3 年不修剪，尽量多留枝条，加速养分积累，促进加粗生长。当树高 2m 时定干，即在定干高度以上 20～30cm 处截干，整形带内的二次枝自基部剪除，促使剪口主芽萌发，当年长出 4～5 个新枣头，以选留第一层主枝和中央干。抽生的枣头与主干所成基角为 45°左右。

（2）整形　一般在定干 2 年后修剪，截干剪口下第一个枣头居中直立生长，可作中央干培养，使之继续向上延伸，其下留 2～3 个方位好、角度合适的枣头作第一层主枝，其余枣头全部疏除。第一层主枝距主干 50～60cm 处，粗度达 1.5cm 以上时短截主枝，同时剪除剪口下的 2 个二次枝，使其萌发主芽成新枣头，以选留主枝延长枝和第一侧枝。各主枝的第一侧枝同侧选留。第一层主枝选留时，以丰产树形的结构要求，用同样的方法培养第二、三层主枝和相应的侧枝（疏散分层形）。

2. 结果期树修剪　目的是增强骨干枝、培养新枣头、补充新枣股、扩大结果面积，同时在修剪时应注意疏除重叠枝、交叉枝、过密枝、细弱枝、内膛徒长枝、病虫枝等，以保持冠内枝条疏密适中。

（1）冬季修剪

①疏枝：对交叉枝、重叠枝、过密枝应从基都疏除，有利于通风透光、集中营养、增强树势。

②回缩：对多年生的细弱枝、冗长枝、下垂枝进行回缩修剪到分枝处，使局部枝条更新复壮，抬高枝条角度，增强生长势。

③短截：主要对枣头延长枝进行短截，刺激主芽萌发形成新枣头，促进主侧延长枝的生长。但对枣头短截时，为刺激主芽萌发，对剪口下的第一个2次枝必须疏除。否则主芽不萌发。

④落头：当初冠达到一定高度，即可落头开心，一方面可控制树冠的高度，另一方面也可改善树冠内部的光照条件。

（2）夏季修剪

①抹芽：5月中旬，待枣树发芽之后，对各级主、侧枝、结果枝组间萌发的新枣头，如不做延长枝和结果枝组培养，都应从基部抹掉。在5月中旬至7月上旬，每隔7天，将骨干枝上萌生的无用枣头全部抹掉。

②疏枝：对膛内过密的多年生枝及骨干上萌生的幼龄枝，凡位置不当、影响通风透光、又不计划做更新枝利用的，都应利用夏剪将它全部疏除。

③摘心：在6月上中旬，对留做培养结果枝组和利用结果的枣头，根据结果枝组的类型、空间大小、枝势强弱进行不同程度的摘心。空间大、枝势强、需培养大型结果枝组的枣头，在有7～9个二次枝时摘顶心，二次枝6～7节时摘心；空间小、枝势中强、需培养中小型结果枝组的，可在枣头有4～7个二次枝时摘心，二次枝3～5节时摘边心。枣头如生长不整齐，则需进行2～3次。只要枣头达到要求数量，摘心越早，对促进下部枝条及二次枝、枣吊生长越充实，提高坐果率的效果越大。坐果率可提高33%～45%。

④拉枝：6月上旬，对生长直立和摘心后的半木质化的枣头，用绳将其拉成水平状态或60°～70°的夹角，抑制枝条顶端生长素的形成，约束枝条再次生长，积累养分，促进花芽分化，提早开花，当年结果。在树体偏冠、缺枝或有空间的情况下，可在发芽前、盛花初期将膛内枝、新生枣头拉出来，填空补缺，调整偏冠、扩大结果部位和面积。

⑤环剥：枣树环剥简单易行，一般可增产 30%～50%。由于环剥切断了韧皮部，暂时截断了地上物质向地下运送的道路。使地上部分相对的养分积累增多，调节了营养生长与生殖生长互相争养分的矛盾。从而提高了坐果率和产量。环剥时间在 6 月中下旬，即大部分结果枝已开 5～6 朵花时。初次环剥的枣树，在距地面 30cm 处的树干开始，以后隔年向上移动 3～5cm，直至靠近第一层主枝时，再从下而上反复进行。

3. 老树的修剪　一般指 80 年以上的产量明显下降的衰老树。根据树上活枣股的个数来决定重、中、轻更新，分别锯掉枝条总长度的 2/3、1/2、1/3，对已经生长出更新枝的，应保留更新枝，把衰老的枝条疏除。同时当年停止开甲（图 16-7）。

枣树修剪中应注意的问题：修剪一定要从当地生产实践出发，因地制宜、

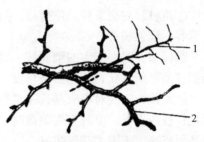

图 16-7　衰老树的修剪
1. 更新枝　2. 衰老枝

因树制宜地进行，同时要与水肥管理和其他措施相结合，才能达到目的。另外修剪时所产生大的伤口要保护好，防止病虫害入侵。

（三）加强花期管理，提高坐果率

枣树开花多、花期长，养分消耗量大，坐果率低，且在生长期间落花落果现象严重。一般枣树坐果率仅占全部花量的 2%～3%，这也是限制枣树产量的主要原因。因此，要想获得高产，关键在于保花保果，提高坐果率。可采取以下技术措施：

1. 花前追肥　在 4 月末 5 月初追肥尿素 1.2kg/株。缺磷、钾的枣园，可加施过磷酸钙 2.0kg/株、氯化钾 1.0kg/株、草木灰 5.0kg/株。初花期和结果期可在树冠上部喷施 0.3%纯氮和 4g/L 纯磷酸二氢钾进行根外追肥；盛花期喷 10g/L 赤霉素和 2g/L 硫酸锌溶液。每隔 10 天喷雾 1 次 20g/L 赤霉素和 2～3g/L 硼的混合液，连续两次花前追肥，可显著提高坐果率，增产10%～20%。

2. 疏剪密集枝　春季发芽时进行第一次修剪，盛花期和末花期进行 1 次夏剪，抹除树干及内膛骨干枝上抽发的无用嫩芽及其他消耗树体营养的枝条。

3. 枣树开甲（环割）　枣树开甲可以起到调节树体营养的作用。对生长旺盛的枣树，通过开甲，切断韧皮部，使叶片制造的营养物质集中供应开花坐果所需的营养。对树龄在 12～15 年的盛果树，开花盛期，在主干离地面 15cm 处进行环割，宽度为 4～6cm，深达木质部，但不伤木质部，剥后用塑料薄膜

包扎伤口即可。枣树主干环割是枣树增产的一项主要技术措施，它可使坐果率提高 30%，增产 30%。

4. 枣头摘心 当年新生枣头长到 25～30cm 时，进行枣头摘心，可控制发育枝的生长，增加二次枝生长，促进坐果。摘心程度可依枣头生长强弱及其所处空间大小而定。一般是弱枝轻摘心，强旺枝重摘心，留 5～7 个枣拐。枣树枝条猛发阶段，将当年生长的 5～7cm 稠密处枝条的心掐破，可培养理想的树冠。

5. 花期喷水 因枣树花期正处高温干旱天气，因而易出现枣花柱头凋萎脱落现象。此时对树冠喷水，加大空气湿度，有利于枣花受粉。喷水宜在高温来临之前进行，每株喷 3～4kg，可结合喷肥、摘心等手段进行，对提高坐果率很有效。

 项目小结

枣树在我国栽培历史悠久，枣果既可鲜食、制干，也可加工成蜜饯，是蜜饯、干制的好原料。

枣品种主要有：

1. 鲜食品种：梨枣、冬枣；
2. 鲜食制干兼用品种：金丝小枣、赞皇大枣、骏枣；
3. 制干品种：圆铃枣、无核枣、相枣；
4. 观赏品种：茶壶枣、龙爪枣、葫芦枣、磨盘枣。

枣枝条分 3 种：枣头（发育枝）、2 次枝（结果基枝）、枣股（结果母枝）和枣吊（结果枝）。

枣优质高效栽培技术：

一、育苗

1. 断根繁殖法；
2. 归圃育苗法；
3. 酸枣嫁接育苗技术。

二、加强土肥水管理

1. 土壤管理；
2. 科学施肥。

（1）基肥；

（2）追肥。

3. 适时灌水。

三、枣树整形修剪

1. 丰产树形；

2. 修剪：幼树修剪、结果树修剪、老树修剪；

3. 加强花期管理，提高坐果率：花前追肥、疏剪密集枝、枣树开甲（环割）、枣头摘心、花期喷水。

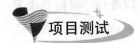

项目测试

一、选择题

1. （　　）不属于枣树观赏品种。

  A. 茶壶枣　　　　B. 龙爪枣　　　　C. 葫芦枣　　　　D. 梨枣

2. 枣树根系发达、形体粗大，水平根延伸力强，一般可超过冠径的（　　）倍。

  A. 3～6　　　　　B. 1～2　　　　　C. 2～4

3. 枣树的枝条可分为枣头（发育枝）、（　　）、枣股（结果母枝）、枣吊（结果枝）4 种。

  A. 一次枝　　　　B. 二次枝　　　　C. 结果枝组

4. 枣树开花多，花期长，单花的花期在 1 天左右，1 个枣吊开花期 10 天左右，全树花期经（　　）个月。

  A. 2～3　　　　　B. 1～2　　　　　C. 半　　　　　　D. 1

5. 枣树不同物候期对湿度的要求不同。花期要求较高的湿度，授粉受精的适宜湿度是相对湿度。

  A. 50%～60%　　　　　　　　　B. 40%～55%

  C. 60%～70%　　　　　　　　　D. 70%～85%

6. 对生长旺盛的枣树采取（　　）可以起到调节树体营养的作用。

  A. 环割　　　　　B. 疏枝　　　　　C. 摘心　　　　　D. 短截

二、简答题

1. 枣树花芽分化有哪些特点？

2. 枣树生长对环境条件有哪些要求？

3. 提高枣树坐果率的方法有哪些？

4. 简述枣树归圃育苗的方法。

5. 阐述枣树优质高产的技术措施。

探究与讨论

根据个人兴趣爱好，自由结合分组，通过查资料、实地参观考察、专家访谈等形式，了解枣树主要品种及生长结果习性，提出枣树优质高效栽培技术。

时间：1 周。

表现形式：以小论文、图片等形成展览评比。

结果：邀请本学科专业老师做评委，评出 3～5 个优秀科技小组，8～10 名科技创新成员。

项目十七

猕 猴 桃

项目导读

　　猕猴桃属猕猴桃科（Actinidiaceae）、猕猴桃属（*Actinidia*）植物，为多年生藤本灌木。猕猴桃原产我国长江流域，目前除新疆、内蒙古尚没发现外，其他省、自治区均有分布。猕猴桃是一种新兴藤本果树，它的果实维生素 C 含量高，比柑橘高 10 倍，比苹果高 30 倍，比梨高 80 倍，有"水果之王"之称。猕猴桃病虫害少，适应性较强，全国大多数地区都能栽培，但易受风害，需水较多，应在具有一定灌溉条件的背风地建园。猕猴桃栽后，一般当年就有少量植株结果，第四年进入盛果期，亩产量为 3 000~4 000kg，盛果期长达 30~50 年。

学习目标

知识目标

1. 了解猕猴桃主要栽培品种；
2. 掌握猕猴桃生长结果习性及对环境的要求；
3. 掌握猕猴桃土肥水管理方法。

能力目标

1. 能用所学知识对猕猴桃进行整枝修剪；
2. 掌握猕猴桃优质高产栽培技术。

任务 17.1　猕猴桃主栽品种

　　猕猴桃种类繁多，原产我国的猕猴桃属植物有 59 种，经济价值最高的为中华猕猴桃、美味猕猴桃和红心猕猴桃等 3 个系列。世界上繁殖推广的猕猴桃优良品种，主要是新西兰的布鲁诺、蒙蒂、艾博特、阿利森和海瓦德5个雌株品种和马图阿、陶木里2个雄株品种。各品种的主要性状如下：

一、中国猕猴桃系列

1. 粤引 2205　又名早鲜，1984年从江西引进。枝梢先端浅褐色，1年生枝紫褐色，皮孔较疏；叶片近似心脏形。花多单生，花柱37个左右；果实圆柱形，平均单果重87.3g，最大果重130g，果肉黄绿色，质细多汁，甜酸适中，风味和香气较浓，含可溶性固形物12.4%～14.7%、总糖6.09%～11.08%、维生素C 93.7～147.5毫克/100g。果心大小中等，平均单果种子数600～800粒。8月上、中旬成熟。常温下贮藏期5～7天。

植株生长势中等，1年发枝2～4次，萌芽率40%～65%、成枝率82.5%～100%、结果枝率53%～77%，以中短果枝结果为主。栽植后2～3年挂果，4年生亩产达600kg左右。对风、虫、高温、干旱抗性较强。

2. 翠玉　翠玉猕猴桃为湖南省园艺研究所与湖南省隆回县共同选育出的品种，2001年9月，通过省级专家鉴定，果实品质特优，果形较大，风味浓郁可口，果实极耐贮藏，丰产稳产，是一个综合性状优良的早中熟品种。该品种果实圆锥形，果突起，果皮绿褐色，果面光滑无毛，平均单果重85～95g，最大单果重129～242g。果肉绿色或翠绿色，肉质致密、细嫩、多汁，风味浓甜，可溶性固形物含量17.3%～19.5%。维生素C含量143mg/100g、总酸度1.4%、总糖16%～22%，成熟期9月中旬。3年生株产量均达20kg，最高株产49kg，盛产期亩产可达2 500～4 000kg。综合性状优于对照品种丰悦、早鲜、魁密、泌香、秦美、金魁、海沃德等。翠玉耐贮性极强，常温（25℃左右）下可贮藏30天以上，好果达89%，立冬前后采收可贮藏至翌年2～4月。

3. 武植 3 号　由中国科学院武汉植物所选育而成。萌芽期3月上、中旬，花期4月中旬，成熟期8月下旬。果柄较短，果实椭圆形，果皮暗绿色，被稀疏茸毛，平均单果重85g，最大单果重150g。果肉淡绿色，果心黄色，较小；肉质细、汁多、风味浓，品质上等。可溶性固形物15%，还原糖7.32%，糖酸比8：1，维生素C含量为184.8mg/100g，常温贮藏1周开始变软。

植株生长势强，萌芽率53%、花枝率83%，以序花结果为主，序花数平均为8朵，有少量双子房连体花，3年生树株产15～17kg。比较抗病、抗旱。

4. 红阳　红阳猕猴桃果实中大、整齐，一般单果重60～110g，最大果重130g；果实为短圆柱形，果皮呈绿褐色，无毛。果汁特多，酸甜适中，清香爽口；鲜食、加工俱佳，特别适合制作工艺菜肴。红阳猕猴桃可溶性固形物含量 16.5%，含酸量只有 0.49%，富含钙、铁、钾等多种矿物质及 17 种氨基酸，维生素 C 高达 143mg/100g，8 月下旬陆续上市，采用温控法可贮藏至翌年 2 月。红阳猕猴桃果心横截面呈放射状红色条纹，形似太阳，光芒四射、美艳夺目，看之饱眼福，食之饱口福，含有补血养颜功效的红色素。

二、美味猕猴桃

1. 和平 1 号　该株系从引自湖南的美味猕猴桃嫁接苗砧木萌发而成。1990 年选出。植株生长势中等，分枝较密，枝较纤细，叶中等大、较厚、浓绿色。1 年生枝呈灰褐色，皮孔较小。萌芽期 3 月中旬或下旬，花期 4 月下旬至 5 月初，果实成熟期 10 月上中旬，果实在枝条上可留到 12 月份。落叶期 12 月中旬，生育期 250 天左右。丰产性一般，6 年生株产量 24kg，平均单果重 80g 以上，果实圆柱形，果皮棕褐色，茸毛长而密。果肉绿色，有香味，含可溶性固形物 14%～16%、总糖 7.88%、维生素 C 77.1mg/100g。常温下果实贮藏期 10～25 天，比中华猕猴桃长 13～18 天。栽培时，需加强肥水管理，施足有机肥，合理疏花疏果，可提高单果重。

2. 米良 1 号　该品种生长势旺，叶片大而厚，浓绿色。1 年生枝呈灰褐色，皮孔大。萌发期 3 月中旬或下旬，花期 4 月下旬，有少量双子房和三子房连体花。果实成熟期 9 月中下旬，果实长圆柱形，果皮棕褐色，平均单果重 87g，最大单果重 135g。果肉黄绿色，汁多，有香味、酸甜可口。含可溶性固形物 15%、总糖 7.35%、总酸 1.25%、维生素 C 77.1mg/100g 果肉。常温下果实可贮藏 7～14 天。该品种丰产，有轻度的大小年，抗旱性较强。

3. 徐香（趣香 3 号）　从海沃德实生苗中选出。1994 年于徐州果园引进。果柄短而粗，果实圆柱形，果皮黄绿色，被褐色硬刺毛，果实皮薄，容易剥离。一般平均单果重 79g，最大单果重 137g。果肉绿色，果汁多，味道酸甜适口，有浓香，品质特优。可溶性固形物 14.3%～17.8%，每百克鲜果肉中维生素 C 含量为 99.4～123mg。果实成熟期 9 月上中旬。常温下果实可存放 7～10 天。

三、红心猕猴桃系列

此系列目前选出一个优良品种。

红心猕猴桃：果实圆柱形兼倒卵形，果顶果基凹，果皮薄，呈绿色，果毛柔软易脱；果肉黄绿色，中轴白色，子房鲜红色，果实横切面呈放射状红、黄、绿相间太阳般图案；平均单果重 69g 左右，最大果重 110g。红心猕猴桃树的树冠紧凑，长势良好，植株健壮，枝条粗壮，枝较软；定植后的第二年有

30％的植株试花结果；第三年全部结果，比海沃德提早 2～3 年；第四年进入盛果期，一般盛果期可维持 30～40 年，经济寿命长。结果枝占萌发枝的 65％，每年结果枝可挂果 1～4 个果，最多 5 个，坐果率 90％以上，生理落果现象不明显，单株产量达 20kg 左右；抗风能力较强，对褐斑病、叶斑病和溃疡病的抗病力较强，但抗旱能力较其他品种弱。

四、国外引入的猕猴桃系列

1. 海沃德 花期晚，花黄褐色。果大，椭圆形，果皮茶绿色或淡绿色，绒毛细滑美观，果肉风味佳。耐贮藏，但结果晚，产量稍低，后熟期长。树势弱，可适当密植。其已成为推广的主栽品种。

2. 蒙蒂 开花迟，花黄褐色，花瓣 6 个。果大，长卵圆形，果底渐尖，果顶大而微凹。果肉透明浓绿，果心小，且具芳香。果实后熟，所需时间短。耐瘠薄，结果早，极丰产。

3. 布鲁诺 树势最旺，丰产。花黄褐色，花瓣 6 个。果实大，长圆筒形，果皮暗褐色，密生短硬、直立的褐色绒毛。果肉翠绿色，后熟易，汁多。每公顷产果 25t 左右。

4. 艾博特 开花最早，花黄褐色。果中大、长椭圆形，果面密生长绒毛。果肉透明浓绿，果心小，香味浓。定植 2～3 年结果，丰产。

5. 阿利森 又名长果。花期较迟，花瓣宽，边缘卷缩，重叠。果中大，长椭圆形。

6. 马图阿（授粉品种） 属美味猕猴桃雄性品种。花期较早，为早、中花型美味和中华猕猴桃雌性品种的授粉品种。花粉量大，每花序多为 3 朵花。定植后第二年就可开花，雄花量多，花期长，达 15～20 天，宜作各雌株品种授粉树。

7. 陶木里（授粉品种） 属美味猕猴桃雄性品种。花期较晚，为晚花型美味猕猴桃和中华猕猴桃雌性品种的授粉品种。与海沃德同期开放，主要作海沃德的授粉树。

任务 17.2 猕猴桃生长结果习性

一、生长习性

猕猴桃是落叶藤本植物，植株生长类似葡萄。但葡萄是靠卷须攀缘其他物体，而猕猴桃则靠枝蔓缠绕在架材或其他物体向上生长。

(一) 根系 (图 17-1)

猕猴桃根系生长在坚硬土层内的分布较浅，生长在疏松的土壤内的分布较深。一般地说，猕猴桃是浅根植物，不耐干旱。根据浅根的特点，在栽培管理上要注意深翻改土、引根深入和注意保持土壤湿润。

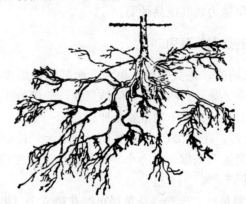

图 17-1　猕猴桃根系

猕猴桃根系为肉质根、含水量高、皮层厚、有韧性、不易折断。实生苗主根不发达，侧根和细根多而密集。当苗出现 2~3 片真叶时，主根就停止生长。随着树龄增长，侧根向四周扩展，形成类似簇生状的侧根群，呈须根状根系。须根特别发达而密。猕猴桃由于根系发达。因此，适应性强，生长旺盛。

(二) 枝蔓

猕猴桃的枝条属蔓性，有逆时针旋转的缠绕性，在生长前期，强旺枝、发育枝及各种短枝均能挺直生长；到了后期，除中、短枝外，其他枝都靠缠绕上升枝蔓。按其主要功能可分为结果母蔓、结果蔓、生长蔓 3 类（图 17-2）。

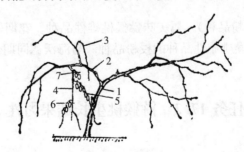

图 17-2　猕猴桃枝蔓

1. 主蔓　2. 侧蔓　3. 营养蔓　4. 结果母蔓　5. 长果蔓　6. 中果蔓　7. 短果蔓

1. 结果母蔓　1年生蔓充实饱满形成混合芽的叫结果母蔓，其基部芽发育不良，一般不萌发，从3～7节开始抽生结果蔓，结果蔓占其所萌发枝条的2/3左右。

2. 结果蔓　从基部2～3节开始着果，1个结果蔓一般着果3～5个。根据枝蔓长短，可分为：

（1）徒长性果蔓　长度为130cm左右，多为结果母蔓上部芽萌发的枝条，当年能结少量果实，并可成为下年的结果母蔓。

（2）长果蔓　长度为20～30cm，发生在结果母蔓的中部，从顶芽或其下2～3芽处发生枝蔓。

（3）中果蔓　长度为10～20cm，发生在结果母蔓的下部，节间较短，从顶芽或其下2～3芽处发生枝蔓。

（4）短果蔓　长度为5～10cm，发生在结果母蔓的下部，节间较短，从顶芽处发生枝蔓。

（5）短缩果蔓　长度为1～5cm，易枯死。

3. 生长蔓　根据枝条生长势可分为：

（1）徒长蔓　常自主蔓或侧蔓基部隐芽或枝蔓优势部位发生，生长旺，常直立生长，有的长达7m，节间较长，组织不充实，上部有时分生二次枝。

（2）普通生长蔓　生长势中等，长度为10～30cm，能形成良好的结果母蔓。

（三）芽与叶

1. 芽　猕猴桃的芽分为叶芽和花芽。芽为鳞芽，鳞片为黄褐色毛状。芽是复芽，有主副之分，中间较大的芽为主芽，两侧为副芽，副芽呈潜伏状。主芽易萌发成为新梢，副芽在主芽受伤或枝条被修剪时才能萌发（图17-3）。

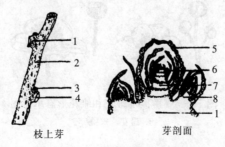

枝上芽　　　　　芽剖面

图17-3　猕猴桃芽的示意图

1. 芽基　2. 枝蔓　3. 芽　4. 叶痕　5. 叶原基　6. 花原基　7. 主芽　8. 副芽

2. 叶 猕猴桃叶互生，叶柄较长，叶片大，半革质或纸质。多数为心脏形，还有圆形、扁圆形、卵圆形等。嫩叶黄绿色，老叶暗绿色，背面密生绒毛，叶互生。同一枝上，叶的大小依着生节位而异，枝条基部和顶部的叶小，中部的叶大。基部叶片的先端多圆或凹，顶部叶片先端多尖或渐尖（图 17-4）。

图 17-4　猕猴桃的叶

二、结果习性

（一）花（图 17-5）

猕猴桃为雌雄异株植物，单性花。雌、雄花的外部形态非常相似，但雌株的花是雄蕊退化花，而雄株的花是雌蕊退化花。雌花从结果枝基部叶腋开始着生，花蕾大；雄花从花枝基部无叶节开始着生，花蕾小。雌性植株的花多数为单生，雄性植株的花多呈聚伞花序，每一花序中花朵的数量在种间及品种间均有差异。猕猴桃从开放到落花一般只有 2~3 天，花谢后 60 天和成熟前 15~20 天，是果实膨大的高峰期，中间膨大速度较慢。

图 17-5　猕猴桃雄花和雌花形态示意图
1. 雄花　2. 雌花

（二）果实

猕猴桃的果实为浆果，由上位的多心皮子房发育而成，可食部分为果皮和果心（胎座）（图 17-6）。浆果的形状、大小、果皮颜色、果肉颜色，因种、品种不同而有很大差异。

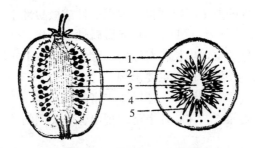

图 17-6　中华猕猴桃果实剖面示意图
1. 外果皮（心皮外壁）　2. 中果皮　3. 中轴胎座　4. 种子　5. 内果皮（心皮内壁）

管理良好的果园，猕猴桃坐果率可达 90％以上，且没有明显的生理落果，花后适宜浓度的生长素和激动素处理果实 105～115 天，还可实现单性结实，产生无子果。

三、对环境条件的要求

猕猴桃在我国各省、自治区、直辖市均有分布，但其比较密集的分布区域集中在秦岭以南，横断山脉以东地区，这一地区也是猕猴桃最大的经济栽培区。环境条件是影响猕猴桃经济栽培的主要因素，这些条件主要包括温度、光照、水分、土壤特性等。

（一）温度

温度是限制猕猴桃分布和生长发育的主要因素，每个种都有适宜的温度范围，超过这个范围则生长不良或不能生存。猕猴桃大多数种要求温暖湿润的气候，即亚热带或温带湿润半湿润气候，主要分布在北纬 18°～34°的广大地区，年平均气温为 11.3～16.9℃，极端最高气温为 42.6℃，极端最低气温约为 -20.3℃，10℃以上的有效积温为 4 500～5 200℃，无霜期 160～270 天。

猕猴桃种群间对温度的要求也不一致，如中华猕猴桃在年平均温度 4～20℃生长发育良好，而美味猕猴桃为 13～18℃范围内分布最广。猕猴桃的生长发育阶段也受温度影响。有研究表明，美味猕猴桃当气温上升到 10℃左右时，幼芽开始萌动，15℃以上时才能开花，20℃以上时才能结果，当气温下降至 12℃左右时则进入落叶休眠期，整个发育过程需 210～240 天，这期间日温不能低于 10～12℃。

（二）土壤

猕猴桃喜土层深厚、肥沃疏松、保水排水良好、腐殖质含量高的砂质壤土上。它对土壤酸碱度的要求不很严格，但以酸性或微酸性土壤上的植株生长良好，pH 5.5～6.5。在中性（pH 7.0）或微碱性（pH 7.8）土壤上也能生长，但幼苗期常出现黄化现象，生长相对缓慢。除土质及 pH 外，土壤中的矿质营养成分对猕猴桃的生长发育也有重要影响。

猕猴桃除需要氮、磷、钾外，还需要丰富的镁、锰、锌、铁等元素，如果土壤中缺乏这些矿质元素，在叶片上常表现出营养失调的缺素症。

（三）光照

多数猕猴桃种类喜半阴环境，对强光照射比较敏感，属中等喜光性果树树种，要求日照时间为 1 300～2 600h，喜漫射光，忌强光直射，自然光照强度以40%～45%为宜。猕猴桃对光照条件的要求随树龄变化而变化，幼苗期喜阴、凉，需适当遮阴，尤其是新移植的幼苗更需遮阴。

成年结果树需要良好的光照条件才能保证生长和结果的需要，光照不足则易造成枝条生长不充实、果实发育不良等，但过度的强光对生长也不利，常导致果实日灼等。

（四）水分

猕猴桃是生理耐旱性弱的树种，它对土壤水分和空气湿度的要求比较严格。我国猕猴桃的自然分布区年降水量为 800～2 200mm，空气相对湿度为74.3%～85%。一般来说，凡年降水量为 1 000～1 200mm、空气相对湿度为75%以上的地区，均能满足猕猴桃生长发育对水分的要求。在中国中部和东部地区4～6月雨水充足，枝梢生长量大，适合猕猴桃的生长要求。

猕猴桃的抗旱能力比一般果树差。水分不足，会引起枝梢生长受阻，叶片变小，叶缘枯萎，有时还会引起落叶、落果等。除不抗旱外，猕猴桃还怕涝，在排水不良或渍水时，常常会淹死。我国南方的梅雨或北方的雨季，如果连续下雨而排水不良，则使根部处于水淹状态，影响根的呼吸，时间长了根系组织腐烂，植株死亡。

（五）其他

植被对猕猴桃的分布和生长有很大的影响。不同的植被类型分布有不同的猕猴桃种类，如属于暖温带和亚热过渡地带的落叶、常绿阔叶混交林为主的植被类型以及属于温带、暖温带以及亚热带的低山丘陵、中山和亚高山的落叶阔叶林植被类型，多分布有中华猕猴桃和美味猕猴桃，而寒温带湿润半湿润季风区以针阔叶混交林为主的植被类型，则多分布软枣和狗枣猕猴桃。因此，植被类型可作为选择猕猴桃栽培种类的参考。风也是影响猕猴桃生长发育的环境因素，大风常使枝条折断，碰伤果实，有时幼苗也因过度失水而萎蔫，直至枯死。因此，在人工栽培时要注意。

任务 17.3　猕猴桃生产关键技术

一、育苗技术

（一）实生繁殖

一般实生苗具有很大的变异性，而且雌雄株也难区别，不能保持原有的优良性状。因此，生产上多用实生砧木苗和杂交育种实生苗培育。

（二）营养繁殖

1. 嫁接育苗　选用的接穗必须是采自无病虫害、生长健壮、优良品系的 1 年生枝条。嫁接可分春季清明前后的枝接和夏末秋初的芽接。中华猕猴桃有伤流现象，因此春季嫁接时要注意避开萌芽前 20～30 天的伤流期。用于猕猴桃的嫁接方法有劈接、舌接、枝蔓腹接和嵌芽接等，具体方法可参考前面章节。

2. 扦插育苗　有硬枝蔓扦插和绿枝蔓扦插、根插等，常用于繁殖砧木自根苗，具体方法参考葡萄扦插育苗部分。

3. 压条　利用猕猴桃裙枝蔓和旺长而无用的枝蔓，就地埋入土中，或用土或锯末等基质局部包埋，促其生根后分离出植株的方法叫压条。

二、建园

（一）园地选择

猕猴桃喜温湿、畏霜冻，忌旱、怕涝，而且喜肥。因此，应选择在气候温暖、无霜害、雨量充足的地区建园。与其他果园相比，除了要规划果园的道路、排灌系统之外，还有建立防护林带，因为猕猴桃对风特别敏感，其叶大质脆，果实皮薄稚嫩，枝蔓木质化程度差，遇大风损失严重。所以，防护林带必不可少。猕猴桃也可以在光照良好、水源充足、土层深厚肥沃的山地河谷和山坡地上建园。

（二）栽植

1. 栽植时期　猕猴桃一般在早春萌芽前或秋季落叶后定植，以秋后定植的成活率高，次年生长快，但定植后要注意幼苗的冬季防冻。

2. 授粉树的配置　猕猴桃属雌雄异株，栽植时要配置一定量花期相同的雄株作为授粉树，一般雌雄比例为 8∶1。适当提高雄株比例有利于果实长大，雌雄比例可调整到6∶1或5∶1（图17-7），为使雄株能均匀分布，即在雌株间每3行的第二行中每隔2株栽一雄株。棚架栽培也可在9个永久性枝条上嫁接一个雄枝，同样能获得良好的授粉效果。

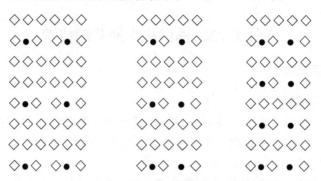

图17-7 猕猴桃雌雄株搭配栽植示意图

◇为主栽培雌性品种 ●主栽培雄性品种

1. 雌雄比例8∶1 2. 雌雄比例6∶1 3. 雌雄比例5∶1

3. 栽植密度 依品种、栽培架式、立地条件及栽培管理水平而定。生长势和结果能力强的品种密度小，土壤肥沃的地块也应适当稀一些。一般栽植密度与栽培架式密切相关，篱架密度为2m×4m，T形架栽植密度为3m×4m，每亩约栽植56株，平顶棚架栽植密度为3m×5m。

三、整形修剪

猕猴桃幼树生长迅速，要及时整枝和引导，否则相互纠缠，不便管理，影响产品质量。整形修剪措施有拉枝蔓、绑蔓、抹芽、摘心、剪梢、打顶、疏枝蔓、短截、扭梢等。

（一）整形

猕猴桃园常采用的架势（图17-8）有T形架、篱架、大棚架、简易三脚架等。

1. T形架整枝法 是目前平地生产园中首选树形。苗木定植后，用绳牵引茎干单轴上升，到1～1.5m后，进行2次重摘心，促发成4个分叉。4个分叉上架后分别沿中间两道铁丝向两个方向延伸成主枝蔓。主枝蔓每伸长40～50cm重摘心1次，促发侧枝蔓。侧枝蔓则向行间斜向延伸，自然搭缚在外缘铁丝上，至此，T形骨架即形成。

2. 篱架整枝法 分为层形篱架和扇形篱架。

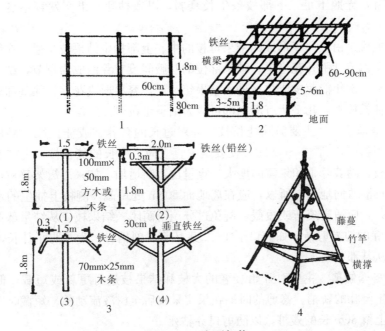

图 17-8 主要架势
1. 篱架 2. 水平大棚架 3. T形架 4. "三角"式简易架
(1) 标准形 (2) 降落式 (3) 翼式 (4) MTV "T" 形架

（1）层形篱架 以 3 层为宜。苗木定植后牵引茎干向上，于最下层铁丝下 20~30cm 处重摘心 1~2 次，促发分枝，选留 2 个强旺枝蔓分别沿铁丝向正反两个方向延伸作为第一层主枝蔓，最弱的一个继续向上。同种方法进行第二、三层整形。

（2）扇形篱架 苗木定植后，在离地面上 20~30cm 处多次摘心，促发 5~7 个丛生枝蔓，按强枝蔓在外，弱枝蔓在内，外边的开张角度大、靠内的开张角度小的原则，使其 5~7 个丛枝蔓均匀地分布在架面上。

3. 大棚架整枝法 定植后牵引茎干单轴上架，至架面下约 0.5m 处开始多次摘心，促生 8 条主蔓，主枝蔓上架后按米字形向四面八方均匀分布，各枝生长约 1m 长时，开始按每 0.4m 左右摘心 1 次，促发分支，培养结果母枝蔓组。

(二) 修剪
猕猴桃生长势强，无论采用棚架或篱架整形，都必须在冬季和生长季节进行修剪，以控制枝蔓生长。

据观察，不修剪的植株结果部位外移，有隔年结果现象，而且由于枝蔓过密且紊乱，光照不足，下部枝条生长衰弱，以致枯死，果实发育不良，风味也差。

狝猴桃是由上一年形成的结果母枝的中、上部抽生结果枝，通常在结果枝的第二至六节叶腋开花坐果。结果部位的叶腋间没有芽而成为盲节，结果部位以上有芽，次年能萌发成枝。进入结果年龄后，容易形成花芽，除基部老蔓上抽生的徒长枝外，几乎所有新梢都可成为结果母枝。

1. 夏季修剪　主要剪除徒长枝，并对过长的营养枝或徒长性结果枝进行短截。当新蔓长到5～8cm时，便要疏去直立向上生长的徒长枝。主枝上产生的结果枝，随着叶子和果实的增大，重量也不断增加，如采用篱架整枝往往会使枝条逐渐弯向地面。所以，应在离地面50cm处短截。侧枝上抽生的水平伸展的枝条，应适当疏剪或短截，避免过分茂密荫闭。结果枝应从结果部位以上7～8个芽的地方剪断。如剪口下1～2芽又萌发副梢时，为了防止徒长，仍须将副梢从基部剪断。

2. 冬季修剪　主要对开始衰老的大枝和结果枝进行更新或短截，促使第二年萌生健壮的新梢。修剪的时期在果实采收后至树液流动前。短截时应在剪口芽以上留3cm长的残桩，以防剪口芽枯死。

修剪时，首先应使生长充实的结果母枝分布均匀，形成良好的结果体系，将多余的结果母枝从基部疏去。对留下的结果母枝，通常剪去1/3。衰弱的枝条疏去以后，老蔓上还会长出新蔓，这种新蔓多为徒长枝，通常在第一年不结果，第二年或有少数结果，第三年几乎都能产生结果枝。当结果枝充作结果母枝时，应在结果部位以上留2个芽，这2个芽能在春天发育成结果枝。一般连续结果2年以上的枝组都要更新。为了保持来年有一定量的结果枝，可酌情保留一部分枝组。

对徒长枝，若留作更新枝时，一般剪留5～6个芽，其余的徒长枝应从基部疏去。徒长性结果枝，一般在结果部位以上留3～4个芽；长果枝和中果枝保留2～3个芽；短果枝及短缩果枝容易衰老干枯，在连续结果后可全部剪除。

四、施肥

1. 基肥　一般提倡秋施基肥，采果后早施比较有利。根据各品种成熟期的不同，施肥时期为10～11月，这个时期叶片合成的养分大量回流到根系中，促进根系大量发生，形成又一次生长高峰。同时，由于采过后叶片失去了果实的水分调节作用，往往发生暂时的功能下降，需要肥力恢复功能。早施基肥辅以适当灌溉，对加速恢复和维持叶片的功能，延缓叶片衰老，增长叶的寿命，保持较强的光合生产能力，具有重要作用。因此，秋施基肥可以提高树体中贮藏营养水平，有利于猕猴桃落叶前后和翌年开花前一段时间的花芽分化，有利于萌芽和新梢生长，开花质量好，又有利于授粉和坐果。

施基肥应与改良土壤、提高土壤肥力结合起来。应多施入有机肥，如厩肥、堆肥、饼肥、人粪尿等，同时加入一定量速效氮肥，根据果园土壤养分情况可配合施入磷、钾肥。基肥的施用量应占全年施肥量的 60%，如果在冬、春施可适当减少。

2. 追肥　追肥应根据猕猴桃根系生长特点和地上部生长物候期及时追肥，过早、过晚不利于树体正常的生长和结果。

（1）萌芽肥　一般在 2、3 月萌芽前后施入，此时施肥可以促进腋芽萌发和枝叶生长，提高坐果率。肥料以速效性氮肥为主，配合钾肥等。

（2）壮果促梢肥　一般在落花后的 6~8 月，这一阶段幼果迅速膨大，新梢生长和花芽分化都需要大量养分，可根据树势、结果量酌情追肥 1~2 次。该期施肥应氮、磷、钾肥配合施用。还要注意观察是否有缺素症状，以便及时调整。

（3）施肥量与比例　根据树体大小和结果多少及土壤中有效养分含量等因素灵活掌握。一般从早春 2 月和秋季 8 月采果后分 2 次施入，以堆肥、饼肥、厩肥、绿肥为主，配施适量尿素、磷肥和草木灰等。

据陕西栽培秦美猕猴桃的经验，基肥施用量为：每株幼树有机肥 50kg，加过磷酸钙和氯化钾各 0.25kg；成年树进入盛果期，每株施厩肥 50~75kg，加过磷酸钙 1kg 和氯化钾 0.5kg。幼树追肥采用少量多次的方法，一般从萌芽前后开始到 7 月份，每月施尿素 0.2~0.3kg、氯化钾 0.1~0.2kg、过磷酸钙 0.2~0.25kg。

五、灌溉与排水

猕猴桃既不抗旱，又不耐涝，保持土壤一定湿度，对生长结果十分重要。灌水在花前、花后、果实生长期和果实采收后分期进行。

雨季园内应注意排涝、松土散墒，促进根系生长。

六、病虫害防治

危害猕猴桃的主要病害有炭疽病、根结线虫病、立枯病、猝倒病、根腐病、果实软腐病等。其中炭疽病既危害茎叶，又危害果实，可在萌芽时喷洒 2~3 次 800 倍液多菌灵进行防治。根结线虫病，应加强肥水管理，用甲基异硫磷或 30％呋喃丹毒土防治。

　　猕猴桃主要虫害有桑白盾蚧、槟椰盾蚧、地老虎、金龟子、叶蝉、吸果夜蛾等。蚧壳虫类越冬虫用氧化乐果或速扑杀 1 500～2 000 倍液防治；地下害虫用炒麸皮与呋喃丹按 10∶1 的比例拌匀地面撒施。对于金龟子，3 月下旬至 4 月上旬在傍晚用敌百虫或马拉硫磷 1 000 倍液喷杀，或用菊酯类杀虫剂。叶蝉类，用 50％辛硫磷乳油或杀螟松 1 000 倍液防治。吸果夜蛾发生在果实糖分开始增加的 9 月份，夜间出来危害果实，引起落果或危害部分形成硬块，可用套袋、黑光灯或糖醋液（1∶1）诱杀防治，或采用灭扫利或宝得 3 000 倍液每隔 10～15 天喷 1 次，从 8 月下旬开始，直至采收结束为止。

　　采果后清扫果园，剪除病虫枝、枯枝，并集中烧毁，减少病虫侵染源。

七、采收

　　采收的迟早与果实品质、大小及耐贮性有关。采收过早，果小，味淡；采收过迟，果实变软，不耐运输。适时采收的果实，果形大，风味佳，营养丰富，也耐贮藏。一般在 9 月下旬至 10 月中旬采收较适宜。

　　采收时要注意轻拿轻放，防止碰、压等机械损失，以防腐烂变质。刚采收的果实较坚硬，味酸而涩，没有香气，需经 4～10 天的后熟期才能食用。

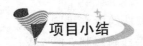

项目小结

　　猕猴桃原产于我国，是一种新兴的水果，其营养价值高，经济价值好。具有早果丰产、易栽好管、用途广泛的特点。

　　其栽培管理应以生长结果习性为依据，在土肥水管理的基础上搞好枝蔓管理，重点抓好整形修剪、绑蔓摘心等管理。围绕优质高效生产的目标，开展以株定产、合理留芽、疏梢定蔓、贮藏增值等方面的研究，探索系统化、商品化高效生产成熟技术，为猕猴桃生产服务。

项目测试

一、选择题

　　1. 世界上繁殖推广的猕猴桃优良品种，主要是新西兰的布鲁诺、蒙蒂、艾博特、阿利森和海瓦德 5 个雌株品种和（　　）、陶木里 2 个雄株品种。

　　A. 徐香　　　　　　B. 马图阿　　　　　　C. 红心猕猴桃

2. 猕猴桃是落叶藤本植物，植株生长类似（　　　）。

　　A. 葡萄　　　　　　B. 草莓　　　　　　C. 桃

3. 猕猴桃的枝条属蔓性，有（　　　）的缠绕性，在生长前期，强旺枝、发育枝以及各种短枝均能挺直生长；到了后期，除中、短枝外，其他枝都靠缠绕上升枝蔓。

　　　　A. 逆时针旋转　　　B. 顺时针旋转　　　C. 随机旋转

4. 猕猴桃为（　　　）植物，单性花。雌、雄花的外部形态非常相似。

　　　　A. 雌雄同株　　　B. 雌雄异熟　　　C. 雌雄异株

5. 猕猴桃最大的经济栽培区，集中在（　　　）以南，横断山脉以东地区。

　　　　A. 太行山　　　　B. 大别山　　　　C. 秦岭

6. 多数猕猴桃种类喜（　　　）环境，对强光照射比较敏感，属中等喜光性果树树种。

　　　　A. 半荫　　　　　B. 全荫　　　　　C. 阳

7. 猕猴桃是生理耐旱性（　　　）的树种，它对土壤水分和空气湿度的要求比较严格。

　　　　A. 强　　　　　　B. 弱　　　　　　C. 中等

8.（　　　）整枝法　是目前平地生产园中首选树形。

　　　　A. 篱架　　　　　B. T形架　　　　C. 大棚架

9. 修剪的时期在果实采收后至树液流动前。短截时应在剪口芽以上留（　　　）长的残桩，以防剪口芽枯死。

　　　　A. 5cm　　　　　B. 1cm　　　　　C. 3cm

二、简答题

1. 猕猴桃结果特点是什么？生产上应如何配置授粉树？

2. 猕猴桃生长对环境条件有哪些要求？

3. 简述猕猴桃不同时期的修剪技术。

4. 阐述猕猴桃优质高产的技术措施。

探究与讨论

猕猴桃当地主栽品种物候期观察记载。

项目十八

石 榴

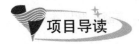

项目导读

　　石榴是我国中秋节的应时果品，栽培历史悠久，在我国大约有 2000 年的栽培历史，民间常视其为吉祥、喜庆的象征。鲜果中富含较多的维生素 C、糖分、苹果酸和磷、钙等矿物质，营养价值高。石榴株丛矮小，花色秀丽，花期绵长，素有 5 月开花红似火之称，果实百子同房，独具风采，在庭院中极富观赏价值，是绿化和庭院美化的良好树种。从定植到开花结果，营养繁殖的苗木为 2 年左右，实生苗繁殖一般为 5～8 年。结果寿命可维持 50 年。此外，石榴耐瘠、耐盐，也是丘陵和滩涂地区发展经济的良好树种。

学习目标

知识目标

1. 了解石榴的主要栽培品种；
2. 掌握石榴生长结果习性及对环境的要求；
3. 掌握石榴土肥水管理方法。

能力目标

1. 能用所学知识对石榴进行整形修剪；
2. 掌握石榴优质高产栽培技术。

任务 18.1　主要品种

　　石榴为石榴科（Punicaceae）、石榴属（*Punica*）植物，作为栽培的只有 1 个种，即石榴。各地选育出许多优良栽培品种，按风味可分为：甜石榴、酸石榴两大类；按颜色可分为：青皮类、红皮类、白皮类和紫皮类；按用途可分为：食用石榴、观赏石榴、食赏兼用石榴和药用石榴。现有品种200多个，其中结实品种140多个、观赏品种及其变种10多个以上。主要栽培优良品种有：大青皮软籽甜石榴、大红皮软籽甜石榴、大马牙软籽甜石榴、黑籽甜石榴、枣庄红石榴、突尼斯软籽石榴、大红甜石榴、粉红甜石榴等。

一、大果型黑籽甜石榴

果皮鲜红，果面光洁而有光泽，外观极美观，平均单果重700g，最大单果重1 530g，籽粒特大，百粒重68g，仁中软，不垫牙，可嚼碎咽下，籽粒黑玛瑙色，呈宝石状，颜色极其漂亮吸引人，汁液多，味浓甜。皮薄，可用手掰开，出籽率85%、出汁率89%，籽粒可溶性固形物含量32%、一般含糖量16%~20%，在种植条件较好的地区，光照好，温差大的地方，含糖量可高达22%、含酸量0.7%，品质特优。

二、枣庄红石榴

"枣庄红石榴"是从当地最著名的大马牙石榴品种中选育出的特早熟石榴新品种。该品种树体中等，成树高2.70m，生长势较强，树冠开张，连续结果能力较强，较稳产，早果性较好。属于大型果，果实近球形，表面光亮，果皮呈鲜红色，向阳面呈艳红色，有纵向红线，条纹明显，萼筒较短，闭合或半开张。单果重一般360~530g，最大果重1 278g，果形指数0.90。单果一般含籽粒600~950粒，平均百粒重59g。籽粒呈宝石红色，透明，仁较一般石榴稍软，含可溶性固形物15.50%，品质极上，为枣庄石榴种质资源中综合性状最佳者。一般年份，当地3月底萌芽，4月初展叶，4月上旬进入新梢生长期，4月中旬进入新梢速生期，5月初达到生长高峰，以后转入缓慢生长期，7月底出现第二次生长高峰。9月底以后枝梢生长转慢，随后顶端逐渐出现针刺。10月下旬开始落叶。5月上旬进入始花期，5月底6月初进入盛花期，6月下旬进入末花期，8月下旬果实成熟。此时，其他品种的石榴尚未成熟，又值中秋佳节，市场上石榴缺货和石榴消费高峰期，加之市场上对红皮大粒浓甜的大果型石榴需求很大，故此时上市在市场上一枝独秀，市场和利润空间非常之大，产业化前景十分广阔。

该品种抗旱、耐瘠薄，适宜在一般石榴适生区栽培，一般情况下每亩栽植111株，3年进入结果期，成年树平均株产35kg。栽培时应注意多施有机肥，进入盛果期后应注意疏花疏果，合理负载，以防树势早衰。

三、大马牙软籽甜石榴

晚熟品种，中型果，果实扁圆形，果肩陡，果面光滑，青黄色，果实中部有数条红色花纹，上部有红晕，中下部逐渐减弱，具有光泽，萼洼基部较平或稍凹。一般单果重450g左右，最大者达1 400g，心室14个。籽粒粉红色有星芒、透明、特大，味甜多汁，形似马牙，故名马牙甜。可溶性固形物含量16%左右，核较硬。树体高大，树姿开张，自然生长下多呈自然圆头形。萌芽力强，成枝力弱，针刺状枝较多，枝条瘦弱细长，中长枝结果，骨干枝扭曲严重。抗病虫害能力强，较耐瘠薄干旱，果实较耐贮运。易丰产，品质极高，适应性强。

四、大青皮软籽甜石榴

晚熟品种，大型果，果实扁圆形，果肩较平，果面光滑，表面青绿色，向阳面稍带红褐色。梗洼平或突起，萼洼稍凸。一般单果重630g左右，特大果重1 580g，心室8~12个，籽粒鲜红或粉红色、透明。可溶性固形物含量11%~16%，甜味浓，汁多，核较硬。树体较高大，树姿半开张，在自然生长下多呈单干或多干的自然圆头形。萌芽力中等，成枝力强。骨干枝扭曲较重。抗病虫害能力强，耐干旱、瘠薄，果实耐贮运。果型特大，色艳味美，品质极上，适应性强，丰产性能好。

五、泰山红石榴

果实个大，平均单果重500g，最大750g。果实近圆形或扁圆形，果面光洁，呈鲜红色，外形美观，果实皮薄，籽粒鲜红、透明、粒大肉厚，核半软，平均百粒重54g。汁多、味甜微酸，含可溶性固形物17%~19%，维生素C含量11mg/100g，含糖量达19.1%，并含有多种其他维生素及微量元素，口感好，品质上等，风味极佳，耐贮运。适应性强，寿命长，耐瘠薄，抗旱。

六、大红皮软籽甜石榴

又名大红袍，属早熟品种，大型果，果实呈扁圆形，果肩齐，表面光亮，果皮呈鲜红色，向阳面棕红色，并有纵向红线，条纹明显，硬洼稍凸，有明显的五棱，萼洼较平，到萼筒处颜色较浓。一般单果重750g左右，最大者可达1 250g，有心室8~10个。籽粒呈水红色、透明，含可溶性固形物为16%，汁多味甜，初成熟时有涩味，存放几天后涩味消失。树体中等，干性强较顺直，萌芽力、成枝力均较强。主干和多年生枝扭曲，面干旱，果实艳丽，品质极佳，丰产，但抗病虫害能力弱，果实成熟遇雨易裂果，不耐贮运。可适当发展。

七、突尼斯软籽石榴

属早熟品种，中型果，近圆球形，果个整齐，平均单果重 406.7g，最大的达 750g 以上。果皮薄而红、间有浓红断续条纹、光洁明亮。籽粒紫红色，籽粒特软，早实、丰产、抗旱、抗病，适应范围广。

八、红如意软籽石榴

该品种成熟早，果实近圆球形，果皮光洁，外观漂亮，浓红色，红色着果面积可达 95%，裂果不明显，果个大、平均单果重 475g，最大 1 250g，籽粒紫红色，汁多，味甘甜，出汁率 87.8%，核仁特软，可食用，含可溶性固形物 15.0% 以上，风味极佳。适应性非常强，抗旱，耐瘠薄，抗裂果。

九、牡丹花石榴

牡丹花石榴是植物王国里珍惜品种，是石榴中珍贵品种。她因具有牡丹一样大小的花而得名。在石榴 2 000 多年的发展历史中，她先是因花量多，坐果相对少而备受冷落，目前百年以上生母树不足 20 棵；时至今日，她又因花量多、花形大而极受推崇，身价猛增百倍。花朵有单花、双花及多花之分，颜色有红色、粉红色、白色 3 种。5 月上旬见花，5、6、7 月份为盛花期，8、9 月份花朵渐稀。盛开的花朵直径在 8cm 以上。一般 2 年苗始花，3 年后结果，花后即坐果，6、7、8 月份石榴生长迅速，9 月上中旬成熟，一般单果重 500g 左右，果色黄里透红。籽粒红色，多汁，味甜微酸适口，风味特佳，品质上乘。

牡丹花石榴生长习性、栽培与管护如同一般石榴，耐旱瘠、耐酸碱能力较强，山地平原均可栽培，在家庭及公园栽培表现良好。牡丹花石榴是建筑花园式城市、开发旅游景点、发展观光农业、美化名胜古迹、制作盆景盆栽、美化庭院的最佳树种，也是高档的礼品树种，开发前景十分广阔。

牡丹花石榴特点：

1. 历史悠久　现已栽培 2 000 多年。

2. 开花早　1 年苗栽后，2 年试花。一般开花可比同类石榴早 15～20 天。

3. 花期长　从 5～9 月，花期最长可达 120 天左右。

4. 花色多　有大红、粉红、白色之分，且随时间推移花型变化较大。

5. 花量多 盛花期开花量是同龄石榴树的 3～5 倍。

6. 花中开花 立地、气候等条件好的情况下，花开枯而不落，从原花中长出新花覆盖原花，返老还童。

7. 果实大 一般单果重 500g 左右。

8. 适应性强 对土壤要求不严格，适宜酸碱度区间大。

任务 18.2　生长结果习性

一、生长习性

石榴为落叶性灌木或小乔木，幼树根系、枝条生长旺盛，枝条较直立，根际萌蘖枝条多，易形成丛状。随着树龄的增长，枝条逐渐开张，树冠不断扩大。从定植到开花结果，营养繁殖的苗木为 2 年左右，实生苗繁殖一般为 5～8 年。结果寿命可维持 50 年。

（一）根系

石榴的根系依其来源与结构具有 3 种类型：茎源根系、根蘖根系、实生根系，分别为扦插、分株、播种繁殖所形成。根系中骨干根寿命很长，但分布较浅，须根的数量多，寿命较短，容易再生。石榴根系水平分布集中在主干周围 4～5m 处的范围内，吸收根则主要分布在树冠外围 20～60cm 深的土层中。石榴的根系生长对温度的反应敏感，开始生长早于地上部分 15～20 天，当地上部分大量形成叶片后即进入旺盛时期。北方地区栽培时应注意温度变化。石榴的根系具有较强的再生能力，在移栽苗木和扦插时应加以注意，以便更好地维护根系生长。

（二）枝、芽

石榴的芽可分为叶芽、花芽和隐芽。叶芽位于枝条的中下部，扁平、瘦小，呈三角形。花芽为混合花芽，生于枝顶，单生或多生。萌发后，抽生一段新梢，在新梢先端或先端下一节开花。石榴的花芽大、饱满。隐芽是不能按时萌发的芽。隐芽的寿命可高达几十年，如遇刺激才能萌发，隐芽可用于老树更新。

石榴的枝根据功能分为结果枝、结果母枝、营养枝、针枝、徒长枝等。依据枝的生长分为叶丛枝、短枝、中枝和长枝（图 18 - 1）。

1. 叶丛枝 长度为 2cm 以下，只有 1 个顶芽。

2. 短枝 长度为 2～7cm，节间较短。

3. 中枝 长度为 7～15cm。

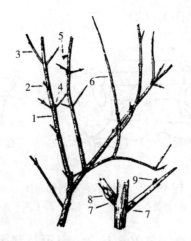

图 18-1　石榴枝、芽

1. 二年生枝　2. 短枝　3. 长枝　4. 结果母枝　5. 果台枝　6. 徒长枝

7. 短结果母枝（放大）　8. 混合芽（花芽）　9. 叶芽

4. 长枝　长度为 15cm 以上，多数为营养枝。短枝、中枝当年易转化为结果母枝。

石榴的一般枝条在 1 年中往往只有 1 个生长高峰，即从发芽到花期结束为止。徒长枝除了这一高峰外，还有一个不明显的波峰，这一波峰发生在雨季，到 9 月中旬就趋于停止。

徒长枝有的当年生长量可在 1m 以上，不仅能抽出二次枝，还能抽出三次枝，而生长较弱的枝芽，往往当年只长 3~4cm，其上叶片簇生，翌年易形成花芽。

二、开花与结果

石榴树的结果方式是结果母枝上抽生结果枝而结果。结果母枝多为粗壮的短枝，或发育充分的二次枝。翌年春季其顶芽或腋芽抽生长 6~20cm 的短小新梢，在新梢上形成一至数朵小花。一般顶生花芽容易坐果，凡坐果者顶端停止生长（腋花芽除外）。石榴的花为两性花，以一朵或数朵着生（多的可达 9 朵）在当年新梢顶端及顶端以下腋间。石榴的花根据发育情况分为完全花和不完全花（中间花）。完全花的子房发达、上下等粗，腰部略细，呈筒状，又名"筒状花"，这种花的雌蕊高于雄蕊，发育健全，是结果的主要来源。不完成花子房不发育，外形上大下小，呈钟状，又叫"钟状花"。这种花胚珠发育不完全，雌蕊发育不完全或完全退化，因而不能坐果，还有中间花，雌蕊和雄蕊高度相平或略低，呈筒状（图 18-2）。

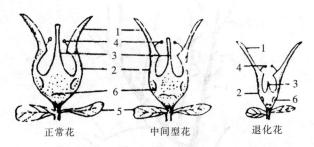

图 18-2 石榴不同花器剖面图
1. 萼片 2. 萼筒 3. 雌蕊 4. 雄蕊 5. 托叶 6. 心皮

石榴从现蕾到开花一般需要 10~15 天；从开放到落花一般需要 4~6 天。其时间的长短与气温有很大的关系，气温高所需时间短，反之则长。石榴的花蕾形成是不一致的，所以花的开放期也是错落不齐，造成了花期长，一般长达 2 个月以上。正常花在受精后，花瓣脱落，子房膨大，并且子房的皮色，也逐渐由红转变为青绿色。

石榴的落果一般有两个高峰，第一个高峰在花期基本结束后 7 天左右，另一个高峰在采收前一个半月左右。石榴的落蕾、落花、落果比较严重，主要受外界不良环境条件的影响。如果光照不足、雨水过大、病虫害严重，落蕾、落花、落果就会加重。

果实发育分为幼果期、硬核期、转色成熟期 3 个主要时期。在河南，石榴自开花坐果后，幼果从 5 月下旬至 6 月下旬出现一次迅速生长；6 月下旬至 7 月底为缓慢生长期；8 月上旬为硬核期，8 月下旬至 9 月上旬为转色期，此期又有一次旺盛生长。果实增长快慢与雨水有关，干旱时生长缓慢，雨后生长迅速。

石榴从开花到果实成熟一般需要 120~140 天。

三、对环境条件的要求

（一）温度

石榴性喜光、喜温暖，较耐旱和耐寒，石榴生长发育的适宜气候条件是：年平均气温为 15℃以上，萌动和发芽的日平均气温为 10~12℃，现蕾与开花的日平均气温为 15~20℃，果实的生长期日平均气温为 20~25℃，在生长期间的有效积温为 3 000℃以上，年极端低温不低于 -17℃。在冬季休眠，则能耐低温，如果冬季气温过低，枝梢将受冻害或冻死。

（二）水分

石榴从发芽到开花需要较多的水分，开花期要求天气晴好，如果阴雨天过多，或有大雾容易造成授粉受精不良，还能造成病害蔓延，大量落花。果实的生长期需要充足的水分，干旱会造成果实瘦小，果皮粗糙，品质低劣；严重干旱会造成落叶、落果。在果实的生长后期，如果雨水过大，则会造成大量的裂果和落果。石榴怕涝，地下水位小于 1m 则生长、发育不良，造成黄叶、落叶、落花、落果，甚至死亡。

（三）光照

石榴在光照不足时，叶片色淡质薄，落叶严重，枝条稀疏细弱，丛状枝少，花芽形成少，花芽分化不完全，授粉受精不良，落叶、落果严重。但是同一株树上的果实，阳光直接曝晒的，皮色紫红、粗糙，粒籽色淡、粒小，含糖量低，品质差，食之味淡、酸涩。此类果实，称之为"晒皮"。

（四）土壤

石榴对土壤要求不严，pH 4.5～8.2 的地方均可以栽培石榴，宜在有机质丰富、排水良好的微碱性土壤生长，过度盐渍化或沼泽地不宜种植，重黏性土壤栽培影响果实质量。土壤过肥时，易导致枝条徒长，往往开花不结果或花多果少。

任务 18.3　生产关键技术

一、育苗技术

石榴可用播种、扦插、压条、分株、嫁接等方法进行繁殖，生产上常用扦插繁殖。方法是在春季 3 月下旬至 4 月上旬发芽前，选在丰产树内膛剪取 1 年生健壮枝条，每段长 20～30cm，斜插于已整好苗床上，入土深度为 20cm 左右，覆细土踏实、浇足水，注意保湿，20 天左右即可生根，培育 1 年，第二年移栽。

二、建园技术

（一）园地选择

园地选择光照强、通风好的地方，对石榴生长有利，结果好，着色好，含糖量高。土壤要求以砂质壤土为宜，黄黏土、沙砾土需进行压换土改良。

（二）栽植时期及密度

定植时期以土壤解冻至石榴树萌芽前春栽为主，或在落叶后 10 月下旬至 11 月中旬秋栽，秋定植都需埋土防寒，栽前施足基肥有利于苗木生长。栽植密度为 2.5m×2m 或 2m×3m，采用"三角形"配置，最好用南北行间，以利通风透光。

（三）栽培品种及授粉品种

各地应根据适地适树原则选择主栽品种，授粉树的配置应与主栽品种雌花花期相同，甜石榴和酸石榴互为授粉树，比例为 1∶5，并配套人工授粉措施。

三、土、肥、水管理

（一）土壤管理

春季发芽前应耕翻园地，6 月下旬至 8 月中旬，生长季节结合浇水中耕 2～3 次，松土保墒，果实成熟前保持树冠下无杂草丛生，10 月中旬采收后结合施肥耕翻 1 次。园地可间作小麦、薯类、豆科作物、甜瓜、药用植物等矮秆作物。

（二）施肥

1. 基肥 分 2 次使用，时间分别在冬季土壤结冻前和次年早春 2 月底前。用量依树大小而定，主施有机肥，幼树每株 10kg 左右，中大树 20～25kg，有条件时，幼树成长期内每月追施 0.5kg 尿素和人粪尿水 20～25kg。

2. 萌芽前追肥 可补充贮藏营养的不足，提高坐果率，促进新梢生长，应以复合肥为主。

3. 果实膨大期追肥 可促进新梢生长及花芽分化，应适量施用氮肥，多施磷、钾肥，以三元复合肥为主。

4. 采前追肥 以速效钾肥为主，可促进果实膨大，提高果实品质，一般在采前 15 天施入。

5. 采后追肥 施腐熟饼肥、人粪尿、草木灰及过磷酸钙等。

施肥方法用沟施或穴施，但距树不能过近，以免伤根。并且每次施肥的位置应与原施肥位置错开。有机肥必须腐熟后对水使用。大果石榴还应注意结合施肥，每棵树加施 3g 硼砂粉。

（三）浇水

全年至少 4 次透水。

1. 开墩水 4 月上中旬，促进萌芽展叶和新梢生长。

2. 花前水 5 月中旬，使花期有足够的土壤水分，提高授粉率。

3. 催果水 7月上中旬，促进果实发育，花芽分化。

4. 封冻水 11月上中旬，提高树体养分积累，安全越冬。

花后及8月中旬可根据天气情况增加1次，果实成熟期，如雨水过多易造成裂果，故雨后要及时排除园地积水，降低土壤湿度。

四、石榴树的整形修剪

（一）常用树形

石榴有单干和多主干两种树形，均是自然半圆形。

1. 单干形 石榴苗木栽植后，在离地面80cm处剪截定干，第二年发枝后留3～4枝作主枝，其余剪掉，冬季再将各主枝留1/3～1/2剪顶，每主枝上选留2～3枝作副主枝，其余枝条也剪去。经过2～3年后，形成开心形树形，骨架大致完成。

2. 多干形 石榴常在根部萌生根蘖，第一年在基部萌蘖中选留2～3个作主干，其他根蘖全部去掉。以后在每个主干上留存3～4个主枝，向阳四周扩展，即可形成一个多主枝自然圆头形。

（二）修剪

1. 初结果树的修剪 初果期的石榴树以轻剪、疏枝为主，冬剪时对两侧发生的位置适宜、长势健壮的营养枝，培养成结果枝组。对影响骨干枝生长的直立性徒长枝、萌蘖枝采用疏除、拧伤、拉枝、下别等措施，改造成大中型结果枝组。长势中庸、二次枝较多的营养枝缓放不剪，促其成花结果；长势中庸、枝条细瘦的多年生枝要轻度短截回缩复壮。

2. 盛果期树的修剪

（1）骨干枝修剪 衰弱的侧枝回缩到较强的分枝处，角度过小，近于直立生长的骨干枝用背后枝换头或拉枝、坠枝，加大角度。

（2）结果枝组修剪 轮换更新复壮枝组，回缩过长、结果能力下降的枝组；利用萌蘖枝，培养成新的枝组。

（3）疏除干枯、病虫枝、无结果能力的细弱枝及剪、锯口附近的萌蘖枝，对树冠外围、上部过多的强枝、徒长枝可适当疏除，或拉平、压低甩放，使生长势缓和。

3. 衰老树的修剪 衰老期的石榴树修剪技术主要为缩剪更新，对衰老的主侧枝进行缩剪，选留2～3个旺盛的萌枝或主干上发出的徒长枝，逐步培养为新的主侧枝，继续扩展树冠。利用内膛的徒长枝长放，少量短截，培养枝组。

五、花果管理技术

石榴花器有严重的败育现象,自花授粉坐果率低。花果管理就是促进多成正常花,提高正常花坐果率,减少落果。

1. 花蕾期环剥 5月上中旬花蕾初显时进行,对结果骨干枝从基部环剥,环剥宽度为枝粗的1/10,剥后即用塑料包扎伤口。在幼旺树、旺枝上环割2~3道,间距4cm以上,可促进花芽分化。

2. 疏花 现蕾后,在可分辨筒状花时,摘除70%的败育花蕾,减少营养消耗,簇生花序中只留一个顶生完全花,其余全部摘除。

3. 授粉 花期直接利用刚开放的钟花,对筒状花进行人工授粉或招引蜜蜂传粉,可提高坐果率10%左右。

4. 喷硼 初花期至盛期喷0.3%的硼砂液或稀土微肥混合液,提高坐果率5%~15%。

5. 疏果 去除病虫果、晚花果、双果、中小果可使果实成熟期一致,个大、品质好。双果、多果的只留1个果,疏除6月20日以后坐的果,以集中养分,提高坐果率和单果重,提高产量和果实品质。

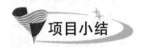

项目小结

1. 栽培品种有黑籽甜石榴、枣庄红石榴、突尼斯软籽石榴、大红甜石榴、粉红甜石榴等。

2. 石榴树的生物学特性:根、芽、枝、结果习性。

3. 建园技术包括:园地选择、栽培品种和授粉品种、栽培密度、栽植季节。

4. 石榴园管理:土壤管理、科学施肥、水分管理。

5. 石榴树的整形修剪:常用树形、幼树修剪、盛果期树修剪、衰老树修剪。

6. 花果管理技术:花蕾期环剥、疏花、授粉、喷硼、疏果。

项目测试

一、判断题

1. 按用途可分为食用石榴、观赏石榴、食赏兼用石榴和药用石榴。 (　　　)

2. 花芽为纯花芽,生于枝顶,单生或多生。 (　　　)

3. 石榴的落蕾、落花、落果比较严重，主要受外界不良环境条件的影响。
　　　　　　　　　　　　　　　　　　　　　　　　　　（　　）

4. 石榴有单干和多主干两种树形，均是自然开心形。　　（　　）

5. 石榴花器有严重的败育现象，自花授粉坐果率低。　　（　　）

二、选择题

1. （　　）是植物王国里珍惜品种，是石榴中珍贵品种。
　　A. 泰山红石榴　　　B. 牡丹花石榴　　　C. 枣庄红石榴

2. 石榴为落叶性灌木或小乔木，幼树根系、枝条生长旺盛，枝条较直立，根际萌蘖枝条（　　），易形成丛状。
　　A. 多　　　　　　　B. 少　　　　　　　C. 极少

3. 石榴的花为（　　），以一朵或数朵着生（多的可达 9 朵）在当年新梢顶端及顶端以下腋间。
　　A. 雄性化　　　　　B. 两性花　　　　　C. 雌性化

4. 甜石榴和酸石榴互为授粉树，比例为（　　），并配套人工授粉措施。
　　A. 1∶5　　　　　　B. 1∶8　　　　　　C. 1∶2

5. 花期直接利用刚开放的钟花，对筒状花进行人工授粉或招引蜜蜂传粉，可提高坐果率（　　）左右。
　　A. 10%　　　　　　B. 20%　　　　　　C. 30%

三、简答题

1. 牡丹花石榴和普通石榴有什么区别？其主要用途是什么？

2. 石榴的花器和其他果树相比有什么不一样？

3. 石榴生长对环境条件有哪些要求？

探究分析

1. 石榴树坐果率低的原因是什么？提高石榴坐果率的方法有哪些？

2. 阐述石榴优质高产的技术措施。

图书在版编目（CIP）数据

果树生产技术：北方本/高梅，唐成胜主编. —
北京：中国农业出版社，2015.9（2017.3重印）
农业教育精品系列教材
ISBN 978-7-109-20945-9

Ⅰ.①果…　Ⅱ.①高…②唐…　Ⅲ.①果树园艺－教
材　Ⅳ.①S66

中国版本图书馆 CIP 数据核字（2015）第 225194 号

中国农业出版社出版
（北京市朝阳区麦子店街 18 号楼）
（邮政编码 100125）
责任编辑　王玉英

北京万友印刷有限公司印刷　新华书店北京发行所发行
2015 年 9 月第 1 版　2017 年 3 月北京第 2 次印刷

开本：720mm×960mm　1/16　印张：24
字数：418 千字
定价：36.00 元
（凡本版图书出现印刷、装订错误，请向出版社发行部调换）